Uni-Taschenbücher 584

UTB

Eine Arbeitsgemeinschaft der Verlage

Birkhäuser Verlag Basel und Stuttgart
Wilhelm Fink Verlag München
Gustav Fischer Verlag Stuttgart
Francke Verlag München
Paul Haupt Verlag Bern und Stuttgart
Dr. Alfred Hüthig Verlag Heidelberg
Leske Verlag + Budrich GmbH Opladen
J. C. B. Mohr (Paul Siebeck) Tübingen
C. F. Müller Juristischer Verlag – R. v. Decker's Verlag Heidelberg
Quelle & Meyer Heidelberg
Ernst Reinhardt Verlag München und Basel
F. K. Schattauer Verlag Stuttgart-New York
Ferdinand Schöningh Verlag Paderborn
Dr. Dietrich Steinkopff Verlag Darmstadt
Eugen Ulmer Verlag Stuttgart
Vandenhoeck & Ruprecht in Göttingen und Zürich
Verlag Dokumentation München

Wilhelm R. Glaser

Varianzanalyse

38 Abbildungen und 95 Tabellen

Gustav Fischer Verlag · Stuttgart · New York

Dr. phil. Dipl.-Ing. Wilhelm R. Glaser, Psychologisches Institut der Universität, Friedrichstraße 21, 7400 Tübingen

CIP-Kurztitelaufnahme der Deutschen Bibliothek

Glaser, Wilhelm
Varianzanalyse. − 1. Aufl. − Stuttgart, New York: Fischer, 1978.
(Uni-Taschenbücher; 584)
ISBN 3-437-40039-8

© Gustav Fischer Verlag · Stuttgart · New York · 1978
Alle Rechte vorbehalten
Satz: Composer-Satz Günter Hartmann, Nauheim
Druck: Offsetdruckerei Karl Grammlich, Pliezhausen
Einband: Großbuchbinderei Sigloch, Stuttgart-Vaihingen
Umschlaggestaltung: Alfred Krugmann, Stuttgart
Printed in Germany

Für Margrit, Olive und Marie

Vorwort

Varianzanalyse ist eine Methode der schließenden Statistik, die heute in einem erheblichen Prozentsatz aller psychologischen und empirisch orientierten sozial- und verhaltenswissenschaftlichen Forschungsarbeiten zur Auswertung der Daten angewandt wird. Auch für medizinische, biologische und ingenieurwissenschaftliche Erhebungen und Planversuche gewinnt sie wachsende Bedeutung. Ihr außerordentlicher Wert liegt darin, daß sie es erlaubt, komplexere statistische Hypothesen zu prüfen, die sich bei „wirklichkeitsnäheren" Untersuchungen zwangsläufig ergeben, mit den üblichen „einfacheren" Methoden der Inferenzstatistik aber nicht zureichend bearbeitet werden können.

Es gibt verschiedene Situationen, in denen man bei wissenschaftlicher oder praktisch-statistischer Arbeit die Varianzanalyse benötigt. Die Lektüre von Publikationen, in denen varianzanalytische Verfahren verwendet werden, verlangt vom Leser Methodenkenntnisse, mit denen er die Folgerungen des Autors kritisch überprüfen kann. Wer selbst eine empirische Untersuchung plant, muß erwägen, ob es nicht die Varianzanalyse ist, die die optimale statistische Interpretation der erwarteten Daten erlaubt. Wird sie dann angewandt, können die nötigen Berechnungen von Hand, also mit Papier, Bleistift und Tisch- oder Taschenrechner, oder, angesichts der wachsenden Verfügbarkeit varianzanalytischer Programme und ihrer Erschließung auch für Nichtfachleute durch Programmsysteme wie SPSS (vgl. Beutel u. a., 1976), bevorzugt auf einem Computer ausgeführt werden. In beiden Fällen benötigt der Anwender Grundkenntnisse der Methode, um sie richtig und optimal einzusetzen; im ersteren Falle braucht er zusätzlich eine Sammlung von Formeln, Tabellen und bewährten Vorschlägen zur Organisation der Daten und Rechengänge, um selbst programmieren und rechnen zu können. Schließlich gehört die Varianzanalyse zum Lehrstoff in allen psychologischen und einer wachsenden Anzahl anderer Studiengänge. Das vorliegende Taschenbuch soll die Lücke zwischen den umfassenden, meist nur in englischer Sprache vorliegenden Darstellungen der Varianzanalyse einerseits und den in der Behandlung des theoretischen Hintergrundes, praktischer Daten- und Tabellenorganisation und komplexerer Versuchspläne heute oft nicht mehr ausreichenden Varianzanalysekapiteln vieler verbreiteter Lehrbücher der Inferenzstatistik andererseits schließen. Es wendet sich vor allem an den Studenten und den Anwender, weniger an den Methodenfachmann.

Der Leser sollte über einige Grundkenntnisse der Statistik verfügen; die wichtigsten Voraussetzungen der Varianzanalyse, die Logik des Signifikanztests, das Rechnen mit Summen indizierter Variablen und mit Erwartungswerten und die F-Verteilung, werden jedoch in den Kapiteln 1 und 2 in gedrängter Form dargestellt. Kapitel 3 enthält die Grundüberlegungen der Varianzanalyse, Kapitel 4 ihre Anwendungsvoraussetzungen und Kapitel 5 die Aufbauprinzipien komplizierterer varianzanalytischer Versuchspläne. Diese drei Kapitel dürften vor allem für die Leser von Interesse sein, die sich mit rechentechnischen Details nicht belasten wollen, weil sie auf einem Computer rechnen lassen. Im Kapitel 6 andererseits werden die zur Berechnung und Programmierung nötigen Informationen überwiegend tabellarisch zusammengestellt. Dieses Kapitel dürfte für diejenigen unentbehrlich sein, die, sei es zu Studienzwecken, sei es, weil der Zugang zu einem Computer zeitliche, organisatorische und finanzielle Belastungen mit sich bringt, Varianzanalysen kleineren und mittleren Umfangs selbst rechnen oder sich für einen Taschen-, Tisch- oder Prozeßrechner Programme „nach Maß" schreiben wollen. Kapitel 7 soll eine Grundorientierung über wichtige Ergänzungen, Trendanalyse, Kovarianzanalyse und multivariate Varianzanalyse vermitteln. Der gesamte Text enthält jeweils in kurzen Sequenzen theoretische Darstellungen, Regeln für die praktische Anwendung und verdeutlichende Beispiele. Darüberhinaus werden in Kapitel 8 zu allen wesentlichen Teilen des Buches Übungsaufgaben angegeben, deren kommentierte Lösungen in Kapitel 9 nachzuschlagen sind. Kapitel 10 schließlich enthält einen Planungs- und Interpretationsleitfaden für varianzanalytisch ausgewertete Untersuchungen in Frage- und Antwortform. Der Tabellenanhang ist für ein breites Spektrum praktischer Anwendungsfälle ausgelegt.

Das Buch ist aus meinen Lehrveranstaltungen in der Methodenlehre am Psychologischen Institut der Universität Tübingen und aus der statistischen Beratung von Diplomanden und Doktoranden hervorgegangen.

Es war mein Ziel, eine Darstellungsweise zu finden, die möglichst gut auf die Probleme und Schwierigkeiten eingeht, welche sich bei den Anwendern der Varianzanalyse immer wieder gezeigt haben. Darüberhinaus soll eine neue, übersichtliche Schreibweise der für die Berechnungen nötigen Summenformeln und die tabellarische Zusammenstellung von 14 wichtigen Versuchsplänen das Buch zu einem leistungsfähigen Arbeitsinstrument machen.

Von allen, denen ich für Beiträge der verschiedensten Art, Anregungen und Kritik zu Dank verpflichtet bin, seien nur die Diplompsychologen Margrit Dolt und Peter-Michael Fischer genannt, die nicht nur das gesamte Manuskript genauestens prüften, sondern auch bei den umfangreichen Rechen-, Schreib- und Korrekturarbeiten ausdauernde und unentbehrliche Hilfe leisteten.

Tübingen, im Oktober 1977 *Wilhelm R. Glaser*

Inhalt

1.	**Theoretische Vorbemerkung**	1
1.1	Beschreibung, Induktion, deterministische und probabilistische Hypothese	1
1.1.1	Beschreibung	1
1.1.2	Induktion	2
1.1.3	Probabilistische und deterministische Hypothesen	4
1.1.4	Ein Beispiel	7
1.2	Die Logik des Signifikanztests	10
1.2.1	Die statistische Prüfung einer probabilistischen wissenschaftlichen Hypothese	10
1.2.2	Die Einzelschritte eines einfachen Signifikanztests	12
1.3	Was ist Varianzanalyse?	17
2.	**Mathematische Propädeutik**	19
2.1	Summen indizierter Variablen	19
2.1.1	Die Definition der indizierten Variablen	19
2.1.2	Rechenregeln für einfach indizierte Variablen	23
2.1.3	Mehrfach indizierte Variablen	26
2.2	Erwartungswerte von Zufallsvariablen	33
2.2.1	Die Definition des Erwartungswertes	33
2.2.2	Rechenregeln für Erwartungswerte	38
2.2.3	Varianzschätzungen	43
2.3	Normal-, Chi-quadrat-, t- und F-Verteilung	53
2.3.1	Der Zusammenhang von Normalverteilung und Chi-quadratverteilung	53
2.3.2	Die t- und die F-Verteilung	57
2.3.3	Veranschaulichung der t-, Chi-quadrat- und F-Verteilung	58
3.	**Der Grundgedanke: Varianzzerlegung**	63
3.1	Die Zerlegung der Varianzschätzung	63
3.1.1	Die Varianzschätzung innerhalb der Gruppen („innerhalb")	63
3.1.2	Die Varianzschätzung ohne Berücksichtigung der Gruppen („total")	67
3.1.3	Die Varianzschätzung zwischen den Gruppen („zwischen")	67

3.2	Die praktische Berechnung der Quadratsummen und Varianzschätzungen	69
3.3	Die Bedeutung der Varianzzerlegung für den Signifikanztest	75
3.3.1	Ein Beispiel für die Varianzzerlegung	75
3.3.2	Nullhypothese und Arbeitshypothese, feste und zufällige Effekte	79
3.3.3	Die Effekte der einzelnen Bedingungen	84
3.3.4	Die Erwartungswerte der varianzanalytischen Kenngrößen für feste und zufällige Effekte	87
3.3.5	Der Übergang zum Signifikanztest	93
3.4	Beispiel: eine einfaktorielle Varianzanalyse	96
4.	**Probleme bei der Ableitung und Anwendung der Varianzanalyse**	102
4.1	Voraussetzungen der Varianzanalyse, Maßnahmen zu ihrer Einhaltung, Prüfung ihrer Erfüllung und Abhilfe bei Nichterfüllung	103
4.1.1	Zufallsauswahl und Zufallsverteilung der Meßobjekte auf die Untersuchungsbedingungen	103
4.1.2	Die Unabhängigkeit des Meßfehlers von den Bedingungen (Varianzhomogenität), F_{max}- und Bartlett-Test	104
4.1.3	Normalverteilung der Bedingungspopulationen und Intervallskalenniveau der Daten	108
4.1.4	Studien zur Abschätzung des Fehlers bei Verletzung der Voraussetzungen	110
4.1.5	Transformationen	112
4.2	Einzelvergleiche	115
4.2.1	Orthogonale Vergleiche	115
4.2.2	Der t-Test für orthogonale Vergleiche	121
4.2.3	Der logische Bezug der Einzelvergleiche	124
4.2.4	Apriorische und aposteriorische Vergleiche	126
4.3	Statistische Signifikanz und wissenschatliche Bedeutsamkeit	131
4.3.1	Das Problem des Fehlers II. Art	131
4.3.2	Effektgröße und statistische Signifikanz	135
4.3.3	Die Annahme der statistischen Nullhypothese mit kontrollierter Fehlerwahrscheinlichkeit p_{II}	138
4.3.4	Die Wahl der zweckmäßigen Stichprobengröße	139

4.3.5	Effektgröße und Stichprobenumfang bei varianzanalytischen Versuchsplänen	140
5.	**Die Bausteine komplexerer Analysen**	149
5.1	Die zweifaktorielle Varianzanalyse	149
5.1.1	Der Versuchsplan	149
5.1.2	Die Zerlegung der Varianzschätzung und die Berechnung der einzelnen Quadratsummen und Freiheitsgradezahlen	152
5.1.3	Nullhypothese und Arbeitshypothese	159
5.1.4	Orthogonalität von Effekten der unabhängigen Variablen und der Wechselwirkung. Die Zellenbesetzung	160
5.1.5	Beispiel: eine zweifaktorielle Varianzanalyse	167
5.1.6	Interpretation und Veranschaulichung	174
5.1.7	Voraussetzungen, Einzelvergleiche und Effektgröße bei der zweifaktoriellen Varianzanalyse	176
5.2	Feste und zufällige Effekte in komplexeren Analysen. Modelle I, II und III	177
5.3	Die Block-Varianzanalyse	183
5.4	Das Lateinische Quadrat	197
5.5	Die hierarchische Varianzanalyse. Gekreuzte und geschachtelte Faktoren	206
6.	**Tabellen ausgewählter varianzanalytischer Versuchspläne und Regeln ihrer Konstruktion**	216
6.1	Einfaktorielle Analyse	218
6.2	Zweifaktorielle Analyse	219
6.3	Dreifaktorielle Analyse	221
6.4	Vierfaktorielle Analyse	223
6.5	Einfaktorielle Block-Analyse	226
6.6	Zweifaktorielle Block-Analyse	227
6.7	Dreifaktorielle Block-Analyse	229
6.8	Lateinisches Quadrat	231
6.9	Griechisch-Lateinisches Quadrat	232
6.10	Zweifaktorielle hierarchische Analyse, A in B geschachtelt	235

6.11	Dreifaktorielle zweifach hierarchische Analyse, A in B geschachtelt, B in C geschachtelt	236
6.12	Zweifaktorielle Analyse mit Meßwiederholungen auf einem Faktor	238
6.13	Dreifaktorielle Analyse mit Meßwiederholungen auf einem Faktor	241
6.14	Dreifaktorielle Analyse mit Meßwiederholungen auf zwei Faktoren	243
6.15	Die Konstruktion varianzanalytischer Versuchspläne	246
7.	**Weiterungen**	255
7.1	Die Trendanalyse	255
7.2	Die Kovarianzanalyse	262
7.3	Die multivariate Varianzanalyse (MANOVA)	273
8.	**Übungsbeispiele**	278
8.1	Übungsbeispiele zu Summen indizierter Variablen (Abschnitt 2.1) und unseren Operatoren für die Varianzanalyse (Abschnitt 3.2)	279
8.2	Übungsbeispiele zu Erwartungswerten (Abschnitt 2.2)	281
8.3	Übungsbeispiele für varianzanalytische Auswertungen	282
9.	**Lösungen der Übungsbeispiele aus Kapitel 8**	287
9.1	Lösungen der Aufgaben aus Abschnitt 8.1	287
9.2	Lösungen der Aufgaben aus Abschnitt 8.2	290
9.3	Lösungen der Aufgaben aus Abschnitt 8.3	293
10.	**Die Planung und Interpretation einer varianzanalytischen Untersuchung**	306
Tabellenanhang		312
Literatur		333
Register		337

1. Theoretische Vorbemerkung

1.1 Beschreibung, Induktion, deterministische und probabilistische Hypothese

1.1.1 Beschreibung

Die überwiegende Anzahl moderner Wissenschaftstheoretiker stimmt darin überein, daß zur Charakterisierung wissenschaftlicher Aussagensysteme eine Grundunterscheidung zu treffen ist, die zwei Typen von Sätzen trennt. In *Beobachtungssätzen* werden Sachverhalte ausgedrückt, die zu einem bestimmten Zeitpunkt, an einem bestimmten Ort, in einer bestimmten Anordnung von Gegenständen und von einem bestimmten Wissenschaftler festgestellt wurden. Je nach wissenschaftstheoretischem Standort werden die Sätze dieser Sprache als Jetzt- und Hier-Sätze, Basissätze oder Protokollsätze bezeichnet. Da es in einem statistischen Arbeitsbuch nur um wenige wichtige Grundzüge dieser Unterscheidung geht, sehen wir von allen schulenbedingten feineren Differenzierungen ab, womit deren Berechtigung selbstverständlich nicht bestritten werden soll.
Ein Basissatz lautet im Prinzip etwa: „Forscher x stellt im Laboratorium y zum Zeitpunkt t in einem Reagenzglas, in dem sich die Substanzen u, v, w befinden, eine milchige Trübung fest". Basissätze berichten also raumzeitlich lokalisierbare Einzelereignisse, wobei sie meist auch den Bezug auf einen Wissenschaftler enthalten: „. . . die von Mayer untersuchten Probanden zeigen . . .". Sie müssen nicht notwendig „Atomsätze" sein, sondern können auch mehrere Aspekte eines bestimmten Ereignisses, meist konjunktiv verknüpft, wiedergeben.
Die Beobachtungssprache im gegenwärtigen Wissenschaftsbetrieb geht in zwei wichtigen Hinsichten über das zuerst skizzierte Beispiel hinaus. *Zum einen* verwendet sie nicht nur qualitative Prädikate wie „milchige Trübung", sondern strebt Meßaussagen an, zum Beispiel „Proband x zeigt in der Untersuchung y den Intelligenzquotienten z". Meßaussagen kommen allgemein dadurch zustande, daß an die Stelle einer Beobachtungs- und Beschreibungsregel ein Verfahren tritt, Ereignissen Zahlen so zuzuordnen, daß die interessierenden Aspekte möglichst zuverlässig und gültig wiedergegeben werden und, einer geläufigen Definition zufolge, Relationen zwischen Gegenständen möglichst gut auf Relationen zwischen Zahlen abgebildet werden (Sixtl, 1967, S. 2).

Obwohl Basissätze in den modernen Natur- und Sozialwissenschaften in der Regel aus Meßaussagen bestehen, wird damit der Bereich der Beobachtungssprache, der Beschreibung von Ereignissen, nicht verlassen. Daß es Gründe gibt, jetzt nicht mehr von Beobachtungssprache, sondern von Meßsprache zu reden, sei nur erwähnt, es ist für unsere sehr kursorische Darstellung zu vernachlässigen.
Zum zweiten lassen sich Basissätze über mehrere Ereignisse zusammenfassen, also nach den Regeln der Aussagenlogik kombinieren. Man kann etwa sagen: „Proband x hat den Intelligenzquotienten y und die Neurotizismusmaßzahl z in der Untersuchung w erhalten" oder „Die Personen x, y, z haben die Intelligenzquotienten u, v, w in der Untersuchung G". Mit den Operationen des *Zählens* und *Gruppierens* lassen sich solche zusammengesetzten Basissätze in die Form von Häufigkeitsverteilungen und schließlich von deskriptiven Statistiken bringen. Formulieren wir das letzte Beispiel in diesem Sinne um, entsteht eine Aussage der Art „In der Gruppe A, bestehend aus n Personen, fand sich der Intelligenzquotient u a-mal, v b-mal und w c-mal". Damit ist die Beschreibung eines endlichen Kollektivs hinsichtlich der Verteilung des gemessenen Merkmals Intelligenz verbal formuliert; in der deskriptiven Statistik wird bekanntlich gezeigt, wie solche Verteilungen zweckmäßig tabellarisch und graphisch darzustellen sind.
Ein weiterer Schritt, mit dem aber die Beobachtungssprache noch immer nicht verlassen wird, besteht dann darin, eine Verteilung nicht mehr nur durch Angabe der Häufigkeit der einzelnen Maßzahlklassen, sondern durch Statistiken, also bestimmte Kennzahlen wie Lokalisations- und Dispersionsmaße, zu charakterisieren. Unser Beispiel wandelt sich erneut, es nimmt jetzt etwa die Form an: „Gruppe A, bestehend aus n Individuen, zeigt im Intelligenzquotienten einen Mittelwert M und eine Standardabweichung s". Mit der deskriptiven Statistik ist es in besonders übersichtlicher Weise möglich, den Informationsgehalt vieler Basissätze einfach zu formulieren. Der wissenschaftstheoretisch abgegrenzte Bereich der Welt*beschreibung* wird damit noch nicht verlassen.

1.1.2 Induktion

Weitgehende Einigkeit besteht unter Wissenschaftstheoretikern ferner darüber, daß Weltbeschreibung, auch in der methodisch fortgeschrittenen Form deskriptiver Statistiken auf der Basis von Meßaussagen, noch keine wissenschaftliche Erkenntnis darstellt. Dies ist insofern einzuschränken, als man durchaus sinnvoll von Erkenntnis sprechen kann, wenn man eine zuverlässige Beschreibung oder Vermessung eines bislang unzugänglichen Gegenstandsbereiches, beispielsweise der Marsoberfläche oder bestimmter physiologischer Einzelvorgänge bei Denkprozessen, erlangen kann. Aber auch solche Beschreibungen bekommen ihren wissenschaftlichen Wert erst im Rahmen von Hypothesen und Theorien, die sie stützen oder erschüttern und zu deren Modifikation sie beitragen. Messung und Beschreibung müssen also innerhalb eines theoretischen Rahmens verwendet werden, um wissenschaftlichen Wert zu erhalten. In der hier gebotenen Kürze und Allgemeinheit können wir sagen: ein Aussagengefüge erhält wissenschaftlichen Wert, wenn es über bloße Weltbeschreibung in Richtung auf *Gesetzesartigkeit* hinausgeht.

Gesetzesartigkeit einer Aussage meint den Anspruch, über den Gegenstandsbereich, an dem sie gewonnen wurde, hinaus für alle gleichartigen Situationen und Ereignisse gültig zu sein. Im vorliegenden Zusammenhang kann von den Unterschieden zwischen Hypothesen, Gesetzen und Theorien wiederum abgesehen werden, wichtig ist nur: alle diese Aussageformen haben *Gesetzesartigkeit* gemeinsam, die man als Gültigkeit für die potentiell unendliche Menge gleichartiger Gegebenheiten, die noch nicht untersucht worden sind, auffassen kann.

Gesetzesartigkeit ist an eine formallogische und eine inhaltliche Eigenschaft gebunden. *Formal* ist eine Gesetzesaussage ein sogenannter *Allsatz* wie zum Beispiel: ,,Alle (potentiell unendlich vielen) Menschen (die es je gegeben hat und geben wird) sind sterblich", *inhaltlich* ist sie die *Verallgemeinerung* eines zusammengesetzten Basissatzes, den man etwa formulieren könnte: ,,Bestimmte Menschen, die ich gekannt habe oder von denen mir berichtet wurde, sind gestorben, darunter alle, deren Geburtsdatum mehr als 120 Jahre zurückliegt".

Erst Verallgemeinerung macht aus Sätzen über wissenschaftliche Beobachtungen oder Messungen wissenschaftliche Gesetzesaussagen. Die Regeln, nach denen solche Verallgemeinerungen wissenschaftlich zulässig sein können, bilden den Inhalt des *Induktionsproblems* in der Philosophie und Wissenschaftstheorie. David Hume (beispielsweise (1742)) trug wesentlich zu diesem Problem bei; unter anderem geht auf ihn die Erkenntnis zurück, daß es eine formallogisch zwingende Induktion ebensowenig gibt wie eine dank methodischer Sicherungen und Regeln mit Gewißheit irrtumsfreie. Von Karl R. Popper (1934) stammt der Gedanke, Induktion bestehe stets in einer kreativen, intuitiven Verallgemeinerung und einer nachfolgenden strengen deduktiven Überprüfung.

Auf Popper geht die Erkenntnis zurück, daß Gesetzesaussagen prinzipiell nicht verifizierbar, in ihrer Richtigkeit beweisbar, sind, weil sie immer einen Bestandteil ungesicherter Verallgemeinerung enthalten, hingegen falsifiziert, als falsch erwiesen, werden können, da bereits ein Basissatz über eine Beobachtung, der einer Gesetzesaussage widerspricht, mit dieser logisch unvereinbar ist. Daraus folgt die wichtige methodische Regel: eine Gesetzesaussage kann, auch wenn sie nur auf recht subjektiver Verallgemeinerung beruht, solange beibehalten werden, wie nicht Basissätze wissenschaftlich anerkannt werden, die mit ihr logisch unvereinbar sind. Eine Beobachtung, die zu einem solchen Basissatz führt, nötigt im Prinzip bereits zur Aufgabe des Gesetzes. Basissätze andererseits, die mit dem Gesetz logisch vereinbar sind, haben zwar eine dieses bestätigende Funktion, können aber niemals zu „Beweisen" avancieren. Liegt eine hinreichend bestätigte Gesetzesaussage dann vor, taugt sie zu zweierlei. Mit ihrer Hilfe kann man beobachtete Ereignisse erklären und künftige Ereignisse voraussagen. Erklärung und Prognose haben im Prinzip die gleiche logische Struktur: die Konjunktion von Gesetzesaussage und wenigstens einem Basissatz, der die sogenannten Randbedingungen beschreibt, muß das zu erklärende oder vorauszusagende Ereignis abzuleiten gestatten.

1.1.3 Probabilistische und deterministische Hypothesen

Die äußerst kursorische Charakterisierung des Induktionsproblems wurde vorangestellt, um die Logik statistischen Schließens entsprechend herausarbeiten zu können. Vielfach werden gerade in den Lehrbüchern der Statistik für Anwendungen in empirischen Wissenschaften die gänzlich anderen logischen Verhältnisse bei der Anwendung inferenzstatistischer Methoden nicht gebührend klargestellt. Häufiger wird dem Anwender statistischer Methoden versprochen, er könne Gesetzesaussagen mit ihrer Hilfe falsifizieren (Bredenkamp, 1972, S. 18 und passim) oder sogar verifizieren. Wir haben hier die grundlegende Unterscheidung zwischen deterministischen und probabilistischen Hypothesen (Gesetzen, Theorien) einzuführen. Herkömmliche Gesetzesaussagen, etwa das Fallgesetz „Unter angebbaren näheren Umständen fallen alle Gegenstände so, daß zwischen der zurückgelegten Strecke s und der Falldauer t der Zusammenhang $s = \frac{g}{2} t^2$ besteht"

sind *deterministisch,* sie behaupten einen theoretisch idealisierten, sozusagen unendlich genauen Zusammenhang zwischen bestimmten Variablen, im Beispiel Zeit und Weg eines fallenden Körpers. *Probabilistische* Hypothesen zeichnen sich demgegenüber dadurch aus, daß sie wenigstens eine Wahrscheinlichkeitsaussage enthalten wie etwa „Unter angebbaren nähe-

ren Umständen ist die Wahrscheinlichkeit, daß ein von einem Neutron getroffener Atomkern, der einer noch näher zu kennzeichnenden Bezugsmenge angehört, unter Freisetzung von Energie zerfällt, gleich p".
Es muß nun festgehalten werden, daß Verifikation und Falsifikation sehr strenge Begriffe sind, die den *Erweis* der Richtigkeit bzw. Falschheit vor allem gesetzesartiger Aussagen bedeuten. Diese Begriffe sollten deshalb den Bereichen vorbehalten bleiben, in denen sie in ihrer Strenge Sinn haben. Verifizieren und falsifizieren kann man eine mathematische Aussage oder, bei Annahme bestimmter sprachlicher Konventionen, einen Basissatz; eine deterministische Hypothese kann nicht verifiziert und, das haben die Schüler und Kritiker Poppers gezeigt, nur unter idealisierenden Annahmen falsifiziert werden. Probabilistische Hypothesen können prinzipiell weder verifiziert noch falsifiziert werden, da jede Aussage über einen beobachteten Zustand des Gegenstandsbereiches mit jeder Wahrscheinlichkeitshypothese über ihn prinzipiell logisch verträglich ist, also nicht in Kontradiktion geraten kann und eine logische Deduktion der Hypothese aus den Daten ebenso wie im deterministischen Fall ausgeschlossen ist. (Vgl. Vetter, 1967, S. 13 u. 27)
Die inferenzstatistischen Methoden, wie sie vor allem im ersten Drittel dieses Jahrhunderts entwickelt wurden, müssen als neuartiger, eigenständiger Lösungsversuch für das Induktionsproblem aufgefaßt werden, der dieses Problem teilweise selbst modifiziert. Die verbreitete Suche nach wissenschaftstheoretischer Klärung der methodischen Grundfragen in den Sozial- und Verhaltenswissenschaften hat in den vergangenen Jahren fast durchweg dazu geführt, daß man versuchte, ein wissenschaftliches Vorgehen, in dem die inferenzstatistischen Methoden längst das Methodenmonopol gewonnen haben, mit den herkömmlichen Überlegungen zur Induktion deterministischer Hypothesen theoretisch zu fundieren. Daß diese Methoden nicht nur viele Überlegungen zum herkömmlichen Induktionsproblem nicht mehr angemessen erscheinen lassen, sondern ihrerseits von der Philosophie und Wissenschaftstheorie erst noch rezipiert werden müssen, wurde erst in jüngster Zeit deutlich (Vgl. Stegmüller, 1973).
Es ist nicht die Aufgabe eines Taschenbuches, das seinem Leser ein bestimmtes inferenzstatistisches Verfahren theoretisch möglichst klar und praktisch möglichst handlich darstellen will, substantielle wissenschaftstheoretische Beiträge aufzunehmen. Wir halten es jedoch für wichtig, wenigstens in der gebotenen Kürze darzustellen, auf welchem wissenschaftstheoretischen Boden man sich mit der Anwendung eines solchen Verfahrens *heute* bewegt.
Wertet man eine Untersuchung inferenzstatistisch aus, bedeutet dies, daß

man schon dem einzelnen Datum einen anderen Charakter zuschreibt als im Falle herkömmlich-induktiver Theoriebildung. Herkömmlich ist ein Datum eine Gegebenheit, die unter eine Regel subsumiert wird. Induktion besteht darin, die Regeln für gegebene Fälle zu finden, Deduktion erlaubt Erklärungen und Prognosen, wenn die Regeln bekannt sind. Inferenzstatistisch faßt man jedoch eine bestimmte wissenschaftliche Beobachtung oder Messung nicht mehr als Anwendungsfall einer anerkannten oder noch zu findenden Gesetzesaussage auf, sondern als ein *Zufallsereignis*, als eine Realisation eines zufallsgesteuerten Prozesses oder als Zufallsauswahl eines Elementes aus einer Wahrscheinlichkeitsverteilung. *Damit wird eine Verallgemeinerung möglich, die in den herkömmlichen Formulierungen des Induktionsproblems keine Entsprechung hat, nämlich der Schluß von den erhaltenen (Zufalls-)daten auf die Parameter, die Kenngrößen des unterstellten Zufallsprozesses.* Der Signifikanztest ist ein, jedoch keineswegs das einzige, Regelsystem für einen solchen Schluß.

Der Zusammenhang zwischen einem Datum und dem zugrundeliegenden Zufallsprozeß kann auch als Zusammenhang zwischen einer Stichprobe und einer Population aufgefaßt werden; die vorliegenden Beobachtungen und Messungen werden dann als Zufallsstichprobe aus einer noch näher zu definierenden, häufig hypothetisch angenommenen, Population betrachtet. *Die Problematik der Induktion wird jetzt zur Problematik des Schlusses von der Stichprobe auf die Population.* Diese Schlüsse sind nicht formallogisch zwingend zu ziehen, sie sind vielmehr „Schätzungen" im Sinne der mathematischen Statistik, also Aussagen über Kennwerte der Population, die mit Angaben über mögliche Zufallsfehler, beispielsweise dem Signifikanzniveau, verbunden sind.

Der Grundgedanke der statistischen Verallgemeinerung lautet: sofern aus einer Grundgesamtheit möglicher Ereignisse eine Teilmenge nach Zufall so entnommen wird, daß jedes Element unabhängig von jedem anderen die gleiche Wahrscheinlichkeit hat, in die Teilmenge, die dann als Stichprobe bezeichnet wird, zu kommen, lassen sich aus Messungen und Beobachtungen an der Stichprobe Schlüsse mit vorgegebenen Wahrscheinlichkeitseigenschaften auf die Grundgesamtheit ziehen. Diese Schlüsse beziehen sich auf Kenngrößen der Population selbst, die ihrerseits als Wahrscheinlichkeitsaussagen formuliert werden können.

1.1.4 Ein Beispiel

Verdeutlichen wir den skizzierten Unterschied zwischen deterministischen und probabilistischen Hypothesen anhand eines Beispiels! Der Unterschied zwischen der herkömmlichen Induktionsproblematik und den Schlußweisen der Statistik soll sich dabei besonders zeigen.

Angenommen, wir haben die Hypothese, die Einnahme eines bestimmten Präparates über einen bestimmten Zeitraum hinweg und in einer bestimmten Dosis steigere die Gedächtnisleistung bei allen Personen. Diese Hypothese kann intuitiv oder methodisch aus pharmakologischen Forschungen heraus mehr oder weniger gut gestützt sein. Um sie prüfen zu können, benötigen wir ein möglichst zuverlässiges und gültiges Maß für die Gedächtnisleistung. Nehmen wir weiter an, der dazu nötige psychologische Test sei nicht nur vorhanden, sondern habe darüberhinaus die wünschenswerte Eigenschaft, sein Ergebnis werde durch wiederholte Anwendung nicht beeinflußt. Faßt man die Hypothese deterministisch auf, muß man einer Person, nachdem man ihre Gedächtnisleistung ohne Präparateinnahme gemessen hat, das Präparat verabreichen und nach einer gewissen Zeit die Gedächtnisleistung erneut messen. Ist eine Verbesserung eingetreten, so haben wir ein Ergebnis im Sinne der Hypothese. Sie kann beibehalten werden, da es ja eine Verifikation von Hypothesen durch entsprechende Untersuchungsergebnisse nicht gibt. Natürlich würden wir es intuitiv als wenig befriedigend empfinden, nur eine Person zu untersuchen und deshalb deren mehrere einbeziehen. Zeigt sich der Effekt bei allen, dürften wir unsere Hypothese schon als besser gesichert ansehen, da sie einer größeren Zahl von Falsifikationsversuchen widerstanden hat, obwohl sie natürlich noch immer nicht verifiziert ist.

Zeigt sich die gewünschte Wirkung jedoch auch nur bei einer Person nicht, müßten wir im strengen Sinne Poppers die Hypothese der Wirksamkeit des Präparates auf alle Personen aufgeben, da sie jetzt falsifiziert ist. Wir könnten sie lediglich in einer abgeschwächten Form neu fassen, indem wir etwa die Menge der Personen, bei denen wir die Wirksamkeit des Präparates weiterhin behaupten wollen, durch das Fehlen eines zusätzlichen Merkmals, mit dem die falsifizierende Person besonders charakterisiert werden kann, einschränken.

Es dürfte bekannt sein, daß so, wie geschildert, bei der Erprobung von Arzneimitteln nicht verfahren wird. Deshalb wurde das Beispiel gewählt. In vielen Bereichen der Naturwissenschaften ist das geschilderte Verfahren nämlich durchaus anwendbar und bis heute üblich; daß ein Körper einmal nicht nach dem Fallgesetz fällt, ist noch nicht vorgekommen, ohne daß

es durch eine andere Gesetzesaussage wiederum erklärt werden konnte. Das Fallgesetz kann als gut gesichert gelten.
In unserem Pharmakonbeispiel würden wir anders vorgehen. Wir würden mehrere Personen jeweils vor und nach Einnahme des Präparates testen. Bei der Auswahl würden wir sicherstellen, daß wir es mit einer Zufallsauswahl aus der Personenpopulation zu tun haben, auf die wir unsere Wirksamkeitshypothese erstrecken wollen. Die gesamte Stichprobe würden wir darüberhinaus in zwei Gruppen teilen, von denen wir nur der einen das Medikament, der anderen aber ein Leerpräparat, Placebo, verabreichen würden und dies ohne Wissen der Personen und der den Test applizierenden Wissenschaftler im sogenannten Doppelblindversuch.
Bei einer physikalischen Untersuchung gelingt es meistens, störende Variablen zu eliminieren. Was im Fallversuch der zu eliminierende Luftwiderstand, das ist in unserem Beispiel der Placeboeffekt: wir wissen, daß sich die Verabreichung eines physiologisch völlig unwirksamen Medikamentes häufig dahingehend auswirkt, daß die Probanden eine der Leersubstanz fälschlich zugeschriebene Wirkung nicht nur subjektiv tatsächlich zu verspüren glauben, sondern oft auch objektiv zeigen. In unserem Beispiel könnte etwa schon die Erwartung einer gesteigerten Gedächtnisleistung Aufmerksamkeit und Motivation so ändern, daß eine Verbesserung der Gedächtnisleistung eintritt. Unterstellen wir, daß dieser Placeboeffekt bei den Personen, die die physiologisch wirksame Substanz erhalten, genauso vorhanden ist, wie bei der Kontrollgruppe und sich der physiologischen Wirkung überlagert, so liefert die Differenz zwischen den Gedächtnisleistungsänderungen beider Gruppen das Maß der Präparatwirkung selbst. Mit der Einführung einer Kontrollgruppe haben wir also das gleiche getan, wie der Physiker, der für einen Fallversuch ein Vakuum herstellt.
Den Rahmen deterministischer Hypothesen haben wir aber erst damit verlassen, daß wir auch in Anbetracht einer oder mehrerer Personen, die keine Leistungsverbesserung zeigen, die Hypothese keineswegs als falsifiziert anerkennen. Wir bedienen uns vielmehr eines statistischen Signifikanztests für den Vergleich der Mittelwerte zweier Gruppen und entscheiden aufgrund von dessen Resultat darüber, ob wir die Wirkung des Präparates *im Durchschnitt* als gegeben annehmen dürfen.
Die methodischen Überlegungen und Modellvorstellungen, die diesem Verfahren zugrundeliegen, sollen jetzt näher expliziert werden.
Zunächst wird angenommen, daß der Wirksamkeit des Medikamentes und der Ausprägung der Variablen Gedächtnisleistung jeweils mehrere konstituierende Bedingungen zugrundeliegen, die als Zufallsvariablen aufgefaßt werden können, von denen sich zwar Erwartungswerte, nicht aber die

genauen tatsächlichen Ausprägungsgrade in einer bestimmten Messung voraussagen lassen. Die Wirkung des Medikamentes ist deshalb nicht bei allen Personen und nicht bei allen Anwendungen an einer Person gleich. Die unterschiedliche Disposition im Ansprechen auf das Medikament ebenso wie die unterschiedliche Ausprägung der abhängigen Variablen Gedächtnisleistung ohne Rücksicht auf das Medikament werden ebenfalls als Zufallsvariablen behandelt, wobei eine interindividuelle Variation ebenso eine Rolle spielen kann wie eine intraindividuelle, eine Variation zwischen den verschiedenen Messungen an einer Person unter gleichen äußeren Bedingungen zu verschiedenen Zeitpunkten.

Bei der Behandlung von Variablen als Zufallsvariablen spielt es keine Rolle, ob die einzelnen konstituierenden Faktoren, deren Zusammenwirken angenommen wird, „in Wirklichkeit" determiniert sind, bei einer konkreten Untersuchung jedoch wegen mangelhaften Erkenntnisstandes nur zufallsbedingt gestreut erscheinen, oder ob ihre Wirkungen als prinzipiell nicht mehr deterministisch erklärbare Zufallsprozesse aufzufassen sind. Welcher Anteil an einer solchen Zufallsstreuung als Meßfehler, welcher als bedingt durch unbekannte, aber im Prinzip erkennbare Variablen angesehen wird, ist eine Frage des Untersuchungszieles und der zu seiner Erreichung nötigen Genauigkeit, nicht aber prinzipieller Natur. Die probabilistische Hypothese zu unserem Beispiel könnte demnach etwa lauten: „Mit einer Wahrscheinlichkeit von x % führt Medikament y bei einer so und so gekennzeichneten Person zu einer Steigerung der Gedächtnisleistung vom Betrag z, gemessen mit Test u".

Formallogisch sind probabilistische Hypothesen schwächere Aussagen als deterministische. Dieser Nachteil wird wettgemacht durch die Verallgemeinerungsmöglichkeiten, die die Methoden der statistischen Inferenz für probabilistische Hypothesen eröffnen. Da die Logik der Hypothesenprüfung aber weder mit der formalen Logik, noch mit der Logik alltäglichen Denkens und Sprechens übereinstimmt, ergeben sich Fehlermöglichkeiten bei der Interpretation, der Rückübersetzung der Ergebnisse statistischer Hypothesenprüfung in wissenschaftliche oder alltägliche Wortsprache, in der die Wahrscheinlichkeitsimplikationen des Verfahrens meist nicht zureichend ausgedrückt werden können.

1.2 Die Logik des Signifikanztests

Beim Signifikanztest handelt es sich um das gegenwärtig gebräuchlichste Verfahren der statistischen Verallgemeinerung. Für die folgenden Ausführungen setzen wir voraus, daß der Leser mit einigen elementaren Signifikanztests, wie sie in den Einführungsübungen der Inferenzstatistik und den zugehörigen Lehrbüchern (z. B. Bartel, 1972) behandelt werden, in groben Zügen vertraut ist. Da wir auf diesen Verfahren aufbauen wollen, gehen wir die logischen Schritte, wenn auch möglichst kursorisch, hier nochmals durch.

1.2.1 Die statistische Prüfung einer probabilistischen wissenschaftlichen Hypothese

Im Beispiel aus 1.1.4 (S. 7) sollte die wissenschaftliche Hypothese geprüft werden, ein Medikament verbessere die Gedächtnisleistung. Da in Untersuchungen dieser Art mit Placeboeffekten gerechnet werden muß, wählten wir eine Versuchs- und eine Kontrollgruppe, an denen bis auf die Variation der unabhängigen Variablen (Verabreichung des Medikamentes – Verabreichung einer Leersubstanz, die als das Medikament ausgegeben wird) unter völlig gleichen Bedingungen die abhängige Variable (Verbesserung der Gedächtnisleistung) gemessen wird.
Die Rahmenhypothese lautet dabei: Gedächtnisleistung ist eine durch Zusammenwirken verschiedener persönlich-dispositioneller, situativer, physiologisch-pharmakologischer, zeitlicher und zusätzlicher, als Fehler charakterisierbarer, Bedingungen konstituierte Zufallsvariable. Die Untersuchungsfrage lautet: ist die Einnahme des vorliegenden Medikamentes dabei eine wirksame Bedingung? Den Einfluß situativer Bedingungen versuchen wir *konstantzuhalten*, indem wir alle Personen unter den gleichen Umständen untersuchen, wozu auch die Verabreichung des Placebopräparates für die Kontrollgruppe gehört. Den Einfluß persönlich-dispositioneller Faktoren randomisieren wir, das heißt, für ihn suchen wir zu erreichen, daß er sich zufallsverteilt auswirkt, indem wir die Personenstichprobe nach Zufall aus der Population auswählen, für die die Aussage über die Wirkung des Medikamentes gemacht werden soll. Dadurch sollen sich die *unbekannten unerwünschten* Bedingungen nach Zufall auf die untersuchten Einzelpersonen und damit auch nach Zufall auf die beiden Gruppen auswirken. Die *zu untersuchende* Bedingung soll dagegen gezielt nur eine Gruppe be-

einflussen, die andere nicht, und schließlich sollen *bekannte, unerwünschte* Bedingungen zwischen beiden Gruppen nicht variieren, also entweder garnicht oder in beiden Gruppen in gleicher Richtung und im gleichen Maße wirken.

Haben wir dies alles handwerklich einwandfrei realisiert, also eine wirkliche Zufallsauswahl der Stichprobe und der Aufteilung der Personen auf die beiden Gruppen zustandegebracht und können wir einigermaßen sicher sein, daß sich die beiden Gruppen außer in der unabhängigen Variablen nicht systematisch unterscheiden, etwa durch unterschiedliche Untersuchungsleiter, Untersuchungsräume, Tageszeiten usw., so dürfen wir schließen, ein beobachteter Unterschied in der abhängigen Variablen zwischen beiden Gruppen sei allein auf die Variation der unabhängigen Variablen zurückzuführen, sofern er nur das Kriterium der statistischen Bedeutsamkeit, der Signifikanz, erreicht.

Vor der Behandlung der statistischen Details dieser Überlegungen ist nochmals zu betonen: durch das äußere Arrangement der Untersuchung muß sichergestellt sein, daß der *Einfluß* für das Untersuchungsziel *irrelevanter konstituierender Bedingungen der abhängigen Variablen*
a) eliminiert oder
b) über alle Personen und Gruppen hinweg konstantgehalten oder
c) innerhalb der Gruppen auf alle Einzelpersonen nach Zufall verteilt (randomisiert) oder
d) zu gleichen Anteilen auf die Gruppen systematisch verteilt (balanciert) wird.

Die *relevanten konstituierenden* Bedingungen hingegen dürfen allein zwischen den Gruppen systematisch variieren, müssen innerhalb der Gruppen, d. h. für alle Mitglieder einer Gruppe, aber konstant gehalten werden. Die Beurteilung, ob dies gelungen ist, ist eine Frage der einzelwissenschaftlichen Methode. Erst wenn sie positiv ausfällt, erlaubt die Entscheidung zwischen den statistischen Hypothesen auch einen Rückschluß auf die wissenschaftliche Fragestellung.

Für jede statistisch ausgewertete wissenschaftliche Untersuchung unterscheiden wir drei Arten von Variablen. *Unabhängig* werden die Variablen (oder auch die eine Variable) genannt, deren Einfluß untersucht werden soll. *Abhängig* wird die Variable genannt, auf die sich der Einfluß der unabhängigen Variablen bezieht. *Störvariablen* schließlich sind diejenigen Einflüsse, die auf die abhängige Variable einwirken, ohne Gegenstand der Untersuchung zu sein und so eine Wirkung der unabhängigen Variablen abschwächen, verstärken, verdecken oder vortäuschen können. Ob eine bestimmte, ein Geschehen charakterisierende Variable unabhängig, abhängig oder Störung ist, ist jeweils relativ auf den Plan einer Untersuchung.

1.2.2 Die Einzelschritte eines einfachen Signifikanztests

Die Formulierung, daß sich die beiden Gruppen, Versuchsgruppe und Kontrollgruppe, nur nach Zufall, wenn das Medikament keine Wirkung hat, und nach Zufall und Medikamentenwirkung, sofern eine solche Wirkung besteht, unterscheiden, läßt sich statistisch dadurch wiedergeben, daß wir eine Population X_0 annehmen, die die Maßzahlen aller Personen im Gedächtnistest, für die unsere Aussage gelten soll, und zwar ohne Medikamentenwirkung, enthält. Eine zweite Population X_1 soll die entsprechenden Maßzahlen für alle die Personen enthalten, die das Medikament verabreicht bekommen. Die beiden untersuchten Gruppen dürfen dann als Zufallsstichproben aus diesen beiden Populationen aufgefaßt werden. Bezeichnet man die Parameter beider Populationen als μ_0, μ_1 und σ_0, σ_1 für Mittelwerte und Standardabweichungen, so drückt sich die Wirkung des Medikamentes in einer von Null verschiedenen Differenz

(1.1) $\quad |\mu_1 - \mu_0| \neq 0$

aus. Haben wir berechtigten Anlaß zur Annahme, die Wirkung werde, wenn überhaupt, dann nur in einer Verbesserung der Gedächtnisleistung, auf keinen Fall aber in einer Verschlechterung bestehen, können wir genauer sagen:

(1.2) $\quad \mu_1 - \mu_0 > 0$,

sofern eine große Maßzahl einer hohen, eine kleine Maßzahl einer niedrigen Gedächtnisleistung entspricht.

Mit der Formulierung von (1.1) oder (1.2) haben wir aus der wissenschaftlichen Hypothese eine statistische Arbeitshypothese, meist als H_1 bezeichnet, abgeleitet. Im Falle (1.1) wird sie als „zweiseitig" bezeichnet, da sie sowohl eine Erniedrigung als auch eine Erhöhung des Ausprägungsgrades der abhängigen Variablen zuläßt; im Falle (1.2) drückt H_1 nur eine Erhöhung des Zahlenwertes aus und ist deshalb „einseitig".

Logisch komplementär zu H_1 kann in beiden Fällen die Hypothese

(1.3) $\quad \mu_0 = \mu_1$,

die als Nullhypothese (H_0) bezeichnet wird, gebildet werden. Sie behauptet das Fehlen des in der Arbeitshypothese formulierten Effektes für die beiden Populationen. Man kann sie auch so ausdrücken: in „Wirklichkeit" besteht der Effekt nicht, Versuchsgruppe und Kontrollgruppe müssen als Zufallsstichproben aus *einer* Population aufgefaßt werden. In Abhebung von der Nullhypothese wird H_1 in der Regel auch als „Alternativhypothese" bezeichnet. Wir verwenden die beiden Ausdrücke „Arbeitshypothese" und „Alternativhypothese" synonym; eine Ausnahme bilden die später zu besprechenden Fälle, in denen die *wissenschaftliche* Arbeitshypothese mit der *statistischen* Nullhypothese zusammenfällt, Arbeits- und Alternativhypothese also unterschieden werden müssen.

Die Nullhypothese ist der Angelpunkt der statistischen Hypothesenprüfung. Zwischen den beiden Stichproben, Versuchs- und Kontrollgruppe, erhalten wir bei Messungen in der Praxis nahezu immer einen Mittelwertsunterschied. *Die Nullhypothese gestattet es nun, die Wahrscheinlichkeit zu berechnen, durch Zufall einen so großen oder größeren Unterschied wie den beobachteten zwischen zwei Stichproben der vorliegenden Eigenschaften zu erhalten, wenn sie in der Population gilt.* Die Bedeutung der Nullhypothese liegt darin, daß sie diese Wahrscheinlichkeitsberechnung erlaubt. Die wissenschaftlich interessierende Alternativhypothese gestattet eine solche Berechnung nicht, oder, genauer gesagt, nur mit später noch zu behandelnden Zusatzannahmen.

Die aufgrund der Nullhypothese berechnete Wahrscheinlichkeit p läßt es zu, eine *Entscheidungsregel* festzulegen: ist p kleiner oder gleich dem Zahlenwert, den man als Signifikanzniveau bezeichnet und der in der Regel 0,05, 0,01 oder 0,001 (5 %, 1 % oder 0,1 %) beträgt, wird die Nullhypothese verworfen und die Arbeitshypothese angenommen. Dieser Sachverhalt wird durch die Formulierung, das vorliegende Resultat sei „signifikant", in kurzer Form sprachlich wiedergegeben. Diese spezielle Verwendung des Signifikanzbegriffes ist von einer im wissenschaftlichen und wissenschaftstheoretischen Sprachgebrauch ebenfalls verbreiteten Bedeutung streng zu unterscheiden. Häufig wird unter Signifikanz die wissenschaftliche Bedeutsamkeit oder die Aussagekraft eines Datums für eine Gesetzesaussage verstanden. Wie noch genauer zu zeigen sein wird, *impliziert die im statistischen Test festgestellte statistische Signifikanz keineswegs die empirische Signifikanz der zugrundeliegenden Zahlenwerte* (vgl. Bredenkamp, 1972; Morrison und Henkel, 1970)!

Überschreitet die genannte Wahrscheinlichkeit das Signifikanzniveau, so ist die Nullhypothese *vorläufig* beizubehalten, die Arbeitshypothese entsprechend *vorläufig* abzulehnen. Damit soll ausgedrückt werden, daß ein statistisch nicht signifikantes Resultat nicht in gleicher Weise für die Richtigkeit von H_0 in der Population spricht wie ein signifikantes

Resultat für die Annehmbarkeit von H_1. Ein nichtsignifikantes Resultat fordert hinsichtlich H_0 und H_1 *Urteilsenthaltung*.

Das Signifikanzniveau — wir verwenden dafür das Formelzeichen p_I — wird vor Beginn einer statistischen Auswertung konventionell festgelegt. Bei einer *kleinen* Wahrscheinlichkeit p_I, also *niederer Zahl* 1 % oder 0,1 %, spricht man von *hohem*, sonst von niedrigem Signifikanzniveau. Einige Faustregeln zur Wahl des Signifikanzniveaus gibt Lienert (1973, S. 72). In groben Zügen kann man sagen: hohes Signifikanzniveau ist geboten, wenn das wissenschaftliche oder finanzielle Risiko einer Annahme von H_1 im Falle ihrer Falschheit groß ist, also wenn die Annahme von H_1 anerkannten wissenschaftlichen Lehrmeinungen widerspricht oder beispielsweise hohe Kosten für aufwendige Investitionen nach sich zieht.

Niedriges Signifikanzniveau ist angezeigt, wenn man sich mit einem wissenschaftlich noch weniger erforschten Gegenstand befaßt, wenn die Annahme von H_1 eher weitere Untersuchungen als gravierende Theorienänderungen zur Folge hat.

Wir haben nun noch näher auf die *asymmetrische Relation von H_0 und H_1* einzugehen. Wenn sich schon die wissenschaftliche Hypothese auf die statistische Alternativhypothese abbilden läßt, warum ist dann noch die statistische Nullhypothese vonnöten? Könnte man nicht die Wahrscheinlichkeit, die zur Entscheidung über die Arbeitshypothese führt, aus dieser selbst berechnen? Sehen wir uns in unserem Beispiel nochmals H_1 an:
$|\mu_1 - \mu_0| \neq 0$ (1.1) bzw. $\mu_1 - \mu_0 > 0$ (1.2).

In beiden Fällen handelt es sich um *Ungleichungen*, die nur etwas über einen *Bereich* für die Differenz beider Mittelwerte aussagen, dieser Differenz aber nicht nur *einen* Zahlenwert zuordnen. Man nennt sie deshalb auch *zusammengesetzte statistische Hypothesen*. Unter der Annahme einer zusammengesetzten Hypothese läßt sich aber den in der Untersuchung erhaltenen Daten keine Wahrscheinlichkeit, sondern nur ein Wahrscheinlichkeitsbereich zuordnen, der als Entscheidungsgrundlage in diesem Falle nicht taugt. Nur die Nullhypothese $\mu_0 = \mu_1$ (1.3), gleichbedeutend mit $\mu_1 - \mu_0 = 0$, weist der erhaltenen Mittelwertsdifferenz keinen Bereich, sondern eine einzige Zahl, einen Punkt auf dem Merkmalskontinuum, als Erwartungswert zu, aus der dann auch eine Zahl als Überschreitungswahrscheinlichkeit berechnet werden kann.

Fassen wir zum Schluß dieses Abschnittes die Schritte des Signifikanztests für das gegebene Beispiel zusammen:

1. Festlegung des Signifikanzniveaus p_I nach praktischer und/oder wissenschaftlicher Bedeutsamkeit der Arbeitshypothese,

2. Formulierung von statistischer Arbeitshypothese H_1 und Nullhypothese H_0,
3. Berechnung der Wahrscheinlichkeit, unter Geltung der Nullhypothese das tatsächlich gefundene Ergebnis zu erhalten. Praktisch meist Berechnung der Prüfgröße.
4. Überprüfung, ob die Wahrscheinlichkeit nach 3. über oder unter dem Signifikanzniveau bzw. ob die Prüfgröße nach 3. über oder unter der dem Signifikanzniveau entsprechenden Signifikanzgrenze liegt. Entscheidung für Annahme von H_1, also Bezeichnung des Resultates als „signifikant", oder Urteilsenthaltung und vorläufige Beibehaltung von H_0 mit der Bezeichnung „nicht signifikant".

Kehren wir kurz zu unseren Ausgangsüberlegungen zurück. Der deterministische Induktionsschluß hat die Form des Beispielsatzes: „Alle in einer bestimmten Untersuchung überprüften Raben sind schwarz; daraus folgt: alle Raben sind schwarz". Hat ein theoretischer Satz in hinreichendem Maße Falsifikationsmöglichkeiten erfolgreich überstanden, kann er als empirisch bewährt gelten.

Für einen signifikanten Zahlenwert im statistischen Signifikanztest lautet der Verallgemeinerungsschluß: „Wenn die Alternativhypothese in der Population, der die Zufallsstichprobe entnommen wurde, nicht gilt, die Nullhypothese also ‚in Wirklichkeit' richtig ist, so ist das Untersuchungsergebnis trotz einer geringen Zufallswahrscheinlichkeit $\leq p_I$ zustandegekommen. Ist ‚in Wirklichkeit' die Alternativhypothese richtig, hat das erhaltene Ergebnis eine Zufallswahrscheinlichkeit $p > p_I$. Der Entschluß, die Arbeitshypothese anzunehmen, ist damit gerechtfertigt."

Führen wir für den Betrag der Differenz zweier Stichprobenmittelwerte M_1 und M_0 das Formelzeichen

(1.4) $\quad D = M_1 - M_0$

ein, läßt sich die Entscheidungsregel anschreiben:

(1.5) $\quad$ Wenn $p(D \geq D_{\text{erhalten}} \mid H_0) \leq p_I$, dann H_0 verwerfen,

(1.6) $\quad$ wenn $p(D \geq D_{\text{erhalten}} \mid H_0) > p_I$, dann H_0 beibehalten.

Wir haben dabei von der Schreibweise für bedingte Wahrscheinlichkeiten Gebrauch gemacht: $p(a \mid b)$ ist als „bedingte Wahrscheinlichkeit des Ereignisses a, gegeben Ereignis b" zu lesen.

Die Entscheidungsregel enthält also den Vergleich der bedingten Wahrscheinlichkeit p der Daten, gegeben Gültigkeit der Nullhypothese (über deren Gültigkeit wir gerade etwas erfahren wollen!), mit dem Signifikanz-

niveau p_I. Diese Wahrscheinlichkeit wird im Signifikanztest berechnet. Sie ist *nicht gleichzusetzen mit einer bedingten Wahrscheinlichkeit für die Richtigkeit der Nullhypothese im Lichte der vorliegenden Daten. Diese Wahrscheinlichkeit kann der Signifikanztest nicht liefern.*
Die Wahrscheinlichkeit p erlaubt eine formale Umkehrung: man *definiert*

(1.7) $\quad l\,(H_0 \mid D \geqq D_{erhalten}) = p\,(D \geqq D_{erhalten} \mid H_0)$

als „*Likelihood* der Hypothese H_0 aufgrund vorliegender Daten". Obwohl die Likelihood einer Hypothese im Lichte bestimmter Daten mit der rechten Seite von (1.7) als bedingte Wahrscheinlichkeit berechnet werden kann, ist sie *keine bedingte Wahrscheinlichkeit*. In manchen Definitionen der Likelihood wird noch ein Proportionalitätsfaktor k in die rechte Seite von (1.7) aufgenommen, worauf wir hier jedoch nicht näher eingehen müssen. Die Axiome von Kolmogoroff, die die Rechenregeln für Wahrscheinlichkeiten fundieren, gelten für Likelihoodzahlen nicht. Für das englische Wort „likelihood", dessen Wörterbuchübersetzung „Wahrscheinlichkeit" lautet, wird gelegentlich die Übersetzung „Mutmaßlichkeitskoeffizient" vorgeschlagen, meist aber wird es unübersetzt übernommen.

Es muß nochmals betont werden, daß Likelihood nicht gleich Wahrscheinlichkeit ist, aber durch die formale Umkehrung von Wahrscheinlichkeitsaussagen definiert wird. Die beiden Sätze „Die Wahrscheinlichkeit des Datums D, Gültigkeit der Hypothese H vorausgesetzt, ist p" und „Die Likelihood der Hypothese H, das Vorliegen der Daten D vorausgesetzt, ist p" sind logisch äquivalent, sie bezeichnen den gleichen Sachverhalt. Das wesentliche an der Definition ist also, daß man, wo sich aufgrund einer Hypothese einem Datum eine Wahrscheinlichkeit zuordnen läßt, den Sprachgebrauch festlegt, dieser Wahrscheinlichkeit entspreche die Likelihood der Hypothese im Lichte des Datums. Mit Hilfe dieser Definition lassen sich einige wesentliche Zusammenhänge der statistschen Hypothesenprüfung besonders einfach formulieren.

Die kürzeste verbale Fassung der Entscheidungsregel im Signifikanztest lautet damit: die Nullhypothese ist zu verwerfen, wenn ihre Likelihood im Lichte der vorliegenden Daten die Signifikanzgrenze erreicht oder unterschreitet. Andernfalls ist sie vorläufig beizubehalten.

1.3 Was ist Varianzanalyse?

Bisher haben wir als Beispiel den Signifikanztest für den Vergleich zweier Mittelwerte unabhängiger Stichproben gewählt. Wir nahmen an, daß es sich dabei um in der Population normalverteilte Variablen handelte, die Berechnung von Mittelwert und Standardabweichung also zulässige und sinnvolle Operationen wären. Verfahren, die diese Voraussetzung erfüllen, werden „parametrisch" genannt. Im Beispiel würde der t-Test für den Vergleich zweier Stichprobenmittelwerte angewandt.
Die Varianzanalyse kann als verallgemeinerter t-Test aufgefaßt werden. Sie ist ein parametrischer Signifikanztest für den Mittelwertsvergleich einer abhängigen Variablen in *mehr als zwei Stichproben*. Diese Stichproben unterscheiden sich, wie die beiden Stichproben des bisherigen Beispiels, in der systematisch unterschiedlichen Ausprägung wenigstens einer unabhängigen Variablen. Führt man mehrere unabhängige Variablen in eine Untersuchung ein, so liefert die Varianzanalyse nicht nur einen Signifikanztest für *jede unabhängige Variable*, sondern auch für deren *Wechselwirkung* (engl. interaction), eine Gegebenheit, die noch ausführlich zu besprechen ist. Unter *Wechselwirkung* versteht man die systematische Auswirkung der *Überlagerung* zweier oder mehrerer unabhängiger Variablen auf die abhängige Variable, die sich in varianzanalytisch ausgewerteten Daten zeigen kann. Unter anderem hierin liegt die wissenschaftliche Bedeutsamkeit des varianzanalytischen Verfahrens begründet.
Ein Beispiel mag den Begriff der *Wechselwirkung* verdeutlichen. Angenommen, die *Variable „Blutalkoholgehalt"* verschlechtere die Ausprägung der Variablen *„Straßenverkehrstauglichkeit"*, auf deren mögliche Definitionen hier nicht eingegangen werden soll, um einen bestimmten Betrag, etwa 0,6 Standardabweichungen s, wenn sie von 0 bis 0,5 °/oo variiert. Die *Variable* „Einnahme eines bestimmten *Schmerzmittels"* habe eine ähnliche, nur geringere Auswirkung auf die Fahrtüchtigkeit, etwa 0,1 s. Ein einfacher varianzanalytischer Versuchsplan könnte wie Tabelle 1 aussehen, womit wir unsere Darstellungsweise solcher Pläne, die die logischen Relationen zwischen den unabhängigen Variablen und deren Variationsbereich möglichst gut erkennen lassen soll, einführen.

Tabelle 1

		Variable B Schmerzmitteleinnahme	
		B_1 Placebo	B_2 Schmerzmittel
Variable A	A_1 0 °/oo	$M_{11} = 0$	$M_{12} = -0,1$ s
Blutalkoholgehalt	A_2 0,5 °/oo	$M_{21} = -0,6$ s	$M_{22} = -1,0$ s

Zeilen und *Spalten* der Tabelle 1 werden jeweils bestimmten Ausprägungen der unabhängigen Variablen zugeordnet. Jede *Zelle* gehört damit zu einer bestimmten Ausprägungskombination der Zeilen- und der Spaltenvariablen. In den Zellen stehen Maßzahlen oder Statistiken der abhängigen Variablen, in unserem Beispiel Mittelwerte der Variablen Fahrtauglichkeit. Man sagt auch, in einem Untersuchungsplan wie Tabelle 1 seien die unabhängigen Variablen *gekreuzt* (engl. crossed). Die einzelnen unabhängigen Variablen werden auch als *Faktoren* bezeichnet, ihre einzelnen Ausprägungen auch als *Stufen*.

Würden sich die Wirkungen des Medikamentes und des Blutalkoholgehaltes auf die abhängige Variable Fahrtauglichkeit additiv überlagern, so müßten wir für M_{22}, die durchschnittliche Fahrtauglichkeit bei 0,5 $^o/_{oo}$ Blutalkoholgehalt und Medikamenteneinnahme erhalten:

$$M_{22} = M_{12} + M_{21} = -0,1 - 0,6 = -0,7 \;,$$

die Verschlechterung der Fahrtauglichkeit wäre also einfach die Summe aus der Verschlechterung durch Alkohol und durch Schmerzmittel. Wie bekannt, ist dies jedoch in der Praxis meist nicht der Fall: das Medikament erhöht die Alkoholwirkung beträchtlich. Ein solcher Zusammenhang zweier Variablen läßt sich als Wechselwirkung in varianzanalytisch ausgewerteten Untersuchungen auf statistische Signifikanz prüfen.

Wir wollen noch eine wichtige Unterscheidung einführen. Statistische Auswertungen können danach klassifiziert werden, ob sie eine oder mehrere *abhängige* Variablen enthalten. Liegt nur eine abhängige Variable vor, spricht man von univariaten Verfahren. In diesem Sinne ist die hier behandelte Varianzanalyse univariat. Werden mehrere abhängige Variablen in einer Untersuchung erhoben und *einer* zusammenfassenden statistischen Analyse unterzogen, sind multivariate Verfahren vonnöten.

Tabelle 1 enthält zwei unabhängige Variablen. Sie läßt erkennen, daß bei Erhöhung der Zahl der unabhängigen Variablen und der Zahl ihrer Ausprägungen die Varianzanalyse schnell logisch und, wie man erwarten kann, auch rechnerisch kompliziert wird.

2. Mathematische Propädeutik

Zur statistischen Behandlung des meist umfangreichen und in den logischen Zusammenhängen komplizierten Materials einer varianzanalytischen Auswertung gehört eine sorgsam durchdachte Gestaltung von Tabellen, Rechenblättern und Auswertungsbögen. Die Übersicht ist nur durch sorgfältige Verwendung von ein- und mehrfach indizierten allgemeinen Zahlen aufrechtzuerhalten. Die wichtigste Rechenoperation, die dabei immer wieder angewandt wird, ist die *Summierung*.
Im ersten Abschnitt dieses Kapitels werden deshalb die Rechenregeln für *Summen indizierter Variablen* behandelt.
Wie im ersten Kapitel gezeigt, sind *statistische Schlüsse Wahrscheinlichkeitsschlüsse von beobachteten Statistiken auf Parameter* zugrundeliegender, teilweise hypothetischer, Populationen. Der zweite Abschnitt des vorliegenden Kapitels enthält daher Ausführungen über die *Parameterschätzung* und die Rechenregeln für die Berechnung von *Erwartungswerten*. Dieser Abschnitt führt zunächst scheinbar weg von den Fragen der Varianzanalyse in eher abstrakt wirkende Überlegungen, die jedoch die Grundlage der statistischen Hypothesenprüfung mit der Varianzanalyse bilden.
Schließlich haben wir besondere Fragen der Varianzenschätzung und Varianzenverteilung, die in der Varianzanalyse eine grundsätzliche Rolle spielen, zu behandeln. Im dritten Abschnitt wird deshalb die t- und die F-Verteilung besprochen.

2.1 Summen indizierter Variablen

2.1.1 Die Definition der indizierten Variablen

Mißt man eine Variable X zum Beispiel an m = 6 Personen, so erhält man ein Ergebnis in der Art der in Tabelle 2 zusammengestellten Zahlen.
Jedes Datum in dieser *Urliste* muß *allgemein bezeichnet* werden können. Die gesamte Variable nennen wir X und ihre einzelnen Ausprägungen x_i, wobei zur näheren Kennzeichnung der speziellen Maßzahl die Nummer der Person, an der sie gemessen wurde, als Index hinzugefügt wird. Der Index entspricht auch der Nummer der Zeile, in der eine bestimmte Maßzahl in

der Tabelle verzeichnet ist. Wir erhalten im Beispiel von Tabelle 2 $x_1 = 3$, $x_2 = 8, \ldots x_6 = 6$.

Tabelle 2

Person Nr.	Maßzahl für X
1	3
2	8
3	4
4	2
5	7
6	6

Die allgemeine Zahl für den Index nennen wir im Beispiel i, x_i bezeichnet das allgemeine Element der Meßreihe. Die Zahl i wird *Laufvariable* oder *Laufindex* genannt. Ersetzt man die Variable i durch eine Konstante, einen bestimmten Zahlenwert, etwa i = 4, so gibt die Tabelle 2 dafür den Zahlenwert $x_4 = 2$ an. Operationen mit der indizierten Variablen x_i sind natürlich nur solange sinnvoll, wie i Zahlenwerte annimmt, für die auch Maßzahlen in der Tabelle enthalten sind.

Die Gesamtzahl der Maßzahlen wird im Beispiel mit m bezeichnet, so daß wir sagen können, der *Laufbereich* von i geht von 1 bis m, als Formel ausgedrückt:

(2.1) $\quad 1 \leq i \leq m.$

Eine geordnete Folge von m Zahlen in Form einer Spalte wie „Maßzahl für X" in Tabelle 2 wird auch als *Vektor* bezeichnet. Die einzelnen Zahlen, die einen Vektor konstituieren, werden *Elemente des Vektors* genannt; ihre Anzahl, im Beispiel m mit m = 6, gibt den *Typ* des Vektors an. Als Formelzeichen für Vektoren werden fettgedruckte Kleinbuchstaben, z. B. **x**, verwendet. Tabelle 2 enthält demnach einen Variablenvektor **x** vom Typ 6.

Für Vektoren gibt es Rechenregeln, die Operationen auf der Basis der Elemente definieren. Bei der Darstellung der Varianzanalyse lohnt es sich im allgemeinen nicht, die Regeln der Vektorrechnung einzuführen oder vorauszusetzen. Gelegentlich ist es jedoch nützlich, eine Spalte von Einzelzahlen als *Spaltenvektor*, eine entsprechende Zeile als *Zeilenvektor* zu bezeichnen.

Die wichtigste Berechnung in der deskriptiven Statistik und auch in der Varianzanalyse gilt dem arithmetischen Mittel einer Reihe von Maßzahlen.

Es ist definiert als Summe aller Maßzahlen, dividiert durch deren Anzahl. Der Mittelwert der Maßzahlen in Tabelle 2 ist

(2.2) $\quad M = (3 + 8 + 4 + 2 + 7 + 6) \cdot 1/6 = 5{,}00.$

Wir können auch allgemein schreiben:

(2.3) $\quad M = (x_1 + x_2 + x_3 + x_4 + x_5 + x_6) \cdot 1/6.$

Verallgemeinern wir auch die Zahl der Maßzahlen, indem wir die 6 durch m ersetzen, erhalten wir:

(2.4) $\quad M = (x_1 + x_2 + \ldots + x_i + \ldots + x_m) \cdot 1/m.$

Die rechte Seite des Ausdrucks (2.4) läßt sich mit dem Summenzeichen abkürzen:

(2.5) $\quad M = \dfrac{1}{m} \sum\limits_{i=1}^{m} x_i .$

Für das Rechnen mit dem Summenzeichen gilt also die allgemeine Definition:

(2.6) $\quad \sum\limits_{i=1}^{m} x_i = x_1 + x_2 + \ldots + x_i + \ldots + x_m.$

(2.5) stellt die Formel für das arithmetische Mittel in der Schreibweise dar, die dem Leser bereits aus der Einführung in die Statistik bekannt sein dürfte. Wir haben sie hier nochmals ausführlich wiedergegeben, weil das Verständnis aller varianzanalytischen Formeln gefährdet ist, wenn man sich nicht immer wieder ohne langes Nachdenken vor Augen führen kann, daß die Notierung (2.5) die Operationen nach (2.4) oder (2.3) symbolisch darstellt. *Unter* dem Summenzeichen steht der *Laufindex und sein Anfangswert,* über dem Summenzeichen *sein Endwert;* der Laufindex und der *Laufbereich* werden also mit dem Summenzeichen zusammen angegeben. Ist man mit der Summenoperation hinreichend vertraut, macht es keine Schwierigkeiten, ein Summenzeichen auch dann zu verstehen, wenn der Laufbereich und/oder der Laufindex fehlen, wie es in der fortgeschrittenen Literatur aus Ersparnisgründen häufig geschieht.

Wir empfehlen dem Leser dringend, alle Formeln, die Summenzeichen enthalten, zunächst „mit Papier und Bleistift zu lesen", also sich ihre Bedeutung durch schriftliche Übertragung in die Form (2.4) oder (2.3) ganz klar zu machen. Bei fehlenden Laufbereichen und Laufindices kann man sein Verständnis einer Formel daran prüfen, daß man in der Lage ist, diese Indices ohne Zögern richtig einzutragen.

Noch ein Wort an den geneigten Leser, der uns soviel Belehrung verzeihen möge! Man lernt Varianzanalyse nicht mehr so sehr wie die einführende deskriptive und Inferenzstatistik dadurch, daß man zu jedem Auswertungsplan und zu jeder möglichen Aufgabenstellung ein Beispiel durchrechnet. Die praktisch benötigten Auswertungen werden heute sehr oft mit Computern ausgeführt, wobei der Anwender von technischen Details der Varianzanalyse so unbelastet bleibt, daß er nicht notwendigerweise darin eine nennenswerte Rechenübung erlangen muß. Umso wichtiger für ein theoretisches Verständnis ist deshalb die genaue Interpretation jeder vorkommenden Formel.

Gehen wir zu einer weiteren Anwendung der Summenformel über. Gegeben seien jetzt *gruppierte Daten*, also eine empirisch gefundene Häufigkeitsverteilung wie Tabelle 3.

Tabelle 3

Zeile Nr.	X	f
1	$x_1 = 7$	$f_1 = 3$
2	$x_2 = 8$	$f_2 = 6$
3	$x_3 = 9$	$f_3 = 15$
4	$x_4 = 10$	$f_4 = 9$
5	$x_5 = 11$	$f_5 = 4$

Die Tabelle 3 sagt aus, daß in der zugehörigen, nicht wiedergegebenen Urliste in der Art von Tabelle 2 die Maßzahl 7 insgesamt 3 mal, die 8 6mal usw. vorgekommen ist. Um als Mittelwert wieder die Summe der Maßzahlen aus der Urliste bestimmen und durch deren Anzahl dividieren zu können, müssen wir jetzt jede Maßzahl zunächst mit der Häufigkeit ihres Auftretens multiplizieren. X und f, *Maßzahlen und Häufigkeiten,* werden dazu als *indizierte Variablen* aufgefaßt und wir erhalten:

(2.7) $$M = \frac{1}{N} \sum_{i=1}^{m} x_i \cdot f_i.$$

Den Laufindex haben wir wieder i genannt, sein Bereich geht über die m Zeilen der Tabelle 3. Die Zahl der Maßzahlen in der Urliste, durch die wir die Summe dividieren müssen, um das arithmetische Mittel zu erhalten, heißt jetzt N, da sie nicht mehr mit der Zahl der Zeilen, der Obergrenze des Laufbereiches m, zusammenfällt. Eine einfache Überlegung zeigt, daß für Tabelle 3 gilt:

(2.8) $$N = \sum_{i=1}^{m} f_i.$$

Wendet man (2.7) und (2.8) auf Tabelle 3 an, erhält man:

$$N = 3 + 6 + 15 + 9 + 4 = 37 \quad \text{und}$$

$$M = \frac{1}{37}(7 \cdot 3 + 8 \cdot 6 + 9 \cdot 15 + 10 \cdot 9 + 11 \cdot 4)$$

$$= \frac{1}{37}(21 + 48 + 135 + 90 + 44) = 9{,}135 \, .$$

Man beachte, daß die Indizierung der Variablen X in den Tabellen 2 und 3 eine verschiedene Bedeutung hat; in Tabelle 2 kennzeichnet sie die Abfolge der Einzelmaßzahlen x_i bei der Messung an verschiedenen Personen, in Tabelle 3 die einzelnen Maßzahlklassen. In (2.5) ist über die Personen, in (2.7) über die Maßzahlklassen zu summieren.

2.1.2 Rechenregeln für einfach indizierte Variablen

Da das Summenzeichen die Summierung über die Elemente einer indizierten Variablen symbolisch repräsentiert, lassen sich die Regeln für das Rechnen mit Summenzeichen aus den Regeln für Punkt- und Strichrechnung leicht ableiten.

Enthält *eine Berechnung mehrere indizierte Variablen,* so werden unterschiedliche Laufindices und unterschiedliche Zahlen für die Obergrenzen der Laufbereiche verwendet. Für die Indices setzen wir im gesamten vorliegenden Buch die Buchstaben h, i, j, k, für die zugehörigen Obergrenzen l, m, n, r ein; zum Laufindex i gehört stets die Obergrenze m, zu j gehört n usw.

Steht hinter dem Summenzeichen eine additive *Konstante* c, so bedeutet dies:

(2.9) $$\sum_{i=1}^{m}(x_i + c) = x_1 + c + x_2 + c + \ldots + x_i + c + \ldots + x_m + c$$

$$= mc + x_1 + x_2 + \ldots + x_i + \ldots + x_m.$$

Die Konstante c wird also bei m Additionen jeweils mitgeführt und läßt sich ausklammern. Die m Additionen lassen sich als Produkt anschreiben, womit die rechte Seite von (2.9) entsteht. Führt man das Summenzeichen wieder ein, erhält man

$$(2.10) \quad \sum_{i=1}^{m} (x_i + c) = mc + \sum_{i=1}^{m} x_i.$$

Ein *konstanter Faktor* läßt sich vor die Summe ziehen, oder, bei Bedarf, durch Lesen von (2.11) von rechts nach links, in die Summe hineinmultiplizieren:

$$(2.11) \quad \sum_{i=1}^{m} (ax_i) = ax_1 + ax_2 + \ldots + ax_i + \ldots + ax_m$$

$$= a(x_1 + x_2 + \ldots + x_i + \ldots + x_m)$$

$$= a \sum_{i=1}^{m} x_i.$$

Bestehen die einzelnen *Elemente der Summe selbst aus Summen*, läßt sie sich in Teilsummen zerlegen:

$$(2.12) \quad \sum_{i=1}^{m} (x_i + y_i) = x_1 + y_1 + x_2 + y_2 + \ldots + x_i + y_i + \ldots + x_m + y_m$$

$$= \sum_{i=1}^{m} x_i + \sum_{i=1}^{m} y_i.$$

Man sagt auch, die *Summenoperation* werde auf die Elemente der Klammer *verteilt*. Eine Verteilung des Summenoperators ist unmöglich, wenn es sich bei den Summanden um Produkte handelt, deren beide Faktoren Variablen mit dem gleichen Laufindex sind:

$$(2.13) \quad \sum_{i=1}^{m} x_i y_i = x_1 y_1 + x_2 y_2 + \ldots + x_i y_i + \ldots + x_m y_m.$$

Für das *Quadrieren* gelten *zwei wichtige Regeln*. Die *Summe* kann einmal aus *zu quadrierenden Elementen* bestehen. Jedes Element ist vor der Summierung zu quadrieren:

$$(2.14) \quad \sum_{i=1}^{m} x_i^2 = x_1^2 + x_2^2 + \ldots + x_i^2 + \ldots + x_m^2.$$

Die *Quadrieroperation* kann aber auch *auf die Summe als ganze* angewandt werden: hier ist erst zu summieren und dann zu quadrieren.

$$(2.15) \quad (\sum_{i=1}^{m} x_i)^2 = (x_1 + x_2 + \ldots + x_i + \ldots + x_m)^2.$$

Es zeigt sich sofort, daß (2.14) und (2.15) verschieden sind, also

(2.16) $\sum_{i=1}^{m} x_i^2 \neq (\sum_{i=1}^{m} x_i)^2$.

Die rechte Seite von (2.15) läßt sich auflösen:

(2.17) $(\sum_{i=1}^{m} x_i)^2 = (x_1 + x_2 + \ldots + x_i + \ldots + x_m)$

$\cdot (x_1 + x_2 + \ldots + x_i + \ldots + x_m)$.

Das *Produkt zweier Summen* erhält man bekanntlich als Summe der Produkte jedes Summanden des einen Faktors mit jedem Summanden des anderen Faktors, also

(2.18) $(\sum_{i=1}^{m} x_i)^2 = x_1 (x_1 + x_2 + \ldots + x_i + \ldots + x_m)$

$+ x_2 (x_1 + x_2 + \ldots + x_i + \ldots + x_m)$

$+ \ldots + x_i (\ldots) + \ldots + x_m (\ldots)$

$= x_1^2 + x_2^2 + \ldots + x_i^2 + \ldots + x_m^2$

$+ x_1 \sum_{\substack{j=2 \\ j \neq 1}}^{m} x_j + x_2 \sum_{\substack{j=1 \\ j \neq 2}}^{m} x_j + \ldots$

$+ x_i \sum_{\substack{j=1 \\ j \neq i}}^{m} x_j + \ldots + x_m \sum_{\substack{j=1 \\ j \neq m}}^{m-1} x_j$

(2.19) $= \sum_{i=1}^{m} x_i^2 + \sum_{i=1}^{m} x_i (\sum_{\substack{j=1 \\ j \neq i}}^{m} x_j)$.

Das *Quadrat der Summe über m Summanden* läßt sich also in *zwei Summanden nach (2.19) zerlegen*. Der eine entspricht der Summe der quadrierten Einzelmaßzahlen nach (2.14), der zweite ist die Summe aller Einzelmaßzahlen, die zuvor jeweils mit der Summe der restlichen Maßzahlen multipliziert werden müssen. $j \neq i$ beim eingeklammerten Summenzeichen in (2.19) drückt aus, daß vor der Summierung mit dem Laufindex i Summen über alle Maßzahlen unter Verwendung des Laufindex j so zu bilden sind, daß die eine vor der Klammer stehende Maßzahl x_i unberücksichtigt bleibt. Zunächst ist für jedes x_i die eingeklammerte Summe zu berechnen, dann das Produkt dieser Summe mit x_i. Danach schließlich ist über alle diese Produkte zu summieren. (2.19) ist für praktische Berechnungen wegen der Vorschrift j ≠ i in der eingeklammerten Summe schlecht geeignet. Der zweite Laufindex j wurde hier eingeführt um auszudrücken, daß es sich um insgesamt zwei ineinandergeschachtelte Summierungen handelt. Eine neue Obergrenze des Laufbereiches mußte dabei nicht eingesetzt werden, da auch die eingeklammerte Summe über die gegebenen m Maßzahlen gebildet wird.

2.1.3 Mehrfach indizierte Variablen

Daten können auch in einer *zweidimensionalen Anordnung* vorliegen. Ein einfaches Beispiel gibt Tabelle 4, bei der angenommen wurde, daß insgesamt m = 6 Personen jeweils unter n = 3 Bedingungen untersucht wurden.

Tabelle 4

Person Nr.	Ausprägung der unabhängigen Variablen Nr.		
	j = 1	2	3 n = 3
i = 1	3	7	4
2	8	5	7
3	4	1	3
4	2	2	5
5	7	3	1
6	6	8	2
m = 6			

Um in Tabelle 2 eine bestimmte Maßzahl allgemein zu kennzeichnen, nannten wir sie x_i; die Laufvariable i gab dabei die Zeile an, in der eine bestimmte Maßzahl steht. Um in Tabelle 4 eine Zahl allgemein eindeutig zu kennzeichnen, benötigen wir offensichtlich einen *Doppelindex* mit zwei Laufvariablen. Wir nennen das allgemeine Element von Tabelle 4 x_{ij}. Allgemein gilt, daß der *erste Laufindex die Zeile*, der *zweite die Spalte* der Tabelle angeben soll, in der eine Maßzahl steht. Meistens verwendet man für den ersten Index einen dem zweiten Index im Alphabet vorangehenden Buchstaben.

Eine bestimmte Maßzahl der abhängigen Variablen, x_{ij}, gibt in Tabelle 4 den Meßwert an, den die Person Nr. i unter Versuchsbedingung j erhielt. Tabelle 4 könnte so die Daten eines einfachen varianzanalytischen Ver-

suchsplanes wiedergeben. Für eine solche Tabelle lassen sich Mittelwerte nach (2.5) in verschiedenen Weisen berechnen und interpretieren.
Berechnen wir M = (8 + 5 + 7) · 1/3 = 6,67, so haben wir den Mittelwert der zweiten Zeile erhalten, den Durchschnittswert der Person i = 2 über alle drei Bedingungen $1 \leq j \leq 3$ hinweg. Natürlich können wir für jede Person einen solchen Mittelwert ausrechnen. Unterschiede zwischen den Zeilenmittelwerten sagen dann etwas über Unterschiede zwischen den Personen unabhängig von den Untersuchungsbedingungen, über die hinweg gemittelt wurde, aus. Allgemein können wir die Bestimmung von Zeilenmittelwerten symbolisieren:

$$(2.20) \quad M_i = \frac{1}{n} \sum_{j=1}^{n} x_{ij}.$$

Wir haben (2.5) verwendet, jetzt aber durch Umwandlung der Konstanten M in eine indizierte Variable M_i den Umstand ausgedrückt, daß wir aus der gesamten Tabelle 4 *nur einen Zeilenmittelwert* gebildet haben. Der Index i besagt bei M, daß innerhalb der Einheit i, die hier eine Zeile bedeutet, gemittelt wurde. Schreiben wir (2.20) analog zu (2.4) aus, erhalten wir etwa für die dritte Zeile:

$$(2.21) \quad M_3 = \frac{1}{n} \sum_{j=1}^{n} x_{3j}.$$

Zur Berechnung des *Zeilenmittels* nimmt der *erste Index* der Variablen x_{ij} ebenso wie der Index des Mittelwertes den konstanten Wert der gewünschten *Zeilennummer* an; der *zweite Index* von x_{ij} wird *Laufindex* für die Summierung über die *Spalten* hinweg, die dem *Zeilenmittelwert* zugrundeliegt.
Eine Verbesserung der Bezeichnung läßt sich noch erzielen, wenn man für jeden Mittelwert M, der sich auf eine bestimmte Tabelle bezieht, die Indices, die in der *Tabelle* vorkommen, im Mittelwert jedoch nicht mehr, weil sie in der zugrundeliegenden Summierung „ausgeschöpft" werden, durch Punkte andeutet. Für den Mittelwert der i-ten Zeile erhalten wir dann aus (2.20):

$$(2.22) \quad M_{i.} = \frac{1}{n} \sum_{j=1}^{n} x_{ij}.$$

Entsprechend können wir Spaltenmittelwerte definieren. Zur j-ten Spalte gehört der Mittelwert

$$(2.23) \quad M_{.j} = \frac{1}{m} \sum_{i=1}^{m} x_{ij}.$$

Die *Spaltenmittelwerte* drücken im Beispiel der Tabelle 4 die Ausprägungen der *abhängigen* Variablen für die einzelnen Ausprägungen der *unabhängigen* Variablen, also *für die einzelnen Spalten, unabhängig von* den Einzelpersonen, denen die *Zeilen* zugeordnet sind, aus. Im kurzen Vorgriff sei gesagt: würden wir Tabelle 4 varianzanalytisch auswerten, würde dabei der *Gesamtunterschied* in der abhängigen Variablen *zwischen den Personen ohne Rücksicht auf die Versuchsbedingungen* und *zwischen den Versuchsbedingungen ohne Rücksicht auf die Personen* unabhängig voneinander auf Signifikanz geprüft.

Es sei angemerkt, daß eine Anordnung von Daten wie Tabelle 4 auch als *Matrix* bezeichnet wird. Mit der Definition des Vektors von S. 20 können wir dann sagen, eine *Matrix* sei eine *geordnete Folge von m Zeilenvektoren oder n Spaltenvektoren*. Das Formelzeichen für eine Matrix ist ein fettgedruckter Großbuchstabe, beispielsweise **X**. Da die Varianzanalyse hier ohne Einführung oder Voraussetzung der Matrizenrechnung dargestellt werden soll, wird auf die Regeln des Matrizenkalküls nicht eingegangen.

Außer den Zeilen- und Spaltenmittelwerten läßt sich in Tabelle 4 ein weiterer Mittelwert definieren: der *Gesamtmittelwert* für alle Maßzahlen über Zeilen und Spalten hinweg. Nach (2.5) müssen wir dazu nur *ohne Rücksicht auf die* vorgegebene *Aufteilung* der Maßzahlen *in Zeilen und Spalten über alle Maßzahlen summieren* und die Summe durch die Gesamtzahl aller Maßzahlen dividieren. Bei m Zeilen und n Spalten haben wir insgesamt m · n Maßzahlen; rechenpraktisch versieht man die Maßzahlen nicht neu mit einem einstelligen Index des Laufbereiches von 1 bis m · n, sondern nutzt die vorhandene Doppelindizierung zur Bildung der Gesamtsumme aus. Wir erhalten für den *Gesamtmittelwert*:

$$(2.24) \quad M_{..} = \frac{1}{m\,n} \sum_{j=1}^{n} \sum_{i=1}^{m} x_{ij} .$$

Man mache sich genau klar, wie dieser Ausdruck zu lesen ist: j, der Laufindex des *„äußeren", weiter links stehenden Summenzeichens*, ist zunächst gleich 1 zu setzen. Die *„innere" Summe* unter dem *rechten Summenzeichen* lautet jetzt $\sum_{i=1}^{m} x_{i1}$, bedeutet also die *Summe aller Maßzahlen der ersten Spalte*. Diese Summe ist der erste Summand der äußeren Summe mit dem Laufindex j. Nach Berechnung von $\sum_{i=1}^{m} x_{i1}$ ist j auf 2 zu erhöhen und die innere Summe $\sum_{i=1}^{m} x_{i2}$, die Summe aller Maßzahlen der 2. Spalte, zu berechnen. Dieses Verfahren ist fortzusetzen bis j die Obergrenze seines

Laufbereiches erreicht hat, also alle n Summanden des linken, äußeren Summenzeichens berechnet sind und ihrerseits aufsummiert werden können. Das Ergebnis läßt sich auch so formulieren: *die Gesamtsumme aller Maßzahlen ist gleich der Summe aller Zeilen- oder Spaltensummen der Maßzahlen.* $M_{..}$ trägt jetzt als Gesamtmittelwert der Tabelle 4 keinen Index mehr; daß dieser Mittelwert über zweifach indizierte Maßzahlen gerechnet wurde, kann mit den beiden Punkten anstelle der Indices ausgedrückt werden.

Wir bitten den Leser an dieser Stelle, sich mit der Auflösung und der praktischen *Berechnung zweifach indizierter Summen* anhand der Übungsbeispiele in Abschnitt 8.1 (S. 279) so vertraut zu machen, daß er sie auch in komplizierteren Fällen beherrscht, in denen der Augenschein zur Überprüfung, ob man richtig vorgegangen ist, nicht mehr ausreicht.

Oben wurde gesagt, die Varianzanalyse gestatte es, den Einfluß von zwei oder mehr unabhängigen Variablen auf eine abhängige Variable auf Signifikanz zu prüfen. Mit später zu besprechenden Einschränkungen heißt dies, daß die <u>Datentabelle soviele Dimensionen</u> annimmt, wie <u>unabhängige Variablen</u> einbezogen werden. Tabelle 3 ist demnach eindimensional, Tabelle 4 zweidimensional. Nehmen wir an, wir würden die Untersuchung, die zur Datentabelle 4 geführt hat, nach einer gewissen Zeit ein- oder mehrmals wiederholen, um die zeitliche Stabilität des Ergebnisses zu überprüfen. Wir haben den m Personen die m Zeilen, den n Ausprägungen der unabhängigen Variablen die n Spalten zugeordnet; für die r Untersuchungen, also r−1 Wiederholungen müßten wir jetzt die Tabelle r-fach hintereinander anlegen, womit eine <u>*Hypermatrix*</u> mit m Zeilen, n Spalten und r Ebenen entsteht. Die logischen Relationen zwischen den Variablen „Personen", „Bedingungen" und „Wiederholungen" lassen sich am besten in Form der Abbildung 1 darstellen.

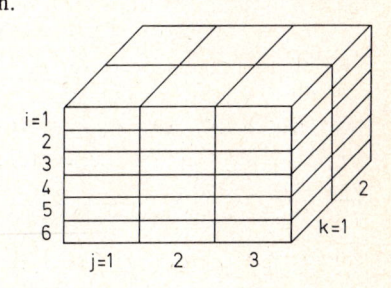

Abbildung 1

Für die Berechnungen ist der Kubus von Abbildung 1 in eine ebene Tabelle zu übertragen, die drei Eingänge (Zeilen, Spalten, Ebenen) hat. Die ebene, zweidimensionale Darstellung entsteht, wenn die in Abbildung 1 hintereinanderliegenden Ebenen des Datenkubus neben- oder untereinandergestellt werden (Tabelle 5).

Tabelle 5

$k = 1$ (1. Untersuchung)
Bedingung Nr.

Person Nr.	$j = 1$	$j = 2$	$j = 3$
$i = 1$	3	7	4
2	8	5	7
3	4	1	3
4	2	2	5
5	7	3	1
6	6	8	2

$$\sum_{i=1}^{6} x_{i11} = 30 \quad \sum_{i=1}^{6} x_{i21} = 26 \quad \sum_{i=1}^{6} x_{i31} = 22$$

$k = 2$ (2. Untersuchung)
Bedingung Nr.

Person Nr.	$j = 1$	$j = 2$	$j = 3$
$i = 1$	6	9	6
2	5	4	8
3	9	3	4
4	1	7	5
5	2	5	3
6	2	4	1

$$\sum_{i=1}^{6} x_{i12} = 25 \quad \sum_{i=1}^{6} x_{i22} = 32 \quad \sum_{i=1}^{6} x_{i32} = 27$$

Man sieht sofort, daß die dreidimensionale Hypermatrix mnr (im Beispiel $6 \cdot 3 \cdot 2 = 36$) Zellen mit je einer Maßzahl enthält. Das *allgemeine Element* einer *dreidimensionalen* Tabelle wird x_{ijk} genannt.
Es lassen sich jetzt folgende Mittelwerte berechnen:

$$(2.25) \quad M_{i..} = \frac{1}{nr} \sum_{j=1}^{n} \sum_{k=1}^{r} x_{ijk}$$

ist der Mittelwert der Zeile i. Insgesamt existieren m Zeilenmittelwerte.

Man beachte die Struktur der Formel: die innere Summe wird über die Ebenen hinweg gebildet, sie hat den Laufindex k und r Summanden. Zu jedem j ist also eine innere Summe zu berechnen. Danach sind diese Summen über alle Spalten hinweg zu summieren. Einfacher ausgedrückt: zur Berechnung des Mittelwertes der Zeile i benötigen wir die Summe aller Maßzahlen, die dieser Zeile angehören, also das gleiche i aufweisen, über alle Spalten und Ebenen hinweg. Beide Summen zusammen haben nr Summanden, weshalb nr vor dem ersten Summenzeichen im Nenner erscheint.

Für die Spaltenmittelwerte ergibt sich entsprechend:

(2.26) $$M_{.j.} = \frac{1}{mr} \sum_{i=1}^{m} \sum_{k=1}^{r} x_{ijk} ,$$

für die Ebenenmittelwerte:

(2.27) $$M_{..k} = \frac{1}{mn} \sum_{i=1}^{m} \sum_{j=1}^{n} x_{ijk} .$$

Auch für die dreidimensionale Tabelle läßt sich ein Gesamtmittelwert bilden:

(2.28) $$M_{...} = \frac{1}{mnr} \sum_{i=1}^{m} \sum_{j=1}^{n} \sum_{k=1}^{r} x_{ijk} .$$

Hier gilt: dreifache Summierungen werden abgearbeitet, indem zunächst die beiden linken Laufindices den Wert 1 erhalten und die damit berechenbare erste Summe des rechten Summenzeichens gebildet wird. Danach wird der Laufindex der mittleren Summe um 1 erhöht und wiederum das rechte Summenzeichen durchlaufen. Sind in dieser Weise die n Summanden des mittleren Zeichens bestimmt, wird der Laufindex des linken Zeichens um 1 erhöht und die Prozedur des rechten und mittleren Zeichens in gleicher Weise wiederholt, bis schließlich auch der Laufindex des linken Summenzeichens seine obere Grenze m erreicht hat.

Wiederum anders ausgedrückt: einer dreifach indizierten Variablen können Zahlenwerte mit einer dreidimensionalen Hypermatrix wie Tabelle 5 zugeordnet werden. Mittelwerte nach (2.28) werden berechnet, indem man hintereinander über Ebenen, Spalten, Zeilen aufsummiert. In Tabelle 5 sind die Zwischensummen eingetragen, mit deren Hilfe man am besten einen Zahlenwert nach (2.28) bestimmt.

Aus dem kommutativen Gesetz für die Addition folgt, daß die Reihenfolge der Summenzeichen in (2.28) keine Rolle spielt. Berechnet man in Tabelle 5 zuerst die Spaltensummen, dann deren Summen, so wird aus (2.28) durch Vertauschung der Summenzeichen

$$M_{...} = \frac{1}{mnr} \sum_{k=1}^{r} \sum_{j=1}^{n} \sum_{i=1}^{m} x_{ijk}.$$

Die Zahlenwerte für jede der 3 x 2 Spalten-Ebenen-Kombinationen sind 30, 26, 22, 25, 32 und 27. Summiert man für jedes k über alle Spalten j, erhält man für k = 1 30 + 26 + 22 = 78 und für k = 2 25 + 32 + 27 = 84. Die Summe über die Ebenen k schließlich liefert 78 + 84 = 162. Für den Gesamtmittelwert erhält man $M_{...} = \frac{1}{6 \cdot 3 \cdot 2} \cdot 162 = 4{,}50$.

Natürlich läßt sich das Verfahren auf vier- und höherdimensionale Datenanordnungen bei Verwendung einer entsprechenden Zahl von Klassifizierungen ausdehnen. Der Datenkubus ist dann mit einer entsprechenden Zahl von Dimensionen analog zu Abbildung 1 zu denken, was nicht mehr einfach geometrisch zu veranschaulichen ist. In der Ebene lassen sich solche Datenmengen mit Hypermatrizen entsprechender Dimensionalität wiedergeben, deren allgemeines Element die entsprechende Zahl von Indices führt. Die Zahl der möglichen und in der Varianzanalyse nötigen, hintereinandergeschalteten Summenzeichen ist dann maximal gleich der Zahl der Indices. Ohne sorgfältige Vorausplanung der Tabellen und korrekte Anwendung der Mehrfachindizierung sind solche Daten nicht mehr fehlerfrei auszuwerten. Zusätzliche Auswertungsregeln werden jedoch nicht benötigt.

<u>Außer den Zeilen-, Spalten- und Ebenenmittelwerten (2.25), (2.26) und (2.27) und dem Gesamtmittelwert (2.28) können im Beispiel der Tabelle 5 noch drei weitere Mittelwerte berechnet werden:</u>

$$(2.29) \quad \begin{aligned} M_{ij.} &= \frac{1}{r} \sum_{k=1}^{r} x_{ijk}, \\ M_{i.k} &= \frac{1}{n} \sum_{j=1}^{n} x_{ijk} \quad \text{und} \\ M_{.jk} &= \frac{1}{m} \sum_{i=1}^{m} x_{ijk}. \end{aligned}$$

Die Bedeutung dieser Mittelwerte ergibt sich aus der Bedeutung der Indices: $M_{ij.}$ ist der Mittelwert der Personen-Bedingungs-Kombination ij über alle r Ebenen, also Meßwiederholungen hinweg. Er drückt aus, mit wel-

chem Zahlenwert man für Person i bei Bedingung j im Mittel zu rechnen hat, wenn man mehrere Meßwiederholungen zugrundelegt.
Entsprechend ist $M_{i.k}$ der Mittelwert der Person i über alle Versuchsbedingungen j hinweg in der Messung k und $M_{.jk}$ der Mittelwert der Bedingung j in Messung k über alle Personen hinweg. Auch Differenzen solcher Mittelwerte haben eine Bedeutung: $M_{i3.} - M_{i2.}$ ist beispielsweise ein Maß für den Einfluß der Variation der unabhängigen Variablen von Bedingung 3 zu Bedingung 2 über die Meßwiederholung hinweg auf Person i. Die Differenz $M_{i.2} - M_{i.1}$ wäre in unserem Beispiel ein Maß für die zeitliche Stabilität der abhängigen Variablen X bei Person i über alle Bedingungen. $M_{.j2} - M_{.j1}$ schließlich ist ein Maß für die zeitliche Stabilität der abhängigen Variablen X, gemessen unter Bedingung j und über die Personen gemittelt.

2.2 Erwartungswerte von Zufallsvariablen

2.2.1 Die Definition des Erwartungswertes

Jeder Vorgang, bei dem ein Zufallsereignis realisiert wird, kann als die Zufallsauswahl eines Elementes aus einer theoretischen Population aufgefaßt werden.
Ein Beispiel: würfelt man einmal mit einem üblichen Spielwürfel mit sechs Oberflächen, denen die Augenzahlen 1 bis 6 aufgedruckt sind, so besteht die theoretische Population möglicher Ereignisse aus den Zahlen 1 bis 6. Jeder möglichen Ausprägung der Variablen „geworfene Augenzahl" wird der Definition des unverfälschten Würfels gemäß die Wahrscheinlichkeit p = 1/6 zugesprochen. Die theoretische Population beim Würfeln ist also eine diskrete Gleichverteilung mit sechs Ereignisklassen, die jeweils die gleiche Wahrscheinlichkeit haben. Die graphische Veranschaulichung dieser Verteilung zeigt Abbildung 2.

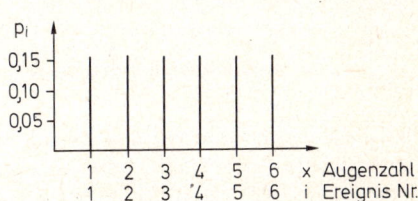

Abbildung 2

Nehmen wir ein zweites Beispiel. Wir werfen l = 5 Münzen auf einmal, wobei wir annehmen, daß für jede die Wahrscheinlichkeit für „Zahl" gleich der für „Rücken", also p = 0,5 ist. Die Wahrscheinlichkeit p(x), bei einem Wurf mit 5 Münzen x mal Zahl und 5 − x mal Rücken zu erhalten, können wir als Binomialverteilung berechnen:

$$(2.30) \quad p(x) = \binom{l}{x} p^x (1-p)^{l-x}.$$

p(x) in (2.30) ist die gesuchte Wahrscheinlichkeit; die Gleichung wird in den meisten Einführungen in die Statistik hergeleitet (z. B. Bartel, 1972, S. 33). Für die Zahlenwerte l = 5 und p = 0,5 liefert (2.30) die Funktion p(x), die Wahrscheinlichkeitsverteilung, die in Tabelle 6 wiedergegeben ist.

Tabelle 6

Zeile Nr. (= Ereignis Nr.)	Ereignis x_i	Wahrscheinlichkeit $p(x_i) = p_i$
i = 1	0	0,03125
2	1	0,15625
3	2	0,31250
4	3	0,31250
5	4	0,15625
6	5	0,03125

Abbildung 3 zeigt die graphische Darstellung dieser Verteilung.

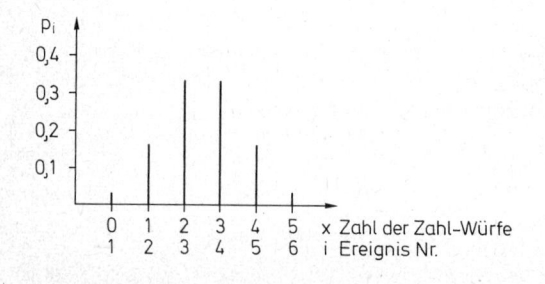

Abbildung 3

Über der diskreten theoretischen Verteilung einer Zufallsvariablen X, der Zuordnung also von Wahrscheinlichkeitswerten zu jeder Ausprägung x_i der Variablen X mittels einer Gleichung wie (2.30), kann man eine Operation definieren, die als Bildung des Erwartungswertes bezeichnet wird:

(2.31) $E(X) = \sum_{i=1}^{m} x_i p_i$.

Der Laufindex in (2.31) bezieht sich wie in allen früheren Beispielen auf irgendeine tabellarische Wiedergabe der Verteilung, hier die Tabelle 6, wo er die Zeilennummer kennzeichnet. m ist wiederum die Obergrenze des Laufbereiches, die Zahl der Zeilen der entsprechenden Tabelle. Im Beispiel ist m = 6, da die Binomialverteilung für l = 5 6 mögliche Ereignisse x_1 bis x_6 enthält. Ihnen sind die 6 Zeilen der Tabelle 6 zugeordnet.

Wir machen nun folgendes Gedankenexperiment. Die 5 Münzen werden wiederholt, insgesamt N mal, geworfen. Jedesmal realisieren wir ein bestimmtes Zufallsereignis x_i, wir erhalten eine bestimmte Anzahl x_i von Münzen, die Zahl zeigen. Über alle N Würfe läßt sich die gefundene Häufigkeitsverteilung aufstellen, die bei N = 100 etwa nach Tabelle 7 lauten könnte.

Tabelle 7

Zeile Nr. (= Ereignis Nr.)	Ereignis x_i	Häufigkeit f_i
i = 1	0	5
2	1	18
3	2	28
4	3	34
5	4	12
6	5	3

Für die beim Werfen der Münzen gefundene Häufigkeitsverteilung können wir mit (2.7) das arithmetische Mittel berechnen:

$$M = \frac{1}{N} \sum_{i=1}^{m} x_i f_i = \frac{1}{100} \sum_{i=1}^{6} x_i f_i = \frac{1}{100} (0 \cdot 5 + 1 \cdot 18$$

$$+ 2 \cdot 28 + 3 \cdot 34 + 4 \cdot 12 + 5 \cdot 3) = 2{,}39.$$

Betrachten wir jetzt den allgemeinen Fall einer Verteilung wie Abbildung 3 und ermitteln wir, was (2.31) darauf angewandt bedeutet. Nach (2.11) dürfen wir die vor einem Summenzeichen stehende multiplikative Konstante, hier $\frac{1}{N}$, in die Summe hineinmultiplizieren; aus (2.7) wird damit:

$$(2.33) \quad M = \sum_{i=1}^{m} x_i \frac{f_i}{N}.$$

Werfen wir in Gedanken die Münzen unendlich oft, lassen wir also $N \to \infty$ gehen, so dürfen wir in (2.33) die relativen Häufigkeiten f_i/N durch die dem Wahrscheinlichkeitsprozeß zugrundeliegenden Wahrscheinlichkeiten p_i ersetzen. Das folgt daraus, daß die Wahrscheinlichkeit als Grenzwert der relativen Häufigkeit aufgefaßt werden kann, wenn die Zahl der Zufallsereignisse gegen unendlich geht. (Die theoretischen Grenzen dieser Auffassung, daß sich nämlich eine axiomatische Wahrscheinlichkeitstheorie mit einer solchen Definition nicht widerspruchsfrei aufbauen läßt, können hier außer Betracht bleiben.) Als Formel ausgedrückt:

$$(2.34) \quad \lim_{N \to \infty} \frac{f_i}{N} = p_i.$$

Aus (2.33) wird damit

$$(2.35a) \quad M = \sum_{i=1}^{m} x_i p_i.$$

Wir bekommen das wichtige Ergebnis: *für eine gedachte unendlich große Stichprobe nimmt das nach (2.7) berechnete arithmetische Mittel den Zahlenwert an, den wir in (2.31) als Erwartungswert der theoretischen Verteilung definiert haben*, weil der Quotient f_i/N in der Gleichung (2.33) für den Stichprobenmittelwert gegen die Wahrscheinlichkeit p_i konvergiert. Der Mittelwert einer Stichprobe vom Umfang unendlich ist aber gleich dem Populationsmittelwert, sodaß wir in (2.35a) M durch μ ersetzen dürfen und erhalten

$$(2.35b) \quad \mu = \sum_{i=1}^{m} x_i p_i = E(X).$$

Der Erwartungswert einer Zufallsvariablen ist also gleich dem arithmetischen Mittel ihrer Verteilung in der Population. Er kennzeichnet den Zahlenwert, dem der Durchschnitt einer Anzahl N von Realisierungen einer Zufallsvariablen zustrebt, wenn N gegen unendlich geht.
Wenden wir (2.35) auf das Würfelbeispiel (Abbildung 2) an, so erhalten wir für das Werfen mit einem Spielwürfel den Erwartungswert $E(X) = 3,5$.
Für eine Binomialverteilung der Zufallsvariablen X ergibt sich mit (2.35) und (2.30) der Erwartungswert

$$(2.36) \quad E(X) = \sum_{i=1}^{l+1} x_i \binom{l}{x_i} p^{x_i} (1-p)^{l-x_i}.$$

Aus der Definition des Binomialkoeffizienten

(2.37) $\binom{l}{x} = \dfrac{l(l-1)(l-2)\ldots 3\cdot 2\cdot 1}{x(x-1)(x-2)\ldots 3\cdot 2\cdot 1\cdot (l-x)(l-x-1)\ldots 3\cdot 2\cdot 1}$

läßt sich ableiten, daß

(2.38) $x\binom{l}{x} = l\binom{l-1}{x-1}$.

Der erste Summand (i = 1) der rechten Seite von (2.36) muß gleich 0 sein, da in der Binomialverteilung, dargestellt in Tabelle 6 und Abbildung 3, $x_1 = 0$.

Setzen wir jetzt (2.38) und die Beziehung

(2.39) $p^x = p \cdot p^{x-1}$

in (2.36) ein, erhalten wir

(2.40) $E(X) = \sum\limits_{i=2}^{l+1} l\binom{l-1}{x_i-1} p\, p^{x_i-1} (1-p)^{l-x_i}$.

Führen wir zur Vereinfachung einen neuen Laufindex j = i − 1 ein, so ist $x_i = j$ und es ergibt sich:

(2.41) $E(X) = l\,p \sum\limits_{j=1}^{l} \binom{l-1}{j-1} p^{j-1} (1-p)^{l-j}$.

Vergleichen wir den Ausdruck rechts vom Summenzeichen in (2.41) mit (2.30), so zeigt sich, daß er die Wahrscheinlichkeiten für die einzelnen Ereignisklassen j − 1 einer Binomialverteilung mit den Parametern (l − 1) und p darstellt. Per definitionem ist die Summe der Wahrscheinlichkeiten aller Ereignisklassen einer Binomialverteilung nach (2.30), folglich auch der Summenausdruck in (2.41), gleich 1, womit wir erhalten:

(2.42) $\mu = E(X) = l\,p$.

Der Erwartungswert und Populationsmittelwert einer Binomialverteilung nach (2.30) ist also einfach gleich dem Produkt aus den Parametern l und p.

Wir haben hier die Gleichung (2.42), die ja in allen Einführungen in die Statistik angegeben wird (z. B. Bartel, 1972, S. 38), abgeleitet, um an einem Beispiel zu zeigen, wie der Operator E auf eine theoretische Verteilung angewandt wird. Für die späteren Erörterungen benötigen wir diesen Operator um zu prüfen, welcher Parameter mit einer vorgegebenen Statistik geschätzt werden kann. Dazu müssen wir dann jeweils den Erwartungswert der betreffenden Statistik berechnen.

In den Lehrbüchern der Statistik wird ausgeführt, daß eine Binomialverteilung für ein gegen unendlich gehendes l in eine kontinuierliche Verteilung, die *Normalverteilung*, übergeht. Dies gilt allerdings nur für ein mittleres p; geht p reziprok zu wachsendem l gegen Null, so daß l p eine endliche Konstante bleibt, entsteht die Poisson-Verteilung für „sehr seltene Ereignisse" mit p → 0.

Eine kontinuierliche Populationsverteilung wird mit einer stetigen Funktion anstelle einer Anzahl diskreter Wahrscheinlichkeiten gekennzeichnet; für die Normalverteilung lautet diese Funktion

(2.43) $\quad y(X) = \dfrac{1}{\sigma\sqrt{2\pi}} \exp\left(-\dfrac{(X-\mu)^2}{2\sigma^2}\right).$

μ und σ sind dabei die Parameter für Mittelwert und Standardabweichung; „exp" gibt die Exponentialfunktion an, der nachfolgende Ausdruck soll also als Exponent der Euler'schen Zahl e aufgefaßt werden, und π ist die Kreiskonstante $\pi = 3{,}1415927\ldots$ y ist jetzt nicht mehr wie im Falle einer diskreten Verteilung eine Wahrscheinlichkeit, sondern eine *Wahrscheinlichkeitsdichte,* die Wahrscheinlichkeit je Flächenausschnitt mit (infinitesimaler) Breite dX und Ordinate y.

Aus (2.35) für den Erwartungswert wird bei einer kontinuierlichen Verteilung

(2.44) $\quad \mu = E(X) = \displaystyle\int_{-\infty}^{+\infty} X\, y(X)\, dX .$

Die Berechnung von Integralen wie in (2.44) führt über den Rahmen eines Einführungsbuches mit praktischer Zielsetzung hinaus.

2.2.2 Rechenregeln für Erwartungswerte

Wir haben nun einige Rechenregeln für den Operator E zu behandeln. Mit der Ableitung von (2.35) wurde gezeigt, daß der Erwartungswert einer Zufallsvariablen gleich deren Populationsmittelwert ist:

(2.35) $\quad E(X) = \mu .$

Berechnet man für alle Ausprägungen einer Zufallsvariablen X die Zahlenwerte $(X - \mu)^2$, die quadrierten Abweichungen vom Mittelwert der Population, so ist der Erwartungswert dieser neuen Größe

(2.45a) $\quad E(X - \mu)^2 = \sigma^2$,

also gleich der Populationsvarianz. Der Nachweis wird analog den Überlegungen, die von (2.31) zu (2.35) führten, erbracht. Für eine diskrete Zufallsvariable mit m möglichen Ereignissen wird aus der linken Seite von (2.45a) mit der Definition des Erwartungswertes (2.31)

(2.45b) $\quad E(X - \mu)^2 = \sum_{i=1}^{m} p_i (x_i - \mu)^2$,

was der Definition der Populationsvarianz als arithmetisches Mittel der quadrierten Abweichungen der Einzelereignisse von ihrem Mittelwert entspricht.

Die folgenden Rechenregeln für den Erwartungswertoperator E lassen sich für diskrete Zufallsvariablen dank der Definition (2.31) aus den Regeln für das Rechnen mit Summen ableiten. Sie gelten auch für kontinuierliche Zufallsvariablen, da das Integral in der Definition des Erwartungswertes einer kontinuierlichen Zufallsvariablen (2.44) als Grenzwert einer Summe mit unendlich vielen Summanden aufgefaßt werden kann. Um die Darstellung nicht zu lang und kompliziert werden zu lassen, nehmen wir nur die Ableitungen für diskrete Variablen auf.

Führt eine Variable eine <u>additive Konstante</u> mit sich, erhält man aus (2.31) mit Hilfe von (2.11)

(2.46) $\quad E(X + c) = \sum_{i=1}^{m} (x_i p_i + c p_i) = E(X) + c \sum_{i=1}^{m} p_i$

$\qquad\qquad = E(X) + c = \mu + c$.

Ist die mitgeführte Konstante multiplikativ, erhält man aus (2.31) und (2.11):

(2.47) $\quad E(cX) = \sum_{i=1}^{m} c x_i p_i = c \sum_{i=1}^{m} x_i p_i = c E(X) = c \mu$.

Eine <u>Konstante allein ist auch ihr Erwartungswert:</u>

(2.48) $\quad E(c) = \sum_{i=1}^{m} c p_i = c \sum_{i=1}^{m} p_i = c$.

Wird eine Zufallsvariable als <u>Summe zweier oder mehrerer Zufallsvariablen</u>

definiert, ist der Erwartungswert der neuen Variablen gleich der Summe der Erwartungswerte der Summanden:

$$(2.49) \quad E(X+Y) = \sum_{i=1}^{m} (x_i p_{xi} + y_i p_{yi}) = \sum_{i=1}^{m} x_i p_{xi} + \sum_{i=1}^{m} y_i p_{yi}$$

$$= E(X) + E(Y) = \mu_x + \mu_y .$$

Für die Wahrscheinlichkeiten zur Berechnung des Erwartungswertes haben wir jetzt Zusatzindices x und y eingeführt, um die Unabhängigkeit beider Verteilungen ausdrücken zu können. (2.49) gilt entsprechend für Summanden mit Minuszeichen, also die Subtraktion einer Variablen von einer anderen und für mehr als zwei Summanden.

Stammen die n Summanden einer Summe von Zufallsvariablen aus einer Population, so erhalten wir:

$$(2.50) \quad E(X_1 + X_2 + \ldots + X_j + \ldots + X_n) = E(\sum_{j=1}^{n} X_j)$$

$$= E(X_1) + E(X_2) + \ldots + E(X_j) + \ldots + E(X_n) = \sum_{j=1}^{n} E(X)$$

$$= n E(X) = n\mu .$$

Als Mittelwert einer Stichprobe ist definiert: $M = \frac{1}{m} \sum_{i=1}^{m} x_i$. (2.5)

Mit (2.50) erhalten wir, wenn wir den Laufindex j mit der Obergrenze n statt i und m in (2.5) verwenden:

$$(2.51) \quad E(M) = \frac{1}{n} n\mu = \mu .$$

(2.51) drückt den (nichttrivialen!) Sachverhalt aus, daß der *Erwartungswert des Stichprobenmittelwertes* einer Variablen X dem Erwartungswert der Variablen X und damit dem Populationsmittelwert gleicht. Der Stichprobenmittelwert ist damit ein „*erwartungstreuer Schätzer*" des Populationsmittelwertes.

Es wird nun deutlich, warum wir die Überlegungen über Erwartungswerte hier abhandeln. Der Definition (2.31) gemäß ist der Erwartungswert einer Zufallsvariablen oder einer beliebigen aus den Zahlenwerten einer solchen Variablen berechenbaren Statistik gleich dem Wert, den die Variable im Durchschnitt über eine unendlich große Zahl von Realisierungen, die Statistik für eine unendlich große Stichprobe annimmt. *In der Berechnung des Erwartungswertes liegt ein logisches Mittel für den Schluß von gegebenen Stichproben auf nicht gegebene Populationen vor.* Der Erwartungswert ist ein erschöpfender und konsistenter Schätzer des zugehörigen Parameters. „Erschöpfend" besagt dabei, daß er die gesamte in der Stichprobe vorhandene Information über den Parameter ausnutzt, „konsistent" bedeutet, daß er für wachsenden Stichprobenumfang gegen den Parameter konvergiert.

Von großer Bedeutung für die späteren Überlegungen ist die Zufallsvariable, die sich ergibt, wenn man jede einzelne Maßzahl x einer Zufallsvariablen X quadriert. (2.45) läßt sich zur Berechnung von $E(X^2)$ mit Hilfe von (2.35), (2.48) und (2.49) auflösen:

$$\sigma^2 = E(X - \mu)^2 = E(X^2 - 2X\mu + \mu^2) = E(X^2) - 2\mu E(X) + \mu^2$$
$$= E(X^2) - \mu^2 \ .$$

Durch Umstellung entsteht

(2.52) $E(X^2) = \sigma^2 + \mu^2 \ .$

Summiert man n quadrierte Maßzahlen, die jeweils als eine Realisierung einer Zufallsvariablen X und deren Quadrierung aufgefaßt werden, so läßt sich für diese Summenvariable mit Hilfe von (2.45) aus (2.50) ableiten:

(2.53) $E(\sum_{j=1}^{n} X_j^2) = E(X_1^2 + X_2^2 + \ldots + X_j^2 + \ldots + X_n^2) = \sum_{j=1}^{n} E(X_j^2)$

$$= \sum_{j=1}^{n} (\sigma^2 + \mu^2) = n(\sigma^2 + \mu^2).$$

Eine Variable läßt sich auch als Produkt zweier anderer Zufallsvariablen definieren: $Z = X \cdot Y$. Ein Einzelwert von Z wird dadurch gebildet, daß man eine Realisierung des Zufallsprozesses X und eine des Prozesses Y herbeiführt und die dabei erhaltenen Maßzahlen miteinander multipliziert. Der Erwartungswert von Z läßt sich aufgrund folgender Überlegungen herleiten. Angenommen, man hat ein bestimmtes x_i erhalten; die Bestimmung des zugehörigen y_i ist dann ein Zufallsprozeß mit dem Erwartungswert $E(Y)$. z_i läßt sich nun mit (2.47) der Erwartungswert

(2.54) $z_i = x_i E(Y)$

zuordnen. Da aber alle x_i ihrerseits einen Zufallsprozeß mit dem Erwartungswert $E(X)$ repräsentieren, erhalten wir als Erwartungswert von Z

(2.55) $E(Z) = E(X \cdot Y) = E(X) \cdot E(Y) \ .$

Die Voraussetzungen, unter denen wir (2.55) abgeleitet haben, enthalten die Annahme, daß die Zufallsprozesse X und Y voneinander unabhängig sind, also nicht korrelieren. Dies ist eine andere Formulierung der Annahme, für jede Realisierung von X habe Y den konstanten Erwartungswert E(Y). Wir können dies auch umkehren und sagen: *zwei Zufallsvariablen korrelieren dann, wenn der Erwartungswert der einen von der Ausprägung der anderen abhängt.*

Ein weiterer Ausdruck ist zu betrachten. Die Operation des Quadrierens läßt sich nicht nur auf Einzelmaßzahlen wie in (2.51) und in (2.53) anwenden, sondern auch auf Summenvariablen. Wir suchen den Erwartungswert für $(\sum_{j=1}^{n} X_j)^2$.

Es ergibt sich

(2.56) $\quad E(\sum_{j=1}^{n} X_j)^2 = E[(X_1 + X_2 + .. + X_j + .. + X_n)$

$\quad\quad\quad (X_1 + X_2 + .. + X_j + .. + X_n)]$.

Die beiden runden Klammern der rechten Seite lassen sich wie beim Übergang von (2.17) auf (2.18) ausmultiplizieren:

(2.57) $\quad E(\sum_{j=1}^{n} X_j)^2 = E[X_1 (X_1 + X_2 + .. + X_j + .. + X_n) +$

$\quad\quad\quad + X_2 (\ldots) + .. + X_j (\ldots) + .. + X_n (\ldots)]$.

Jede runde Klammer der rechten Seite enthält genau einmal den vor ihr stehenden Faktor als Summanden. Ausmultiplizieren dieser n Summanden für die n Klammern liefert

(2.58) $\quad E(\sum_{j=1}^{n} X_j)^2 = E[X_1^2 + X_2^2 + .. + X_j^2 + .. + X_n^2$

$\quad\quad\quad + X_1 (X_2 + X_3 + .. + X_j + .. + X_n)$

$\quad\quad\quad + X_2 (X_1 + X_3 + .. + X_j + .. + X_n) + \ldots$

$\quad\quad\quad + X_j (X_1 + X_2 + .. + X_{j-1} + X_{j+1} + .. + X_n) + \ldots$

$\quad\quad\quad + X_n (X_1 + X_2 + .. + X_j + .. + X_{n-1})]$.

Der Erwartungsoperator E läßt sich in die eckige Klammer nach (2.49) und (2.55) hineinbringen. Die Summe der n quadrierten Glieder hat nach (2.53) den Erwartungswert $n(\sigma^2 + \mu^2)$. Jede der n runden Klammern hat nach (2.50) den Erwartungswert $(n-1)\mu$, da sie $n-1$ Summanden aufweist. Dabei haben wir angenommen, daß die n Variablen X_j aus einer Population stammen oder aus Populationen mit den gleichen Parametern für Mittelwert und Standardabweichung, μ und σ. Jede der runden Klammern auf der rechten Seite von (2.58) ist mit $E(\cdot X)$ zu multiplizieren, was mit (2.55) auf $(n-1)\mu^2$ führt. Da insgesamt n solcher Produkte vorliegen, erhalten wir $n(n-1)\mu^2$ als Erwartungswert für die Summe der Produkte in der eckigen Klammer. Es ergibt sich:

$$(2.59) \quad E(\sum_{j=1}^{n} X_j)^2 = n(\sigma^2 + \mu^2) + n(n-1)\mu^2$$

$$= n^2\mu^2 + n\sigma^2 = n(n\mu^2 + \sigma^2).$$

2.2.3 Varianzschätzungen

Mit (2.51) haben wir gesehen, daß wir in einer Stichprobe $M = \frac{1}{m}\sum_{i=1}^{m} x_i$ (2.5) berechnen müssen, um einen erwartungstreuen Schätzer für μ, den Mittelwert in der Population, zu erhalten. Was müssen wir nun rechnen, um die Varianz σ^2 in der Population aufgrund gegebener Stichproben zu schätzen? (2.45) gibt an, wie die Varianz berechnet werden könnte, wenn μ bekannt wäre. In einer gegebenen Stichprobe kennen wir jedoch μ nicht, sondern müssen es mittels M schätzen. Wir können in Stichproben eine Größe $\sum_{i=1}^{m} (x_i - M)^2$, die Summe der quadrierten Abweichungen der einzelnen Maßzahlen vom Stichprobenmittelwert, berechnen. Mit den Gleichungen des vorangehenden Abschnittes läßt sich jetzt ihr Erwartungswert bestimmen. Zunächst ist die Klammer unter dem Summenzeichen zu quadrieren:

$$(2.60) \quad E[\sum_{i=1}^{m} (x_i - M)^2] = E[\sum_{i=1}^{m} (x_i^2 - 2x_iM + M^2)].$$

Das Summenzeichen läßt sich dann nach (2.10) und (2.12) in die runde Klammer bringen:

$$(2.61) \quad E[\sum_{i=1}^{m} (x_i - M)^2] = E[\sum_{i=1}^{m} x_i^2 - 2\sum_{i=1}^{m} x_i M + mM^2].$$

Ersetzt man M mit (2.5), entsteht

(2.62) $\quad E[\sum_{i=1}^{m} (x_i - M)^2] = E[\sum_{i=1}^{m} x_i^2 - \frac{2}{m} (\sum_{i=1}^{m} x_i)^2 + \frac{1}{m} (\sum_{i=1}^{m} x_i)^2]$,

vereinfacht

$$= E[\sum_{i=1}^{m} x_i^2 - \frac{1}{m} (\sum_{i=1}^{m} x_i)^2].$$

Nach (2.49) wird E auf die beiden Summanden in der eckigen Klammer verteilt, indem man die Summe der Erwartungswerte beider Summanden bildet. Für den linken Summanden geschieht dies mittels (2.53), für den rechten mittels (2.59). Wir erhalten

(2.63) $\quad E[\sum_{i=1}^{m} (x_i - M)^2] = m(\sigma^2 + \mu^2) - \frac{1}{m} m (m\mu^2 + \sigma^2)$

$\quad\quad\quad = (m - 1)\sigma^2$;

(m − 1) läßt sich auf die andere Seite bringen:

(2.64) $\quad E\left[\dfrac{\sum_{i=1}^{m} (x_i - M)^2}{m - 1}\right] = \sigma^2$.

In der eckigen Klammer von (2.64) steht der Ausdruck (2.65), der üblicherweise zur Berechnung der Varianz (Formelzeichen s^2) einer Stichprobe des Umfanges m angegeben wird:

(2.65) $\quad s^2 = \dfrac{\sum_{i=1}^{m} (x_i - M)^2}{m - 1}$.

Mit der Herleitung von (2.64) haben wir bewiesen, daß s^2, berechnet für eine Stichprobe, einen erwartungstreuen Schätzer für die Varianz σ^2 der zugehörigen Population darstellt. Den Zähler von (2.65) bezeichnet man auch als Quadratsumme einer Reihe von m Maßzahlen x_i. Da wir sehr häufig mit Quadratsummen zu rechnen haben, geben wir ihnen S, die Abkürzung von „Summe", als eigenes kurzes Formelzeichen:

(2.66) $\quad S = \sum_{i=1}^{m} (x_i - M)^2$.

Für alle praktischen Rechnungen lösen wir S auf:

$$S = \sum_{i=1}^{m} (x_i^2 - 2 x_i M + M^2) = \sum_{i=1}^{m} x_i^2 - 2 \sum_{i=1}^{m} x_i M + nM^2;$$

mit (2.5) wird

$$(2.67) \quad \begin{aligned} S &= \sum_{i=1}^{m} x_i^2 - 2 \left(\sum_{i=1}^{m} x_i\right) \frac{1}{m} \left(\sum_{i=1}^{m} x_i\right) + m \frac{1}{m} \left(\sum_{i=1}^{m} x_i\right) \frac{1}{m} \left(\sum_{i=1}^{m} x_i\right) \\ &= \sum_{i=1}^{m} x_i^2 - \frac{1}{m} \left(\sum_{i=1}^{m} x_i\right)^2 . \end{aligned}$$

Die Quadratsumme S in (2.67) ist die Differenz zwischen zwei charakteristischen Größen: die erste stellt die *Summe aller quadrierten Maßzahlen* x_i dar, die zweite, die von der ersten abgezogen wird, das durch m dividierte Quadrat der Summe der nichtquadrierten Maßzahlen x_i. Da wir auch diese beiden Größen häufig benötigen, geben wir ihnen eigene Bezeichnungen. Der erste Ausdruck wird als *Summe der quadrierten Elemente,* der zweite als *Korrekturglied* bezeichnet. Zusammengefaßt folgt daraus: *die Quadratsumme S einer Stichprobe mit dem Umfang m ist gleich der Summe der m quadrierten Elemente minus Korrekturglied.* Für eine Stichprobe mit dem Mittelwert M = 0 wird, wie man leicht sieht, das Korrekturglied 0. Es gibt den Einfluß des Stichprobenmittelwertes M auf die Quadratsumme S wieder.

Der Nenner von (2.65) ist ebenfalls eine sehr charakteristische Größe: er bedeutet die *Zahl der Freiheitsgrade* einer Stichprobe des Umfangs m, nachdem man die Statistik M berechnet hat. Die Bezeichnung Freiheitsgrade rührt daher, daß nach Berechnung des Mittelwertes für eine Stichprobe nur noch m − 1 Maßzahlen frei gewählt werden können, wenn dabei der berechnete Mittelwert festgehalten werden soll. Das Formelzeichen lautet in Anlehnung an die englische Bezeichnung „degree of freedom" d_f. In (2.65) führen wir damit ein:

$$(2.68) \quad d_f = m - 1 .$$

(2.65) läßt sich jetzt in Worten ausdrücken: *die erwartungstreue Schätzung der Populationsvarianz erhält man aus einer Stichprobe, indem man die Quadratsumme der Maßzahlen berechnet und durch die Zahl der Freiheitsgrade dividiert,* also

$$(2.69) \quad s^2 = \frac{S}{d_f} .$$

In der Art von (2.69) gebildete Größen, Quotienten von Quadratsummen und Freiheitsgradezahlen werden häufig auch als „mittleres Quadrat" (engl. mean square) bezeichnet und mit entsprechenden Abkürzungen symboli-

siert. Da es sich jedoch stets um *Varianzschätzungen* handelt, verwenden wir ausschließlich *diese* Bezeichnung und das Formelzeichen s^2.
Für die Grundüberlegungen der Varianzanalyse ist der folgende Zusammenhang wichtig. Er zeigt, wie *Varianzschätzungen aus mehreren Stichproben zusammengefaßt werden können*. Angenommen, einer Population werden mehrere Stichproben, insgesamt n an der Zahl, unabhängig voneinander entnommen. Für die Kennzeichnung dieser Stichproben wollen wir den Laufindex j benutzen, es gilt also $1 \leq j \leq n$.
Innerhalb der Stichproben verwenden wir wie bisher den Laufindex i mit $1 \leq i \leq m_j$. Seine Obergrenze m erhält den Laufindex j, womit wir jeder der n Stichproben einen eigenen Umfang m_j zuordnen können. Auch die Mittelwerte und Varianzschätzungen erhalten jetzt den Laufindex j zur Kennzeichnung, zu welcher Stichprobe sie gehören.
In jeder Stichprobe läßt sich mit (2.65) eine Schätzung der Populationsvarianz berechnen. Es ist plausibel, daß eine Zusammenfassung dieser einzelnen Varianzschätzungen zu einer gemeinsamen Schätzung die Schätzgenauigkeit verbessert, wenn sie die Informationen aus den einzelnen Stichproben in richtiger Weise verwertet. Jede Varianzschätzung s_j^2 beruht bei m_j Maßzahlen auf $d_{fj} = m_j - 1$ Freiheitsgraden, also voneinander unabhängigen Einzelrealisierungen der Zufallsvariablen, da ja, wie oben gezeigt, die Berechnung des Stichprobenmittelwertes den m_j Maßzahlen einen Freiheitsgrad entzieht. Verlangt man, daß jede unabhängige Messung, also jede einzelne Realisierung des Zufallsereignisses, mit dem gleichen Gewicht in die Gesamtschätzung eingeht, so muß die zusammengefaßte Varianzschätzung als mit den Freiheitsgraden gewogenes arithmetisches Mittel der Einzelschätzungen bestimmt werden. Die allgemeine Gleichung für das gewogene arithmetische Mittel mit den Gewichten p_j,

$$(2.70) \quad M = \frac{1}{\sum_{j=1}^{n} p_j} \sum_{j=1}^{n} p_j M_j$$

führt auf

$$(2.71) \quad s^2 = \frac{1}{\sum_{j=1}^{n} (m_j - 1)} \sum_{j=1}^{n} (m_j - 1) s_j^2 \;.$$

Die Summanden $(m_j - 1) s_j^2$ sind nach (2.68) und (2.69) einfach gleich den Quadratsummen S_j der Stichproben j. Aus der Summe unter dem Bruchstrich läßt sich die Konstante 1 herausziehen, sodaß entsteht:

(2.72) $$s^2 = \frac{1}{(\sum_{j=1}^{n} m_j) - n} \sum_{j=1}^{n} S_j \,.$$

Die Summe unter dem Bruchstrich bedeutet jetzt die Gesamtzahl der Maßzahlen aller n Stichproben zusammengenommen. Wir bezeichnen sie zur Vereinfachung mit dem schon früher für diesen Zweck benutzten Formelzeichen N und erhalten

(2.73) $$N = \sum_{j=1}^{n} m_j \,.$$

Die zusammengesetzte Varianzschätzung nimmt die Form an:

(2.74) $$s^2 = \frac{\sum_{j=1}^{n} S_j}{N - n} \,.$$

Interpretieren wir (2.74) mit Hilfe von (2.69), so zeigt sich: die zusammengefaßte Varianzschätzung aus mehreren Stichproben ist gleich der Summe der einzelnen Quadratsummen, geteilt durch eine Zahl der Freiheitsgrade, die sich aus der Gesamtzahl der Maßzahlen in allen Stichproben zusammengenommen minus der Zahl der Stichproben ergibt. Der Sinn des Nenners wird klarer, wenn wir uns die Bedeutung der Zahl der Freiheitsgrade nochmals vergegenwärtigen. Damit, daß wir für die Quadratsumme $\sum_{i=1}^{m}(x_i - \mu)^2$ den Populationsmittelwert μ selbst aus den gegebenen Maßzahlen in der Form von M schätzen müssen, verlieren wir die unabhängige Information einer Maßzahl für die Schätzung der Zentraltendenz und behalten nur noch m − 1 unabhängige Informationen für die Schätzung der Varianz übrig. Basiert die Varianzschätzung auf mehreren Stichproben, wie in (2.74), verlieren wir in jeder dieser Gruppen durch die Rechnung eines Mittelwertes einen Freiheitsgrad, sodaß wir die Zahl der Gruppen, n, von der Gesamtzahl der Maßzahlen N abziehen müssen, um die Zahl der Freiheitsgrade zu erhalten, auf der die zusammengefaßte Schätzung beruht.
Um (2.74) ableiten zu können, haben wir die zunächst nur plausible Forderung aufgestellt, jede unabhängige Einzelmaßzahl müsse mit gleichem Gewicht in die Gesamtschätzung eingehen. Ist dieses Postulat berechtigt, muß s^2 nach (2.74) ein erwartungstreuer Schätzer der Populationsvarianz sein. Wir prüfen dies nach, indem wir $E(s^2)$ für (2.74) berechnen:

(2.75) $$E(s^2) = E[(\sum_{j=1}^{n} S_j) / (N - n)] \,.$$

$1/(N-n)$ ist bezüglich E konstant, sodaß es mit (2.47) vor die Klammer gezogen werden kann. Nach (2.63) ist $E(S_j) = (m_j - 1)\sigma^2$, womit

(2.76) $\quad E(s^2) = \dfrac{1}{N-n} \sum\limits_{j=1}^{n} (m_j - 1)\sigma^2$.

Bei der Ableitung von (2.74) wurde gezeigt, daß $\sum\limits_{j=1}^{n} (m_j - 1) = N - n$, sodaß aus (2.76) folgt:

(2.77) $\quad E(s^2) = E\left[\dfrac{\sum\limits_{j=1}^{n} S_j}{N-n}\right] = \sigma^2$,

was zu beweisen war.

Verdeutlichen wir die Berechnung der Quadratsumme nach (2.67) am Beispiel von Tabelle 2 S. 20. Den Mittelwert haben wir dort zu M = 4,500 berechnet. Für die Varianzschätzung, die Berechnung von s^2, erhalten wir Tabelle 8.

Tabelle 8

i	x_i	x_i^2
1	3	9
2	8	64
3	4	16
4	2	4
5	7	49
6	6	36
	$\sum\limits_{i=1}^{6} x_i = 30$	$\sum\limits_{i=1}^{6} x_i^2 = 178$

Die Gleichungen (2.69), (2.67) und (2.68) liefern die Zahlenrechnung:

$$s^2 = \dfrac{S}{d_f} = \dfrac{178 - \dfrac{30 \cdot 30}{6}}{6-1} = 5{,}60 \ .$$

Für die zusammengesetzte Varianzschätzung nach (2.74) können wir als Beispiel die Daten von Tabelle 4 verwenden, die wir in Tabelle 9 mit den zur Berechnung zusätzlich nötigen Spalten für die quadrierten Maßzahlen nochmals zusammenstellen.

Tabelle 9

	j = 1		2		3	
	x_{i1}	x_{i1}^2	x_{i2}	x_{i2}^2	x_{i3}	x_{i3}^2
i = 1	3	9	7	49	4	16
2	8	64	5	25	7	49
3	4	16	1	1	3	9
4	2	4	2	4	5	25
5	7	49	3	9	1	1
6	6	36	8	64	2	4
$\sum_{i=1}^{6} x_{ij} =$	30		26		22	
$\sum_{i=1}^{6} x_{ij}^2 =$		178		152		104

Wir erhalten für (2.74)

$$s^2 = \frac{1}{18-3}\left[\left(178 - \frac{30 \cdot 30}{6}\right) + \left(152 - \frac{26 \cdot 26}{6}\right) + \left(104 - \frac{22 \cdot 22}{6}\right)\right] = 6{,}04.$$

Solche zusammengesetzten Varianzschätzungen haben für die Varianzanalyse große Bedeutung.

Mit einer weiteren wichtigen Ableitung soll dieser Abschnitt beschlossen werden. Wir greifen dazu erneut auf das Beispiel der Tabelle 4, S. 26, zurück. Die Tabelle enthält 3 Spalten mit je 6 Maßzahlen. (2.23) gibt an, wie wir für jede Spalte der Tabelle 4 einen Spaltenmittelwert berechnen können:

(2.23) $\quad M_{.j} = \frac{1}{m} \sum_{i=1}^{m} x_{ij}$.

Nehmen wir an, jede Spalte stelle eine unabhängige Zufallsstichprobe des Umfangs m aus derselben Population dar. Für jede Spaltennummer, jedes j gilt dann:

(2.69) $\quad E(M_{.j}) = \mu$.

Wir können nun diese einzelnen Mittelwerte $M_{.j}$ wiederum als Maßzahlen auffassen, deren Verteilung uns interessiert. Da jeder Mittelwert einer

Stichprobe ein Schätzer für den Mittelwert der entsprechenden Variablen in der Population ist, muß dies auch für den Mittelwert aller Spaltenmittelwerte gelten, wenn die Spaltenmittelwerte selbst schon den Erwartungswert μ haben; es muß also gelten:

(2.78) $E(M_{..}) = \mu$.

Aus der vorliegenden *Verteilung der Spaltenmittelwerte* läßt sich auch eine Varianzschätzung berechnen:

(2.79) $s_M^2 = \dfrac{\sum\limits_{j=1}^{n} (M_{.j} - M_{..})^2}{n-1}$.

Wie lautet ihr Erwartungswert? Quadrieren der Klammer und Verteilen der Summenoperation auf die resultierenden Summanden, wobei noch

$$M_{..} = \frac{1}{n} \sum_{j=1}^{n} M_{.j},$$

das sich durch Einsetzen von (2.23) mit gleichen $m_j = m$ in (2.24) ergibt, führt auf

(2.80) $E(s_M^2) = \dfrac{1}{n-1} E \left[\sum\limits_{j=1}^{n} M_{.j}^2 - \dfrac{1}{n} (\sum\limits_{j=1}^{n} M_{.j})^2 \right]$.

Ersetzt man $M_{.j}$ nach (2.23), entsteht

(2.81) $E(s_M^2) = \dfrac{1}{n-1} E \left[\dfrac{1}{m^2} \sum\limits_{j=1}^{n} (\sum\limits_{i=1}^{m} x_{ij})^2 - \dfrac{1}{n} \dfrac{1}{m^2} (\sum\limits_{j=1}^{n} \sum\limits_{i=1}^{m} x_{ij})^2 \right]$.

E läßt sich in die eckige Klammer bringen, indem man auf den linken Ausdruck in der eckigen Klammer (2.50) und (2.59), auf den rechten Ausdruck (2.59) anwendet:

(2.82) $E(s_M^2) = \dfrac{1}{n-1} \left[\dfrac{1}{m} n (m\mu^2 + \sigma^2) - \dfrac{1}{m} (m n \mu^2 + \sigma^2) \right]$.

Für $E(s_M^2)$ führen wir das Formelzeichen σ_M^2 ein. Es kennzeichnet die Varianz der Mittelwerte von Zufallsstichproben des Umfangs m aus einer Population mit der Varianz σ^2. Auflösung der rechten Seite von (2.82) durch Ausmultiplizieren der runden und der eckigen Klammern und Wegstreichen der Ausdrücke, die sich aufheben (der Leser rechne dies nach!), erbringt

(2.83) $$E(s_M^2) = \sigma_M^2 = \frac{\sigma^2}{m}$$

bzw.

(2.84) $$E(m\, s_M^2) = m\, \sigma_M^2 = \sigma^2$$

Es sei nochmals hervorgehoben, welche Überlegung der Bestimmung von s_M^2 zugrundeliegt. *Bei einer vorliegenden Datenmenge in der Art von Tabelle 4 kann nicht nur für die Maßzahlen jeder einzelnen Spalte eine Varianzschätzung berechnet werden, sondern auch für die einzelnen Spaltenmittelwerte. Dabei werden die Mittelwerte wie Maßzahlen behandelt* und in (2.67), (2.68) und (2.69) eingesetzt. Die daraus berechnete Varianzschätzung hat die Eigenschaft, daß sie mit m, dem Umfang der einzelnen Spalten, multipliziert eine Schätzung der Populationsvarianz liefert, wie es Gleichung (2.84) zeigt. Bei der Herleitung der Grundzüge der Varianzanalyse wird davon Gebrauch gemacht.

(2.84) bedeutet: berechnet man für die *Mittelwerte mehrerer Stichproben aus einer Population* einen Varianzschätzer, indem man sie statt der Maßzahlen x_i in (2.65) einsetzt, so stellt der Zahlenwert, jetzt s_M^2 genannt, multipliziert mit m, der Zahl der Maßzahlen je Stichprobe, einen Schätzer für die Populationsvarianz σ^2 dar. Von (2.83) wird, allerdings meist ohne die hier gegebene Ableitung, in den Einführungen in die Statistik bereits Gebrauch gemacht; die Gleichung sagt aus, daß die *Verteilung der Mittelwerte* von Stichproben des Umfangs m aus einer Population mit der Varianz σ^2 eine Varianz σ^2/m aufweist.

(2.79) läßt sich jetzt so anschreiben, daß sie einen Schätzer für die Populationsvarianz liefert:

(2.85) $$s^2 = m\, \frac{\sum_{j=1}^{n} (M_{.j} - M_{..})^2}{n - 1}\,.$$

Es sei daran erinnert, daß in (2.85) m den Umfang, n die Anzahl der Einzelstichproben bedeuten, aus deren Mittelwerten $M_{.j}$ der Varianzschätzer berechnet wird. Die Varianzschätzung aufgrund der Mittelwerte hat die Zahl der Freiheitsgrade $d_{fM} = n - 1$, Zahl der zugrundeliegenden Mittelwerte minus 1. Dabei wurde angenommen, daß alle Stichproben den gleichen Umfang m haben.

Eine Varianzschätzung auf der Basis von Gruppenmittelwerten ist aber auch bei unterschiedlichem Stichprobenumfang m_j möglich. Der Stichprobenumfang wird jetzt zur indizierten Variablen mit dem Laufindex j, da in (2.85) die einzelnen Gruppen mit j bezeichnet wurden. Die Varianzschätzung für diesen Fall läßt sich aufgrund einer Plausibilitätsüberlegung ableiten, deren Berechtigung wir dann überprüfen.

m läßt sich nach (2.11) hinter das Summenzeichen von (2.85) bringen:

$$(2.86) \quad s^2 = \frac{1}{n-1} \sum_{j=1}^{n} m_j (M_{.j} - M_{..})^2 .$$

Wird m jetzt zur Variablen mit dem Laufindex des Summenzeichens, j, so entsteht eine mit den jeweiligen Stichprobenumfängen gewichtete Summe der Abweichungsquadrate der Stichprobenmittelwerte vom Gesamtmittelwert (2.86).

Der Erwartungswert wird:

$$(2.87) \quad E(s^2) = \frac{1}{n-1} E\left[\sum_{j=1}^{n} m_j (M_{.j} - M_{..})^2 \right]$$

$$= \frac{1}{n-1} E\left[\sum_{j=1}^{n} m_j M_{.j}^2 - \sum_{j=1}^{n} m_j M_{..}^2 \right].$$

Mit (2.23) und (2.24) entsteht

$$(2.88) \quad E(s^2) = \frac{1}{n-1} E\left[\sum_{j=1}^{n} m_j \frac{1}{m_j^2} (\sum_{i=1}^{m_j} x_{ij})^2 \right.$$

$$\left. - \sum_{j=1}^{n} m_j \frac{1}{(\sum_{j=1}^{n} m_j)^2} (\sum_{j=1}^{n} \sum_{i=1}^{m_j} x_{ij})^2 \right]$$

$$(2.89) \quad = \frac{1}{n-1} \left[\sum_{j=1}^{n} \frac{1}{m_j} m_j (m_j \mu^2 + \sigma^2) - \frac{1}{N} N (N\mu^2 + \sigma^2) \right]$$

$$(2.90) \quad = \frac{1}{n-1} \left[n\sigma^2 + \mu^2 \sum_{j=1}^{n} m_j - N\mu^2 - \sigma^2 \right]$$

$$= \frac{1}{n-1} (n-1) \sigma^2 = \sigma^2 .$$

Mit (2.90) ist gezeigt, daß die Varianzschätzung s^2 von n Mittelwerten für n Gruppen mit ungleichem Umfang m_j, nach (2.86) berechnet, die Populationsvarianz σ^2 erwartungstreu schätzt. Voraussetzung ist natürlich, daß die Gruppen als unabhängige Stichproben aus einer Population mit den Parametern μ und σ^2 aufgefaßt werden können. Diese Varianzschätzung hat n − 1 Freiheitsgrade. Man kann auch sagen, daß für die Varianzschätzung nach (2.86) jeder Einzelmittelwert eine unabhängige Beobachtung, also einen Freiheitsgrad beisteuert, zusammengenommen aber ein Freiheitsgrad für die Berechnung des Gesamtmittelwertes $M_{..}$ verlorengeht.

2.3 Normal-, Chi-quadrat-, t- und F-Verteilung

In der Varianzanalyse wird, wie später noch genauer auszuführen ist, der F-Test zur Signifikanzprüfung verwendet. Zur Verdeutlichung der logischen Zusammenhänge, insbesondere der Feststellung, bei der Varianzanalyse handele es sich um einen auf die Unterschiedsprüfung von mehr als zwei Stichprobenmittelwerten generalisierten t-Test, werden in diesem Abschnitt die Zusammenhänge zwischen t- und F-Verteilung erörtert. Die Chi-quadratverteilung stellt ein Bindeglied beider zur Normalverteilung dar. Leser, die sich mit der Feststellung begnügen wollen, bei der F-Verteilung handele es sich um die Verteilung der Quotienten der Varianzen je zweier Stichproben des Umfanges m_1 und m_2 aus einer normalverteilten Population, mögen diesen Abschnitt überschlagen.

2.3.1 Der Zusammenhang von Normalverteilung und Chi-quadratverteilung

Eine Population nimmt immer da die Form der Normalverteilung an, wo sie einen Zufallsprozeß beschreibt, der aus sehr vielen voneinander unabhängigen Einzelzufallsprozessen bestehend gedacht werden kann. Daß diese Modellvorstellung in vielen Fällen die Wirklichkeit zureichend abbildet, zeigt sich an der Häufigkeit, mit der bei empirischen Untersuchungen, vor allem auch in den Sozial- und Verhaltenswissenschaften, Datenverteilungen auftreten, die, gegebenenfalls nach einer Maßzahlentransformation, von einer theoretisch angenommenen Normalverteilung nicht statistisch signifikant abweichen.
Die Normalverteilung dient aber nicht nur zur statistischen Beschreibung entsprechender Variablen, sondern auch zur Ableitung anderer Wahrscheinlichkeitsverteilungen.

Angenommen, wir realisieren eine normalverteilte Zufallsvariable mit den Parametern μ und σ jeweils unabhängig voneinander m mal, so erhalten wir m Maßzahlen x_i. Für diese Maßzahlen können wir eine Größe berechnen, die χ^2 (Chi-quadrat) genannt wird:

$$(2.91) \quad \chi^2_{d_f=m} = \frac{\sum_{i=1}^{m}(x_i - \mu)^2}{\sigma^2},$$

und die die Prüfgröße des üblichen χ^2-Tests darstellt.

Der Zähler von (2.91) entspricht dem von (2.65) mit dem Unterschied, daß jetzt der Populationsmittelwert μ an die Stelle des Stichprobenmittelwertes M getreten ist. Er enthält die Summe der quadrierten Abweichungen der einzelnen m Maßzahlen x_i einer Zufallsstichprobe von ihrem Populationsmittelwert μ. Man kann ihn deshalb auch als Quadratsumme einer Stichprobe bezogen auf den Populationsmittelwert bezeichnen. Der Nenner von (2.91) enthält die Varianz der Population. χ^2 *gibt demnach die Verteilung der auf die Populationsvarianz normierten, auf den Populationsmittelwert bezogenen Quadratsumme einer Zufallsstichprobe des Umfangs m aus einer normalverteilten Population an.*

Es dürfte nur zu wenig bekannt sein, daß der χ^2-Test, der normalerweise zur Signifikanzprüfung des Unterschiedes zwischen beobachteten und theoretisch erwarteten Häufigkeiten dient und meist als ,,verteilungsunabhängig" bezeichnet wird, seiner Definition gemäß die Annahme impliziert, die beobachtete Häufigkeit eines oder mehrerer Ereignisse sei die Realisation normalverteilter Zufallsvariablen, deren Mittelwerte den erwarteten Häufigkeiten entsprechen. Auch mit einem verteilungsfreien Verfahren entgeht man also oft nicht dem Grundmodell der Normalverteilung!

Die Zahl der Summanden im Zähler von (2.91) ist die Zahl der Freiheitsgrade d_f von χ^2, da voraussetzungsgemäß jeder der m Summanden aus einer unabhängigen Zufallsauswahl von x_i aus der Population hervorgehen soll.

Die Summe im Zähler von (2.91) kann in Teilsummen aufgeteilt werden:

$$(2.92) \quad \sum_{i=1}^{m}(x_i - \mu)^2 = \sum_{i=1}^{j}(x_i - \mu)^2 + \sum_{i=j+1}^{m}(x_i - \mu)^2,$$

wobei

$$(2.93) \quad 1 \leqq j \leqq (m-1).$$

Dabei muß die Voraussetzung, daß die Summanden x_i voneinander unabhängig sind, über beide Summen hinweg gültig bleiben. Es läßt sich dann schreiben:

(2.94) $\chi^2_{d_f=m} = \chi^2_{d_f=j} + \chi^2_{d_f=m-j}$.

(2.94) drückt die Additivität der Prüfgröße χ^2 aus, die Tatsache, daß sich die Summe von n mit $d_{fj} = m_1, \ldots, m_j, \ldots, m_n$ Freiheitsgraden χ^2-verteilten Zufallsvariablen wiederum nach χ^2 mit $d_f = N = \sum_{j=1}^{n} m_j$ verteilt. Für $d_f = 1$ erhält man aus (2.91)

(2.95) $\chi^2_{d_f=1} = \dfrac{(x-\mu)^2}{\sigma^2} = z^2$.

Bei einem Freiheitsgrad ist χ^2 gleich dem Quadrat der zur Standardisierung von Verteilungen benutzten Größe

(2.96) $z = \dfrac{x-\mu}{\sigma}$.

Allgemein läßt sich χ^2 damit auch anschreiben:

(2.97) $\chi^2_{d_f=m} = \sum_{i=1}^{m} z_i^2$.

z_i sind die nach (2.96) zu rechnenden standardisierten Abweichungen einzelner, unabhängig voneinander der normalverteilten Population entnommener Maßzahlen.

Ersetzt man im Zähler von (2.91) den bei praktischen Anwendungen nicht gegebenen Populationsmittelwert μ durch seinen erwartungstreuen Schätzer $M = \dfrac{1}{m} \sum_{i=1}^{m} x_i$ (2.5), so verliert man damit einen Freiheitsgrad von χ^2 und erhält:

(2.98) $\chi^2_{d_f=m-1} = \dfrac{\sum\limits_{i=1}^{m} (x_i - M)^2}{\sigma^2}$.

Der Beweis für (2.98) läßt sich wie folgt führen (nach Lindquist, 1953, S. 30):

In den Zähler von (2.91) kann ohne seinen Zahlenwert zu ändern der Stichprobenmittelwert eingefügt werden:

(2.99) $x_i - \mu = x_i - M + M - \mu = (x_i - M) + (M - \mu)$.

Setzt man (2.99) in den Zähler von (2.91) ein und quadriert, so entsteht

$$(2.100) \quad \chi^2_{d_f=m} = \frac{\sum\limits_{j=1}^{m} [(x_i - M)^2 + 2(x_i - M)(M - \mu) + (M - \mu)^2]}{\sigma^2}$$

$$(2.101) \quad = \frac{\sum\limits_{i=1}^{m} (x_i - M)^2 + m(M - \mu)^2}{\sigma^2}.$$

Beim Verteilen des Summenoperators auf die Summanden in der eckigen Klammer von (2.100) ergibt der mittlere Summand 0, da aus (2.5) folgt, daß $\sum\limits_{i=1}^{m} (x_i - M) = 0$. Der rechte Summand im Zähler von (2.101) entsteht nach (2.10). (2.101) läßt sich mit Hilfe von (2.83) umformen:

$$(2.102) \quad \chi^2_{d_f=m} = \frac{\sum\limits_{i=1}^{m} (x_i - M)^2}{\sigma^2} + \frac{(M - \mu)^2}{\sigma^2_M}.$$

Nach der Definition (2.91) in der Form von (2.95) ist der rechte Ausdruck der rechten Seite von (2.102) eine χ^2-verteilte Variable mit $d_f = 1$. Für den linken Ausdruck der rechten Seite von (2.102) bleiben dann nach (2.94) nur noch $m - 1$ Freiheitsgrade, was in (2.98) behauptet wird. Über die Bedeutung des Zählers von (2.98) erhalten wir näheren Aufschluß, wenn wir (2.65) in umgestellter Form heranziehen:

$$(2.103) \quad \sum\limits_{i=1}^{m} (x_i - M)^2 = (m - 1) s^2,$$

womit

$$(2.104) \quad \chi^2_{d_f=m-1} = \frac{S}{\sigma^2} = \frac{(m-1) s^2}{\sigma^2}.$$

Die χ^2-Verteilung mit $m - 1$ Freiheitsgraden ist also gleich der Verteilung der aus m Maßzahlen berechneten Quadratsumme, normiert auf die Populationsvarianz σ^2, bzw. der mit der Zahl der Freiheitsgrade multiplizierten und durch die Populationsvarianz dividierten Stichprobenvarianzschätzung. Dividieren wir beide Seiten von (2.104) durch die Zahl der Freiheitsgrade, ergibt sich

(2.105) $\dfrac{\chi^2_{d_f=m-1}}{m-1} = \dfrac{s^2}{\sigma^2}$,

die *Verteilung von Varianzschätzungen in Stichproben des Umfangs m bezogen auf die Populationsvarianz.*

2.3.2 Die t- und die F-Verteilung

In den Einführungen in die Statistik (z. B. Bartel, 1972, S. 98 und 105) wird für den Signifikanztest des Unterschiedes zweier Mittelwerte angegeben:

(2.106a) $z = \dfrac{M_1 - M_2}{\sigma_{M_1 - M_2}}$ bei bekannter Populationsvarianz und

(2.106b) $t = \dfrac{M_1 - M_2}{s_{M_1 - M_2}}$ für aus den Stichproben selbst geschätzte

Populationsvarianz. Die dabei verwendete t-Verteilung ist definiert als Verteilung der Prüfgröße

(2.107) $t_{d_f} = \dfrac{z}{\sqrt{\chi^2_{d_f} / d_f}}$.

(2.107) läßt sich mit (2.96) und (2.105) so auflösen, daß die bekanntere Definition von t, die χ^2 nicht enthält, entsteht:

(2.108) $t_{d_f} = \dfrac{x - \mu}{s}$.

Sie drückt die *Verteilung der Zahlenwerte aus, die man erhält, wenn man aus einer Population Einzelmaßzahlen nach Zufall zieht und mit der aufgrund einer Stichprobe des Umfangs m geschätzten Standardabweichung standardisiert.* Der Nenner von (2.107) berücksichtigt dabei den Effekt der Tatsache, daß die Varianz nur geschätzt wurde. Da t ebenso wie z die Standardabweichung und nicht die Varianz als Streuungsmaß enthält, erscheint $\dfrac{\chi^2_{d_f}}{d_f}$, das auf Varianzen basiert, im Nenner von (2.107) unter der Wurzel.

Als F-Verteilung wird die Verteilung der Quotienten zweier voneinander unabhängiger Varianzschätzungen aufgrund von Stichproben aus einer Population bezeichnet, die die Freiheitsgradezahlen d_{f1} und d_{f2} besitzen, also

(2.109) $\quad F_{d_{f1},d_{f2}} = \dfrac{s_1^2}{s_2^2}$.

Setzen wir in Zähler und Nenner (2.105) ein, entsteht

(2.110) $\quad F_{d_{f1},d_{f2}} = \dfrac{\chi^2_{d_{f1}} \, d_{f2}}{d_{f1} \, \chi^2_{d_{f2}}}$.

Die F-Verteilung ist also die Verteilung der Quotienten zweier durch die Zahl ihrer Freiheitsgrade dividierter χ^2-verteilter Zufallsvariablen.

Wird im Zähler von (2.110) $d_f = 1$, entsteht, da für $d_f = 1$ $\chi^2_{d_{f=1}} = z^2$ (2.95),

(2.111) $\quad F_{1,d_{f2}} = \dfrac{z^2}{\chi^2_{d_{f2}}/d_{f2}} = t^2_{d_{f2}}$.

Aufgrund der Definition von t in (2.107) ergibt sich aus (2.111), daß F mit einem Freiheitsgrad im Zähler gleich dem Quadrat von t ist, wobei t die Zahl der Freiheitsgrade hat, die für den Nenner von F gelten. *Der quadrierte t-Wert ist also einfach der Sonderfall des F-Wertes mit einem Freiheitsgrad für die Varianzschätzung im Zähler.* In der Tat wird der Zähler von t (2.106b) zu einer Quadratsumme mit einem Freiheitsgrad, also zu einer Varianzschätzung, quadriert man den gesamten Ausdruck.

Wir sagten oben, die Varianzanalyse sei eine Generalisierung des t-Tests für den Mittelwertsvergleich auf mehr als zwei Stichproben; wir können diese Feststellung angesichts des Zusammenhanges von t- und F-Verteilung jetzt auch umkehren und den t-Test als Grenzfall der Varianzanalyse für lediglich zwei Stichproben bezeichnen.

2.3.3 Veranschaulichung der t-, Chi-quadrat- und F-Verteilung

Zum Abschluß des Kapitels stellen wir die behandelten Verteilungen maßstabsgerecht graphisch dar und interpretieren sie anhand der Darstellungen. Abbildung 4 zeigt die Standardnormalverteilung $y(z)$ und die t-Verteilung $y(t)$. Als Prüfgröße wird für einen Signifikanztest bekanntlich ein Zahlenwert nach (2.106) berechnet, den wir in der Abbildung 4 mit z' bzw. t' bezeichnet haben, und dem sich bei einseitigem Test die Fläche ϕ, bei zweiseitigem Test die Fläche 2ϕ zuordnen läßt. Der Vergleich von $\phi(z')$ oder $2\phi(z')$ bzw. $\phi(t')$ oder $2\phi(t')$ mit dem Signifikanzniveau führt zur Entscheidung über die Nullhypothese, da die Fläche ϕ der Wahrscheinlichkeit entspricht, bei Geltung der Nullhypothese das Datum zu erhalten, das man tatsächlich erhalten hat, oder ein vom Erwartungswert unter der Nullhypothese noch weiter abweichendes Datum. Mit dem auf S. 16 eingeführten Sprachgebrauch können wir auch sagen, die Fläche ϕ repräsentiere die maximale Likelihood der Nullhypothese angesichts von Daten, aufgrund derer z' bzw. t' berechnet wurden.

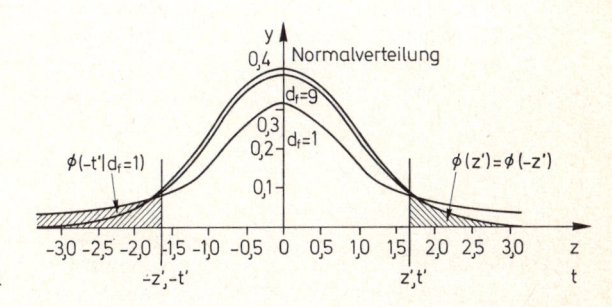

Abbildung 4

Die Normalverteilung in Abbildung 4 zeigt den durch (2.43) definierten Verlauf. Mit der Standardisierung $z = \frac{x - \mu}{\sigma}$ (2.96) wird aus (2.43)

(2.112) $\quad y(z) = \frac{1}{\sqrt{2\pi}} \exp\left(-\frac{z^2}{2}\right)$.

Diese Funktion liegt Abbildung 4 zugrunde. y bedeutet dabei die Wahrscheinlichkeitsdichte. Die Verteilung ist symmetrisch zur y-Achse durch $z = 0$. Sie hat ihr Maximum in $z = 0$ und ihre Wendepunkte in $z = \pm 1$. (2.107) definiert die t-Verteilung, die wir für den Extremfall $d_f = 1$ und ein mittleres $d_f = 9$ eingetragen haben. Zur Interpretation setzen wir in den Nenner von (2.107) unter die Wurzel (2.105) ein:

(2.113) $\quad t_{d_f} = \frac{z}{\sqrt{s^2/\sigma^2}}$.

Es zeigt sich, daß die Verteilung von t offenbar der Verteilung von z sehr ähnlich ist. Die Symmetrie um die y-Achse durch z = 0 bleibt erhalten, da die Wurzel für jede Stichprobe den gleichen Zahlenwert mit positivem und mit negativem Vorzeichen liefert. Unter der Wurzel steht der Quotient aus Varianzschätzung einer Stichprobe mit d_f Freiheitsgraden und der Populationsvarianz. Für unendlich große Stichproben streut jedoch s^2 theoretisch nicht mehr, sondern nimmt den Wert σ^2 an, womit $t_{d_f=\infty}$ in die z-Verteilung übergeht, denn die Wurzel nimmt jetzt den Zahlenwert 1 an. Praktisch kann man bekanntlich für $d_f \geq 30$ die z-Verteilung als Näherung für die t-Verteilung verwenden. Für kleines d_f verläuft die t-Verteilung flacher als die Standardnormalverteilung; ihr Maximum liegt niedriger, die Werte für $|t| \gg 0$ liegen höher als die Werte für $|z| \gg 0$ in der Normalverteilung. Die Grenze, die ein vorgegebenes Flächenstück ϕ von der t-Verteilung abschneidet, liegt weiter vom Mittelwert $\mu = 0$ entfernt als bei der Normalverteilung. Die in Abbildung 4 dargestellte Wahrscheinlichkeitsdichte von t für $d_f = 1$ entspricht der Funktion

(2.114) $\quad y(t) = \dfrac{1}{\pi} \dfrac{1}{(1+t^2)}$,

für $d_f = 9$ der Funktion

(2.115) $\quad y(t) = \dfrac{1{,}21905}{\pi} \dfrac{1}{(1+t^2/9)^5}$.

Auf die Ableitung kann hier nicht eingegangen werden; sie ist beispielsweise bei Kreyszig (1968, S. 161) oder Weber (1967, S. 162) nachlesbar.

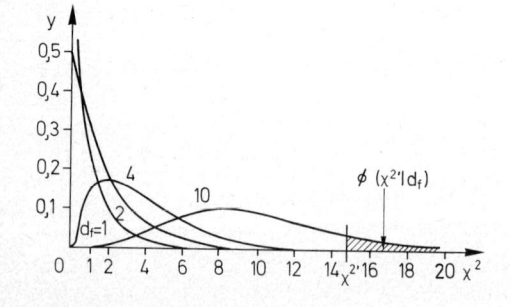

Abbildung 5

Abbildung 5 zeigt die χ^2-Verteilung für verschiedene Anzahlen von Freiheitsgraden. Für $d_f = 1$ erhalten wir nach (2.95) eine Verteilung quadrierter z-Werte. Die χ^2-Verteilung ist asymmetrisch, weil das Quadrieren von z nur noch positive Werte liefert. Das Maximum, der Modus, bleibt erhalten bei $\chi^2 = 0$; mit steigendem χ^2 verläuft der Abfall von $y(\chi^2)$ flacher als der rechte Ast der Normalverteilung. Ab $d_f = 3$ verläuft die Verteilung durch den Nullpunkt des Koordinatensystems. Die Asymmetrie wird geringer, die Verteilung bleibt im ersten Quadranten. Den Mittelwert der χ^2-Verteilung können wir sehr leicht mit (2.52) bestimmen, da er gleich dem Erwartungswert ist. Mit $\chi^2_{d_f=1} = z^2$ (2.95) erhalten wir für (2.52)

(2.116) $\quad E(\chi^2_{d_f=1}) = 1 + 0 = 1$,

denn die Varianz von z ist 1, der Mittelwert 0. Für $d_f > 1$ ist χ^2 als Summe einzelner χ^2-Verteilungen mit $d_f = 1$ definiert (2.91). Mit (2.50) erhalten wir für den Mittelwert:

(2.117) $\quad E(\chi^2_{d_f}) = E(\sum_{j=1}^{d_f} z_j^2) = d_f \, E(z^2) = d_f$.

Der Mittelwert einer χ^2-Verteilung ist also gleich ihrer Zahl von Freiheitsgraden.
Die Signifikanzgrenze für die Prüfgröße χ^2, $\chi^{2\prime}$ ergibt sich wiederum dadurch, daß $\chi^{2\prime}$ eine Fläche ϕ abschneidet, die der Wahrscheinlichkeit p_I, dem Signifikanzniveau entsprechen soll. Da χ^2 definitionsgemäß die quadrierte Abweichung einer Maßzahl vom Erwartungswert im Zähler von (2.91) enthält, ist der χ^2-Test immer zweiseitig, denn negative wie positive Abweichungen führen zu einem positiven χ^2.
Die Abbildung 5 zugrundeliegende Gleichung lautet

(2.118) $\quad y(\chi^2) = K(\chi^2)^{(d_f-2)/2} \exp(-\chi^2/2)$.

K ist dabei noch von d_f abhängig; für $d_f = 1$ wird K = 2,50663, für $d_f = 2$ K = 2, für $d_f = 4$ K = 4, für $d_f = 10$ K = 768. Näheres kann auch hier in der Literatur, etwa bei Kreyszig (1968, S. 157) oder Weber (1967, S. 158) nachgelesen werden.
Abbildung 6 zeigt F-Verteilungen für verschiedene Freiheitsgradezahlen d_{f1} und d_{f2}. Nach (2.110) ist die F-Verteilung die Verteilung der Quotienten zweier durch die Zahl ihrer Freiheitsgrade dividierter, χ^2-verteilter Zufallsvariablen. Daraus folgt, daß alle F-Verteilungen den Mittelwert 1 haben. Es folgt ferner, daß F nur positiver Werte fähig ist, alle F-Verteilungen also im ersten Quadranten des Koordinatensystems liegen.

Die Signifikanzgrenze ist wiederum so definiert, daß sie die Fläche ϕ unter dem rechten Ast der Verteilung abschneidet.

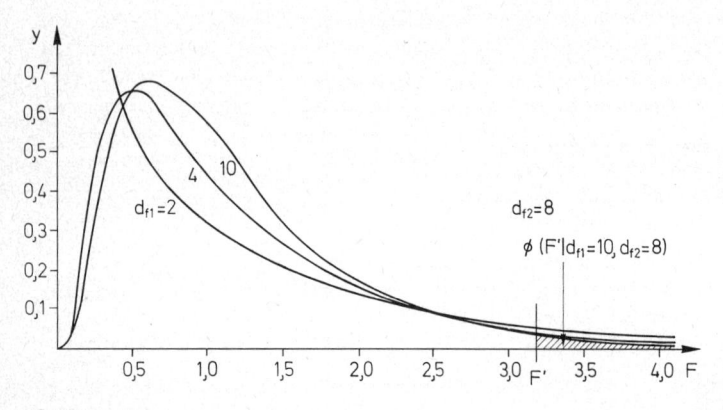

Abbildung 6

Der F-Test in der Varianzanalyse, bei dem unabhängig von den Zahlenwerten festgelegt ist, welche Varianz in den Zähler der Prüfgröße F gesetzt wird, ist deshalb stets einseitig in Bezug auf den F-Wert und, wie noch zu zeigen sein wird, zweiseitig in Bezug auf die zu prüfenden, zugrundeliegenden Mittelwerte.

Der Abbildung 6 liegt die Gleichung

$$(2.119) \quad y(F) = K \frac{F^{(d_{f1} - 2)/2}}{(d_{f2} + d_{f1} F)^{(d_{f1} + d_{f2})/2}}$$

zugrunde. K ist von d_{f1} und d_{f2} abhängig; bei $d_{f1} = 2$ nimmt es den Wert $K = 18487{,}36$ an, bei $d_{f1} = 4$ wird $K = 1310720$ und bei $d_{f1} = 10$ ist $K = 114688 \cdot 10^6$, jeweils für $d_{f2} = 8$. Nähere Angaben sind auch darüber in der Literatur, beispielsweise bei Kreyszig (1968, S. 224) oder bei Weber (1967, S. 164) zu finden.

3. Der Grundgedanke: Varianzzerlegung

In diesem Kapitel leiten wir zunächst die Zerlegbarkeit der Varianzschätzungen von Daten her, die in Teilmengen (Einzelstichproben, Gruppen) aufgeteilt anfallen. Das führt auf den Grundzusammenhang der Varianzanalyse: *wo immer Daten in Gruppen zerlegbar sind, lassen sich drei Varianzschätzungen berechnen:* eine *„totale"*, eine Varianzschätzung aufgrund der Daten ohne Berücksichtigung der Gruppierung, eine Varianzschätzung *„innerhalb"*, also eine durchschnittliche Schätzung aufgrund der Abweichungen aller Einzelmaßzahlen von ihrem zugehörigen Gruppenmittelwert und schließlich eine Varianzschätzung *„zwischen"* den Gruppen, eine Schätzung auf der Basis der Gruppenmittelwerte.
Bei Geltung der Nullhypothese liefern alle drei Berechnungen erwartungstreue Schätzer der Populationsvarianz, bei Geltung der Arbeitshypothese repräsentieren sie in unterschiedlicher Weise Einflüsse der Gruppierungsgesichtspunkte, d. h. der Variation der unabhängigen Variablen und der Meßfehler, was für einen Signifikanztest genutzt werden kann.
Die Zerlegung der Varianzschätzung „total" in einen Anteil „zwischen" und einen Anteil „innerhalb" der Gruppen läßt sich auf komplexere Datenmengen wiederholt anwenden, woraus die Möglichkeiten ableitbar sind, mehrere Arbeitshypothesen an einem Datensatz unabhängig voneinander auf Signifikanz zu prüfen.

3.1 Die Zerlegung der Varianzschätzung

3.1.1 Die Varianzschätzung innerhalb der Gruppen („innerhalb")

Für die folgenden Erörterungen soll wiederum ein Beispiel eingeführt werden. Es lehnt sich an die Tabelle 4, S. 26, an. In einer empirischen Untersuchung sei eine unabhängige Variable B in drei Ausprägungen B_1, B_2 und B_3 variiert worden. Allgemein bezeichnen wir eine unabhängige Variable wie in diesem Beispiel B auch als *Faktor,* ihre Ausprägungen B_j auch als dessen *Stufen*.
Jede Maßzahl x_{ij} sei wiederum an einer Versuchsperson gemessen worden; im Gegensatz zum Beispiel in Tabelle 4 sei jetzt aber jede Person insgesamt

nur einmal und damit nur unter einer der Bedingungen B_j untersucht worden. Die Gruppen B_1, B_2 und B_3 sind jetzt unabhängige Stichproben. Die einzelnen Gruppen müssen nicht aus einer gleichen Anzahl von Maßzahlen bestehen. Wieder charakterisieren wir die Zeilen der Tabelle mit dem Laufindex i, der jetzt in den einzelnen Spalten eine unterschiedliche Obergrenze m_j hat.

Tabelle 10

	B: Versuchsbedingungen B_j					
	B_1		B_2		B_3	
	x_{i1}	x_{i1}^2	x_{i2}	x_{i2}^2	x_{i3}	x_{i3}^2
A: Personen A_i	3	9	9	81	1	1
	8	64	7	49	6	36
	4	16	3	9	3	9
	2	4	6	36	7	49
	7	49			2	4
	6	36				
Spaltensummen	30	178	25	175	19	99
Spaltenmittelwerte	5,00		6,25		3,80	

Da es sich in Tabelle 10 um drei *unabhängige* Stichproben handelt, die in den drei Spalten wiedergegeben sind, haben Zeilenmittelwerte keine interpretierbare Bedeutung, ihre Berechnung ist daher unnötig. Die Spaltenmittelwerte drücken die durchschnittliche Ausprägung der *abhängigen* Variablen X unter den einzelnen Versuchsbedingungen B_j aus.

Mit (2.23) erhalten wir die Spaltenmittelwerte, die in Tabelle 10 eingetragen sind. Der Gesamtmittelwert läßt sich berechnen:

(3.1) $$M_{..} = \frac{1}{\sum_{j=1}^{n} m_j} \sum_{j=1}^{n} \sum_{i=1}^{m_j} x_{ij}$$

$= (30 + 25 + 19) \cdot 1/15 = 4{,}93.$

(3.1) entsteht aus (2.24), wenn man berücksichtigt, daß die einzelnen Gruppen B_j unterschiedlichen Umfang m_j haben.

Zur Berechnung einer Varianzschätzung können wir (2.65) und (2.69) verwenden:

$$s^2 = \frac{\sum_{i=1}^{m}(x_i - M)^2}{m-1} = \frac{S}{d_f},$$

die Quadratsumme S berechnen wir praktisch mit (2.67):

(2.67) $\quad S = \sum_{i=1}^{m} x_i^2 - \frac{1}{m}(\sum_{i=1}^{m} x_i)^2$.

Im Abschnitt 2.2.3, S. 43 f., haben wir gezeigt, daß sich für einen Datensatz, wie er in Tabelle 10 vorliegt, je eine Varianzschätzung für jede einzelne Gruppe, deren gewogenes arithmetisches Mittel über alle Gruppen und eine Varianzschätzung auf der Basis der einzelnen Gruppenmittelwerte berechnen läßt. Daran soll jetzt wieder angeknüpft werden. Dort wurde gezeigt, daß die *Größe s^2 die erwartungstreue Schätzung einer Populationsvarianz* darstellt. Um uns den Sprachgebrauch zu erleichtern, wollen wir von nun an überall da, wo Mißverständnisse nicht entstehen können, s^2 auch kurz als „Varianz", statt, ganz korrekt, als „Varianzschätzung" bezeichnen. An allen Stellen jedoch, wo es auf diesen Unterschied entscheidend ankommt, verwenden wir die umständlichere, genaue Bezeichnung. Bei jeder Varianzberechnung benötigen wir als erstes Glied der Quadratsumme S die Summe der quadrierten Maßzahlen. Wir tragen die Quadrate der einzelnen Maßzahlen deshalb in die gegebene Datentabelle ein und summieren sie spaltenweise auf. s^2 läßt sich für die Spalten berechnen. Wir müssen dazu nur in (2.67) die Obergrenze des Laufbereiches m durch m_j ersetzen, da wir jetzt innerhalb jeder Spalte über die von Spalte zu Spalte wechselnde Anzahl von m_j Zeilen hinweg zu summieren haben. Es ergeben sich die Zahlenwerte:

$S_{.1} = 178 - 30^2/6 = 178 - 150{,}00 = 28{,}00$

$S_{.2} = 175 - 25^2/4 = 175 - 156{,}25 = 18{,}75$

$S_{.3} = 99 - 19^2/5 = 99 - 72{,}20 = 26{,}80.$

Die zugehörigen Varianzschätzungen für die einzelnen Spalten lauten:

$s_{.1}^2 = 28{,}00/5 = 5{,}60$

$s_{.2}^2 = 18{,}75/3 = 6{,}25$

$s_{.3}^2 = 26{,}80/4 = 6{,}70$.

Die so berechneten Varianzschätzungen drücken die Variation der Einzelmaßzahlen jeder Gruppe um ihren Gruppenmittelwert aus. Sie werden deshalb „*Varianzschätzungen innerhalb der Gruppen*" genannt. Sind wir zu der Annahme berechtigt, die später genauer diskutiert werden muß, die einzelnen Gruppen seien als Stichproben aus Populationen mit gleichen Varianzen aufzufassen, dann liefert uns jede Gruppe eine Schätzung dieser Populationsvarianz. Nach (2.74) können wir die einzelnen Varianzschätzungen zusammenfassen, indem wir die Summe der einzelnen Quadratsummen durch die um die Zahl der Stichproben, n = 3, verminderte Gesamtzahl aller Maßzahlen, N = 6 + 4 + 5 = 15, dividieren. (2.74) ergibt:

$$s^2_{IG} = \frac{28{,}00 + 18{,}75 + 26{,}80}{15 - 3} = 6{,}13 \ .$$

Den Zähler von (2.74) können wir auch allgemein auflösen. Die Quadratsumme erhält dabei ebenfalls den weiter unten erläuterten Index IG. Berücksichtigen wir, daß der Laufindex in den Gruppen i, zwischen den Gruppen j lautet, so errechnet sich

(3.2) $\quad S_{IG} = \sum\limits_{j=1}^{n} \sum\limits_{i=1}^{m_j} x^2_{ij} - \sum\limits_{j=1}^{n} (\sum\limits_{i=1}^{m_j} x_{ij})^2 / m_j \ .$

s^2_{IG} ist also eine *gemittelte Varianzschätzung auf der Basis der Abweichungen der einzelnen Maßzahlen von ihren zugehörigen Gruppenmittelwerten*. Für jede Datentafel wie Tabelle 10 läßt sich genau eine solche Varianzschätzung berechnen. Sie wird als „*Varianzschätzung innerhalb der Gruppen*", kurz auch nur als „*Varianz innerhalb*" bezeichnet. Die *Varianzschätzung innerhalb der Gruppen* ist also das gewogene arithmetische Mittel der einzelnen *Varianzschätzungen innerhalb der Gruppen*.

Zur Verdeutlichung wurde der Index IG als Abkürzung für „*i*nnerhalb der *G*ruppen" s^2 und S hinzugefügt; die Großbuchstaben des Index sollen eine Verwechslung mit den Laufindices verhindern, für die nur Kleinbuchstaben verwendet werden.

Mit (2.77) wurde nachgewiesen, daß s^2_{IG} eine erwartungstreue Schätzung der Populationsvarianz darstellt, sofern angenommen werden kann, daß die einzelnen Gruppen unabhängige Zufallsstichproben aus einer normalverteilten Population, oder, wie leicht einzusehen ist, aus mehreren normalverteilten Populationen mit gleichen Varianzen, sind.

3.1.2 Die Varianzschätzung ohne Berücksichtigung der Gruppen („total")

Eine weitere Varianzschätzung gewinnen wir, indem wir wie beim Gesamtmittelwert alle gegebenen Maßzahlen eines Datensatzes in der Form von Tabelle 10 ohne Rücksicht auf die Aufteilung in Gruppen wie eine Stichprobe behandeln und die Varianz nach (2.67) berechnen. Bei den geforderten Summierungen können wir, analog zu (2.24) bzw. (3.1) auch jetzt wieder erst innerhalb der Gruppen, dann über die Gruppen hinweg vorgehen. (2.67) nimmt damit die Form an:

$$(3.3) \quad S_T = \sum_{j=1}^{n} \sum_{i=1}^{m_j} x_{ij}^2 - \frac{1}{N} (\sum_{j=1}^{n} \sum_{i=1}^{m_j} x_{ij})^2 .$$

Mit den Zahlenwerten von Tabelle 10 wird

$$S_T = 178 + 175 + 99 - (30 + 25 + 19)^2/15 = 452 + 74^2/15 = 86{,}93.$$

Da wir jetzt N Maßzahlen zugrundegelegt haben, ist die Zahl der Freiheitsgrade $N - 1$. Mit (2.69) folgt:

$$s_T^2 = \frac{S_T}{d_{fT}} = \frac{86{,}93}{14} = 6{,}21 .$$

Wir haben bei dieser Berechnung von jeder Untergruppierung der Daten abgesehen und so getan, als stellten alle Maßzahlen eine einzige Stichprobe dar. Die so gefundene Varianzschätzung nennen wir deshalb die „totale Varianzschätzung" oder, kurz, die „Varianz total", und bezeichnen dies mit dem Index T. Ist die Annahme berechtigt, alle in Gruppen vorliegenden Maßzahlen einer Tabelle entstammten einer Population, so ist auch s_T^2 eine, und zwar eine auf $N - 1$ Freiheitsgraden basierende, Schätzung der Populationsvarianz σ^2.

3.1.3 Die Varianzschätzung zwischen den Gruppen („zwischen")

Wir können in unserem Beispiel eine dritte Varianzschätzung gewinnen. Verwenden wir nicht die Einzelmaßzahlen, weder innerhalb der einzelnen Gruppen mit (3.2), noch über die Gruppen hinweg mit (3.3), erlaubt uns (2.86) eine weitere Varianzschätzung auf der Basis der einzelnen Gruppen*mittelwerte*. Setzen wir die Mittelwerte aus Tabelle 10 in (2.86) ein, ergibt sich:

$$s_{ZG}^2 = [6 \cdot (5{,}00 - 4{,}93)^2 + 4 \cdot (6{,}25 - 4{,}93)^2 +$$
$$+ 5 \cdot (3{,}80 - 4{,}93)^2 \,]/2 = 6{,}69\,.$$

Wir nennen diese Varianzschätzung *„Varianzschätzung zwischen den Gruppen"* oder, kurz, *„Varianz zwischen"*, da jede der gegebenen Einzelstichproben nur mit ihrem Mittelwert, der unabhängig von ihrem Umfang einen Freiheitsgrad beiträgt, in dieser Schätzung repräsentiert ist. Der zugehörige Index lautet, wiederum in Großbuchstaben, ZG.
(2.86) ist für praktische Berechnungen mit größeren Tabellen sehr unhandlich. Wir lösen deshalb den Zähler auf:

(3.4)
$$S_{ZG} = \sum_{j=1}^{n} m_j (M_{.j} - M_{..})^2 = \sum_{j=1}^{n} m_j M_{.j}^2 - \sum_{j=1}^{n} m_j M_{..}^2$$
$$= \sum_{j=1}^{n} (\sum_{i=1}^{m_j} x_{ij})^2 / m_j - \frac{1}{N} (\sum_{j=1}^{n} \sum_{i=1}^{m_j} x_{ij})^2 \,.$$

Aus den drei Gleichungen (3.2), (3.3) und (3.4) für die Quadratsummen folgen die drei Varianzschätzungen mit (2.69):

(3.5) $\quad s_{IG}^2 = \dfrac{S_{IG}}{d_{fIG}}\,; \quad s_T^2 = \dfrac{S_T}{d_{fT}}\,; \quad s_{ZG}^2 = \dfrac{S_{ZG}}{d_{fZG}}\,.$

Wir haben für die Zahl der Freiheitsgrade erhalten:

(3.6) $\quad d_{fIG} = N - n$ (ablesbar an (2.74)),
$\quad d_{fT} = N - 1$ (ablesbar an (2.65)) und
$\quad d_{fZG} = n - 1$ (ablesbar an (2.86)).

Daraus läßt sich die allgemeine Beziehung ableiten

(3.7) $\quad d_{fT} = d_{fIG} + d_{fZG}\,.$

Beweis: $N - 1 = N - n + n - 1$.
Die Freiheitsgrade der totalen Varianzschätzung teilen sich also additiv auf die Varianzschätzung zwischen und diejenige innerhalb der Gruppen auf. Zwischen den Quadratsummen „total", „zwischen" und „innerhalb" der Gruppen besteht die gleiche additive Beziehung. Die rechten Seiten der Gleichungen (3.2), (3.3) und (3.4) bestehen aus jeweils zwei Summanden. Jeder dieser Summanden kommt in zwei Gleichungen vor; es sind, wie ein

Blick auf die Gleichungen zeigt, nur drei verschiedene Summanden vorhanden. Summiert man S_{IG} und S_{ZG}, (3.2) und (3.4), erhält man

$$(3.8) \quad S_{IG} + S_{ZG} = \sum_{j=1}^{n} \sum_{i=1}^{m_j} x_{ij}^2 - \sum_{j=1}^{n} (\sum_{i=1}^{m_j} x_{ij})^2 / m_j$$

$$+ \sum_{j=1}^{n} (\sum_{i=1}^{m_j} x_{ij})^2 / m_j - \frac{1}{N} (\sum_{j=1}^{n} \sum_{i=1}^{m_j} x_{ij})^2.$$

Die beiden mittleren Glieder auf der rechten Seite sind gleich bei unterschiedlichen Vorzeichen und heben sich daher heraus. Es bleibt die rechte Seite von (3.3) übrig und man erhält

$$(3.9) \quad S_{IG} + S_{ZG} = S_T .$$

In Worten heißt dies: *die totale Quadratsumme setzt sich additiv aus der Quadratsumme innerhalb und der Quadratsumme zwischen den Gruppen zusammen.* Damit ist gezeigt, daß sich die Varianzschätzung „total" in die Varianzschätzungen „innerhalb" und „zwischen" zerlegen läßt. Die Zerlegungsregel ist mit den Gleichungen (3.7) und (3.9) gegeben: die Zahl der Freiheitsgrade „total" ist die Summe der Freiheitsgradezahlen „zwischen" und „innerhalb", die Quadratsumme „total" ist die Summe der Quadratsummen „zwischen" und „innerhalb". Aus jeder Quadratsumme wird durch Division durch die Zahl der zugehörigen Freiheitsgrade eine Varianzschätzung. Die Bezeichnung für das Verfahren, Varianz*analyse*, rührt von dieser Zerlegung her.

3.2 Die praktische Berechnung der Quadratsummen und Varianzschätzungen

Gleichungen (3.2), (3.3) und (3.4) geben, zusammen mit (3.5) und (3.6), die gesamte zur Berechnung der drei möglichen Varianzschätzungen nötige Information. Da alle varianzanalytischen Auswertungen auf Gleichungen dieser Struktur führen, wollen wir die Einzelausdrücke, aus denen sich die Gleichungen zusammensetzen, nochmals genau betrachten und möglichst zweckmäßige Regeln für die praktische Berechnung formulieren.

In (3.2) und (3.3) finden wir den Ausdruck: $\sum_{j=1}^{n} \sum_{i=1}^{m_j} x_{ij}^2$. Er bezeichnet die Summe der Quadrate aller überhaupt gegebenen Maßzahlen über wie immer vorgegebene Gruppierungen hinweg. Jede einzelne Maßzahl muß also zuerst quadriert, diese Quadrate müssen dann „über alles" hinweg aufsummiert werden. Für diese Berechnung führen wir eine möglichst gut zu verallgemeinernde neue Schreibweise ein:

$$(3.10) \quad \sum_{j=1}^{n} \sum_{i=1}^{m_j} x_{ij}^2 = (AB).$$

(AB) ist also wie folgt zu lesen: wir haben eine Datentabelle wie Tabelle 10 mit zwei Eingängen, zwei Dimensionen A und B. Der linke Buchstabe auf der rechten Seite in (3.10), A, steht für das rechte Summenzeichen, die Summierung über die Zeilen A_i mit dem Laufindex i; er sagt also aus, daß innerhalb aller Stufen von B, also innerhalb aller Spalten B_j mit $1 \leq j \leq n$, zunächst die quadrierten Einzelmaßzahlen über alle A_i zu summieren sind. Der rechte Buchstabe der rechten Seite von (3.10), B, steht für das linke Summenzeichen, die Summierung über die Spalten B_j mit dem Laufindex j und besagt entsprechend, daß die durch A repräsentierten Summen noch über alle Stufen B_j summiert werden müssen. Während hintereinanderstehende Summenzeichen stets von rechts nach links aufzulösen sind, ist der Operator (AB) von links nach rechts zu lesen, was allgemein geläufiger ist. Da es sich bei (AB) nicht um das Produkt zweier Größen A und B, sondern die Abkürzung für eine Doppelsumme nach (3.10) handelt, setzen wir die Klammern.

Betrachten wir den zweiten Ausdruck von (3.2) und ersten Ausdruck von (3.4):

$$\sum_{j=1}^{n} (\sum_{i=1}^{m_j} x_{ij})^2 / m_j.$$

Hier sind zunächst die unquadrierten Elemente innerhalb jeder Spalte über alle Zeilen hinweg zu summieren, diese Spaltensummen sind dann jeweils zu quadrieren und durch die Anzahl der Maßzahlen in den Spalten, m_j, zu dividieren. Einen Ausdruck dieser Form haben wir in Abschnitt 2.2.3 bereits *Korrekturglied der Quadratsumme* innerhalb einer Stichprobe genannt. Mit dem linken Summenzeichen haben wir schließlich die Korrekturglieder aller Spalten mit dem Laufindex j zu summieren. Dafür verwenden wir die Symbolik:

$$(3.11) \quad \sum_{j=1}^{n} (\sum_{i=1}^{m_j} x_{ij})^2 / m_j = (aB).$$

Sie soll bedeuten: die erste Summierung ist über die Zeilen A_i mit dem Laufindex i hinweg auszuführen; daß die Maßzahlen dabei nicht quadriert werden, drücken wir mit dem Kleinbuchstaben a aus. Die Summen sind dann zu quadrieren und durch ihr jeweiliges m_j, die Anzahl der Summanden, zu dividieren. Haben die einzelnen Stichproben gleichen Umfang $m_j = m$, ändert sich die neue Symbolik nicht, $1/m$ läßt sich aus der rechten Seite von (3.11) ausklammern:

$$(3.12) \quad \frac{1}{m} \sum_{j=1}^{n} (\sum_{i=1}^{m} x_{ij})^2 = (aB) .$$

a gibt im Operator (aB) also an, daß für jede Gruppe B_j die Summe aller unquadrierten Maßzahlen zu bilden, zu quadrieren und durch die Anzahl ihrer Summanden m_j bzw. m zu dividieren ist. B bedeutet, daß nach Quadrierung und Division über die Gruppen B_j summiert wird.
Die damit definierte Schreibweise ist leicht generalisierbar. In einer mehr als zweidimensionalen Tabelle mit den Bezeichnungen A, B, C, D für Zeilen, Spalten, Ebenen und Hyperebenen können wir mit (ABCD) beispielsweise ausdrücken, daß die Einzelmaßzahlen quadriert werden sollen und danach die Summe über alle diese Quadrate zu bilden ist. Schreiben wir (abCD), bedeutet dies, daß zunächst innerhalb jeder Kombination C_k, D_l über alle A_i und B_j hinweg die unquadrierten Maßzahlen, dann über alle Kombinationen C_k, D_l hinweg die Quadrate dieser Zwischensummen, dividiert durch die Anzahl ihrer Summanden, zu summieren sind. *Die Kleinbuchstaben geben also an, wie lange wir linear summieren müssen; beim Übergang von Kleinbuchstaben auf Großbuchstaben im Operator haben wir die bis dahin vorliegenden Summen zu quadrieren, durch die Zahl ihrer Summanden zu dividieren und die Resultate über die Großbuchstaben im Operator hinweg weiter aufzusummieren, bis eine Summe für die gesamte Tabelle berechnet ist.*
Ohne diese zunächst nicht sonderlich einleuchtende Schreibweise ist es nur schwer möglich, kompliziertere varianzanalytische Auswertungen kurz und übersichtlich darzustellen. Wir müssen den Leser deshalb dringend bitten, sich durch genauen Nachvollzug des anschließenden Beispiels und durch Lösen einiger Übungsbeispiele aus Abschnitt 8.1 mit der Rückübersetzung dieser Formelzeichen so vertraut zu machen, daß er auch in komplizierten Fällen jedem Ausdruck von der Form der rechten Seite der Gleichungen (3.10), (3.11) oder (3.12) den entsprechenden Rechengang zuordnen kann.
Wir haben noch den Term $\frac{1}{N} (\sum_{j=1}^{n} \sum_{i=1}^{m_j} x_{ij})^2$ zu untersuchen. Mit der gerade getroffenen Konvention können wir ihn als

$$(3.13) \quad \frac{1}{N} (\sum_{j=1}^{n} \sum_{i=1}^{m_j} x_{ij})^2 = (ab)$$

notieren. Er hat die Form eines Korrekturgliedes für die totale Quadratsumme, die Quadratsumme aller Maßzahlen ohne jede Rücksicht auf ihre Gruppierung. (3.13) ist also die quadrierte Summe über alle unquadrierten Maßzahlen, dividiert durch deren Anzahl.

In der Varianzanalyse benötigen wir immer wieder Summierungen, die die charakteristische Form der linken Seiten von (3.10), (3.11) und (3.13) haben, über Datentafeln mit mehreren Eingängen (Dimensionen, Faktoren). Bei komplexeren Varianzanalysen wird die Darstellung dieser Summierungen mit Summenzeichen umständlich und unübersichtlich. Lindquist (1953), Winer (1963, ^{2}1971) und Kirk (1968) haben sich bereits um abkürzende Schreibweisen für diese Summen bemüht, die wir in Tabelle 44, S. 217, wiedergeben, um dem Leser die Arbeit mit anderen Texten zur Varianzanalyse zu erleichtern. Die meisten gegenwärtig vorliegenden deutschsprachigen Bücher über Varianzanalyse schreiben die Summen entweder immer voll aus oder verwenden nur schlecht generalisierbare Abkürzungen. Eine Ausnahme ist hier Bortz (1977), der die Schreibweise Winers übernimmt.

Es gelten die folgenden drei Regeln für die Summenoperatoren.

1. Jeder Tabelleneingang wird durch seinen Buchstaben im Operator repräsentiert; jeder Operator hat soviele Buchstaben, wie die Tabelle, auf die er sich bezieht, Eingänge für unabhängige Variablen.
2. Der Operator wird von links nach rechts abgearbeitet. *Innerhalb* aller einzelnen Stufenkombinationen der durch *Großbuchstaben* repräsentierten Faktoren sind zunächst alle Maßzahlen *über* die weiteren, durch die *Kleinbuchstaben* repräsentierten Faktorstufen *hinweg* zu summieren. Man erhält dabei soviele Summen, wie die durch Großbuchstaben repräsentierten Faktoren Kombinationen ihrer Stufen aufweisen. Jede dieser Summen ist zu quadrieren und durch die Zahl ihrer Summanden zu dividieren; die so gewonnenen Größen sind über die gesamte Datentabelle aufzusummieren. Das heißt:
   a) Solange der Operator von links an Kleinbuchstaben enthält, sind die entsprechenden Maßzahlen linear aufzusummieren.
   b) Die beim Übergang von Klein- zu Großbuchstaben vorliegenden Summen sind zu quadrieren und durch die Zahl ihrer Summanden zu dividieren.
   c) Die nach b) gebildeten Zahlenwerte sind für den durch Großbuchstaben repräsentierten Rest der Berechnung unverändert aufzusummieren, bis ein Zahlenwert für die Tabelle übrigbleibt.

3. a) Enthält ein Operator nur *Klein*buchstaben, so wird das *Ende* der Summierung als Übergang zu Großbuchstaben aufgefaßt, es werden also alle Maßzahlen einer Tabelle summiert und das Quadrat dieser Summe durch die Gesamtzahl aller Maßzahlen dividiert.
   b) Enthält ein Operator nur *Groß*buchstaben, so gilt der *Anfang* der Summierung als Übergang zu Großbuchstaben, es werden also alle Maßzahlen einer Tabelle zuerst quadriert und diese Quadrate über die gesamte Tabelle summiert.

Mit unseren Operatoren erhalten wir für eine Datentafel in der Art von Tabelle 11 den Formelsatz (3.14), (3.15) und (3.16).

Tabelle 11

		Eingang (unabhängige Variable) B				
		B_1	B_2	B_j	.....	B_n
Eingang	A_1	x_{11}				
(unabhängige Variable)	A_2					
A	:					
	A_i			x_{ij}		
	:					
	A_m					x_{mn}

(3.14) aus (3.4) $S_{ZG} = (aB) - (ab)$
(3.15) aus (3.2) $S_{IG} = (AB) - (aB)$
(3.16) aus (3.3) $S_T = (AB) - (ab)$

Für die Varianzschätzungen erhalten wir

(3.5) $\quad s_{ZG}^2 = \dfrac{S_{ZG}}{n-1} \; ; \quad s_{IG}^2 = \dfrac{S_{IG}}{N-n} \quad \text{und} \quad s_T^2 = \dfrac{S_T}{N-1}.$

Die Berechnung soll, jetzt ohne jede theoretische Erklärung, an einem neuen Beispiel ausgeführt werden. Gegeben seien die Daten, wie sie der schattierte Teil der Tabelle 12 enthält. Die nichtschattierten Teile der Tabelle legt man zweckmäßigerweise von vorneherein mit an, um Platz für alle nötigen Zwischenrechnungen zu haben.

Außer der Kopfzeile und der Vorspalte, die zur Bezeichnung dienen, nehmen wir in die Tabelle 12 zweckmäßigerweise je eine Spalte für die qua-

Tabelle 12

	Unabhängige Variable B								Zeilensummen
	B_1		B_2		B_3		B_4		
Unabhängige Variable A	$x_{.1}$	$x_{.1}^2$	$x_{.2}$	$x_{.2}^2$	$x_{.3}$	$x_{.3}^2$	$x_{.4}$	$x_{.4}^2$	
$A_1\ x_1$	3	9	4	16	7	49	7	49	
$A_2\ x_2$	8	64	9	81	5	25	8	64	
$A_3\ x_3$	7	49	1	1	3	9	5	25	
$A_4\ x_4$	4	16	3	9	6	36	2	4	
$A_5\ x_5$	5	25	2	4			1	1	
$A_6\ x_6$	1	1	7	49					
$A_7\ x_7$			5	25					
$A_8\ x_8$			4	16					$(ab) = \dfrac{107^2}{23} =$ 497,783
$\sum_{i=1}^{m_j} x_{ij}$	28		35		21		23		107
$\sum_{i=1}^{m_j} x_{ij}^2$		164		201		119		143	(AB) = 627
m_j	6		8		4		5		$N = 23$
$(\sum_{i=1}^{m_j} x_{ij})^2/m_j$		130,667		153,125		110,250		105,800	$(aB) =$ 499,842
M_j	4,667		4,375		5,250		4,600		$M_{..} =$ 4,652

drierten Maßzahlen und *fünf Fußzeilen* für Zwischenergebnisse, sowie einigen Platz rechts von den Fußzeilen für die Zwischensummen und die kleinen Endausrechnungen auf. Wir bezeichnen die Tafel entsprechend Tabelle 12. Die Fußzeilen werden, von oben nach unten, vorgesehen für die Summen der Maßzahlen, die Summen der quadrierten Maßzahlen, die Zahl der Maßzahlen, die Ausdrücke $(\sum_{i=1}^{m_j} x_{ij})^2/m_j$ und die Mittelwerte $M_{.j}$ jeder Spalte.

Wie Tabelle 12 zeigt, erhält man die beiden Größen (AB) und (aB) unmittelbar als Summen der entsprechenden Fußzeilen, (ab) nach einer einfachen Zwischenrechnung mit den Summen zweier Fußzeilen. Auch der Gesamtmittelwert $M_{..}$ ist leicht als Quotient der Summen zweier Fußzeilen zu berechnen.

Nachdem die Tabelle 12 zusammengestellt ist, können wir in einer neuen Tafel, Tabelle 13, die Varianzschätzungen aufgrund von (3.14), (3.15) und (3.16) zusammenstellen.

Tabelle 13

Varianzschätzung	Quadratsumme S	Zahl der Freiheitsgrade d_f	s^2
zwischen	499,842 − 497,783 = 2,059	4 − 1 = 3	0,686
innerhalb	627,000 − 499,842 = 127,158	23 − 4 = 19	6,693
total	627,000 − 497,783 = 129,217	23 − 1 = 22	5,874

3.3 Die Bedeutung der Varianzzerlegung für den Signifikanztest

3.3.1 Ein Beispiel für die Varianzzerlegung

Für die jetzt anzustellenden Überlegungen wählen wir ein neues Datenbeispiel. Die Rohdaten geben wir nicht explizit an, der Leser mag sie zu seiner Übung Abbildung 7 entnehmen. Wertet man sie gemäß dem vorangehenden Abschnitt analog zur Tabelle 12 aus, erhält man die fünf Zeilen der Tabelle 14, die den fünf Fußzeilen der Tabelle 12 entsprechen.

Tabelle 14

Unabh. Var. A	Unabhängige Variable B						
	B_1 $x_{.1}$	$x_{.1}^2$	B_2 $x_{.2}$	$x_{.2}^2$	B_3 $x_{.3}$	$x_{.3}^2$	
$\sum_{i=1}^{m_j} x_{ij}$	x_{i1} 191		x_{i2} 153		x_{i3} 59		$\Sigma = 403$, (ab) = 2900,16
$\sum_{i=1}^{m_j} x_{ij}^2$		2053		1205		225	(AB) = 3483,00
m_j	18		20		18		N = 56
$(\sum_{i=1}^{m_j} x_{ij})^2 / m_j$		2026,72		1170,45		193,39	(aB) = 3390,56
$M_{.j}$	10,61		7,65		3,28		$M_{..} = \frac{403}{56} = 7,20$

Die graphische Darstellung der Tabelle 14 zugrundeliegenden Rohdaten zeigt die Abbildung 7. Die Häufigkeitsverteilungen wurden als Histogramme gezeichnet.

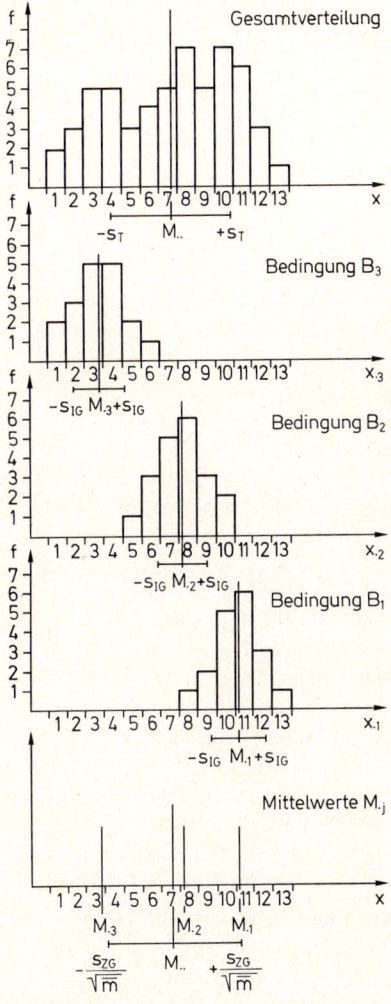

Abbildung 7 Daten zu Tabelle 14 und Parameterschätzungen aus Tabelle 14 und
Tabelle 15

Die Ergebnisse der Berechnung der einzelnen Varianzschätzungen mit den Zwischenresultaten von Tabelle 14 enthält Tabelle 15.

Tabelle 15

Varianzschätzung	Quadratsumme S	d_f	s^2	s
zwischen	3390,56 − 2900,16 = 490,40	2	245,2	15,66
innerhalb	3483,00 − 3390,56 = 92,44	53	1,744	1,32
total	3483,00 − 2900,16 = 582,84	55	10,597	3,26

Abbildung 7 zeigt außer den vorgegebenen Daten sämtliche berechneten Statistiken. Zunächst enthält sie in den mittleren drei Darstellungen die drei vorgegebenen Stichprobenverteilungen. Die Stichprobenmittelwerte aus Tabelle 14 wurden eingetragen. Jede Stichprobe verteilt sich ähnlich einer Normalverteilung um ihren Mittelwert. s_{IG}^2 ist nach (2.74) die über alle drei Stichproben hinweg gemittelte Varianzschätzung für die Verteilung der Einzelmaßzahlen um ihren Gruppenmittelwert. Zur Veranschaulichung pflegt man nicht die Varianz σ^2 oder die Varianzschätzung s^2, sondern die Wurzel daraus, die Standardabweichung σ bzw. die Zahl s, die als − allerdings nicht erwartungstreue − Schätzung der Standardabweichung interpretiert werden kann, heranzuziehen, da sie dem Abstand zwischen Mittelwert und Wendepunkt der Normalverteilung entspricht. s_{IG} läßt sich in die drei mittleren Darstellungen um das jeweilige $M_{.j}$ eintragen; es gibt, wie S. 66 ausgeführt, die Wurzel aus der gemittelten Varianzschätzung innerhalb der drei Gruppen, also eine Standardabweichung „innerhalb", wieder.

Die obere Darstellung von Abbildung 7 enthält die Summenverteilung, die entsteht, wenn alle gegebenen Maßzahlen ohne Rücksicht auf die vorgegebene Einteilung in drei Gruppen wie eine Verteilung behandelt werden. Es wird deutlich, daß der Gesamtmittelwert $M_{..}$ der Mittelwert dieser Verteilung ist. Die Wurzel aus der totalen Varianzschätzung, s_T, ist entsprechend die Standardabweichung dieser Verteilung.

Die untere Darstellung in Abbildung 7 schließlich zeigt, wie sich die Gruppenmittelwerte $M_{.j}$ um den Gesamtmittelwert $M_{..}$, der ja ihr mit m_j gewogenes arithmetisches Mittel darstellt, verteilen. Die Varianzschätzung s_{ZG}^2 ist durch (2.86) definiert. (2.79) diente uns zur Herleitung von (2.86). Dort haben wir gezeigt, daß man sich die Varianzschätzung s_{ZG}^2 entstanden denken kann aus der Varianzschätzung, die man erhält, wenn man die Mittelwerte wie Maßzahlen behandelt, daraus eine Varianzschätzung be-

rechnet und mit m (im Falle gleichgroßer Stichproben) multipliziert. Wir brauchen also nur s_{ZG}^2 wieder durch m zu dividieren, um die Varianzschätzung der Verteilung der Mittelwerte in der unteren Darstellung zu erhalten. Die Wurzel aus dieser Varianzschätzung stellt wieder eine Standardabweichung dar, die in Abbildung 7 ebenfalls eingezeichnet wurde.
Im Beispiel haben wir ungleiche Stichprobenumfänge m_j. Für die Veranschaulichung in Abbildung 7 dividieren wir daher s_{ZG}^2 durch einen mittleren Stichprobenumfang $\bar{m}$. Für $\bar{m}$ wählen wir in diesem Zusammenhang das harmonische Mittel $\bar{m} = n / \sum_{j=1}^{n} \frac{1}{m_j}$, wie es in den meisten Einführungen in die Statistik behandelt wird (z. B. Bartel, 1971, S. 41; Schaich, 1977, S. 42).
Damit sind alle in der Auswertung von Tabellen 14 und 15 auftretenden Mittelwerte und Varianzschätzungen für eine gegebene Datenmenge veranschaulicht.
Wie diese Abbildung können Ergebnisse einer varianzanalytisch ausgewerteten Untersuchung, die Verteilungen der Maßzahlen der abhängigen Variablen, graphisch dargestellt werden. Die Abbildung zeigt, wie sich die einzelnen Maßzahlen innerhalb der Gruppen um ihren Mittelwert, und diese Gruppenmittelwerte wiederum sich um den Gesamtmittelwert verteilen. Sie zeigt ferner, wie die „totale" Verteilung die Verteilungen der einzelnen Gruppen nicht mehr erkennen läßt, jedoch eine größere Streuung als diese aufweist.

3.3.2 Nullhypothese und Arbeitshypothese, feste und zufällige Effekte

Es ist an der Zeit, dem Leser zu eröffnen, daß mit der Aufstellung von Tabelle 15 bereits alle Berechnungen bis auf einen einzigen Quotienten erledigt sind, die zu dem gewünschten Signifikanztest am Ende der varianzanalytischen Auswertung von Tabelle 14 führen. Zugleich müssen wir ihn jedoch bitten, uns bei einer neuen theoretischen Erörterung zu folgen.
Betrachten wir nochmals Abbildung 7. Hier liegen drei Stichproben vor, für die Mittelwerte und Varianzschätzungen berechnet und veranschaulicht wurden. Wir haben uns jetzt zu fragen: wie können wir die Populationen verstehen, auf die wir mit diesen Statistiken schließen?
Auf S. 10 haben wir ausgeführt, daß wir eine empirische Untersuchung, der auch die Daten unseres jetzigen Beispiels entnommen sein könnten, so

anlegen, daß sich alle möglichen Auswirkungen bekannter und unbekannter Bedingungen, von denen die abhängige Variable X bestimmt wird, die wir aber *nicht untersuchen* wollen, von Einzelperson zu Einzelperson, also von Einzelmaßzahl zu Einzelmaßzahl *nach Zufall* verteilen sollen. Die *unabhängige Variable* andererseits, deren Einfluß auf die abhängige Variable uns interessiert, soll auf je eine Gruppe von Messungen, etwa von Personen, die der entsprechenden Untersuchungsbedingung B_j zugeordnet werden, in *konstantgehaltenem* Ausmaß *einwirken*.

Damit können wir den drei Stichproben der Abbildung 7 drei hypothetische Populationen zuordnen, die die Verteilung aller Maßzahlen der abhängigen Variablen, getrennt nach den einzelnen Ausprägungen der unabhängigen Variablen B, enthalten. Wir nennen diese Populationen auch „Bedingungspopulationen" (engl. treatment populations) um zum Ausdruck zu bringen, daß sie bestimmten Bedingungen, also Stufen des Faktors B, zugeordnet sind. Die Maßzahlen $x_{.1}$ fassen wir als Zufallsstichprobe aus der hypothetischen Bedingungspopulation B_1, $x_{.2}$ als Zufallsstichprobe aus B_2 usw. auf. Diese Populationen können wir mit den Parametern μ_1, μ_2, ... für die Mittelwerte und σ_1^2, σ_2^2, ... für die Varianzen kennzeichnen.

Mit der Annahme der hypothetischen Bedingungspopulationen wird bei mehreren Stichproben ein statistisches Hypothesenpaar von Null- und Arbeitshypothese formulierbar. Ist die Variation der unabhängigen Variablen B in Wirklichkeit ohne jeden Einfluß auf die abhängige Variable X, dann müssen die Mittelwerte der einzelnen Bedingungspopulationen gleich sein. Das schließt ein, daß sie gleich dem Gesamtmittelwert sind, der sich bei Zusammenfassung aller dieser Populationen ergibt. Fügen wir hinzu, daß wir die Meßergebnisse als Zufallsstichproben aus einer Reihe solcher Populationen mit gleichen Mittelwerten und Varianzen auffassen wollen, erhalten wir die Nullhypothese:

(3.17) $H_0: \mu_1 = \mu_2 = \ldots = \mu_j = \ldots = \mu_n = \mu$

mit der Voraussetzung

(3.18) $\sigma_1^2 = \sigma_2^2 = \ldots = \sigma_j^2 = \ldots = \sigma_n^2$.

Wir können die Nullhypothese auch so formulieren: alle erhaltenen Stichproben sind Zufallsstichproben aus einer Population. Auftretende Mittelwertsunterschiede sind als Zufallsabweichungen zu erklären.

Im Falle des t-Tests zum Vergleich zweier Mittelwerte lautet die Nullhypothese: „*beide* Stichproben sind Zufallsstichproben aus einer Population". Wir haben jetzt eine Generalisierung auf mehrere Stichproben erreicht. Dabei ist es natürlich möglich, zwei spezielle Stichproben herauszugreifen und einem Signifikanztest auf Unterschied zweier Mittelwerte zu unterziehen. Im Abschnitt 4.2 werden die damit zusammenhängenden Probleme näher behandelt. Die Nullhypothese, die sich auf die Daten insgesamt bezieht, nennt man die *generelle Nullhypothese*. Dem Einzelvergleich zweier aus mehr als zwei Stichproben herausgegriffener Mittelwerte liegt demgegenüber eine *spezielle Nullhypothese* zugrunde. Mit der Varianzanalyse prüfen wir also einen Gesamteffekt auf Signifikanz, dessen Struktur durch Einzelvergleiche genauer aufzuhellen ist.

Die generelle *Arbeitshypothese* lautet entsprechend: die einzelnen, den Stufen B_j zugeordneten Maßzahlenmengen sind Zufallsstichproben aus einzelnen Bedingungspopulationen, zwischen denen wenigstens ein Mittelwertsunterschied bei gleichen Varianzen besteht. In Formelschreibweise:

(3.19) $H_1 : V\mu_k (\mu_k \neq \mu_1, \mu_2, \ldots \mu_j, \ldots \mu_n)$.

Dabei wird wiederum

(3.18) $\sigma_1^2 = \sigma_2^2 = \ldots = \sigma_j^2 = \ldots = \sigma_n^2$

vorausgesetzt. Das Zeichen vor der Klammer in (3.19) ist der Existenzquantor der Prädikatenlogik und bedeutet „Es gibt wenigstens ein μ_k, für das gilt: ...". Die Bedeutung von H_0 und einer möglichen H_1 sind in den Abbildungen 8 und 9 graphisch dargestellt. Die Zeichnungen sind ähnlich der Abbildung 7 angelegt, um Vergleiche zu erleichtern.

Mit der Herleitung von (2.51) haben wir gezeigt, daß Stichprobenmittelwerte erwartungstreue Schätzer der zugehörigen Populationsmittelwerte sind; für die Schätzung der Mittelwerte μ_j und μ dienen also die berechneten Stichprobenmittelwerte $M_{.j}$ und $M_{..}$. Nach (2.71) ist die Varianzschätzung innerhalb der Gruppen, berechnet mit (3.15) und (3.5), der erwartungstreue Schätzer für die hypothetische Varianz σ_e^2 der einzelnen Bedingungspopulationen. Der Index e drückt aus, daß wir die Varianz in den einzelnen Populationen als Fehlervarianz (engl. error) auffassen, die den Einfluß aller nicht systematisch variierten, in der Untersuchung unerwünschten Variablen repräsentiert. Der Grund für die Voraussetzung bei H_1, die Varianzen in den Bedingungspopulationen seien gleich, wird jetzt deutlich. Nur in diesem Fall nämlich ist die Mittelung der einzelnen Varianzschätzungen, die zu (2.71) führt, sinnvoll. (2.71) wurde für den Fall verschiedener Stichproben aus einer Population abgeleitet, was wir aber, da sich unterschiedliche M_j auf diese Varianzschätzung innerhalb der Grup-

81

pen nicht auswirken, dahingehend erweitern dürfen, daß lediglich Stichproben aus Populationen mit gleichen Varianzen σ_e^2 bei Zulässigkeit unterschiedlicher Mittelwerte μ_j zugrundegelegt werden müssen, wenn (2.71) gelten soll. Wir sagen dafür auch, die Varianzen der Gruppen müssen homogen sein, oder kürzer, *Varianzhomogenität* wird vorausgesetzt.

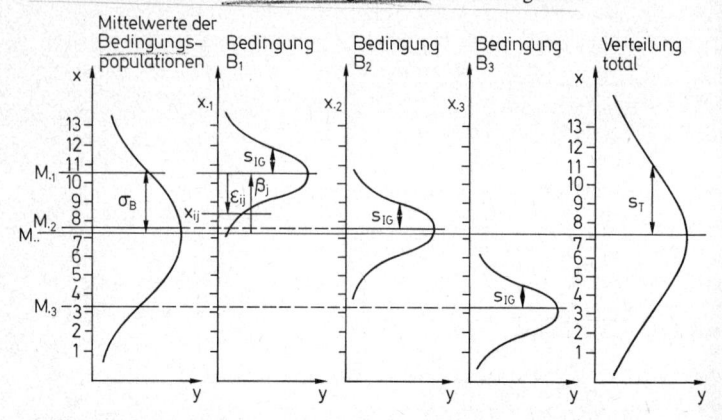

Abbildung 8   Hypothetische Populationen unter Annahme der Arbeitshypothese H_1 zu den Daten und Parameterschätzungen der Tabellen 14 und 15. Die Standardabweichungen sind durch Pfeile mit zwei Spitzen wiedergegeben. Pfeile mit einer Spitze kennzeichnen Effekte

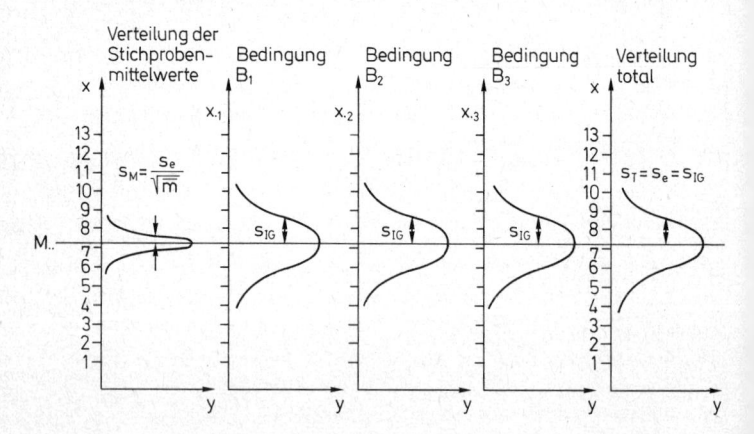

Abbildung 9   Hypothetische Populationen unter Annahme der Nullhypothese H_0 zu den Daten und Parameterschätzungen der Tabellen 14 und 15

In der Abbildung 8 verwenden wir für die Standardabweichung der einzelnen Bedingungspopulationen, für B_1, B_2 und B_3 die Wurzel aus der Schatzung der Populationsvarianz „innerhalb", $s_{IG} = \sqrt{s_{IG}^2}$. Die Population „total" hat den Mittelwert μ, dessen Schätzer $M_{..}$ gegeben ist. Für ihre Standardabweichung zeichnen wir s_T, die Wurzel aus der Varianzschätzung „total", ein.

Die Population „total" ist, wie auch die Abbildung 7 nahelegt, nicht zwangsläufig normalverteilt, auch wenn die Voraussetzung der normalverteilten Bedingungspopulationen erfüllt ist. Das legt eine Unterscheidung nahe. Die n Ausprägungen der unabhängigen Variablen B, in unserem Beispiel n = 3, können die einzig möglichen oder für die Zwecke einer Untersuchung sinnvollen Ausprägungen von B darstellen. Ist Variable B beispielsweise „Geschlecht", so weist sie nur zwei Ausprägungen auf, denen auch nur zwei Bedingungspopulationen zuzuweisen sind. Steht B für „Schultyp", so gibt es soviele Ausprägungen, wie Schultypen in einer pädagogisch-psychologischen Untersuchung relevant sind. B ist in diesem Falle eine diskrete Variable mit endlicher, meist sehr kleiner, Zahl von Ausprägungen. Die Prüfung der generellen Nullhypothese führt zu einer Generalisierung auf genau die Ausprägungen von B, die in der Untersuchung enthalten sind. Eine solche *unabhängige Variable B wird als „feste Variable"* oder als *„fester Faktor"* (engl. fixed factor), *ihre Wirkung als „fester Effekt"* (engl. fixed effect) *bezeichnet*.

Es ist aber auch möglich, die einzelnen Ausprägungen von B durch Zufallsauswahl aus einer stetigen oder einer diskreten Variablen mit einer großen Anzahl von Stufen zu bestimmen. In diesem Falle stellen die *tatsächlich untersuchten Ausprägungen der unabhängigen Variablen eine Zufallsstichprobe aus allen möglichen Ausprägungen* dar. Man darf jetzt das Ergebnis des Signifikanztests auf die gesamte unabhängige Variable und nicht nur auf die in der Untersuchung tatsächlich vorkommenden Bedingungen generalisieren. Eine unabhängige Variable mit diesen Eigenschaften wird *„zufällige Variable"* oder *„zufälliger Faktor"* (engl. randomized factor), ihre Wirkung *„zufälliger Effekt"* oder *„Zufallseffekt"* genannt.

In Abbildung 8 haben wir angenommen, es handele sich im Beispiel um einen normalverteilten Zufallseffekt B. In diesem Falle dürfen wir auch die Populationsverteilung für die Mittelwerte und die totale Verteilung als Normalverteilungen zeichnen. Die Mittelwerte der Bedingungspopulationen haben jetzt die Standardabweichung σ_B, die in Abschnitt 3.3.4 genauer behandelt wird. Würde es sich um einen festen Effekt B handeln, wäre die Verteilung der zu den einzelnen Gruppen B_j gehörigen Mittelwerte μ_j keine Normalverteilung, sondern lediglich die Angabe der drei Mittelwerte

μ_1, μ_2 und μ_3. Die Verteilung der Maßzahlen „total" wäre durch Überlagerung der drei Bedingungsverteilungen B_1, B_2 und B_3 zu gewinnen, wäre jedoch keine Normalverteilung mehr.
Für die jetzt noch nötigen Überlegungen wurde in Abbildung 8 eine angenommene Maßzahl x_{ij} eingetragen, und zwar in die Bedingungspopulation für B_1.

3.3.3 Die Effekte der einzelnen Bedingungen

Früheren Überlegungen gemäß werden die Mittelwerte μ_j von den Ausprägungen der unabhängigen Variablen, oder, wie wir gleichbedeutend auch sagen, den Stufen des Faktors B, B_j, systematisch bedingt. Die Varianz innerhalb der Bedingungspopulationen ist auf alle die Wirkungen zurückzuführen, die im Sinne einer Untersuchung als Fehler bezeichnet werden können. Wie oben schon begründet, nennen wir die Varianz innerhalb der Bedingungspopulationen σ_e^2.

Die Lage einer Maßzahl x_{ij} auf dem Maßzahlenkontinuum läßt sich, wie die Abbildung 8 zeigt, charakterisieren durch die Lage von x_{ij} innerhalb der Population B_j, genauer: durch den *Abstand von ihrem Populationsmittelwert* μ_j.

Wir können dafür die neue Größe ϵ_{ij} einführen:

(3.20) $\epsilon_{ij} = x_{ij} - \mu_j$.   *Individueller Fehler* $\vee x_{ij}$

In gleicher Weise können wir die Lage eines Populationsmittelwertes μ_j in der totalen Population mit einer neuen Größe β_j kennzeichnen:

(3.21) $\beta_j = \mu_j - \mu$.   *Effekt d. Versuchsbedingungen*

ϵ_{ij} und β_j sind als Pfeile *mit einer Spitze* in Abbildung 8 eingetragen. Entsprechend läßt sich schließlich auch die Position der Maßzahl x_{ij} relativ zum Gesamtmittelwert μ angeben, indem man die Differenz $x_{ij} - \mu$ bildet. Man erhält

(3.22) $x_{ij} - \mu = x_{ij} - \mu_j + \mu_j - \mu = \epsilon_{ij} + \beta_j$.

Die geometrischen Verhältnisse in Abbildung 8 machen (3.22) auch unmittelbar deutlich. Die *Richtung* der eingezeichneten Pfeile für ϵ_{ij} und β_{ij} gibt dabei das Vorzeichen wieder. Durch Umstellung von (3.22) läßt sich auch die einzelne Maßzahl isolieren:

(3.23) $x_{ij} = \mu + \beta_j + \epsilon_{ij}$.

Die Abweichung jeder einzelnen Maßzahl in der Population vom totalen Mittelwert μ wird in zwei Komponenten, ϵ_{ij} und β_j, die durch (3.20) und (3.21) definiert sind, zerlegt. β_j nennen wir den Effekt der Versuchsbedingung j, ϵ_{ij} den individuellen Fehler der Maßzahl x_{ij}. (3.23) läßt sich verbalisieren: *jede Maßzahl kann aufgefaßt werden als Summe aus Populationsmittelwert, Bedingungseffekt und individuellem Fehler.* Es sei daran erinnert, daß dies mit dem Ansatz der sogenannten klassischen Testtheorie nach Gulliksen in der Psychologie übereinstimmt. Dort wird angenommen, jeder erhaltene Testwert setze sich aus einem „wahren Wert" und einem Meßfehler additiv zusammen.

Bei Anwendungen der Varianzanalyse verfügt man statt der Parameter in (3.20) bis (3.23) nur über deren Schätzungen. Wie man sofort sieht, bleibt (3.22) gültig, wenn die Schätzungen anstelle der Parameter eingesetzt werden:

(3.24) $\quad x_{ij} - M_{..} = x_{ij} - M_{.j} + M_{.j} - M_{..} = e_{ij} + b_j.$

e_{ij} ist jetzt als der individuelle Fehler einer Maßzahl x_{ij} aufzufassen, der auf die Parameterschätzungen bezogen ist und b_j als Schätzung des Effektes β_j. Die entsprechenden Gleichungen lauten:

(3.25) $\quad e_{ij} = x_{ij} - M_{.j}$ und

(3.26) $\quad b_j = M_{.j} - M_{..}$

Analog zu (3.23) ergibt sich für Stichproben:

(3.27) $\quad x_{ij} = M_{..} + b_j + e_{ij}.$

Die linke Seite von (3.24) enthält die *Abweichung einer Maßzahl von dem* für vorliegende Daten gerechneten *Gesamtmittelwert,* die rechte Seite deren additive *Zerlegung in eine Effektschätzung* b_j, die Differenz Gruppenmittelwert – Gesamtmittelwert, *und einen Fehler* e_{ij}, individuelle Maßzahl minus Gruppenmittelwert.

Quadriert man beide Seiten von (3.24) für alle Einzelmaßzahlen x_{ij} einer in Gruppen aufteilbaren Gesamtstichprobe und summiert man alle diese Quadrate auf, so erhält man $S_T = S_{IG} + S_{ZG}$ (3.9).

(3.24) kann also auch als Ansatz verstanden werden, mit dessen Hilfe sich die Grundgleichung der Varianzzerlegung, (3.9), einfacher ableiten läßt, als mit unseren früheren Überlegungen im Abschnitt 3.1, 63 f. Wir geben diese Ableitung kurz wieder.

Quadrieren der linken Seite von (3.24) und Summieren über alle Maßzahlen der Gesamtstichprobe führt auf $\sum_{j=1}^{n} \sum_{i=1}^{m_j} (x_{ij} - M_{..})^2$, das definitionsgemäß (vgl. (3.3) und (2.66)) die totale Quadratsumme S_T darstellt. Für die rechte Seite von (3.24) ergibt sich:

$$(3.28) \quad S_T = \sum_{j=1}^{n} \sum_{i=1}^{m_j} [(x_{ij} - M_{.j}) + (M_{.j} - M_{..})]^2 .$$

Quadrieren der eckigen Klammer führt auf

$$(3.29) \quad S_T = \sum_{j=1}^{n} \sum_{i=1}^{m_j} [(x_{ij} - M_{.j})^2 + 2(x_{ij} - M_{.j})(M_{.j} - M_{..}) + (M_{.j} - M_{..})^2] .$$

Wird zunächst das rechte Summenzeichen, die Summierung innerhalb der Gruppen, in die Klammer gebracht, entsteht

$$(3.30) \quad S_T = \sum_{j=1}^{n} [\sum_{i=1}^{m_j} (x_{ij} - M_{.j})^2 + m_j (M_{.j} - M_{..})^2] .$$

Die eckige Klammer von (3.30) enthält nur noch zwei Summanden, da der mittlere Summand in der eckigen Klammer von (3.29) bei Summierung innerhalb der Gruppen zu Null wird (warum?).
Die Auflösung der eckigen Klammer von (3.30) liefert

$$(3.31) \quad S_T = \sum_{j=1}^{n} \sum_{i=1}^{m_j} (x_{ij} - M_{.j})^2 + \sum_{j=1}^{n} m_j (M_{.j} - M_{..})^2 .$$

Der linke Summand der rechten Seite von (3.31) ist, wie man durch Auflösung mit Hilfe von (2.67) leicht zeigen kann, gleich der Quadratsumme innerhalb der Gruppen (3.2); nach (3.4) ist der rechte Summand gleich der Quadratsumme zwischen den Gruppen, sodaß wir $S_T = S_{IG} + S_{ZG}$ (3.9) erhalten, was zu beweisen war.
Mit dem Ansatz der Gleichung (3.24), dessen Zulässigkeit und Bedeutung wir der Abbildung 8 entnommen haben, ist es also bei sehr verringertem Aufwand ebenfalls möglich, die Grundgleichung der Varianzzerlegung, (3.9), abzuleiten. Für die Herleitung der Varianzzerlegung in den später zu behandelnden, komplexeren Fällen werden wir nur noch diese kürzere Ableitung verwenden. Es soll noch betont werden, daß die Gleichung (3.9) grundsätzlich für jeden in Gruppen unterteilten Datensatz gilt, da sie allein aufgrund algebraischer Rechenregeln abgeleitet wurde. Die später zu besprechenden Voraussetzungen, denen die Daten einer Varianzanalyse genügen müssen, werden nicht bei der Ableitung von (3.9), sondern erst bei den statistischen Schlüssen bedeutsam.

3.3.4 Die Erwartungswerte der varianzanalytischen Kenngrößen für feste und zufällige Effekte

Unter der Annahme, mehrere Stichproben seien aus *einer* Population gezogen, haben wir mit (2.77) nachgewiesen, daß die Varianzschätzung „innerhalb", mit (2.90), daß die Varianzschätzung „zwischen" den Gruppen Schätzungen der Populationsvarianz mit $(N - n)$ bzw. $(n - 1)$ Freiheitsgraden darstellen. Natürlich muß unter dieser Annahme auch die „totale" Varianzschätzung, analog zu (2.65), einen Schätzer für die Populationsvarianz, und zwar mit $(N - 1)$ Freiheitsgraden, liefern. Der diesen Erwartungswerten zugrundegelegte Fall ist aber zugleich der Inhalt der Nullhypothese (3.17).

Wie sehen diese Verhältnisse nun aber bei Geltung der Arbeitshypothese aus? Jede Gruppe enthält alle Messungen, die mit einer bestimmten Ausprägung der unabhängigen Variablen zustandegekommen sind. Hat die unabhängige Variable eine systematische Wirkung, erwarten wir eine Erhöhung der Varianzschätzungen „total" und „zwischen" den Gruppen, die in der Varianzschätzung „innerhalb" der Gruppen nicht auftritt. Um dies zu überprüfen, berechnen wir die Erwartungswerte der drei Varianzschätzungen unter der Annahme, die Arbeitshypothese H_1 (3.19) sei richtig.

Wir stellten oben, S. 68, fest, daß die drei Gleichungen für die Varianzschätzungen aus insgesamt drei verschiedenen Summanden zusammengesetzt sind, die wir (AB), (aB) und (ab) nannten. Wir bestimmen zunächst die Erwartungswerte für diese drei Größen.

Indem wir die additive Zerlegung der Maßzahlen x_{ij} mit (3.27) in die Definition von (AB), Gleichung (3.10), einsetzen, erhalten wir:

$$(3.32) \quad E[(AB)] = E[\sum_{j=1}^{n} \sum_{i=1}^{m_j} (M_{..} + b_j + e_{ij})^2].$$

Quadrieren der runden Klammer und Verteilen der beiden Summenoperationen auf die Elemente des Produktes ergibt:

$$(3.33) \quad E[(AB)] = E[NM_{..}^2 + \sum_{j=1}^{n} m_j b_j^2 + \sum_{j=1}^{n} \sum_{i=1}^{m_j} e_{ij}^2$$

$$+ 2M_{..} \sum_{j=1}^{n} m_j b_j + 2M_{..} \sum_{j=1}^{n} \sum_{i=1}^{m_j} e_{ij}$$

$$+ 2 \sum_{j=1}^{n} b_j \sum_{i=1}^{m_j} e_{ij}].$$

e_{ij} und b_j wurden mit (3.25) und (3.26) als Abweichungen der Einzelmaßzahlen von ihrem Stichprobenmittelwert (e_{ij}) und der Einzelmittelwerte vom Gesamtmittelwert (b_j) definiert. Das arithmetische Mittel hat, wie aus (2.5) leicht abgeleitet werden kann, die Eigenschaft, daß die Summe so definierter Abweichungen gleich Null wird. Bei ungleichen Stichprobengrößen m_j wird die Summe der mit den zugehörigen Stichprobenumfängen gewichteten Effekte b_j zu Null (warum?). Daraus folgt, daß die drei rechten Summanden in (3.33) gleich Null sind. Den Operator E bringen wir mit (2.49) in die eckige Klammer. Für das erste Glied wird (2.47) und (2.52), für das dritte (2.52) angewandt. Den gemeinsamen Populationsmittelwert hatten wir μ, die zu e_{ij} in der Population gehörige Fehlervarianz σ_e^2 genannt. Für die Bestimmung des Erwartungswertes für das zweite Glied in der eckigen Klammer von (3.33) ist noch eine kurze Überlegung anzustellen. Liegen *feste Effekte* vor, so sind annahmegemäß die einzelnen erhaltenen Effekte b_j Zufallsstichproben aus Populationen mit den Mittelwerten β_j. Der Erwartungswert für jedes einzelne b_j ist gleich einem festen β_j,

(3.34) $E(b_j) = \beta_j$.

Den Erwartungswert des Summanden erhalten wir, indem wir b_j durch β_j ersetzen; m_j ist bezüglich des Erwartungswertes eines Summanden $m_j b_j$ eine Konstante und wird nach (2.47) behandelt. Es ergibt sich für (3.33) bei *festen Effekten*

(3.35) $E[(AB)] = N(\mu^2 + \sigma_{M_{..}}^2) + \sum_{j=1}^{n} m_j \beta_j^2 + N\sigma_e^2$.

(3.35) enthält noch ein bisher nicht definiertes Formelzeichen: $\sigma_{M_{..}}^2$ bedeutet die für den Stichprobenumfang N zu erwartende Fehlervarianz des Gesamtmittelwertes $M_{..}$.

Liegen *zufällige Effekte* vor, kann der Erwartungswert für das zweite Glied der eckigen Klammer von (3.33) folgendermaßen bestimmt werden. Jetzt wird angenommen, die einzelnen erhaltenen Effekte b_j seien wiederum Zufallsstichproben aus hypothetischen Bedingungspopulationen mit den Mittelwerten β_j, die β_j seien jedoch selbst Ausprägungen einer Zufallsvariablen, die sich mit der Varianz σ_B^2 um den Mittelwert 0 verteilt. Der Zahlenwert 0 für den Mittelwert der Verteilung der β_j entsteht bei der Definition von β_j mit (3.21). σ_B^2 ist also die Populationsvarianz der abhängigen Variablen X für den isolierten Einfluß der Variation der randomisierten unabhängigen Variablen B über ihren gesamten Variationsbereich, woraus die Ausprägungen in einer bestimmten Untersuchung, $B_1, B_2, \ldots, B_j, \ldots, B_n$, eine Zufallsstichprobe darstellen.

Den Erwartungswert $E(\sum_{j=1}^{n} m_j \beta_j^2)$ können wir ermitteln, indem wir zunächst die Summe nach (2.49) ausschreiben:

(3.36) $E(\sum_{j=1}^{n} m_j \beta_j^2) = E(m_1 \beta_1^2) + E(m_2 \beta_2^2) + \ldots + E(m_n \beta_n^2)$

$= m_1 E(\beta_1^2) + m_2 E(\beta_2^2) + \ldots + m_n E(\beta_n^2)$.

In jedem Summanden von (3.36) ist jedes β_j eine Realisierung der Zufallsvariablen B, jedes m_j ist in bezug auf den Erwartungswert des zugehörigen Summanden eine Konstante, die nach (2.47) vor den Operator E gezogen werden darf. Mit (2.52) und unter Berücksichtigung der Tatsache, daß $E(\beta_j) = 0$ (3.21), ergibt sich aus (3.36)

(3.37) $E(\sum_{j=1}^{n} m_j \beta_j^2) = m_1 \sigma_B^2 + m_2 \sigma_B^2 + \ldots + m_n \sigma_B^2$

$= \sigma_B^2 \cdot \sum_{j=1}^{n} m_j = N \sigma_B^2$.

Damit wird aus (3.33) für *zufällige Effekte:*

(3.38) $E[(AB)] = N(\mu^2 + \sigma_M^2) + N\sigma_B^2 + N\sigma_e^2$.

Für die Größe (aB) erhalten wir, wiederum mit (3.27) und der Definition von (3.12):

(3.39) $E[(aB)] = E[\sum_{j=1}^{n} \frac{1}{m_j} (\sum_{i=1}^{m_j} (M_{..} + b_j + e_{ij}))^2]$.

Jetzt ist zuerst das rechte Summenzeichen in die innere, runde Klammer zu bringen und dann die äußere zu quadrieren. Das linke Summenzeichen ist schließlich auf die resultierenden Summanden anzuwenden. Man erhält:

(3.40) $E[(aB)] = E[NM_{..}^2 + \sum_{j=1}^{n} m_j b_j^2 + \sum_{j=1}^{n} \frac{1}{m_j} (\sum_{i=1}^{m_j} e_{ij})^2$

$+ 2M_{..} \sum_{j=1}^{n} m_j b_j + 2M_{..} \sum_{j=1}^{n} \sum_{i=1}^{m_j} e_{ij}$

$+ 2 \sum_{j=1}^{n} b_j \sum_{i=1}^{m_j} e_{ij}]$.

Die drei rechten Summanden der eckigen Klammer enthalten wiederum als innere Summenzeichen Summierungen über die Zahlen $m_j b_j$ und e_{ij}, die nach Definition (3.25) und (3.26) Null sind. Damit sind die Erwartungswerte dieser Summanden im Ganzen gleich Null. Für den ersten Summanden in der eckigen Klammer ergibt sich der Erwartungswert wieder mit (2.47) und (2.52). Der zweite Summand ist identisch mit dem zweiten Summanden in (3.33), für ihn gelten die dort angestellten Überlegungen. Er wird demnach für feste Effekte $\sum_{j=1}^{n} m_j \beta_j^2$, für zufällige Effekte nach (3.37) $N\sigma_B^2$. Nach (2.59) hat die runde Klammer des dritten Summanden den Erwartungswert $m_j \sigma_e^2$. m_j kürzt sich aus den Summanden für das linke Summenzeichen heraus, und der resultierende Erwartungswert wird mit (2.50) $n\sigma_e^2$. Wir erhalten für *feste Effekte:*

(3.41) $\quad E[(aB)] = N(\mu^2 + \sigma_M^2) + \sum_{j=1}^{n} m_j \beta_j^2 + n\sigma_e^2$

und für *zufällige Effekte*

(3.42) $\quad E[(aB)] = N(\mu^2 + \sigma_M^2) + N\sigma_B^2 + n\sigma_e^2$

Nun ist noch der dritte Erwartungswert $E[(ab)]$ zu bestimmen. (3.13) und (3.27) ergeben

(3.43) $\quad E[(ab)] = E\left[\dfrac{1}{N} \{\sum_{j=1}^{n} \sum_{i=1}^{m_j} (M_{..} + b_j + e_{ij})\}^2\right]$.

Zur Auflösung von (3.32) mußten wir die runde Klammer mit sich selbst multiplizieren und dann beide Summenzeichen auf die Summanden des Produktes anwenden; zur Auflösung von (3.39) wurde ein Summenzeichen auf die Summanden der runden Klammer verteilt, die Klammer quadriert und dann das zweite, linke, Summenzeichen ausgeführt. Jetzt, in (3.43), haben wir erst beide Summenzeichen in die Klammer einzuarbeiten und dann zu quadrieren. Wir erhalten:

(3.44) $\quad E[(ab)] = E[NM_{..}^2 + \dfrac{1}{N}(\sum_{j=1}^{n} m_j b_j)^2 + \dfrac{1}{N}(\sum_{j=1}^{n} \sum_{i=1}^{m_j} e_{ij})^2$

$\qquad\qquad + 2M_{..} \sum_{j=1}^{n} m_j b_j + 2M_{..} \sum_{j=1}^{n} \sum_{i=1}^{m_j} e_{ij}$

$\qquad\qquad + 2 \sum_{j=1}^{n} m_j b_j (\sum_{j=1}^{n} \sum_{i=1}^{m_j} e_{ij})]$.

Die drei rechten Summanden von (3.44) sind aus den oben angegebenen Gründen wiederum gleich Null. Der erste Summand gleicht dem ersten Summanden der eckigen Klammer von (3.33) und (3.40). Den Erwartungswert der runden Klammer des dritten Summanden bestimmen wir mit (2.58) zu $N\sigma_e^2$; der Erwartungswert des dritten Summanden wird damit σ_e^2. Der zweite Summand der eckigen Klammer unterscheidet sich jetzt von demjenigen in (3.33) und (3.40). Zur Bestimmung des Erwartungswertes müssen wir eine neue Überlegung anstellen.

Haben wir es mit einem *Festeffektmodell* zu tun, so ist jedes aus den Daten berechnete b_j die Zufallsrealisation eines Effektes aus einer Population mit dem konstanten Parameter β_j. Es folgt wie oben $E(b_j) = \beta_j$ (3.34). Auch für die hypothetischen Populationen muß der Mittelwert der mit den Stichprobenumfängen gewichteten Mittelwerte μ_j gleich dem Gesamtmittelwert μ sein. Aus der Definition (3.21) folgt, daß der entsprechende gewogene Mittelwert der Einzeleffekte β_j Null sein muß (3.45). Da β_j beim Festeffektmodell keine Zufallsvariable ist, ergibt sich aus

$$(3.45) \quad \sum_{j=1}^{n} m_j \beta_j = 0 \qquad (3.46) \quad E(\sum_{j=1}^{n} m_j \beta_j)^2 = 0 \,.$$

Natürlich muß damit auch der Erwartungswert des zweiten Summanden der eckigen Klammer von (3.44) beim Festeffektmodell gleich Null sein.

Beim *Zufallseffektmodell* hingegen ist jedes β_j die Ausprägung einer Zufallsvariablen, wie zur Auflösung von (3.33) näher ausgeführt.

Zur Bestimmung des gesuchten Erwartungswertes gehen wir, wie in der Definition von E (2.31), S. 35, enthalten, davon aus, daß die Zufallsmaße β_j unendlich oft realisiert werden. Damit müssen sich die einzelnen Ausprägungen auch mit ihrem Erwartungswert 0 und ihrer Populationsvarianz σ_B^2 auf die einzelnen unterschiedlichen Stichprobengrößen m_j verteilen. Analog zu (2.56) bis (2.58) läßt sich anschreiben:

$$(3.47) \quad E[(\sum_{j=1}^{n} m_j \beta_j)^2]$$

$$= E[(m_1\beta_1 + m_2\beta_2 + \ldots + m_n\beta_n)(m_1\beta_1 + m_2\beta_2 + \ldots + m_n\beta_n)]$$

$$= E(m_1^2 \beta_1^2 + m_2^2 \beta_2^2 + \ldots + m_n^2 \beta_n^2)$$

$$+ E[m_1\beta_1 (m_2\beta_2 + m_3\beta_3 + \ldots + m_n\beta_n)]$$

$$+ E[m_2\beta_2 (m_1\beta_1 + m_3\beta_3 + \ldots + m_n\beta_n)] + \ldots$$

$$+ E[m_n\beta_n (m_1\beta_1 + m_2\beta_2 + \ldots + m_{n-1}\beta_{n-1})] \,.$$

Da $E(\beta_j) = 0$, müssen auch alle Ausdrücke der Form $E(m_j\beta_j) = 0$ sein, da m_j in bezug auf den Erwartungswert eine Konstante ist, die mit (2.47) vor den Operator E gezogen werden kann. In (3.47) ist deshalb nur der erste Erwartungswert auf der rechten Seite von Null verschieden. Für ihn erhalten wir, wieder mit Hilfe von (2.47):

$$(3.48) \quad E[(\sum_{j=1}^{n} m_j\beta_j)^2] = m_1^2 E(\beta_1^2) + m_2^2 E(\beta_2^2) + \ldots$$

$$+ m_n^2 E(\beta_n^2) = \sigma_B^2 \cdot \sum_{j=1}^{n} m_j^2.$$

Unter der weiteren Annahme gleicher Gruppengrößen, gleicher $m_j = m$, entsteht mit (2.59)

$$(3.49) \quad E[(m \sum_{j=1}^{n} \beta_j)^2] = m^2 \cdot n \cdot \sigma_B^2.$$

Mit $N = m \cdot n$ wird aus der rechten Seite von (3.49) der Ausdruck $N \cdot m \cdot \sigma_B^2$. Für *feste Effekte* ergibt sich dann aus (3.44)

$$(3.50) \quad E[(ab)] = N(\mu^2 + \sigma_M^2) + \sigma_e^2,$$

für *randomisierte Effekte*

$$(3.51) \quad E[(ab)] = N(\mu^2 + \sigma_M^2) + m\sigma_B^2 + \sigma_e^2$$

bei gleichen Gruppengrößen m und

$$(3.52) \quad E[(ab)] = N\mu^2 + \frac{1}{N} \sigma_B^2 \sum_{j=1}^{n} m_j^2 + \sigma_e^2$$

bei ungleichen Gruppengrößen m_j.

Man beachte die Strukturähnlichkeiten der Gleichungen (3.35), (3.41) und (3.50) für feste und (3.38), (3.42) und (3.51) für zufällige Effekte. Der erste Summand lautet in allen sechs Fällen $N(\mu^2 + \sigma_M^2)$, der letzte geht beim Übergang von $E[(AB)]$ über $E[(aB)]$ zu $E[(ab)]$ von $N\sigma_e^2$ über $n\sigma_e^2$ auf σ_e^2, unabhängig, ob Fest- oder Zufallseffekt vorliegt. Der zweite Summand lautet für $E[(AB)]$ und $E[(aB)]$ gleich, für Zufalls- und Festeffektmodell jedoch unterschiedlich.

Bei $E[(ab)]$ wird der zweite Summand für das Festeffektmodell Null und für das Zufallseffektmodell zu $m\sigma_B^2$.

3.3.5 Der Übergang zum Signifikanztest

Rufen wir uns ins Gedächtnis zurück, wozu wir die drei Erwartungswerte, von denen wir festgestellt haben, daß sie für das Festeffekt- und das Zufallseffektmodell jeweils verschiedene Werte annehmen, berechnet haben! Wir benötigen sie als Zwischenrechnungen für die Bestimmung der Erwartungswerte der drei Varianzschätzungen unter Gültigkeit der Arbeitshypothese H_1 (3.19).
Mit (3.14), (3.15), (3.16) und (3.5) können wir jetzt die Erwartungswerte für die Varianzschätzungen zusammenstellen. Zunächst erhalten wir für die *festen Effekte* mit Hilfe von (3.35), (3.41) und (3.50):

(3.53) $\quad E(s_{IG}^2) = \dfrac{1}{N-n} \{E[(AB)] - E[(aB)]\} = \dfrac{1}{N-n} [N(\mu^2 + \sigma_M^2)$

$\qquad + \sum\limits_{j=1}^{n} m_j \beta_j^2 + N\sigma_e^2 - N(\mu^2 + \sigma_M^2) - \sum\limits_{j=1}^{n} m_j \beta_j^2 - n\sigma_e^2]$

$\qquad = \sigma_e^2 ,$

(3.54) $\quad E(s_{ZG}^2) = \dfrac{1}{n-1} \{E[(aB)] - E[(ab)]\} = \dfrac{1}{n-1} [N(\mu^2 + \sigma_M^2)$

$\qquad + \sum\limits_{j=1}^{n} m_j \beta_j^2 + n\sigma_e^2 - N(\mu^2 + \sigma_M^2) - \sigma_e^2]$

$\qquad = \sigma_e^2 + \dfrac{1}{n-1} \sum\limits_{j=1}^{n} m_j \beta_j^2 ,$

(3.55) $\quad E(s_T^2) = \dfrac{1}{N-1} \{E[(AB)] - E[(ab)]\} = \dfrac{1}{N-1} [N(\mu^2 + \sigma_M^2)$

$\qquad + \sum\limits_{j=1}^{n} m_j \beta_j^2 + N\sigma_e^2 - N(\mu^2 + \sigma_M^2) - \sigma_e^2]$

$\qquad = \sigma_e^2 + \dfrac{1}{N-1} \sum\limits_{j=1}^{n} m_j \beta_j^2 .$

Für das *Zufallseffektmodell* ergibt sich:

(3.56) $\quad E(s_{IG}^2) = \dfrac{1}{N-n} \{E[(AB)] - E[(aB)]\} = \dfrac{1}{N-n} [N(\mu^2 + \sigma_M^2)$

$\qquad + N\sigma_B^2 + N\sigma_e^2 - N(\mu^2 + \sigma_M^2) - N\sigma_B^2 - n\sigma_e^2] = \sigma_e^2 ,$

(3.57) $\quad E(s_{ZG}^2) = \dfrac{1}{n-1} \{E[(aB)] - E[(ab)]\} = \dfrac{1}{n-1} [N(\mu^2 + \sigma_M^2)$

$\qquad + N\sigma_B^2 + n\sigma_e^2 - N(\mu^2 + \sigma_M^2) - m\sigma_B^2 - \sigma_e^2]$

$\qquad = \sigma_e^2 + m\sigma_B^2$

bei gleichen Gruppengrößen m und

(3.58) $\quad E(s_{ZG}^2) = \sigma_e^2 + \dfrac{1}{n-1} [N - \dfrac{1}{N} \sum_{j=1}^{n} m_j^2] \sigma_B^2$

bei ungleichen Gruppengrößen m_j,

(3.59) $\quad E(s_T^2) = \dfrac{1}{N-1} \{E[(AB)] - E[(ab)]\} = \dfrac{1}{N-1} [N(\mu^2 + \sigma_M^2)$

$\qquad + N\sigma_B^2 + N\sigma_e^2 - N(\mu^2 + \sigma_M^2) - m\sigma_B^2 - \sigma_e^2]$

$\qquad = \sigma_e^2 + \dfrac{N-m}{N-1} \sigma_B^2$

bei gleichen Gruppengrößen m und

(3.60) $\qquad = \sigma_e^2 + \dfrac{1}{N-1} [N - \dfrac{1}{N} \sum_{j=1}^{n} m_j^2] \sigma_B^2$

bei ungleichen Gruppengrößen.

Gleichungen (3.53) bis (3.60) zeigen:

1. Bei *Geltung der Nullhypothese* liefern alle Varianzschätzungen bei Fest- und bei Zufallseffektvariablen eine Schätzung für σ_e^2, da aus H_0 (3.17) mit (3.21)

(3.61) $\quad \beta_1 = \beta_2 = \ldots = \beta_n = 0$

und daraus

(3.62) $\quad \sigma_B^2 = 0$

folgt, was den zweiten Summanden der rechten Seite der Gleichungen (3.53) bis (3.60) zu Null macht (vgl. Abbildung 9).

2. Bei *Geltung der Arbeitshypothese* liefern die Varianzschätzungen s_{IG}^2 bei beiden Modellen, bei (3.53) und (3.56), Schätzungen der Fehlervarianz. Die Variation der unabhängigen Variablen wirkt sich also nur

auf die totale Varianzschätzung und die Varianzschätzung zwischen den Gruppen aus (vgl. Abbildung 8).

Bei der Ableitung von F (2.110), S. 58, haben wir definiert, daß die F-Verteilung die Verteilung des Quotienten der Varianzen zweier *unabhängiger* Zufallsstichproben mit den Freiheitsgradezahlen d_{f1} und d_{f2} darstellen soll. Da s_T^2 auf $N-1$ und s_{IG}^2 auf $N-n$ Freiheitsgraden beruhen, können sie nicht voneinander unabhängig sein, denn s_T^2 verwendet die Information nochmals, die in s_{IG}^2 bereits ausgenutzt wurde. s_{ZG}^2 beruht jedoch auf genau denjenigen $n-1$ Freiheitsgraden, die von den insgesamt vorhandenen $N-1$ Freiheitsgraden abgezogen werden müssen, damit die $N-n$ Freiheitsgrade von s_{IG}^2 übrigbleiben. Es ist deshalb zunächst plausibel, daß die Varianzschätzung innerhalb und die Varianzschätzung zwischen den Gruppen voneinander unabhängig sind. Wir dürfen berechnen:

$$(3.63) \quad F = \frac{s_{ZG}^2}{s_{IG}^2}$$

mit $d_{f1} = n - 1$ und $d_{f2} = N - n$.

Solange die Nullhypothese gilt, muß sich dieser Quotient entsprechend F verteilen. *Mit der Ermittlung der Wahrscheinlichkeit, ein so großes oder größeres F zu erhalten, wie es bei vorliegenden Daten berechnet wurde, gewinnen wir demnach einen Signifikanztest für die generelle Nullhypothese H_0.* Ist diese Wahrscheinlichkeit kleiner als die Signifikanzgrenze von $p_I = 5\%$, 1% oder $0{,}1\%$, was wir wie üblich daran feststellen, daß das in der F-Tabelle im Anhang angegebene F vom berechneten Zahlenwert überschritten wird, so verwerfen wir H_0 und nehmen an, daß s_{ZG}^2, der Zähler von F, eher eine Zufallsstichprobe aus einer Population darstellt, für die $\sigma_B^2 \neq 0$ ist.

Es steht jetzt nur noch aus, den Beweis für die Plausibilitätsannahme, die Varianzschätzungen s_{ZG}^2 und s_{IG}^2 seien voneinander unabhängig, zu erbringen, und wir haben das Verfahren geschlossen abgeleitet. Von dieser Unabhängigkeitsannahme haben wir implizit auch schon bei der Ableitung der Erwartungswerte für die Summen (AB), (aB) und (ab) Gebrauch gemacht, da die verwendeten Regeln für das Rechnen mit Erwartungswerten diese Unabhängigkeit voraussetzen. Wir behandeln das Beweisverfahren für die Unabhängigkeit im systematischen Zusammenhang von Abschnitt 4.1.

Im Zahlenbeispiel der Tabellen 14 und 15, S. 76 und 78, und der Abbildung 7 haben wir nur noch F zu berechnen und auf Signifikanz zu prüfen, um die Varianzanalyse zu beenden. Wir erhalten $F = \dfrac{245{,}2}{1{,}744} = 140{,}59$ mit $d_{f1} = 2$ und $d_{f2} = 53$. Die F-Tabelle liefert bei einem Signifikanzniveau von $p_I = 1\ \%$ den Zahlenwert $F_{1\%, 2, 50} = 5{,}06$. Unser Ergebnis ist also signifikant. Der hohe Zahlenwert für F rührt daher, daß wir für eine gute graphische Veranschaulichung so große Werte für die Mittelwertsunterschiede gewählt haben, wie sie in wissenschaftlichen Untersuchungen nur sehr selten vorkommen.

Dieser Signifikanztest gilt sowohl für die Annahme fester wie zufälliger Effekte. Bei *festen Effekten* dürfen wir ein signifikantes Ergebnis auf genau die Ausprägungen B_j der unabhängigen Variablen B verallgemeinern, die untersucht wurden. Bei *Zufallseffekten* dürfen wir auf alle möglichen Ausprägungen der unabhängigen Variablen B verallgemeinern, aus denen die untersuchten Ausprägungen B_j eine Zufallsauswahl darstellen. In komplizierteren Auswertungsplänen führt die Unterscheidung zwischen festen und zufälligen unabhängigen Variablen, wie noch zu zeigen sein wird, zu unterschiedlichen F-Quotienten.

3.4 Beispiel: eine einfaktorielle Varianzanalyse

In den Tabellen 12 und 14 haben wir zwei Beispiele gegeben, um die Überlegungen zur Herleitung des Signifikanztests ständig veranschaulichen zu können. Wir wollen es dem Leser ersparen, aus den längeren Erörterungen der zurückliegenden Abschnitte den Rechengang für die Anwendung mühsam herauszuziehen. Die komplizierte Schreibweise der Formeln, die Mehrfachindizierungen der Variablen und das meist umfangreiche Datenmaterial machen es jedoch nötig, auch rechenpraktische und datenorganisatorische Gesichtspunkte explizit zu erörtern.

Die bisherigen Beispiele waren dadurch gekennzeichnet, daß eine unabhängige Variable, B, in mehreren Ausprägungen systematisch variiert wurde. Zu jeder Stufe B_j gehörte eine Gruppe von m_j Untersuchungsobjekten, an denen jeweils die abhängige Variable X gemessen wurde. Jedes Untersuchungsobjekt kam in der Untersuchung nur einmal vor; es wurde nach Zufall aus der Population, auf die verallgemeinert werden soll, ausgewählt, und nach Zufall der Bedingung B_j zugewiesen. Wir bezeichnen einen solchen Untersuchungsplan mit einer unabhängigen Variablen als „einfaktoriell". Da die Bezeichnungen für varianzanalytische Versuchspläne nicht

von allen Autoren übereinstimmend verwendet werden, geben wir in Tabelle XI im Anhang eine Konkordanz üblicher Bezeichnungsweisen.
Die Arbeitsschritte für die Analyse eines einfaktoriellen Versuchsplanes lassen sich wie folgt auflisten:

1. Zusammenstellung der benötigten Formeln nach der Auswahl des Versuchsplanes aus Kapitel 6; hier: Plan 6.1, S. 218.
2. Anlegen einer Tabelle wie unsere Tabellen 12 und 14 und einer Tabelle wie unsere Tabellen 13 und 15. Die erste Tabelle muß außer Vorspalte und Kopfzeile so viele Zeilen, wie maximal Maßzahlen in einer Gruppe vorliegen, und doppelt soviele Spalten, wie Gruppen gegeben sind, enthalten. Fünf Fußzeilen kommen hinzu.
3. Eintragung der Daten in die erste Tabelle.
4. Berechnen
   a) der Quadrate der einzelnen Maßzahlen,
   b) der Spaltensummen für die Maßzahlen und deren Quadrate,
   c) der Anzahl der Maßzahlen je Gruppe,
   d) der Hilfsgrößen Quadrat der Spaltensumme dividiert durch Zahl der Maßzahlen je Gruppe,
   e) der Spaltenmittelwerte (die nur für die Interpretation, nicht für die Varianzanalyse selbst benötigt werden),
   f) der Hilfsgrößen (AB) und (aB) als Zeilensummen der entsprechenden beiden Fußzeilen sowie (ab) mit kurzer Nebenrechnung.
5. Eintragen der Ergebnisse von 4. in die zweite Tabelle.
6. Berechnen
   a) S_{ZG}, S_{IG} und S_T,
   b) s^2_{ZG} und s^2_{IG},
   c) F.
7. Signifikanzprüfung von F mittels F-Tabelle.
8. Prüfung der Daten auf Zulässigkeit der Annahme normalverteilter Bedingungspopulationen und homogener Varianzen (siehe Kap. 4.1).
9. Graphische Darstellung der Mittelwerte (je nach Ergebnis) und verbale Interpretation.

Wir wollen nun zu einem neuen Beispiel übergehen, an dem wir die Berechnung einer Varianzanalyse ohne theoretischen Ballast in der angegebenen Schrittfolge zeigen. Um den Blick nicht vom Wesentlichen abzulenken, wählen wir kleine, ganze Zahlen als Maßzahlen, wie sie praktisch nur in seltenen Fällen vorkommen. Außerdem nehmen wir den Stichprobenumfang kleiner als in der Praxis üblich.

Gestellt ist die Aufgabe: An Arbeitsplätzen eines bestimmten Typs wird über hohe Lärmbelastung geklagt. Um Abhilfe vorbereiten zu können, sollen vier verschiedene Dämpfungsmaßnahmen, B_1, B_2, B_3 und B_4 erprobt werden. Zu diesem Zweck werden unter allen einschlägigen Arbeitsplätzen durch Zufallsauswahl N = 27 für die Untersuchung bestimmt. Durch eine weitere Zufallsauswahl wird festgelegt, welche der vier Schallschluckmaßnahmen an welchem Arbeitsplatz getroffen wird. Eine untersuchte abhängige Variable sei die Beurteilung der Verbesserung durch die betroffenen Arbeiter mittels einer siebenstufigen Ratingskala. Die Maßzahl 1 soll dabei eine „sehr hohe" Verbesserung, die Maßzahl 7 „praktische Unwirksamkeit" der Maßnahme ausdrücken. Man erhält die Ergebnisse der Tabelle 16.

Tabelle 16

		Dämpfungsmaßnahme			
		B_1	B_2	B_3	B_4
Maßzahlen x_{ij}:	i = 1	5	5	5	3
Beurteilung der Maßnahme	2	7	3	5	2
j durch Arbeiter i	3	4	5	3	4
(In jeder Gruppe B_j ist	4	6	4	4	3
$1 \leq i \leq m_j$. Gleiches	5	5	6	4	3
i in verschiedenen	6	6	4	4	2
Gruppen kennzeichnet	7		5		3
verschiedene Personen.)	8		7		

Die Frage lautet: kann auf einen systematischen Unterschied zwischen den von den Betroffenen angegebenen Beurteilungen der einzelnen Dämpfungsmaßnahmen geschlossen werden?

1. Wir stellen die Rechenformeln zusammen:

(3.14) $\quad S_{ZG} = (aB) - (ab)$,

(3.15) $\quad S_{IG} = (AB) - (aB)$,

(3.16) $\quad S_T = (AB) - (ab)$,

(3.5) $\quad s_{ZG}^2 = \dfrac{S_{ZG}}{n-1}$, $s_{IG}^2 = \dfrac{S_{IG}}{N-n}$ und

(3.63) $\quad F = \dfrac{s_{ZG}^2}{s_{IG}^2}$.

2. Die erste Rechentabelle nimmt die Form an (Tabelle 17):

Tabelle 17

	B_1 $x_{.1}$	$x_{.1}^2$	B_2 $x_{.2}$	$x_{.2}^2$	B_3 $x_{.3}$	$x_{.3}^2$	B_4 $x_{.4}$	$x_{.4}^2$	
	5	25	5	25	5	25	3	9	
	7	49	3	9	5	25	2	4	
	4	16	5	25	3	9	4	16	
	6	36	4	16	4	16	3	9	
	5	25	6	36	4	16	3	9	
	6	36	4	16	4	16	2	4	
			5	25			3	9	
			7	49					
$\sum x_{ij}$	33		39		25		20		$117\,(ab) = \dfrac{117^2}{27} = 507$
$\sum x_{ij}^2$		187		201		107		60	$(AB) = 555$
m_j	6		8		6		7		$N = 27$
$(\sum x_{ij})^2/m_j$		181,500		190,125		104,166		57,143	$(aB) = 532,934$
$M_{.j}$	5,500		4,875		4,167		2,857		$M_{..} = \dfrac{117}{27} = 4,333$

Die Ergebnistabelle lautet (Tabelle 18):

Tabelle 18

Quelle	Quadratsumme	Freiheitsgrade d_f	Varianzschätzung s^2
zwischen	532,934 − 507 = 25,934	4−1 = 3	8,645
innerhalb	555 − 532,934 = 22,066	27−4 = 23	0,959
total	555 − 507 = 48	27−1 = 26	1,846

Als Abschluß der Berechnungen erhalten wir $F = \frac{8,645}{0,959} = 9,014$ mit $d_{f1} = 3$ und $d_{f2} = 23$. Die F-Tabelle liefert $F_{1\%, 3, 23} = 4,76$, das Ergebnis ist also siginifikant.

Die Tabellen 17 und 18 enthalten die Arbeitsschritte 3. bis 6.

7. Der berechnete F-Wert ist größer als der zugehörige Wert aus der F-Tabelle, wir dürfen also auf dem gwählten Signifikanzniveau von 1 % die Arbeitshypothese annehmen: es bestehen systematische Unterschiede in der subjektiv empfundenen Wirksamkeit der einzelnen Lärmbekämpfungsmaßnahmen.

8. Die Frage, ob die Daten die Voraussetzungen des Verfahrens erfüllen, behandeln wir weiter unten im Abschnitt 4.1.2.

9. Meistens ist eine graphische Darstellung der Ergebnisse für die Interpretation sehr hilfreich. Da die Mittelwerte $M_{\cdot j}$ die erwartungstreuen Schätzer der Populationsmittelwerte darstellen, in unserem Beispiel also die durchschnittlichen Beurteilungen der einzelnen Maßnahmen durch die betroffenen Arbeiter, tragen wir diese Mittelwerte in ein Schaubild ein (Abbildung 10).

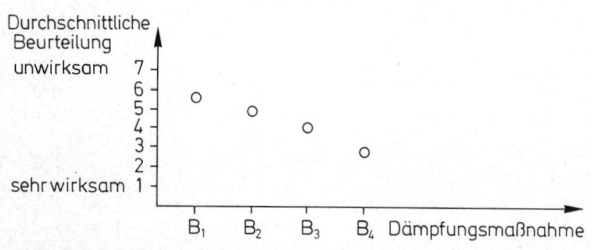

Abbildung 10

Wir können interpretieren: Maßnahme B_1 hat den geringsten Effekt. Maßnahmen B_2 und B_3 sind jeweils geringfügig besser als die vorangehende. Maßnahme B_4 stellt sich als die wirksamste heraus; sie bringt zugleich den höchsten Verbesserungszuwachs gegenüber der nächst weniger wirksamen Maßnahme B_3. Da F signifikant ist, dürfen wir annehmen, daß eine solche systematische Wirkung tatsächlich, also in den hypothetischen Populationen zu den erhobenen Daten, besteht, und wir nicht nur ein Zufallsprodukt erhalten haben.

4. Probleme bei der Ableitung und Anwendung der Varianzanalyse

Bei der Ableitung der Varianzzerlegung und ihrer Verwendung für einen Signifikanztest haben wir Annahmen gemacht und Voraussetzungen als erfüllt angesehen, deren Geltungsgrenzen wir für die jetzt zu führende Diskussion offenließen.

Der F-Test zur Prüfung der generellen Nullhypothese ist an die Voraussetzung gebunden, daß normalverteilte Populationen angenommen werden können und die Varianzschätzungen „zwischen" und „innerhalb" der Gruppen voneinander unabhängig sind. Bei der Bestimmung der Erwartungswerte für diese Varianzschätzungen wurde die Unabhängigkeit der Fehler der Einzelmaßzahlen ϵ_{ij} von den Effekten β_j zugrundegelegt. Schließlich wurde vorausgesetzt, daß die Verteilungen der Fehler ϵ_{ij} um die Effekte β_j die gleiche Populationsvarianz σ_e^2 haben, da diese Varianz σ_e^2 ja aus allen Gruppen gemeinsam durch Mittelung geschätzt wird, was nur sinnvoll ist, wenn man annimmt, daß jede Gruppe einen Beitrag zur Schätzung der *gemeinsamen* Binnenvarianz liefert. Im ersten Abschnitt dieses Kapitels behandeln wir deshalb Fragen der *Voraussetzungen* des Verfahrens.

Sieht man sich das zuletzt dargestellte Beispiel an, so wird deutlich, daß eine Weiterverarbeitung der Daten über die Varianzanalyse hinaus, teilweise auch unabhängig von ihr, möglich ist. Man kann nämlich die Frage stellen, inwieweit ein bestimmter Mittelwert sich signifikant von allen anderen oder einem bestimmten anderen unterscheidet. Das führt auf die Frage der *Einzelvergleiche,* die im zweiten Abschnitt dieses Kapitels behandelt werden.

Wir haben schließlich zur Interpretation varianzanalytisch ausgewerteter Daten die Frage zu stellen, wie *statistische Signifikanz* mit *wissenschaftlicher Bedeutsamkeit* eines Untersuchungsergebnisses zusammenhängt. Das führt unter anderem zu Überlegungen über die zweckmäßige Wahl des Stichprobenumfanges. Hierfür haben wir den dritten Abschnitt dieses Kapitels vorgesehen.

4.1 Voraussetzungen der Varianzanalyse, Maßnahmen zu ihrer Einhaltung, Prüfung ihrer Erfüllung und Abhilfe bei Nichterfüllung

Gehen wir die schon genannten Voraussetzungen in der Reihenfolge durch, in der sie sich zweckmäßig bearbeiten lassen.

4.1.1 Zufallsauswahl und Zufallsverteilung der Meßobjekte auf die Untersuchungsbedingungen

In der Population muß die Unabhängigkeit des individuellen Meßfehlers ϵ_{ij} vom Gruppenparameter μ_j, oder, gleichbedeutend, vom Effekt β_j, angenommen werden können. Das entspricht dem Modell der klassischen psychologischen Testtheorie, wonach sich jede erhaltene Maßzahl aus einem wahren Wert und einem Meßfehler additiv zusammensetzt. Wahrer Wert und Meßfehler korrelieren nicht und die Fehlerverteilung hat für alle Meßwerte die gleiche Varianz σ_e^2. Diese Annahme ist nur haltbar, wenn die *Elemente der Gesamtstichprobe nach Zufall aus der zugehörigen Population ermittelt und nach Zufall auf die Versuchsbedingungen aufgeteilt werden.* Es ist besonders zu betonen, daß dies bedeutet, daß die Chance, in die Stichprobe zu kommen, für jedes Element der Population *unabhängig von jedem anderen Element* gleich sein muß. Diese Voraussetzung ist verletzt, wenn vorgefundene Gruppen als ganze zu Versuchsgruppen gemacht werden; aus organisatorischen Gründen ist man jedoch oft gezwungen, vorgefundene Gruppen als ganze einer Versuchsbedingung zuzuweisen, etwa Schulklassen, Arbeitsgruppen im Betrieb usw. In diesem Falle sind jeder Versuchsbedingung mehrere vorgegebene Gruppen nach Zufall zuzuteilen und die Fehlervarianz als Varianz zwischen den Gruppen innerhalb der Bedingungen zu bestimmen (siehe Abschnitt 5.4).
Auch wenn die Individuen einzeln nach Zufall den Experimentalbedingungen zugewiesen werden, kann die Voraussetzung der Unabhängigkeit der Fehlerwerte ϵ_{ij} verletzt sein, etwa wenn eine psychologische Untersuchung in Gruppensitzungen durchgeführt wird. Der Versuchsleitereffekt, der aus der Sicht des Untersuchungszieles als Fehler angesehen werden muß, wirkt sich dann nicht auf jedes Individuum unabhängig von jedem anderen nach Zufall aus. Ob ein solcher Fehler angenommen werden muß, läßt sich durch Vergleich der Varianzschätzungen zwischen den Gruppen innerhalb der Bedingungen und innerhalb der Gruppen ermitteln. Auf die Techniken der Stichprobenerhebung können wir hier nicht im einzelnen eingehen,

hierzu sei auf die Spezialliteratur verwiesen (z. B. Cochran, 1963). Natürlich muß sichergestellt sein, daß die unabhängigen Variablen nur zwischen, nicht aber innerhalb der Gruppen variieren.

Einen besonderen Fall müssen wir noch besprechen. Häufig werden Daten varianzanalytisch ausgewertet, bei denen man mit dem besten Willen nicht von einer Zufallsstichprobe der untersuchten Probanden aus einer irgendwie zu definierenden Probandenpopulation sprechen kann. „Probanden" selbst ist in diesen Fällen ein fester und nicht ein zufälliger Effekt. Man muß dann zumindest sicherstellen, daß die vorhandenen Probanden nach Zufall auf die Versuchsbedingungen aufgeteilt werden. Liegt Signifikanz vor, darf man den gefundenen Effekt *auf die untersuchte Probandenmenge* generalisieren, die jetzt als Population und nicht als Stichprobe aus einer größeren Probandenmenge aufgefaßt wird. Eine solche Varianzanalyse, angewandt auf Daten einer nicht zufällig ausgewählten Menge von Objekten, kann als Näherung eines sogenannten „Randomization-Tests" aufgefaßt werden und ist ein zweckmäßiges Analyseverfahren, wenn sich eine Zufallsauswahl der Probanden verbietet (Edgington, 1964; Bredenkamp, 1972).

4.1.2 Die Unabhängigkeit des Meßfehlers von den Bedingungen (Varianzhomogenität), F_{max}- und Bartlett-Test

Der Meßfehler ϵ_{ij} ist vom Effekt β_j immer da nicht mehr unabhängig, wo beispielsweise große Maßzahlen mit großen, kleine hingegen mit kleinen Fehlern behaftet sind. Wenn die Maßzahlen etwa Zeitmessungen sind, die mit Uhren unterschiedlicher *proportionaler* Fehleranteile gewonnen wurden, enthalten Messungen längerer Zeiten auch einen größeren Fehler. Wenn nun der Effekt β_j in einer Verlängerung der gemessenen Zeit besteht, muß die Gruppe mit einem hohen β auch eine erhöhte Fehlervarianz σ_e^2 aufweisen. Weichen die Varianzschätzungen innerhalb der einzelnen Gruppen zu sehr voneinander ab, so ist also sehr wahrscheinlich, daß die Voraussetzung der Unabhängigkeit von Fehlern und Effekten verletzt ist.

In der praktischen Anwendung der Varianzanalyse müssen wir prüfen können, ob Varianzhomogenität, also Gleichheit der Populationsvarianzen σ_e^2, angenommen werden kann, wenn sich die Varianzschätzungen in den einzelnen Gruppen unterscheiden. Allerdings – die meisten verfügbaren Tests auf Varianzhomogenität sind weniger robust gegen eine Verletzung der noch zu besprechenden Voraussetzung der Normalverteilung der Maßzahlenpopulationen als die Varianzanalyse selbst, sodaß diesen Tests keine besondere Bedeutung zukommt. Hays (1963, S. 381) rät von ihrer Verwendung als Routineprozedur ganz ab.

Trotzdem geben wir die beiden gebräuchlichsten Tests für diesen Zweck kurz wieder. Der F_{max}-Test von Hartley verlangt, daß wir die größte und die kleinste Varianzschätzung innerhalb der einzelnen Gruppen miteinander vergleichen. Tabelle IV im Anhang enthält die Prüfverteilung. Wenden wir den F_{max}-Test auf das Beispiel der Tabellen 17 und 18 an. Zunächst müssen wir die Varianzschätzungen in den einzelnen Gruppen nach (2.67) bestimmen. (2.67) lautet für unterschiedliche Stichprobenumfänge m_j:

$$(4.1) \quad S_j = \sum_{i=1}^{m_j} x_{ij}^2 - \frac{1}{m_j} (\sum_{i=1}^{m_j} x_{ij})^2 .$$

S_j steht wie im Abschnitt 2.2.3 für die Quadratsumme innerhalb jeder einzelnen Gruppe j. Entsprechend läßt sich die Varianzschätzung innerhalb jeder einzelnen Gruppe j anschreiben:

$$(4.2) \quad s_j^2 = \frac{S_j}{df_j} .$$

Den ersten Summanden von (4.1) können wir für jede Gruppe der zweiten Fußzeile von Tabelle 17, S. 99, entnehmen, die zweiten Summanden der vierten Fußzeile. Wir erhalten:

$S_1 = 5{,}500$, $S_2 = 10{,}875$, $S_3 = 2{,}834$, $S_4 = 2{,}857$; (4.2) liefert

$s_1^2 = \frac{5{,}500}{5} = 1{,}100$, $s_2^2 = \frac{10{,}875}{7} = 1{,}554$, $s_3^2 = \frac{2{,}834}{5} = 0{,}567$ und

$s_4^2 = \frac{2{,}858}{6} = 0{,}476$.

Die größte Varianzschätzung ist s_2^2, die kleinste s_4^2. Die Prüfgröße nach Hartley lautet

$$(4.3) \quad F_{max} = s_{jmax}^2 / s_{jmin}^2 ,$$

also $F_{max} = 1{,}554/0{,}476 = 3{,}265$.

Als Zahl der Freiheitsgrade wird die Zahl der Freiheitsgrade innerhalb einer einzelnen Gruppe verwendet; weichen diese Zahlen voneinander ab, nimmt man die Freiheitsgradezahl der größten vorhandenen Gruppe, gleichgültig, ob diese auch in F_{max} vorkommt oder nicht. Die Prüfgröße hängt ferner von der Zahl der vorhandenen Gruppen ab. Für $d_{fmax} = 7$ und $n = 4$ liefert Tabelle IV im Anhang $F_{max} = 8{,}44$.

Das berechnete F_{max} liegt unter dem F_{max} aus der Tabelle, wir dürfen also die Annahme homogener Varianzen beibehalten und davon ausgehen, daß die Unterschiede der Varianzen innerhalb der einzelnen Gruppen nur Stichprobenfehler sind.

Etwas größeren Aufwand verlangt der Bartlett-Test. Hier ist eine chi-quadrat-verteilte Prüfgröße zu berechnen nach der Formel:

$$(4.4) \quad \chi^2 = \frac{2{,}3026}{C} \left[(N - n) \log (s_{IG}^2) - \sum_{j=1}^{n} d_{fj} \cdot \log (s_j^2) \right].$$

Dabei bedeuten, wie bisher eingeführt:

N = Gesamtzahl aller Maßzahlen in allen Gruppen zusammengenommen,

n = Anzahl der Gruppen,

d_{fj} = Zahl der Freiheitsgrade in Gruppe j,

s_j^2 = Varianzschätzung innerhalb der Gruppe j,

s_{IG}^2 = Varianzschätzung „innerhalb" der Gruppen aus der Varianzanalyse.

Die Größe C im Nenner von (4.4) ist definiert:

$$(4.5) \quad C = 1 + \frac{1}{3(n-1)} \left(\sum_{j=1}^{n} \frac{1}{d_{fj}} - 1 / \sum_{j=1}^{n} d_{fj} \right).$$

C ist, wie man sich anhand des Formelausdrucks leicht klarmacht, immer größer als 1. Daraus folgt, daß C nur berechnet werden muß, wenn (4.4) für C = 1 die Signifikanzgrenze überschreitet. Ist (4.4) bereits nicht signifikant, kann es auch nicht mehr signifikant werden, wenn C berechnet und eingesetzt wird.

Die Zahl der Freiheitsgrade im Bartlett-Test ist $n - 1$.

Zur Berechnung – wir führen sie am Beispiel der Tabellen 17 und 18 aus – legt man sich zweckmäßig eine neue Tabelle, 19, an. Die benötigten Zahlen sind alle den Fußzeilen von Tabelle 17 zu entnehmen.

Mit den Zahlenwerten aus Tabelle 17 und 18 und den Summen aus Tabelle 19 erhalten wir für (4.4):

$$\chi^2 = \frac{2{,}3026}{C} \left[(27 - 4) \cdot \log (0{,}959) + 1{,}619 \right] = \frac{2{,}765}{C}.$$

Für $d_f = 3$ entnehmen wir der χ^2-Tafel bei einem Signifikanzniveau $p_I = 5\%$ $\chi^2_{5\%, 3} = 7{,}815$. Da unser Zahlenwert nicht signifikant ist, brauchen wir C nicht zu berechnen und können die Hypothese der Varianzhomogenität beibehalten. Wir berechnen jedoch C noch kurz, um den Rechengang zu demonstrieren. Die Zahlenwerte für (4.5) entnehmen wir der Tabelle 19:

$$C = 1 + \frac{1}{3(4-1)} \left(\frac{1}{5} + \frac{1}{7} + \frac{1}{5} + \frac{1}{6} - \frac{1}{23} \right) = 1{,}074.$$

Mit $C = 1{,}074$ wird χ^2 nach (4.4): $\chi^2 = 2{,}765/1{,}074 = 2{,}574$.
Am Ergebnis des Signifikanztests ändert sich natürlich nichts.

Tabelle 19

Gruppe	d_{fj}	$\sum_{i=1}^{m_j} x_{ij}^2 - (\sum_{i=1}^{m_j} x_{ij})^2/m_j = S_j$		s_j^2	$\log(s_j^2)$	$d_{fj} \cdot \log(s_j^2)$
B_1	5	187−181,500	= 5,500	1,100	0,0414	0,2070
B_2	7	201−190,125	= 10,875	1,554	0,1915	1,3405
B_3	5	107−104,166	= 2,834	0,567	0,7536−1	−1,2320
B_4	6	60− 57,143	= 2,857	0,476	0,6776−1	−1,9344
Summen	23					−1,619

Mit dem F_{max}-Test oder dem χ^2-Test nach Bartlett prüfen wir also, ob die Voraussetzung der *Varianzhomogenität* für die Teilpopulationen als erfüllt angesehen werden kann. Nur wenn sie erfüllt ist, ist das Modell von den Bedingungseffekten unabhängiger Fehler und damit einer unter allen Bedingungen gleichen Fehlervarianz angemessen. Nur dann können wir bei signifikantem F in der Varianzanalyse mit der gewählten Fehlerwahrscheinlichkeit p_I die in der Stichprobe gefundenen Effekte b_j auf die Population verallgemeinern.

Varianzheterogenität führt unter der Annahme, H_0 gelte in der Population, zu einer höheren Wahrscheinlichkeit, die Nullhypothese irrtümlich abzulehnen, als mit dem Signifikanzniveau festgelegt wurde. Nur bei Varianzhomogenität stimmt das faktisch wirksame Signifikanzniveau mit dem für den F-Test gewählten Signifikanzniveau überein.

Obwohl mit den beiden Verfahren, F_{max}-Test und Bartlett-Test, eine *Voraussetzung* der Varianzanalyse geprüft wird, empfiehlt es sich, die Varianzanalyse zuerst zu rechnen und dann zu prüfen, ob die Voraussetzung ihrer Interpretierbarkeit gegeben ist. Der Grund liegt, wie das Beispiel gezeigt hat, darin, daß die gleichen Zwischenrechnungen, die den arbeitsintensivsten Teil der gesamten Auswertung ausmachen, in beiden Fällen benötigt werden. Tabelle 17 muß in jedem Falle angelegt werden.

Es bleibt die Frage: was soll man wählen, F_{max}-Test oder Bartlett-Test? Der Bartlett-Test berücksichtigt, wie (4.4) zeigt, alle Gruppen, der F_{max}-Test nur die beiden Gruppen mit der größten und der kleinsten Varianzschätzung. In den Bartlett-Test geht die Varianz aller Varianzschätzungen, in den F_{max}-Test nur ihr absoluter Streubereich ein. Bei einer größeren Zahl von Gruppen kann der kleinste oder der größte Zahlenwert für s_j^2 leicht ein „Ausreißer" sein, der, im Bartlett-Test angemessen mit allen s_j^2 verglichen, keine nennenswerte Auswirkung hat, den F_{max}-Test jedoch signifikant macht. Sofern also angesichts der s_j^2 ein solcher Ausreißer anzunehmen ist, sollte man dem in diesem Falle nicht signifikanten Bartlett-Test folgen. Andererseits wird der Bartlett-Test häufig als zu streng angesehen. Da er auch auf Abweichungen der Stichprobenverteilungen von der Normalverteilung anspricht, kann man bei Nichtsignifikanz im Bartlett-Test hinsichtlich der Voraussetzungen für die Varianzanalyse besonders sicher sein; in vielen Fällen, in denen er signifikant wird, ist jedoch die Auswertung der Varianzanalyse noch gut vertretbar.

4.1.3 Normalverteilung der Bedingungspopulationen und Intervallskalenniveau der Daten

Eine weitere Voraussetzung zur Anwendung der Varianzanalyse ist die Annahme normalverteilter Populationen in den einzelnen Gruppen bzw. in der Maßzahlenmenge, aus der alle Maßzahlen bei Gültigkeit der Nullhypothese gezogen wurden. Diese Bedingung liegt der Ableitung der F-Verteilung und damit dem F-Test am Ende des Verfahrens zugrunde. Ihre Erfüllung ist nicht gleichbedeutend mit „Normalverteilung der Daten". Gegebene Stichproben endlichen Umfangs stellen, auch wenn sie aus normalverteilten Populationen gezogen werden, immer nur genähert symmetrische, glockenförmige Verteilungen dar.
Eine umständliche Methode, die Nullhypothese zu prüfen, eine gegebene Stichprobe stelle die Zufallsauswahl aus einer normalverteilten Population dar, liegt im χ^2-Test auf Normalverteilung einer Datenmenge, wie er in den Einführungsbüchern in die Statistik abgehandelt wird, vor. Wir geben ihn hier nicht wieder; er ist jedoch sehr leicht abzuleiten, wenn man weiß, daß man berechnete Zahlenwerte $M_{.j}$ und s_j^2 dazu benutzen kann, *erwartete Häufigkeiten* für jede Maßzahlklasse der Daten in jeder Gruppe zu ermitteln. Diese werden dann mit beobachteten Häufigkeiten mittels des χ^2-Tests verglichen (z. B. Bartel, 1972, S. 69 f.).

Die Voraussetzung normalverteilter Populationen ist jedoch für die meisten Anwendungsfälle wenig kritisch, da nach dem Zentralen Grenzwertsatz die Verteilung von Stichprobenmittelwerten auch bei nicht normalverteilten Populationen sich der Normalverteilung nähert, und zwar umso enger, je größer der Stichprobenumfang wird.

In den meisten praktischen Fällen begnügt man sich deshalb mit der graphischen Darstellung der Daten nach Art unserer Abbildung 7, S. 77. Sofern hier die Maßzahlen in den einzelnen Gruppen nach Augenschein annähernd symmetrisch und unimodal verteilt sind, kann man die Voraussetzung als erfüllt ansehen.

Unter den Voraussetzungen wird an dieser Stelle üblicherweise betont, die Daten müßten Intervallskalenniveau aufweisen, also auf einer metrischen Skala gemessen sein. Die metrische Skala ist dadurch gekennzeichnet, daß Abstände zwischen den Maßzahlen eine entsprechende Distanzrelation zwischen den gemessenen Gegenständen repräsentieren. Bei allen naturwissenschaftlichen Maßen, die auf das cgs-System zurückgeführt werden können, ist diese Bedingung erfüllt. Bei sozial- und verhaltenswissenschaftlichen Maßen hingegen, vor allem bei den Maßzahlen standardisierter und geeichter psychometrischer Testverfahren, läßt sich eine Aussage über das Skalenniveau nur über eine Reihe schwer prüfbarer oder durch Konvention gesetzter Zusatzannahmen gewinnen. So wird es häufig als Kriterium für das Vorliegen des Intervallskalenniveaus genommen, daß ein Meßverfahren normalverteilte Maßzahlen liefert. Dies ist aber in unserer Voraussetzung der normalverteilten Populationen schon enthalten, sodaß wir auf die Zusatzforderung der metrischen Skala verzichten können. Wir schlagen dem Leser vor, es in dieser Beziehung mit Suppes und Zinnes (1963) zu halten und die Forderung der Intervallskala fallen zu lassen. Diese Forderung ist nur da sinnvoll, wo man Abstände, also Maßzahldifferenzen im Sinne des untersuchten Gegenstandsgebietes interpretieren möchte. Beispielsweise ist es sinnvoll zu sagen, eine Temperaturdifferenz zwischen 100 °C und 120 °C sei doppelt so groß, wie eine zwischen −20 °C und −10 °C. Eine gleichartige Aussage ist jedoch etwa für Intelligenzquotienten wenig sinnvoll, obwohl sie zulässig ist, nimmt man Intervallskalenniveau an. Suppes und Zinnes argumentieren, es komme nicht auf die praktische Interpretierbarkeit der Distanzen von Maßzahlen an, sondern darauf, daß aus den Grundoperationen der Parameterschätzung durch Erwartungswerte, der Berechnung also von M und s^2, vertretbare Folgerungen abgeleitet werden. Der Begriff des Erwartungswertes einer Zufallsvariablen ist aber auch da sinnvoll, wo Distanzen zwischen Maßzahlen keine empirische Interpretierbarkeit besitzen, sondern nur − per definitionem − für die Bestimmung des Erwartungswertes unterstellt werden.

4.1.4 Studien zur Abschätzung des Fehlers bei Verletzung der Voraussetzungen

Die *entscheidende Frage für den Anwender* lautet: darf ich in einem gegebenen Fall eine Varianzanalyse rechnen oder nicht? Das Interesse an der Varianzanalyse ist deshalb groß, weil für die später zu besprechenden, praktisch fast ausschließlich verwendeten komplexeren varianzanalytischen Versuchspläne kaum zureichende verteilungsunabhängige Alternativverfahren bestehen. Man müßte sich bei verteilungsfreier Auswertung häufig auf eine logische Aufspaltung der Probleme beschränken, was den Nachteil hat, daß man die generelle Nullhypothese nur noch mit verringerter Teststärke prüfen und Wechselwirkungen nicht mehr sichtbar machen und getrennt von den übrigen Effekten bewerten kann.

In allen praktischen Fällen empfiehlt sich deshalb zunächst zweierlei: Inspektion der Daten und F_{max}- oder Bartlett-Test. Ergeben sich hierbei keine Anhaltspunkte für Nichtnormalität der Populationsverteilungen und Heterogenität ihrer Varianzen, kann das F der Varianzanalyse uneingeschränkt interpretiert werden.

Sind die Voraussetzungen verletzt, ist also beispielsweise der Bartlett-Test signifikant, würde sich dies dahin auswirken, daß man auch bei „in Wirklichkeit" richtiger Nullhypothese eher ein signifikantes F bekommt. Ist das F der Varianzanalyse nicht signifikant, kann man sich sicherer fühlen, da die Verletzung der beiden Voraussetzungen zu einer Erniedrigung des Signifikanzniveaus führt. Kritisch wird dies jedoch bei signifikantem F, das die Signifikanzgrenze nur geringfügig überschreitet. Hier muß man damit rechnen, daß bei korrekter Erfüllung der Voraussetzungen keine Signifikanz mehr aufgetreten wäre, man seine Ergebnisse also anders zu interpretieren hätte.

Zur Untersuchung der Auswirkungen einer Verletzung der Voraussetzungen auf das Resultat einer Varianzanalyse gibt es zwei prinzipielle Möglichkeiten. Man kann zum einen Populationsverteilungen theoretisch definieren und dann mathematisch ableiten, wie sich Nichtnormalität und Heterogenität der Varianzen auf den F-Test der Varianzanalyse auswirken. Man kann zweitens die interessierenden Populationen als Zahlentabellen, etwa auf Lochkarten, realisieren, eine große Zahl von Stichproben ziehen und eine Verteilung von F-Quotienten „empirisch" ermitteln. Praktisch wird dies mit Hilfe eines Simulationsprogrammes („Monte Carlo-Experiment") in einem Computer durchgeführt.

Wichtige Beiträge wurden von Box (1953, 1954) zu diesem Thema beigesteuert. Ihr Resümee ist, daß die Varianzanalyse von heterogenen Populationsvarianzen und/oder von der Normalverteilung abweichenden Populationen kaum beeinflußt wird, wenn nur die Zahl der Maßzahlen je Gruppe nicht zu klein ist (für praktische Anwendungen kann man etwa 10 bis 20 Maßzahlen je Gruppe als Untergrenze ansehen) und die Gruppen gleichgroß sind. Obwohl in der einfaktoriellen Varianzanalyse, wie wir sie in Kapitel 3 behandelt haben, theoretisch beliebig unterschiedliche Gruppengrößen m_j zulässig sind, empfiehlt es sich, *die Gruppen gleichgroß zu machen, um die Anfälligkeit des Ergebnisses gegen nichtnormale Maßzahlpopulationen und/oder heterogene Varianzen möglichst gering zu halten.* Andererseits: wo man aufgrund theoretischer Zusammenhänge und früherer Untersuchungen sowie des sehr empfindlichen Bartlett-Tests ziemlich sicher sein kann, daß die Voraussetzungen gelten, sind auch Varianzanalysen mit sehr kleinen ($m_j \leq 10$) und unterschiedlichen Stichprobenumfängen völlig unbedenklich.

Auf die Ergebnisse der Monte Carlo-Experimente Nortons, die Lindquist (1953, S. 78 f.) referiert, soll noch kurz eingegangen werden. Um die Auswirkungen der Verletzung beider Voraussetzungen, Normalverteilung und Varianzhomogenität, abschätzen zu können, konstruierte Norton Lochkartenpopulationen, die von den Voraussetzungen definiert abwichen. Aus diesen Populationen wurde eine große Zahl von Zufallsstichproben mit kleinem Umfang (m = 3 ... 10) gezogen und jede einzelne davon varianzanalytisch ausgewertet. Norton erhielt so eine „empirische" F-Verteilung für jede der vorgegebenen Bedingungen. Zur Überprüfung des Verfahrens wurden auch normalverteilte Populationen mit homogenen Varianzen einbezogen.

Aufgrund seiner Ergebnisse kommt Norton zu der Empfehlung, bei Verletzung der Voraussetzungen die Varianzanalyse dennoch zu rechnen, den Fehler aber durch die Wahl eines erhöhten Signifikanzniveaus, dessen Betrag aus seinen Auszählungen abschätzbar ist, auszuschalten. Er kommt im einzelnen zu folgenden Ergebnissen.

1. Bei von der Normalverteilung abweichenden und untereinander unterschiedlichen Verteilungsformen etwa gleicher Flächen, entsprechend mäßig verschiedener Varianzen, wird das Signifikanzniveau nur geringfügig verschoben. Wo man mit 5 % testet, hat man ein wirksames Signifikanzniveau von etwa 6 bis 7 %.

2. Bei normalverteilten Populationen heterogener Varianzen mit einem Varianzenverhältnis $\sigma^2_{max}/\sigma^2_{min} \approx 10$ erhält man eine reichliche Verdoppelung des Signifikanzniveaus; testet man also mit 5 %, ist etwa 10 bis 12 % wirksam.

3. Sind die Populationen heterogen in der Verteilungsform (z. B. entgegengesetzt stark schief), die Varianzen aber etwa gleich, wird das Signifikanzniveau knapp verdoppelt, beim Test mit 5 % ist 9 bis 10 % wirksam.
4. Sind die Verteilungsformen stark ungleich und betragen die Varianzverhältnisse bis etwa zu $\sigma^2_{max}/\sigma^2_{min} \approx 45$, so bleibt die F-Tafel noch immer anwendbar, das faktische Signifikanzniveau verschiebt sich aber von allen Beispielen Nortons am stärksten auf etwa das drei- bis vierfache des gewählten Wertes, bei einem gewählten Signifikanzniveau von 5 % ist etwa 15 % wirksam, bei 1 % bleibt man jedoch noch immer unter einem faktischen Signifikanzniveau von 5 %.

Dem mathematischen Puristen mögen das Vorgehen Nortons und die Konsequenzen, die er daraus zieht, nicht akzeptabel sein. Für das Problem jedoch, wieweit das Modell der Varianzanalyse auf gegebene empirische Zusammenhänge anwendbar ist und dort eine Entscheidung darüber ermöglicht, was man in einer Population als gültig ansehen kann, gewinnt man mit Nortons Verfahren eine praktisch brauchbare Genauigkeitsabschätzung.

Es folgt daraus: Wo die Bedingungen der Varianzhomogenität und Normalverteilung aller hypothetischen Bedingungspopulationen nicht mehr als erfüllt angesehen werden können, kann die Varianzanalyse dennoch eingesetzt werden, solange die angegebenen Grenzen der Heterogenität von Formen und Varianzen der Verteilungen nicht noch deutlich überschritten werden, wenn man die einzelnen Gruppen nicht zu klein und mit gleichem Umfang wählt und unter Umständen ein höheres Signifikanzniveau verwendet, als der Untersuchung eigentlich zugrundezulegen wäre.

4.1.5 Transformationen

Wir haben oben ein Beispiel dafür gebracht, unter welchen Bedingungen ϵ_{ij} nicht von β_j unabhängig ist und folglich die Varianzen innerhalb der einzelnen Gruppen heterogen ausfallen. Immer dann, wenn wir ein Meßgerät verwenden, das bei großen Meßwerten auch größere absolute Fehlerbeträge zeigt, weil proportionale Fehler eine große Rolle spielen, müssen wir heterogene Varianzen erwarten. Solche Zusammenhänge zeigen sich oft als Zusammenhänge zwischen verschiedenen Statistiken der Einzelgruppen. Mit einer Transformation der Maßzahlen kann dann oft sowohl Varianzhomogenität als auch eine bessere Annäherung der Meßwerteverteilung an die

Normalverteilung erreicht werden. Im Beispiel der proportionalen Fehler bei Zeitmessungen würde man erwarten, daß die Standardabweichungen in den Gruppen den Mittelwerten proportional sind. Berechnet man neue Maßzahlen

(4.6) $$X' = \frac{1}{X} \text{ oder}$$

(4.7) $$X' = \frac{1}{X+1},$$

nimmt also eine *reziproke Transformation* vor, so werden aus den Zeitmaßen Geschwindigkeitsmaße und die Fehlerstreuungen für alle Gruppen gleich, womit sich sowohl Unabhängigkeit aller s_j^2 von den B_j als auch eine bessere Annäherung an die Normalverteilung erreichen läßt.

Folgende Faustregeln lassen sich angeben.

1. Wenn Mittelwerte und Standardabweichungen etwa proportional sind, ist reziproke Transformation, wie gerade ausgeführt, zweckmäßig. (4.7) ist dabei für Fälle vorkommender Maßzahlen $x \approx 0$ oder $x = 0$ vorgesehen. Natürlich kann auch eine andere Zahl als 1 im Nenner von (4.7) stehen. Dies ist eine Frage der Zahlenwerte der Daten.

2. Positiv schiefe (rechtsschiefe) Verteilungen werden oft durch eine logarithmische Transformation

(4.8) $$X' = \log(X) \text{ oder}$$

(4.9) $$X' = \log(X+1)$$

normalisiert und hinsichtlich der Varianzen homogenisiert. Auch hier ist (4.9) für den Fall gegebener $x \approx 0$ oder $x = 0$ vorgesehen, auch hier kann natürlich je nach Daten die 1 durch eine andere Zahl ersetzt werden. Die logarithmische Transformation „dehnt" die Verteilung für die niedrigen und „staucht" sie für die hohen Maßzahlen. Eine Verteilung kann theoretisch dadurch zustandekommen, daß sich die Auswirkungen vieler unabhängiger Zufallsbedingungen multiplikativ überlagern. Das führt zu einer rechtsschiefen Verteilung. Da Multiplikationen durch Logarithmieren zu Additionen werden, wird durch die Transformation eine additive Überlagerung hergestellt. Diese entspricht dem Modell der Normalverteilung.

3. Sind in den Gruppen Mittelwertsschätzungen M_j und Varianzschätzungen s_j^2 etwa proportional, darf man annehmen, es mit einer Poisson-Verteilung zu tun zu haben, die ja durch diese Proportionalität gekenn-

zeichnet ist. Sie tritt etwa auf, wenn die Maßzahlen durch Zählung relativ seltener Ereignisse (z. B. Unfälle je Ort und Zeitabschnitt) zustandegekommen sind. Solche Daten lassen sich mit einer Wurzeltransformation

(4.10) $\quad X' = \sqrt{X}$ oder

(4.11) $\quad X' = \sqrt{X + 0{,}5}$

normalisieren.

4. In manchen Fällen, wohl vor allem in den Sozial- und Verhaltenswissenschaften, wo über das Skalenniveau der Daten a priori wenig gesagt werden kann, bleibt die Möglichkeit der Zwangsnormalisierung der Daten mit einer Häufigkeitstransformation. Das Verfahren, das auf McCall zurückgeht, wird auch als Bestimmung von T-scores bezeichnet. Für die Umwandlung der gegebenen Maßzahlen X in die transformierten Maßzahlen X' bzw. T läßt sich keine geschlossene Funktion mehr angeben, die Interpretation der neuen Maßzahlen macht meist Schwierigkeiten. Das Verfahren ist jedoch umso unbedenklicher, je stärker es bei wiederholter Anwendung auf dasselbe Meßverfahren etwa gleiche Resultate erbracht hat, weshalb es zum Teil bei der Standardisierung psychologischer Tests eingesetzt wird. Die technischen Einzelheiten des Verfahrens enthalten die meisten Einführungslehrbücher in die deskriptive Statistik, etwa Bartel (1971, S. 71).

Weitere Ausführungen zur Wahl einer Maßzahlentransformation verbieten sich hier schon aus Raumgründen. In besonderen Fällen eine geschickte Wahl treffen zu können, setzt Kenntnisse und Erfahrungen sowohl im untersuchten Sachgebiet als auch in der Analyse mathematischer Funktionen voraus. Hier müssen wir den Leser auf die weitere Literatur, etwa Box und Cox (1964) oder Lienert (1962) und die Beratung durch einen Mathematiker verweisen.

Fassen wir zum Schluß dieses Abschnittes die Voraussetzungen zusammen, die ein Datensatz erfüllen muß, damit er varianzanalytisch ausgewertet werden kann und das Ergebnis eine Entscheidung über Nullhypothese und Arbeitshypothese erlaubt.

1. Alle Untersuchungsobjekte müssen *nach Zufall* aus der Population gezogen und *nach Zufall* auf die Versuchsbedingungen aufgeteilt sein. Ist das erstere nicht möglich, kann der Interpretationsrahmen im Sinne des Randomization-Tests (S. 104) eingeschränkt werden. Die zweite Bedingung ist unverzichtbar, wenn von einem signifikanten Ergebnis auf die Wirksamkeit wenigstens einer unabhängigen Variablen geschlossen werden soll.

2. Die Maßzahlen der einzelnen Gruppen dürfen der Annahme nicht widersprechen, sie entstammten hypothetischen, normalverteilten Bedingungspopulationen mit gleichen (Fehler-) Varianzen, Fehler und Effekte seien statistisch voneinander unabhängig. Ob diese Bedingungen als erfüllt angesehen werden können, läßt sich durch den Augenschein einer graphischen Darstellung der Daten und durch einen F_{max}- oder Bartlett-Test entscheiden. Verletzungen dieser Voraussetzungen können bis zu einem gewissen Maß toleriert oder durch Transformation der Maßzahlen rückgängig gemacht oder sogar weitgehend beseitigt werden. Die häufig erhobene Forderung des Intervallskalenniveaus heben wir nicht gesondert heraus, da sie entweder mit der Normalverteilung der Populationen als erfüllt gilt oder ihre Erfüllung bei starker Abweichung der Daten von der Normalverteilung die Anwendbarkeit der Varianzanalyse nicht verbessert.

4.2 Einzelvergleiche

Bei der Interpretation des Beispiels von Tabelle 17 haben wir gesagt, daß sich in einer Untersuchung mit mehreren Gruppen nicht nur die generelle Nullhypothese, sondern auch mehrere spezielle Nullhypothesen, z. B. $\mu_j = \mu_k$, testen lassen. Das führt zunächst auf die Frage, wieviele solche Einzelhypothesen überhaupt sinnvoll aufgestellt werden können.

4.2.1 Orthogonale Vergleiche

Legen wir eine Untersuchung mit n Gruppen zugrunde, so erhalten wir n Mittelwerte. Jeder Mittelwert $M_{.j}$ ist der erwartungstreue Schätzer für einen hypothetischen Parameter μ_j, aus dem sich mit (3.21) ein Effekt β_j errechnen läßt. Die Kombinatorik lehrt uns, daß wir aus n Mittelwerten

(4.12) $\quad C_{n,2} = \dfrac{n(n-1)}{2}$

Paare ohne Berücksichtigung der Reihenfolge bilden können. Jedes dieser Paare läßt sich im Prinzip mit einem t-Test auf Signifikanz des Unterschiedes prüfen. Im Beispiel von Tabelle 17 ist n = 4, es sind also insgesamt $\dfrac{4 \cdot 3}{2} = 6$ verschiedene t-Tests zwischen Gruppenmittelwerten denkbar.

Die dabei bestehenden logischen Verhältnisse lassen sich am besten in einer quadratischen Matrix verdeutlichen, deren Zeilen und Spalten wir jeweils einer bestimmten Gruppe unserer Daten zuordnen (Tabelle 20).

Tabelle 20

	$M_1 = 5{,}50$	$M_2 = 4{,}875$	$M_3 = 4{,}167$	$M_4 = 2{,}857$
$M_1 = 5{,}50$		$M_1-M_2 = 0{,}625$	$M_1-M_3 = 1{,}333$	$M_1-M_4 = 2{,}643*$
$M_2 = 4{,}875$			$M_2-M_3 = 0{,}708$	$M_2-M_4 = 2{,}018*$
$M_3 = 4{,}167$				$M_3-M_4 = 1{,}310$
$M_4 = 2{,}857$				

* s. (1 %) im Dunn-Test und im Dunnett-Test

Tragen wir in die Zellen die *Differenzen* ein, die entstehen, wenn wir *den Mittelwert der zugehörigen Spalte von dem der zugehörigen Zeile abziehen,* so erhalten wir offensichtlich in der oberen Dreiecksmatrix − die genau soviele Zellen hat, wie nach (4.12) mögliche Mittelwertspaare bestehen − alle möglichen Mittelwertsdifferenzen. Die Rechenvorschrift „Zelle = Zeilenmittelwert minus Spaltenmittelwert" würde uns für die untere Dreiecksmatrix nochmals die gleichen Zahlenwerte liefern, nur mit umgekehrten Vorzeichen.

Da wir die Mittelwerte von links nach rechts und von oben nach unten *der Größe nach geordnet* haben, erhält die größte Mittelwertdifferenz die obere rechte Zelle. Bei der Anlage von Tabellen wie Tabelle 20 wollen wir als Regel festhalten: die der Größe nach geordneten Mittelwerte werden *Zeilen und Spalten von oben nach unten und von links nach rechts* zugewiesen. Dabei ist es gleichgültig, ob die Folge der Mittelwerte mit dem kleinsten oder mit dem größten Mittelwert beginnt.

Würden wir nun beginnen, einzelne Mittelwertsdifferenzen mit dem üblichen t-Test auf Signifikanz zu prüfen, so würden wir offensichtlich einen Fehler machen. Der t-Test hat nämlich zur Voraussetzung, daß die beiden beteiligten Stichproben voneinander unabhängig sind, was in unserem Beispiel nach Tabelle 20 sicher nicht zutrifft, denn wir haben ja alle möglichen Differenzen einer kleinen Zahl von Mittelwerten gebildet. Wir können aber mit einem üblichen t-Test nur soviele Mittelswertsdifferenzen prüfen, wie unsere Datenmenge voneinander statistisch unabhängige Mittelwertsvergleiche gestattet. Wieviele sind dies?

Zur Beantwortung dieser Frage müssen wir zunächst genau festlegen, was „Unabhängigkeit von Mittelwertsvergleichen" bedeutet. Als *unabhängig* können wir *Mittelwertsvergleiche auffassen, die keinerlei gemeinsame, also sich überlappende Information der zugrundeliegenden Datenmenge ausnutzen.* Haben wir etwa die fünf Mittelwerte M_1, M_2, M_3, M_4 und M_5, so sind offensichtlich die Mittelwertsdifferenzen $M_1 - M_2$ und $M_3 - M_4$ voneinander unabhängig, denn jede Differenz enthält nur Mittelwerte, die in der anderen nicht vorkommen. Der Vergleich $M_2 - M_3$ ist aber offenbar weder vom Vergleich $M_1 - M_2$, noch vom Vergleich $M_3 - M_4$ unabhängig, da er mit beiden einen gemeinsamen Mittelwert hat.

Abhängigkeit von Mittelwertsvergleichen bedeutet, daß aus den mit ihnen zu prüfenden speziellen Nullhypothesen weitere spezielle Nullhypothesen logisch ableitbar sind. Mit $M_1 - M_2$ prüfen wir eine spezielle Nullhypothese $H_{0,1} : \mu_1 = \mu_2$, mit $M_3 - M_4$ prüfen wir $H_{0,2} : \mu_3 = \mu_4$. Aus $H_{0,1}$ und $H_{0,2}$ läßt sich keine weitere Nullhypothese ableiten; würden wir hingegen mit dem Vergleich $M_3 - M_2$ die Nullhypothese $H_{0,5} : \mu_2 = \mu_3$ hinzunehmen, so würde aus $H_{0,5}$ und $H_{0,1}$ $\mu_1 = \mu_3$, aus $H_{0,5}$ und $H_{0,2}$ $\mu_2 = \mu_4$ und schließlich $\mu_1 = \mu_4$ folgen. $H_{0,6} : \mu_5 = \mu_4$ ist nur von $H_{0,1}$, nicht aber von $H_{0,2}$ unabhängig, denn aus $H_{0,6}$ und $H_{0,2}$ zusammen läßt sich zusätzlich $\mu_3 = \mu_5$ ableiten.

Damit haben wir schon eine erste Regel für die Aufstellung wechselseitig voneinander unabhängiger Vergleiche aufgestellt: unabhängig voneinander sind alle diejenigen Vergleiche, die keine Mittelwerte gemeinsam haben. Wie wir aus dem Beispiel leicht ablesen können, sind bei n Mittelwerten n/2 wechselseitig elementfremde Mittelswertsvergleiche möglich, wenn n eine grade Zahl ist. Bei ungeradem n ist die Zahl dieser Vergleiche gleich der nächstkleineren ganzen Zahl, also n/2 − 0,5. Aus Gründen, die noch angegeben werden, nennt man voneinander unabhängige Mittelwertsvergleiche auch *orthogonale* Vergleiche. Orthogonale Vergleiche sind im strengen Sinne stochastisch voneinander unabhängig.

Weitere orthogonale Vergleiche sind möglich, indem man Mittelwerte von Mittelwerten miteinander vergleicht. In unserem Beispiel mit den fünf Mittelwerten sind die Mittelwertsdifferenzen

$$D_3 = \frac{M_1 + M_2}{2} - \frac{M_3 + M_4}{2} \quad \text{und} \quad D_4 = \frac{M_1 + M_2 + M_3 + M_4}{4} - M_5$$

untereinander und zu den beiden Differenzen $D_1 = M_1 - M_2$ und $D_2 = M_3 - M_4$ orthogonal.

Dies läßt sich mit der oben gegebenen Definition zeigen. Mit D_3 wird die Nullhypothese $H_{0,3} : \dfrac{\mu_1 + \mu_2}{2} = \dfrac{\mu_3 + \mu_4}{2}$ geprüft, die die Übereinstimmung zweier Mittelwerte von Mittelwerten behauptet. Wie man leicht sieht, ist aus $H_{0,3}$ zusammen mit $H_{0,1}$ oder $H_{0,2}$ keine weitere Nullhypothese ableitbar. Entsprechendes gilt von D_4.

Auch hier können wir wieder eine Regel ablesen: ein Mittelwert, der schon in einen Einzelvergleich eingegangen ist, kann für einen dazu orthogonalen Vergleich nochmals verwendet werden, wenn der Mittelwert der beiden schon verglichenen Mittelwerte gebildet und als ein Element in den neuen Vergleich eingesetzt wird. Entsprechend kann mit den Mittelwerten von Mittelwerten verfahren werden.

Daraus läßt sich ableiten, daß für n Mittelwerte insgesamt n − 1 je paarweise orthogonale Vergleiche möglich sind. Das entspricht der Zahl der Freiheitsgrade für die Varianzschätzung zwischen den n Gruppen.

Wenden wir uns dem allgemeinen Verfahren zur Überprüfung der Orthogonalität zwischen zwei Vergleichen zu. Zunächst werden die beiden Vergleiche in die Form gebracht:

$$\text{Vergleich 1} \quad c_{11}M_1 + c_{12}M_2 + \ldots + c_{1j}M_j + \ldots + c_{1n}M_n = D_1$$

(4.13a) $\quad \text{Vergleich 2} \quad c_{21}M_1 + c_{22}M_2 + \ldots + c_{2j}M_j + \ldots + c_{2n}M_n = D_2$

oder allgemein:

(4.13b) $\quad D_i = \sum_{j=1}^{n} c_{ij}M_{.j}$.

Eine interessierende Mittelwertsdifferenz D_i wird gebildet, indem man in der Gleichung (4.13), die man auch als *Linearkombination* aller Einzelmittelwerte bezeichnet, die Koeffizienten c_{ij} passend auswählt. Angenommen, wir wollen $D_1 = M_1 - M_2$ und $D_2 = M_2 - M_3$ untersuchen, dann müssen wir in (4.13) c_{ij} wie folgt wählen:

$$\begin{array}{r} (4.13c) \quad +1\,M_1 - 1\,M_2 + \ldots + 0\,M_j + \ldots + 0\,M_n = M_1 - M_2 = D_1 \\ 0\,M_1 + 1\,M_2 - 1\,M_3 + \ldots \quad\quad + 0\,M_n = M_2 - M_3 = D_2 \\ \hline 0 \quad -1 \quad +0 \quad +0+ \ldots \quad +0 \quad = -1 \end{array}$$

Die Koeffizienten c_{ij} müssen dabei so ausgewählt werden, daß ihre Zeilensumme mit Berücksichtigung des Vorzeichens Null wird:

(4.14) $\quad \sum_{j=1}^{n} c_{ij} = 0$.

Wir prüfen die beiden Vergleiche auf Orthogonalität, indem wir *für jede Spalte j der Gleichungen (4.13) das Produkt beider Faktoren c_{ij} bilden und* *diese Produkte über alle Spalten summieren,* wie es in der untersten Zeile von (4.13c) am Beispiel berechnet wurde. *Ist die Summe = 0, sind die beiden Vergleiche orthogonal,* in allen anderen Fällen sind sie es nicht. Wie (4.13c) zeigt, sind die beiden Vergleiche D_1 und D_2 zueinander nicht orthogonal, was sich mit unseren zunächst angestellten Überlegungen deckt. Allgemein gilt: schreiben wir den Mittelwertsvergleich D_i und den Mittelwertsvergleich $D_{i'}$ für n Mittelwerte in Form einer Linearkombination nach Gleichung (4.13), so sind die beiden Vergleiche zueinander orthogonal, wenn gilt:

$$(4.15) \quad \sum_{j=1}^{n} c_{ij} c_{i',j} = 0 \ .$$

Dabei ist es zweckmäßig, bei der Wahl der Koeffizienten c_{ij} zusätzlich die Einschränkung

$$(4.16) \quad \sum_{j=1}^{n} |c_{ij}| = 2$$

einzuführen; sie schließt auch den trivialen Fall aus, daß alle c_{ij} eines „Vergleiches" = 0 sind. Wir wählen die Koeffizienten c_{ij} also so, daß ihre Zeilensumme *ohne Rücksicht* auf die Vorzeichen, die Zeilensumme der Beträge also, gleich 2,0 wird.

Untersuchen wir, welche der 6 Vergleiche aus Tabelle 20 jeweils zueinander orthogonal sind (Tabelle 21).

Tabelle 21

$$D_1 = 1 M_1 - 1 M_2 + 0 M_3 + 0 M_4 = M_1 - M_2$$
$$D_2 = 1 M_1 + 0 M_2 - 1 M_3 + 0 M_4 = M_1 - M_3$$
$$D_3 = 1 M_1 + 0 M_2 + 0 M_3 - 1 M_4 = M_1 - M_4$$
$$D_4 = 0 M_1 + 1 M_2 - 1 M_3 + 0 M_4 = M_2 - M_3$$
$$D_5 = 0 M_1 + 1 M_2 + 0 M_3 - 1 M_4 = M_2 - M_4$$
$$D_6 = 0 M_1 + 0 M_2 + 1 M_3 - 1 M_4 = M_3 - M_4$$

Die Einzelausrechnung nach (4.15) geben wir nicht an, der Leser mag zu seiner Übung das Ergebnis nachprüfen: die in Tabelle 21 jeweils durch Klammern verbundenen Vergleiche sind zueinander orthogonal. Vergleiche, die nicht mit einer verbindenden Klammer gekennzeichnet sind, sind es nicht. Wir haben drei Paare jeweils zueinander orthogonaler Vergleiche gefunden. Zu jedem dieser Paare muß es aber, da wir insgesamt $n-1$ mögliche, je zueinander orthogonale Vergleiche erwarten, einen weiteren orthogonalen Vergleich geben. Tabelle 21 enthält alle Möglichkeiten, durch Wahl von $|c_{ij}|=1$ Paarvergleiche zu konstruieren, ohne daß die gesuchten dritten orthogonalen Vergleiche auftauchen. Man sieht leicht, daß diese die Form haben:

$$(4.17) \quad D_7 = \frac{1}{2} M_1 + \frac{1}{2} M_2 - \frac{1}{2} M_3 - \frac{1}{2} M_4 = \frac{M_1 + M_2}{2} - \frac{M_3 + M_4}{2}$$

(4.17) ist zu D_1 und D_6 in der Tabelle 21 jeweils orthogonal und erfüllt die Gleichung (4.16). Es handelt sich dabei um den Vergleich der Mittelwerte aus den Mittelwerten, die in den beiden orthogonalen Vergleichen D_1 und D_6 ihrerseits miteinander verglichen werden.

Wir haben noch eine Einschränkung zu machen. (4.15) gilt nur für Mittelwerte, die auf gleichem Stichprobenumfang $m_j = m$ beruhen. Für ungleiches m_j gilt stattdessen: Die zu prüfenden Differenzen werden jetzt gebildet, indem man in (4.13) die Koeffizienten c_{ij} zusätzlich mit der Gruppengröße m_j multipliziert:

$$(4.18) \quad D_i = m_1 c_{i1} M_1 + m_2 c_{i2} M_2 + \ldots + m_j c_{ij} M_j + \ldots + m_n c_{in} M_n$$

$$= \sum_{j=1}^{n} m_j c_{ij} M_j .$$

Die Orthogonalitätsbedingung, (4.15), nimmt jetzt die Form an:

$$(4.19) \quad \sum_{j=1}^{n} m_j c_{ij} c_{i\cdot j} = 0 .$$

Es zeigt sich sofort, daß $|c_{ij}|=1$ für gleiche wie für ungleiche Stichprobenumfänge m bzw. m_j dieselben Paare von Mittelwertsunterschieden, wie sie etwa in Tabelle 21 angegeben sind, als orthogonal ausweist. (4.19) zeigt hier das gleiche Ergebnis wie (4.15). Bei Vergleichen wie D_7 (4.17), also bei $|c_{ij}| \neq 1$, muß für ungleiches m_j (4.19) angewandt werden.

Mit den m_j unseres Beispiels aus Tabelle 17 erhalten wir für (4.18) aus D_7:

$D_8 = \frac{6}{2} M_1 + \frac{8}{2} M_2 - \frac{6}{2} M_3 - \frac{7}{2} M_4$. Die Berechnung nach (4.19) zeigt, daß für ungleiche m_j nur D_8, nicht hingegen D_7, orthogonal zu D_1 und D_6 (Tabelle 21) ist.

Wir gehen noch kurz auf die Bedeutung der Bezeichnung „orthogonal" für die statistische Unabhängigkeit von Mittelwertsvergleichen ein. Die

Koeffizienten c_{ij} einer Zeile in (4.13) können zusammengenommen als ein Vektor aufgefaßt werden. In der Vektorrechnung wird gezeigt, daß die graphischen Veranschaulichungen zweier Vektoren, die (4.15) erfüllen, aufeinander senkrecht stehen, also einen rechten Winkel miteinander bilden. Dies bringt „orthogonal" zum Ausdruck. Faßt man generell Variablen als Vektoren auf, so ist die statistische Unabhängigkeit zweier Variablen gleichbedeutend mit der Tatsache, daß sie nicht miteinander korrelieren, also den Korrelationskoeffizienten $r = 0$ haben, und dies ist wiederum äquivalent mit der Aussage, daß die beiden Variablenvektoren orthogonal sind.

4.2.2 Der t-Test für orthogonale Vergleiche

Die Überlegungen des vorangehenden Abschnittes sollten klarstellen, wieviele Einzelvergleiche bei mehr als 2 Gruppen, in denen die Daten vorliegen, überhaupt möglich sind und was dabei Abhängigkeit oder Unabhängigkeit der einzelnen Vergleiche voneinander bedeutet. Wir haben uns jetzt dem Vergleichsverfahren selbst, dem t-Test zuzuwenden. Für den t-Test zum Vergleich der Mittelwerte zweier unabhängiger Stichproben wird im allgemeinen die Formel angegeben:

$$(2.106b) \quad t = \frac{M_1 - M_2}{s_{M_1 - M_2}} \quad \text{mit}$$

$$(4.20) \quad s_{M_1 - M_2} = \sqrt{\frac{(m_1 - 1) s_1^2 + (m_2 - 1) s_2^2}{m_1 + m_2 - 2} \left(\frac{1}{m_1} + \frac{1}{m_2} \right)}.$$

Gleichung (4.20) (z. B. Bartel, 1972, S. 104) ist offensichtlich die Wurzel aus einer Varianzschätzung innerhalb zweier Gruppen des unterschiedlichen Umfanges m_1 und m_2, multipliziert mit der Summe der reziproken Stichprobenumfänge. *Der längere Bruch unter der Wurzel entspricht Gleichung (2.71) für n = 2 Stichproben (Beweis?).* Die rechte Klammer unter der Wurzel entsteht dadurch, daß die Streuung von Stichprobenmittelwerten mit (2.83) den Wert σ^2/m annimmt und die Varianz der Differenz zweier Stichprobenmittelwerteverteilungen M_1 und M_2 gleich der Summe der beiden Verteilungsvarianzen σ^2/m_1 und σ^2/m_2 ist (siehe z. B. Bartel, 1972, S. 103).

Berechnen wir einen t-Test für einen Vergleich aus mehreren Mittelwerten einer Varianzanalyse, so können wir natürlich s_{IG}^2 für den linken Bruch in

(4.20) einsetzen, da jetzt alle Stichproben einer Untersuchung, nicht nur die beiden miteinander verglichenen, zur Schätzung der Varianz innerhalb der Gruppen beitragen. Die Zahl der Freiheitsgrade für den t-Test ist entsprechend d_{fIG}.

Beim Einzelvergleich zweier Mittelwerte aus einem varianzanalytischen Plan haben wir also gegenüber dem üblichen t-Test den Vorteil einer hohen Zahl von Freiheitsgraden bei der Schätzung der Fehlervarianz, da sich diese auf alle Stichproben stützt.

Die Mittelwertsdifferenz haben wir für die Einzelvergleiche einer Datenmenge aus mehreren Stichproben mit (4.13) angeschrieben. Setzen wir dies in (2.106b) ein, erhalten wir für t bei Differenzen nach (4.13), also ohne Multiplikation der Gewichte c_{ij} mit den einzelnen Stichprobenumfängen:

$$(4.21a)\quad t_i = \frac{c_{i1}M_1 + c_{i2}M_2 + \ldots + c_{ij}M_j + \ldots + c_{in}M_n}{\sqrt{s_{IG}^2\,(c_{i1}^2/m_1 + c_{i2}^2/m_2 + \ldots + c_{ij}^2/m_j + \ldots + c_{in}^2/m_n)}}$$

$$= \frac{D_i}{\sqrt{s_{IG}^2 \sum_{j=1}^{n} c_{ij}^2/m_j}}.$$

Für Differenzen nach (4.18), wenn die Gewichte c_{ij} mit den einzelnen Stichprobenumfängen m_{ij} multipliziert wurden, gilt für t:

$$(4.21b)\quad t_i = \frac{m_1 c_{i1}M_1 + m_2 c_{i2}M_2 + \ldots + m_j c_{ij}M_j + \ldots + m_n c_{in}M_n}{\sqrt{s_{IG}^2\,(m_1 c_{i1}^2 + m_2 c_{i2}^2 + \ldots + m_j c_{ij}^2 + \ldots + m_n c_{in}^2)}}$$

$$= \frac{D_i}{\sqrt{s_{IG}^2 \sum_{j=1}^{n} m_j c_{ij}^2}}.$$

Bei der Anwendung von (4.21) ist es oft zweckmäßig, vor allem, wenn im Zähler nur eine Mittelwertsdifferenz $D_i = M_j - M_k$ steht, die Gleichung nach dieser Differenz aufzulösen:

$$(4.22a)\quad D_i = t_i \sqrt{s_{IG}^2 \sum_{j=1}^{n} c_{ij}^2/m_j} \quad \text{und}$$

(4.22b) $D_i = t_i \sqrt{s_{IG}^2 \sum_{j=1}^{n} m_j c_{ij}^2}$.

Der Signifikanztest besteht dann darin, daß man prüft, ob die gegebene Mittelwertsdifferenz größer ist, als die mit Hilfe der Prüfgröße t_i berechnete Differenzgrenze D_i.

Rechnen wir t_i für die wechselseitig orthogonalen Vergleiche 1, 6 und 8 mit unseren Daten von Tabelle 16 und den Ausrechnungen der Tabellen 17 und 18:

(4.21a) $t_1 = \dfrac{M_1 - M_2}{\sqrt{s_{IG}^2 (1/m_1 + 1/m_2)}} = \dfrac{5{,}500 - 4{,}875}{\sqrt{0{,}959 \,(1/6 + 1/8)}} = 1{,}182$

(4.21a) $t_6 = \dfrac{M_3 - M_4}{\sqrt{s_{IG}^2 (1/m_3 + 1/m_4)}} = \dfrac{4{,}167 - 2{,}857}{\sqrt{0{,}959 \,(1/6 + 1/7)}} = 2{,}404$

(4.21b) $t_8 = \dfrac{(6/2)M_1 + (8/2)M_2 - (6/2)M_3 - (7/2)M_4}{\sqrt{s_{IG}^2 \,[6\,(1/2)^2 + 8\,(1/2)^2 + 6\,(1/2)^2 + 7\,(1/2)^2]}}$

$= \dfrac{3 \cdot 5{,}50 + 4 \cdot 4{,}875 - 3 \cdot 4{,}167 - 3{,}5 \cdot 2{,}857}{\sqrt{0{,}959 \cdot (1{,}5 + 2 + 1{,}5 + 1{,}75)}} = 5{,}306$.

Bei allen drei Vergleichen ist $d_f = 23$ (Tabelle 18). Die t-Tabelle im Anhang liefert bei 1 % Signifikanzniveau, zweiseitig, den Zahlenwert $t_{1\%,23} = 2{,}807$. Von den drei orthogonalen Vergleichen ist nur D_8 signifikant.

Das heißt, interpretiert im Blick auf das Textbeispiel von S. 98: die Schallschluckmaßnahmen 1 und 2 unterscheiden sich in ihrer Wirkung ebensowenig signifikant voneinander wie 3 und 4. Die durchschnittliche Wirkung von Maßnahme 1 und 2 unterscheidet sich jedoch signifikant von der durchschnittlichen Wirkung der Maßnahmen 3 und 4.

Damit kann die Behandlung der orthogonalen Vergleiche abgeschlossen werden. Die Einzelschritte lassen sich wie folgt zusammenstellen:

1. Festlegung der $n - 1$ (oder weniger) interessierenden orthogonalen Vergleiche,
2. Formulierung dieser Vergleiche in Gestalt von (4.13) bei gleichen und (4.18) bei ungleichen Stichprobenumfängen,
3. Prüfung der wechselseitigen Orthogonalität mit (4.15) bei gleichen und (4.19) bei ungleichen Stichprobenumfängen,
4. Ausrechnung der t-Werte mit (4.21) oder der kritischen Differenzen mit (4.22),

5. Signifikanzprüfung der t_i oder D_i mit der Freiheitsgradezahl d_{fIG}.
Wir zeigten auf S. 58 mit (2.111), daß das Quadrat der Prüfgröße t mit d_f Freiheitsgraden gleich F mit einem Freiheitsgrad im Zähler und d_f Freiheitsgraden im Nenner ist. Das aber bedeutet, daß wir jedem Zähler von (4.21), den wir mit Hilfe von (4.13) bzw. (4.18) bilden können, einen Freiheitsgrad zuordnen, und zwar auch dann, wenn er aus mehreren rechnerisch einbezogenen Mittelwerten besteht. Jeder Einzelvergleich, der zu den weiteren in einem Datensatz noch vorgenommenen, untereinander paarweise orthogonalen Einzelvergleichen orthogonal ist, „entzieht" den Daten genau einen Freiheitsgrad. Eine Menge genau $n - 1$ je paarweise orthogonaler Mittelwertvergleiche wird deshalb auch als *orthogonale Zerlegung der Varianz zwischen n Mittelwerten* bezeichnet. Wie man leicht sieht, gibt es für $n > 2$ mehr als eine mögliche orthogonale Varianzzerlegung.

4.2.3 Der logische Bezug der Einzelvergleiche

Wir haben uns nun zu fragen, wie sich die orthogonalen t-Tests für Einzelvergleiche logisch zum F-Test der Varianzanalyse verhalten. Mit ihrer Hilfe werden spezielle Nullhypothesen geprüft. Diese Einzelnullhypothesen hängen mit der generellen Nullhypothese logisch insofern zusammen, als die generelle Nullhypothese alle Einzelnullhypothesen impliziert. Die einzelnen speziellen Nullhypothesen sind voneinander, da orthogonal, logisch und statistisch unabhängig. Man könnte nun argumentieren, aus der Implikation aller speziellen Nullhypothesen in der generellen Nullhypothese folge, daß die generelle Nullhypothese nicht mehr gelten könne, wenn wenigstens eine spezielle Nullhypothese aufgrund des t-Tests verworfen wird. Hätten wir es mit deterministischen Hypothesen zu tun, wäre dieser Schluß formallogisch gültig (modus tollens). Bei statistischen Hypothesen liegen die Verhältnisse komplizierter.

Angenommen, die generelle Nullhypothese gelte in einer Population und wir hätten n Zufallsstichproben, könnten also $n - 1$ orthogonale Einzelvergleiche auswerten. Bei jedem dieser Einzelvergleiche besteht dann eine Wahrscheinlichkeit in Höhe des Signifikanzniveaus p_I, trotz in Wirklichkeit richtiger Nullhypothese ein signifikantes t_i zu erhalten. Entsprechend besteht natürlich die Wahrscheinlichkeit $1 - p_I$ dafür, in einem bestimmten Einzelvergleich *kein* signifikantes t_i zu bekommen. Nach dem Multiplikationstheorem der Wahrscheinlichkeit läßt sich die Wahrscheinlichkeit berechnen, bei $n - 1$ Einzelvergleichen insgesamt keine einzige Signifikanz zu erzielen:

(4.23) $p^* = (1 - p_I)^{n-1}$.

Die Komplementwahrscheinlichkeit $1 - p^*$ gibt dann an, wie stark man mit wenigstens einer Signifikanz rechnen muß:

(4.24) $1 - p^* = 1 - (1 - p_I)^{n-1}$.

Für kleines p_I läßt sich die rechte Seite von (4.24) durch

(4.25) $1 - p^* \approx p_I (n - 1)$

annähern. Das heißt: Unter Geltung der Nullhypothese haben wir beispielsweise bei n = 10 Stichproben, also n − 1 = 9 orthogonalen Einzelvergleichen, und einem Signifikanzniveau p_I = 1 % eine Wahrscheinlichkeit von $1 - p^* \approx$ 1 % · 9 = 9 %, nur durch Zufall ein signifikantes t zu erhalten. *Der Versuch, die generelle Nullhypothese durch orthogonale Einzelvergleiche statt einer Varianzanalyse zu testen, führt dazu, daß sich das Signifikanzniveau bezüglich der generellen Nullhypothese gegenüber dem gewählten Signifikanzniveau der Einzelvergleiche nach (4.24) verschiebt.* Berücksichtigt man diese Erniedrigung des wirksamen p_I, bestehen keine Einwände mehr dagegen, die generelle Nullhypothese mit einem Satz je paarweise orthogonaler t-Tests zu prüfen. Allerdings muß die orthogonale Zerlegung unabhängig von den Daten, also a priori, ausgewählt werden. Der Rechenaufwand ist jedoch größer als derjenige einer Varianzanalyse und die später zu besprechende getrennte Prüfung verschiedener gleichzeitig wirksamer unabhängiger Variablen ist auf diese Weise unmöglich. Wir haben damit eine wichtige Einsicht gewonnen. Das wirksame Signifikanzniveau von Einzelvergleichen ist nur dann gleich dem der Rechnung zugrundegelegten Signifikanzniveau, wenn jeder Einzelvergleich auch die *logische Einheit des entsprechenden Tests* ist. Macht man die generelle Nullhypothese zur logischen Einheit, die mit Einzelvergleichen geprüft wird, verschiebt sich das wirksame Signifikanzniveau gegenüber dem rein rechnerisch gewählten.
Nichtorthogonale Vergleiche bedeuten eine weitere Erniedrigung des wirksamen Signifikanzniveaus; wegen der zusätzlichen Abhängigkeit der Einzeltests voneinander wird die rechnerische Ableitung der Verschiebung schwieriger, so daß wir hier nicht näher darauf eingehen wollen.

4.2.4 Apriorische und aposteriorische Vergleiche

Außer der Unterscheidung *orthogonal* − *nichtorthogonal* haben wir für Einzelvergleiche in Datenmengen mit mehreren Stichproben auch zwischen *apriorischen und aposteriorischen Tests* zu trennen. Für Tabelle 17 liegt ein apriorischer Einzelvergleich vor, wenn wir ohne Blick auf die Daten festlegen können, daß uns ein bestimmter Einzelunterschied *aus Gründen, die nicht in den Daten liegen,* interessiert, also etwa der Unterschied zwischen B_1 und B_4, weil es sich hier beispielsweise um die Schallschluckmaßnahmen mit den höchsten und den niedrigsten Kosten handelt. Werten wir andererseits den Einzelvergleich $B_1 - B_4$ deshalb aus, weil wir in der Untersuchung herausbekommen haben, daß diese beiden Bedingungen die maximale Effektdifferenz zeigen, ist der Test *aposteriorisch. Eine aposteriorische Prüfung bedeutet eine Erniedrigung des Signifikanzniveaus gegenüber dem rechnerisch verwendeten Zahlenwert auch für den Einzeltest.* Es leuchtet unmittelbar ein, daß, in unserem Beispiel, auch für die Prüfung der speziellen Nullhypothese $\mu_1 = \mu_4$ nicht mehr das einem t-Test rechnerisch zugrundeliegende Signifikanzniveau gelten kann, wenn H_0 formuliert wird, nachdem bereits bekannt ist, daß $M_1 - M_4$ die maximale Differenz zwischen allen erhaltenen Einzelmittelwerten darstellt. Aposteriorische Einzelsignifikanztests machen also schon implizit Gebrauch von Eigenschaften der Daten, deren Überzufälligkeit sie prüfen sollen. Im Vergleich $M_1 - M_4$ unseres Beispiels müßten wir die Wahrscheinlichkeit kennen, daß das t für die *größte Mittelwertsdifferenz* einen bestimmten Zahlenwert überschreitet, um über Signifikanz entscheiden zu können.
Apriori geplante orthogonale Vergleiche können − wie oben ausgeführt − unabhängig vom Ergebnis der Varianzanalyse angewandt und bei Signifikanz interpretiert werden. Es ist wegen der Verschiebung des Signifikanzniveaus bezüglich der generellen Nullhypothese möglich, daß ein oder mehrere Einzelvergleiche signifikant ausfallen, der F-Test hingegen nicht. Ein solcher Vergleich darf aber nur interpretiert werden, wenn er wirklich a priori, also *unabhängig von den Daten* geplant wurde. A priori ist nicht gleichbedeutend mit „zeitlich der Datenerhebung vorausgehend", sondern meint „logisch von den Daten unabhängig".
Im Gegensatz dazu darf die spezielle Nullhypothese für den *aposteriorischen Einzeltest angesichts der Daten formuliert* werden, die entsprechende Arbeitshypothese darf eine von den Daten angeregte ad-hoc-Hypothese zu deren Erklärung sein. Hier aber gehört es zu den logischen *Voraussetzungen,* daß die Daten selbst bereits interpretierbare Effekte aufweisen,

daß also eine *signifikante Varianzanalyse* anzeigt, daß „sich überhaupt etwas ereignet hat".

Im Abschnitt 4.2.2 haben wir den apriorischen orthogonalen t-Test ausführlich behandelt. Da die *Berechnungen* für eine Reihe apriorischer und aposteriorischer, orthogonaler und nichtorthogonaler Tests sehr ähnlich angelegt sind, können wir die folgenden fünf Tests kürzer darstellen.

1. Der Dunn-Test stellt ein *apriorisches, nichtorthogonales* Verfahren dar. Die logische Einheit, für die das gewählte Signifikanzniveau gilt, ist die Gesamtzahl der an einer gegebenen Datenmenge ausgewerteten Einzelvergleiche, wobei sich das gesamte Signifikanzniveau additiv aus den Signifikanzniveaus der Einzelvergleiche zusammensetzt. Vergleicht man 10 Differenzen mit einem gesamten $p_I = 1\%$, so kann jedem Einzelvergleich ein wirksames Signifikanzniveau von $0,1\%$ zugeordnet werden. Gerechnet wird mit der Formel (4.21a) oder (4.21b), in die jetzt die interessierenden Einzelvergleiche, ohne Rücksicht, ob orthogonal oder nicht, eingesetzt werden. Lediglich die Prüfgröße t wird der Tabelle von Dunn (Tabelle V) anstelle der üblichen t-Tafel entnommen. Die Tafel hat jetzt neben der Zahl der Freiheitsgrade einen weiteren Eingang für die Zahl der insgesamt vorhandenen Einzelvergleiche. Signifikanz liegt wie beim t-Test vor, wenn der berechnete Zahlenwert den der Tafel entnommenen überschreitet.

2. Der Duncan-Test ist ein *aposteriorisches, nichtorthogonales* Verfahren zur Prüfung aller $n(n-1)/2$ *möglichen Mittelwertspaare* einer gegebenen Datenmenge, wie sie in Tabelle 20, S. 116, eingetragen sind. Er ist nur anwendbar, wenn die vorangehende Varianzanalyse bereits ein signifikantes F erbracht hat. Er setzt zudem voraus, daß die Stichproben gleichen Umfang haben. Mittelwerte von Mittelwerten können mit dem Duncan-Test nicht verglichen werden. Das wirksame Signifikanzniveau ist p_I je Freiheitsgrad der Mittelwerte; für alle Tests aus einem Datensatz ergibt sich damit ein Gesamtsignifikanzniveau von $\approx p_I(n-1)$. Die zu prüfenden Mittelwerte müssen der Größe nach geordnet werden, was in der Tabelle 20 gegeben ist. Für einen Datensatz sind mehrere Größen t_{Duncan} zu berechnen, je nachdem, wieviele Mittelwerte der Größe nach zwischen den beiden zu prüfenden Mittelwerten liegen. Im Prinzip wird mit Gleichung (4.21a) gerechnet. Die Voraussetzung gleicher Stichprobenumfänge $m_j = m$ führt zur Vereinfachung:

$$(4.26) \quad t_{Duncan} = \frac{M_j - M_{j'}}{\sqrt{2 s_{IG}^2 / m}}.$$

Aus (4.22a) wird

(4.27) $\quad D_i = t_{Duncan} \sqrt{2\, s_{IG}^2/m}$.

Die Prüfgröße t_{Duncan} kann unserer Tabelle VI entnommen werden. Signifikanz eines Einzelunterschiedes liegt wiederum vor, wenn das berechnete t_{Duncan} das der Tabelle überschreitet.

3. Die n Stichproben einer Varianzanalyse können aus n − 1 Versuchs- und einer Kontrollgruppe bestehen. In diesem Falle sind die n − 1 *Einzelvergleiche der Versuchsgruppen mit der Kontrollgruppe* von besonderem Interesse. Hierfür gibt es den Dunnett-Test als *aposteriorisches, nichtorthogonales* Verfahren. Beim Dunnett-Test ist mit Formel (4.21a) bzw. (4.22a) zu rechnen, die sich im Falle gleicher Stichprobenumfänge (die nicht grundsätzlich gegeben sein müssen) zu (4.26) bzw. (4.27) auflösen läßt. Die Prüfgröße ist anhand der Zahlenwerte von Tabelle VII zu testen. Auch hier muß zur Signifikanz der berechnete Zahlenwert den Zahlenwert aus der Tabelle übersteigen. Das gewählte Signifikanzniveau bezieht sich auf alle n − 1 Vergleiche zusammengenommen, die logische Einheit ist also die Gesamtheit aller Vergleiche. Ein signifikantes F in der Varianzanalyse wird vorausgesetzt.

4. Ein verbreitetes *aposteriorisches, nichtorthogonales* Verfahren zur Signifikanzprüfung *aller* in der Art von Tabelle 20 *geordneter Vergleiche der Einzelmittelwerte* ist der Newman-Keuls-Test. Er ist nur auf Mittelwerte von Stichproben gleichen Umfangs $m_j = m$ anwendbar. Als Prüfgrößen berechnet man die Größen

(4.28) $\quad D = q\sqrt{s_{IG}^2/m}$.

Signifikanz liegt vor, wenn die Differenz zweier Mittelwerte das berechnete zugehörige D überschreitet. q ist der Tabelle VIII im Anhang zu entnehmen; die Tafel hat drei Eingänge, da q vom Signifikanzniveau, der Zahl der Freiheitsgrade d_{fIG} der Fehlervarianzschätzung s_{IG}^2 und von der Distanz r der zu vergleichenden Mittelwerte abhängt. Beim Vergleich der Größe nach benachbarter Mittelwerte ist q für r = 2 in der Tabelle auszuwählen; liegt zwischen den zu vergleichenden Mittelwerten ein weiterer Mittelwert, ist q für r = 3 auszusuchen usf. Für den gesamten Vergleich aller n Mittelwerte sind also n − 1 verschiedene Werte q der Tabelle zu entnehmen und entsprechend n − 1 Größen D zu berechnen. Man beginnt den Newman-Keuls-Test mit der Prüfung der größten Differenz in der oberen rechten Zelle der Tabelle nach Art von Tabelle 20 und bearbeitet dann die erste Zeile nach links bis zur ersten nichtsignifikanten Differenz; danach prüft man in der gleichen Weise die Mittelwerte der zweiten Zeile von rechts nach links usw. Die Prüfung der zweiten und jeder folgenden Zeile wird aber nur soweit nach links fortgesetzt, wie in der vorangehenden Zeile signifikante Mittelwertsdifferenzen vorliegen. Die logische Einheit des Newman-Keuls-Tests ist die geordnete Folge der Mittelwerte im ganzen.

5. Ein *aposteriorisches, nichtorthogonales* Verfahren zur Signifikanzprüfung aller Differenzen, die mit Gleichung (4.13) bzw. (4.18) gebildet werden können, ist der Scheffé-Test. Hinsichtlich der Gruppengrößen bestehen keine Einschränkungen. Die Prüfgröße lautet jetzt F und wird für den Signifikanztest Tabelle III entnommen. Man berechnet

$$(4.29a) \quad F_i = \frac{D_i^2}{(n-1) s_{IG}^2 \sum_{j=1}^{n} c_{ij}^2 / m_j}$$

wenn D_i nach (4.13) und

$$(4.29b) \quad F_i = \frac{D_i^2}{(n-1) s_{IG}^2 \sum_{j=1}^{n} m_j c_{ij}^2} ,$$

wenn D_i nach (4.18) mit Multiplikation der Gewichte c_{ij} mit den Gruppengrößen m_j berechnet wurde. Die rechte Seite von (4.29) entspricht, wie man leicht sieht, dem Quadrat der rechten Seite von (4.21), im Nenner multipliziert mit dem zusätzlichen Faktor $(n-1)$. F_i wird mit $d_{f1} = n - 1$ und $d_{f2} = d_{fIG}$ auf Signifikanz geprüft. Der Scheffé-Test ist robuster gegen eine Verletzung der Voraussetzungen der Varianzanalyse und konservativer als die anderen hier angegebenen aposteriorischen nichtorthogonalen Verfahren. Sein logischer Bezug ist die Menge aller in einem Datensatz möglichen Vergleiche. Er ist überall da zu bevorzugen, wo man besonders vor einer irrtümlichen Verwerfung einer speziellen Nullhypothese sicher sein will.

Berechnen wir Dunn-, Dunnett- und Scheffé-Test an unserem Beispiel. Tabelle 20 enthält die möglichen sechs einfachen Mittelwertsdifferenzen. Wir erhalten mit (4.22a) zunächst für $M_1 - M_4$, die größte Mittelwertsdifferenz:

$$D_{1,4} = t_i \sqrt{0{,}959\,(1/6 + 1/7)} = 1{,}978.$$

Da wir insgesamt sechs Vergleiche haben, liefert Tabelle V für $d_f = 20$, die nächst kleinere Zahl zum gegebenen $d_{fIG} = 23$, $t_i = 3{,}63$ bei einem Signi-

fikanzniveau $p_I = 1\%$. $D_{1,4}$ ist, wie schon eingetragen, 1,978. In Tabelle 20 haben wir den Zahlenwert 2,643, also eine signifikante Differenz.
Da die Mittelwertsdifferenzen in Tabelle 20 mit der Entfernung von der oberen rechten Zelle kleiner werden, empfiehlt es sich, nach der größten die zweitgrößte Differenz zu prüfen usw.:

$$D_{2,4} = 3,63\sqrt{0,959\,(1/8 + 1/7)} = 1,840.$$

Auch diese Differenz ist signifikant. Zugleich sehen wir, daß unsere Ausdrücke für D für die unterschiedlichen m_j des Beispiels nur sehr geringfügig schwanken. Daß ein Wert für D unter die nächstkleinere Mittelwertsdifferenz $M_1 - M_3$ fällt, ist offensichtlich ausgeschlossen. Der Dunn-Test für das Beispiel ist damit beendet.

Schließen wir den Dunnett-Test an, wobei wir annehmen, Bedingung B_4 sei als Kontrollbedingung für die anderen drei Bedingungen aufzufassen. Tabelle VII liefert für $n = 4$ Mittelwerte, $p_I = 1\%$ und $d_{fIG} = 20$, bei zweiseitigem Test $t = 3,29$. Wir erhalten die Zahlenwerte:

$$D_{1,4} = 3,29\sqrt{0,959\,(1/6 + 1/7)} = 1,739 \quad \text{und}$$

$$D_{2,4} = 3,29\sqrt{0,959\,(1/8 + 1/7)} = 1,667.$$

$D_{1,4}$ und $D_{2,4}$ sind in Tabelle 20 signifikant.

Der Duncan-Test darf auf unser Beispiel nicht angewandt werden, da die Voraussetzung gleicher Gruppengrößen verletzt ist. Die Berechnung verläuft natürlich völlig analog den beiden angewandten Tests. Es ist nur zu beachten, daß für die einzelnen Vergleiche unterschiedliche Zahlenwerte für t_{Duncan} der Tabelle zu entnehmen sind, da diese die Zahl der Mittelwerte als zweiten Eingang enthält, die zwischen den zu vergleichenden Mittelwerten liegen, nachdem alle Mittelwerte der Größe nach geordnet wurden.

Auch der Newman-Keuls-Test darf wegen der unterschiedlichen Gruppengrößen m_j im Beispiel von Tabelle 17 und 20 nicht angewandt werden. Er ist in der Musterlösung des Übungsbeispiels 8.3.2 enthalten.

Der Scheffé-Test ergibt mit (4.29a) für die größte in Tabelle 20 enthaltene Mittelwertsdifferenz

$$F_{1,4} = \frac{2,625^2}{(4-1)\,0,959\,(1/6 + 1/7)} = 7,738.$$

Tabelle III entnehmen wir für $d_{f1} = 3$ und $d_{f2} = 23$ $F_{1\%,3,23} = 7,88$. Mit dem Scheffé-Test ist also keine Differenz in Tabelle 20 bei $p_I = 1\%$ signifikant.

Signifikante aposteriorische Mittelwertsunterschiede werden dahingehend interpretiert, daß man den in der Varianzanalyse erhaltenen Effekt als hauptsächlich durch die signifikanten Einzelunterschiede erzeugt auffaßt und die entsprechende spezielle Arbeitshypothese annimmt.

4.3 Statistische Signifikanz und wissenschaftliche Bedeutsamkeit

4.3.1 Das Problem des Fehlers II. Art

Greifen wir unsere Überlegungen aus Abschnitt 1.2 wieder auf. Mit dem Signifikanztest wird eine wissenschaftliche Hypothese im Lichte vorliegender Daten überprüft. Die wissenschaftliche Hypothese behauptet die Wirkung wenigstens eines Faktors oder einer Variablen auf wenigstens eine andere. Durch Planung eines Experimentes oder einer Erhebung wird sichergestellt, daß die *Wirkung der unabhängigen Variablen nur die Varianz zwischen den Gruppen* beeinflußt, die Wirkung aller übrigen Variablen aber eine Fehlervarianz innerhalb und zwischen den Gruppen erzeugt. Die Arbeitshypothese enthält die Voraussage, die sich aus der wissenschaftlichen Hypothese für das Untersuchungsarrangement ableiten läßt. Sie ist, wie oben gesagt, eine *zusammengesetzte* statistische Hypothese, da sie über die Parameter der zugrundegelegten Population keine Punkt-, sondern eine Intervallaussage macht. Die Nullhypothese ist die dazu komplementäre *einfache* statistische Hypothese, aus der die Schwelle berechnet werden kann, die von den Daten überschritten werden muß, damit man ein Untersuchungsergebnis als entsprechend unwahrscheinlich unter Geltung der Nullhypothese ansehen und die Nullhypothese verwerfen darf.

Machen wir uns diesen Zusammenhang anhand Abbildung 11 klar. Wir gehen der Einfachheit halber davon aus, σ_e^2, die Fehlervarianz, die wir durch s_{IG}^2 schätzen, sei bekannt. Wir betrachten nur den Fall des Vergleiches zweier Mittelwerte, also einer Mittelwertsdifferenz, den Grenzfall der Varianzanalyse für n = 2, der praktisch mit dem t-Test bearbeitet wird. Im Abschnitt 4.3.5 generalisieren wir dann diese Überlegungen auf die verschiedenen Varianzanalysen. Für die jetzige Überlegung ist auch unerheblich, ob die Stichprobengrößen gleich oder ungleich sind; der Einfachheit halber nehmen wir Gleichheit an.

Die obere Darstellung der Abbildung 11 zeigt die hypothetische Population für zwei Stichproben mit den Mittelwerten μ_1 und μ_2 und der Fehlerstreuung σ_e. Die Arbeitshypothese behauptet $\mu_1 \lessgtr \mu_2$ wenn sie zweiseitig und $\mu_1 > \mu_2$ oder $\mu_1 < \mu_2$ (aber nicht beides) wenn sie einseitig formuliert wird. Wir wollen unsere Überlegungen auf den Fall $\mu_1 < \mu_2$ zunächst beschränken. Zur weiteren Vereinfachung nehmen wir noch an, μ_1 sei bekannt, so daß die Abweichung $M_1 - M_2$ mit der Fehlerstreuung σ_M anstelle von σ_{Diff} getestet wird. Dies verbessert die Übersichtlichkeit der Abbildung.

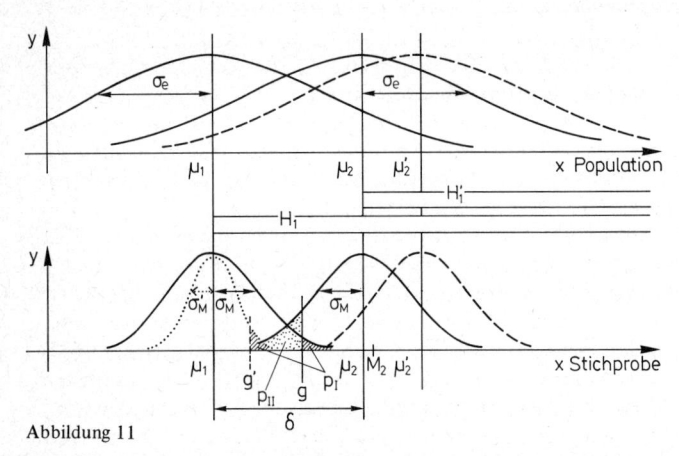

Abbildung 11

Die *zusammengesetzte* Arbeitshypothese wird nicht nur durch *eine* Populationsverteilung, sondern durch deren unendlich viele, die sich bei gleicher Streuung durch ihre Zentraltendenz auf dem Maßzahlenkontinuum unterscheiden, repräsentiert. Abbildung 11 enthält der Übersicht halber nur zwei von diesen möglichen Populationsverteilungen mit den Bezeichnungen μ_2 und μ_2'.

Wie S. 50 näher ausgeführt, verteilen sich die Stichprobenmittelwerte M mit der Streuung σ_M^2 um μ, wobei mit

(2.83) $\quad \sigma_M = \sigma_e / \sqrt{m}$

für eine Populationsstreuung, wie wir sie hier annehmen.

Im Signifikanztest wird nun aufgrund von $H_0: \mu_1 = \mu_2$ die Grenze g berechnet, die eine Fläche gleich dem Signifikanzniveau p_I von der unter der Nullhypothese zu erwartenden Verteilung der Stichprobenmittelwerte abtrennt. Die Entscheidungsregel lautet bekanntlich:

$M_2 \geq g$: Arbeitshypothese annehmen,
$M_2 < g$: Nullhypothese vorläufig beibehalten, Urteil aufschieben.

Mit dieser Entscheidungsregel kann ein Fehler I. Art gemacht werden, wenn nämlich H_0 in Wirklichkeit richtig ist, aber $M_2 \geqslant g$ erhalten wurde. Die Zeichnung verdeutlicht, daß die Wahrscheinlichkeit hierfür, wenn die Nullhypothese in Wirklichkeit richtig ist, gleich p_I beträgt. Man beachte, daß dies nicht die Wahrscheinlichkeit ist, einen Fehler I. Art gemacht zu haben, nachdem man ein signifikantes Ergebnis herausbekommen hat. Behält man hingegen wegen $M_2 < g$ die Nullhypothese bei, so kann man ebenfalls einen Fehler, genannt Fehler II. Art, gemacht haben, dessen Wahrscheinlichkeit durch die gepunktete Fläche in Abbildung 11 repräsentiert wird. Fehler I. Art werden häufig auch α-Fehler, die zugehörige Wahrscheinlichkeit p_I α genannt. Entsprechend bezeichnet man den Fehler II. Art auch als β-Fehler, seine Wahrscheinlichkeit p_{II} mit β. Da wir die Zeichen α und β für die Bedingungseffekte in den hypothetischen Populationen verwenden, sprechen wir zur sicheren Ausschaltung jeder Verwechslung hier nur von Fehlern I. und II. Art.

Die Komplementwahrscheinlichkeit $1 - p_{II}$ wird auch als *Effizienz* oder *Macht* (engl. power) eines Signifikanztests bezeichnet, sie bedeutet die *Wahrscheinlichkeit der Annahme von H_1, wenn in Wirklichkeit H_1 zutrifft.* Man kann auch sagen, die Effizienz eines Signifikanztests sei seine *Fähigkeit, einen vorhandenen Effekt zu entdecken.* Wiederum ist p_{II} nicht etwa die Wahrscheinlichkeit, einen Fehler II. Art begangen zu haben, wenn man ein nichtsignifikantes Ergebnis erhalten hat.

Aus dem unteren Teil der Abbildung 11 läßt sich deutlich machen, daß ein bestimmter Zahlenwert für p_{II} nicht angegeben werden kann, da H_1 eine zusammengesetzte statistische Hypothese ist, μ_2 also jeden Wert innerhalb des mit dem eingezeichneten Balken gekennzeichneten Bereiches annehmen kann. Beim Signifikanztest ist uns aber nur M_2 gegeben, womit wir über Annahme oder Ablehnung von H_1 entscheiden, jedoch keine näheren Angaben über μ_2 gewinnen. Rückt μ_2 im Extremfall infinitesimal nahe an μ_1 heran, so nähert sich p_{II} dem Wert $1 - p_I$. Rückt μ_2 andererseits von μ_1 weg, so geht schließlich $p_{II} \to 0$. Für $p_I = 1\,\%$ wird $1 - p_I = 99\,\%$. Wir müssen also bei einem nichtsignifikanten Ergebnis in Kauf nehmen, daß es mit einer Wahrscheinlichkeit bis zu 99 % bei „in Wirklichkeit" richtiger Arbeitshypothese entstehen kann. Daraus folgt die bekannte Regel, bei einem nichtsignifikanten Ergebnis die Nullhypothese nur „vorläufig beizubehalten" und bezüglich einer wissenschaftlichen Interpretation Urteilsenthaltung zu üben.

Dieses Problem hat schwerwiegende Konsequenzen für einen Wissenschaftsbetrieb, der weitgehend mit Signifikanztests darüber entscheidet, welche Gesetzesaussagen er als gesichert ansehen will. Nichtsignifikante Untersuchungsergebnisse gelten in der Regel als nicht berichtenswert. Eindrucksvolle Belege dafür finden sich in Morrison und Henkel (1970) und in Bredenkamp (1972). Das Fernhalten eines Untersuchungsergebnisses von der wissenschaftlichen Publizität ist aber etwas anderes als die bei nichtsignifikantem Ergebnis gebotene Urteilsenthaltung!

Jedem Signifikanztest liegen probabilistische Hypothesen zugrunde. *Jede Untersuchung* ist deshalb als *eine Realisierung der Zufallsvariablen* aufzufassen, über deren Wirkung in der Arbeitshypothese etwas ausgesagt wird. Bei deterministischen Modellen ist Falsifikation ein im Prinzip anwendbarer Begriff: erhält ein Forscher die in einer Hypothese behaupteten Effekte bei sorgfältigen und wiederholten Studien nicht, so bedeutet dies eine Abschwächung der Hypothese; kann man erst sagen, die Replikationen seien mit hinreichender methodischer Exaktheit versucht worden, ist die ursprüngliche Hypothese schließlich als falsifiziert anzusehen.

Eine Realisation einer Zufallsvariablen kann aber niemals einer anderen oder dem aus einer probabilistischen Hypothese abgeleiteten Erwartungswert widersprechen, selbst wenn sie faktisch von ihr abweicht. Die Abweichung kann nur mehr oder weniger wahrscheinlich sein. Je mehr Realisationen aber vorliegen, auf desto mehr Beobachtungen basieren die Schätzungen von Parametern und damit Gesetzesaussagen über diese Parameter. Daraus folgt: auch ein nichtsignifikantes Ergebnis ist ein Beitrag zum wissenschaftlichen Wissen, der, entsprechend der höheren Fehlergefahr durch das möglicherweise höhere, unbekannte p_{II} gewichtet, als Bestandteil des „Gesamtdatums" zu einem bestimmten Problem wissenschaftlich mitgeteilt werden muß. Beruht nun die Publikationspraxis einer Forschergemeinschaft auf der Regel, nur signifikante Ergebnisse zu publizieren, wird das wissenschaftliche Wissen zu einer fortgesetzt verzerrten Stichprobe der zunächst einmal erhobenen Daten. Signifikanztests wie die Varianzanalyse haben gegenüber deterministischen Ansätzen den Vorteil, auch, an den Fehlern gemessen, relativ kleine Effekte noch sichtbar zu machen. Der Preis dafür ist es, daß der Zusammenhang, innerhalb dessen ein bestimmtes Datum theoretisch interpretiert werden darf, entsprechend umfangreich gehalten werden muß, weil kein neues Forschungsergebnis alle früheren entsprechend eindeutig überholen kann. Vielmehr sind bei der Prüfung probabilistischer Hypothesen frühere und neue Forschungsergebnisse getrennte Schätzer für statistische Parameter oder Beziehungen, die stets statistisch zusammengefaßt werden müssen, um die Prüfung einer Hypothese zu gestatten. Hier entstehen methodische und forschungsorganisatorische Probleme, die erst in Ansätzen gelöst sind, deren Lösung wohl auch an die Schaffung umfassender wissenschaftlicher Datenbanken für die einzelnen

Forschungsgebiete gebunden ist. Darauf ist hier nicht näher einzugehen. Dennoch lassen sich dem Anwender der Varianzanalyse einige Regeln an die Hand geben, deren Beachtung die gravierendsten Fehlinterpretationen statistisch auf Signifikanz geprüfter Daten ausschließt.

4.3.2 Effektgröße und statistische Signifikanz

Im allgemeinen werden die Ergebnisse von Signifikanztests zur Interpretation wieder „digitalisiert", man sagt also im Falle signifikanter Unterschiede, etwa zwischen einzelnen Gruppenmittelwerten, ein Effekt sei „statistisch gesichert". In weitergehenden theoretischen Erörterungen und in Sammelreferaten werden dann solche Sätze meist wieder aussagenlogisch verknüpft, ihre Genese aus einem statistischen Entscheidungsverfahren jedoch „umständehalber" weggelassen. *Dieses Verfahren ist unzulässig, denn natürlich gelten die Regeln der Aussagenlogik, schon beginnend mit dem Satz vom ausgeschlossenen Widerspruch, für verschiedene Realisationen von Zufallsvariablen nicht.* Daher rührt es, daß man in vielen Fällen bei der Zusammenstellung vor allem empirisch-sozialwissenschaftlicher Literatur zu einer bestimmten Frage auf, deterministisch betrachtet, unauflösbar widersprüchliche Gesetzesaussagen und Hypothesen oder „gesicherte Effekte" stößt. Die Schwierigkeiten können dann nur behoben werden, wenn man die Wahrscheinlichkeit aller in eine Diskussion einbezogener Daten gegenseitig und in bezug auf theoretische Deutungsmöglichkeiten diskutiert. Eine erste Regel also lautet: Vorsicht bei der Umwandlung der Ergebnisse eines Signifikanztests in eine deterministisch klingende Aussage der Art „Variable A beeinflußt Variable X" oder „Variable B hat keinen statistisch gesicherten Einfluß auf Variable X". *Aussagenlogische Schlüsse lassen sich aus Verknüpfungen solcher Sätze nicht ziehen, ohne daß mit Folgerungen gerechnet werden muß, die durch die zugrundeliegenden Daten überhaupt nicht mehr zu stützen sind.*

Zur Verdeutlichung dieser Überlegung geben wir ein Beispiel. In der Wirklichkeit, über die wir mit einem Signifikanztest, angewandt auf erhobene Daten, etwas erfahren möchten, gelte in zwei Populationen $\mu_1 = 100$ und $\mu_2 = 108$. Es handele sich bei den Maßzahlen beispielsweise um Messungen mit einem auf $\mu = 100$ und $\sigma = 15$ geeichten psychologischen Test für Leseleistung. Der Zuwachs um 8 Punkte von $\mu_1 = 100$ auf $\mu_2 = 108$ wäre dabei eine beachtliche Größe, etwa wenn es sich um einen Trainingserfolg bei Legasthenikern handelt. Angenommen, zwei Psychologen, P_1 und P_2, prüfen unabhängig voneinander die entsprechende Trainingsmethode. Wir unterstellen, daß sie beide die schon recht erhebliche Stichprobengröße m = 50 Personen verwenden. Gleichung (2.83) liefert für $\sigma_M = \sigma_e/\sqrt{m}$ den Zahlenwert $\sigma_M = 15/\sqrt{50} = 2{,}12$. Die Verteilung der zu erwartenden Stichprobenmittelwerte gibt Abbildung 12 wieder.

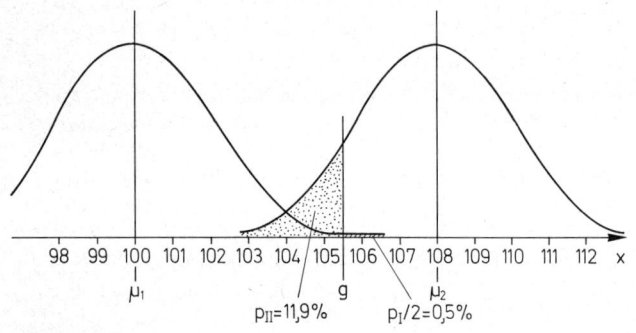

Abbildung 12

Wird bei $p_I = 1\,\%$ zweiseitig getestet, erhält man für die Signifikanzgrenze g = 105,5. Die schraffierte Fläche beträgt definitionsgemäß 0,5 %, die punktierte läßt sich nach den üblichen Regeln (z. B. Bartel, 1971, S. 65f.) zu 11,9 % berechnen. Für jeden der beiden Forscher ist also unter der Annahme, der Effekt bestehe in Wirklichkeit in der Zunahme um 8 Testpunkte, die Wahrscheinlichkeit $p_{II} = 11{,}9\,\%$, *kein* signifikantes Ergebnis zu erhalten. Die Wahrscheinlichkeit, daß *beide* Forscher ein signifikantes Ergebnis erhalten, ist $(1 - 0{,}119)(1 - 0{,}119) = 77{,}6\,\%$, die Wahrscheinlichkeit, daß *keiner* ein signifikantes Ergebnis erhält, ist $0{,}119 \cdot 0{,}119 = 1{,}4\,\%$. Das heißt: mit einer Wahrscheinlichkeit von 21 % wird der eine Forscher behaupten: „Ein Effekt konnte statistisch gesichert werden", der andere wird, vielleicht im Nebensatz, sagen: „ein Effekt konnte statistisch nicht nachgewiesen werden". Beide Behauptungen widersprechen einander aussagenlogisch, versteht man sie als Aussagen über die Realität, die Wirkung des Trainings. Dennoch sind beide Aussagen aus ein und derselben, hier für die Zwecke unserer Argumentation angenommenen, Sachlage statistisch ableitbar.

Betrachten wir nochmals Abbildung 11. Vergegenwärtigen wir uns dabei auch nochmals Gleichung (2.83), die besagt, daß die Streuung der Stichprobenmittelwerte σ_M mit wachsender Stichprobengröße kleiner wird. Die Signifikanzgrenze g ist immer in Bezug auf die Mittelwertestreuung definiert, wandert also im Falle einer Erhöhung des Stichprobenumfanges in Richtung μ_1 (g', gepunktet gezeichnete Verteilung). Wenn also „in Wirklichkeit" H_1 gilt, μ_2 jedoch nur geringfügig von μ_1 abweicht, dann können wir für ein vorgegebenes p_I immer Signifikanz erreichen, wenn wir nur den Stichprobenumfang hinreichend groß wählen. Das heißt aber: je größer eine Stichprobe gemacht wird — und das geschieht vor allem bei gut geplanten, aufwendigen und umfassenden Untersuchungen — desto kleinere Abstände $\mu_2 - \mu_1$ werden bereits signifikant. Diese Effekte können aber wegen ihres kleinen Betrages wissenschaftlich dennoch bedeutungslos sein. *Statistische Signifikanz sagt also über den wissenschaftlichen Wert eines Ergebnisses noch fast nichts aus, außer eben, daß ein Effekt vorliegt, von dem man mit einiger Wahrscheinlichkeit sagen darf, er hebe sich von dem allein durch Vergrößerung der Stichprobe beliebig klein machbaren Meßfehler des Mittelwertes ab.*

Nehmen wir in unserem Legasthenikerbeispiel an, in einer umfangreichen Erhebung sei eine Stichprobengröße von 1000 Personen gewählt worden. Darin wird dann, wie leicht nachzurechnen ist, bereits eine Veränderung um durchschnittlich 1,2 Testpunkte „sehr signifikant", obwohl ein solcher Zuwachs keinerlei praktische Bedeutung hat. *Zwischen statistischer Signifikanz und wissenschaftlicher Bedeutung eines Untersuchungsergebnisses ist also scharf zu unterscheiden.* Ein Maß für die wissenschaftliche Bedeutung eines signifikanten Ergebnisses ist eine irgendwie im Einklang mit sachlichen Gegebenheiten der untersuchten Fragestellung zu definierende *Effektgröße*. Eine Effektgrößendefinition liegt etwa vor, wenn man im Beispiel des Lesetests festlegt, ab einem Zuwachs von 5 Punkten, also $M - \mu \geq 5$ von einem „bedeutsamen" Effekt zu sprechen, kleinere Änderungen aber nicht zu interpretieren. *Mit der Wahl einer Effektgröße wird in die statistische Auswertung vorliegender Daten neben dem Signifikanzniveau eine zweite konventionelle Setzung eingeführt*, die dann überschaubare Verhältnisse über den Fehler II. Art und die Stichprobengröße schafft. In der Regel ist mit absoluten Mindesteffektgrößen wenig ausgesagt; besser ist es, sie auf ein Dispersionsmaß zu relativieren. Im Beispiel haben wir die Effektgröße 8 Punkte nur im Blick auf die Streuung des Tests von 15 Punkten gewählt, also in der Höhe etwa einer halben Standardabweichung. Als *Bezug* wird in der Regel *entweder die Fehlerstreuung oder die Gesamtvarianz* gewählt. Abbildung 11 zeigt, wie sich die Wahl der Effektgröße auf p_{II} auswirkt: Formuliert man H_0 als $\mu_1 = \mu_2$ und H_1' abweichend von den Definitionen (1.1) oder (1.2), als $\mu_2 > (\mu_1 + \delta)$, so kann man durch geeignete Wahl der Effektgröße δ die maximale Wahrscheinlichkeit für den Fehler II. Art, p_{II}, auf einen gewünschten Wert begrenzen, denn unter Annahme der Geltung von H_1' kann die erwartete Verteilung der Stichprobenmittelwerte nicht weiter als die für μ_2' gezeichnete Verteilung nach links rücken, womit p_{II} nicht mehr, wie für H_1, bis $1 - p_I$ gehen kann.

4.3.3 Die Annahme der statistischen Nullhypothese mit kontrollierter Fehlerwahrscheinlichkeit p_{II}

In praktischen Fällen lassen sich mit der Wahl einer Effektgröße zwei Probleme lösen: bei nichtsignifikantem Ergebnis einer Auswertung und vorgegebener Stichprobengröße läßt sich die maximale Wahrscheinlichkeit des Fehlers II. Art berechnen. Im vorliegenden Abschnitt gehen wir dieser Frage nach, das zweite Problem behandeln wir im folgenden Abschnitt 4.3.4. Analog zur Festlegung des Signifikanzniveaus p_I kann man Grenzen für p_{II} bestimmen, bei deren Unterschreitung man die Nullhypothese als „statistisch gesichert" ansehen darf. Diese Grenzen werden meist ebenfalls in Höhe des Signifikanzniveaus, also zu 5 %, 1 % oder 0,1 % gewählt. Unterschreitet das berechnete p_{II} bei einer Auswertung diesen Zahlenwert, darf man interpretieren: „unter der Annahme, die Variation der unabhängigen Variablen habe einen Mindesteffekt δ zur Folge, unterschreitet die Zufallswahrscheinlichkeit des Ergebnisses 5 % (1 %, 0,1 %)" oder kürzer: „das Nichtvorliegen eines Effektes der Mindestgröße δ ist statistisch gesichert". Dieses Vorgehen ist überall da angebracht, wo eine wissenschaftliche Hypothese behauptet, daß sich die Variation einer unabhängigen Variablen auf eine abhängige Variable *nicht* auswirkt. Ohne die Zusatzannahme der gewünschten Effektgröße ist über eine solche wissenschaftliche Hypothese mit dem herkömmlichen Signifikanztest nicht *positiv* zu entscheiden. Verdeutlichen wir auch diese Überlegungen durch ihre Anwendung auf das Beispiel der Abbildung 12. Angenommen, wir erhalten in einer Untersuchung mit m = 40 Personen einen Stichprobenmittelwert M_2 = 105. Die Signifikanzgrenze liegt für m = 40, p_I = 1 % und einseitigen Test bei 105,5. Das Ergebnis ist also nicht signifikant. Wollen wir einen maximalen Fehler II. Art in Höhe von 5 % zulassen, erhalten wir das wirksame δ, indem wir den Punkt auf dem Maßzahlenkontinuum für $\mu_2 = \mu_1 + \delta$ bestimmen, für den die punktierte Fläche in Abbildung 12 5 % wird. Für p_{II} = 5 % wird $|z| = 1{,}64$, μ_2 ist also um $1{,}64 \cdot 15/\sqrt{40} = 3{,}9$ Skaleneinheiten nach rechts über die Signifikanzgrenze hinaus verschoben, was den Zahlenwert 109,4 ergibt. Das nichtsignifikante Ergebnis dürfen wir jetzt so interpretieren: „für eine Effektgröße $\delta \geq 9{,}4$ Punkte wird die Wahrscheinlichkeit eines nichtsignifikanten Ergebnisses der vorliegenden Untersuchung $\leq 5\,\%$. Das Fehlen eines so großen oder größeren Effektes ist statistisch gesichert".

Wir können auch den erhaltenen Mittelwert $M_2 = 105$ als Schätzer eines Populationsmittelwertes μ_2'' auffassen und die Wahrscheinlichkeit berechnen, für einen Effekt dieser Größe in der Population ein nichtsignifikantes Ergebnis zu erhalten. Mit der Signifikanzgrenze $g = 105{,}5$ und $\mu_2'' = 105$ läßt sich die Wahrscheinlichkeit p_{II} über einen z-Wert ermitteln:

$$z = \frac{g - \mu_2''}{\sigma_M} = \frac{105{,}5 - 105}{2{,}372} = 0{,}21 \; .$$

Die z-Tabelle liefert dafür die Wahrscheinlichkeit $p_{II} = 58{,}32\,\%$.
Die Interpretation lautet: „Gilt die Effektgröße in der erhaltenen Höhe für die Population, so wird mit der Wahrscheinlichkeit $p_{II} = 58{,}32\,\%$ ein nichtsignifikantes Ergebnis erzielt".

4.3.4 Die Wahl der zweckmäßigen Stichprobengröße

Die zweite Anwendung der eingeführten Effektgröße liegt darin, daß die für eine Untersuchung zweckmäßige Stichprobengröße festgelegt werden kann. Das ist deshalb von großer Bedeutung, weil die Stichprobengröße in vielen Untersuchungen einen erheblichen Kosten- und Aufwandsfaktor darstellt und deshalb bei der Planung einer Untersuchung sorgfältig bedacht werden muß.

Verdeutlichen wir die jetzt anzustellende Überlegung ebenfalls an unserem Beispiel der Abbildung 12. Wir nahmen einen psychologischen Test an, der auf $\mu = 100$ und $\sigma = 15$ Punkte geeicht wurde. Aufgrund sachbezogener Überlegungen können wir festlegen, daß wir in einer Untersuchung die Fehlerwahrscheinlichkeit p_{II}, einen in Wirklichkeit bestehenden Effekt nicht zu entdecken, auf 1 % festlegen wollen, falls dieser Effekt wenigstens 0,5 Standardabweichungen, also 7,5 Testpunkte beträgt. Das Signifikanzniveau p_I soll ebenfalls gleich 1 % sein. Aus Abbildung 11 ist zu entnehmen, daß die Fehlerverteilung der Stichprobenmittelwerte unter H_0 und H_1 gleiche Form und gleiche Standardabweichung $\sigma_M = \sigma_e/\sqrt{m}$ hat. p_I und p_{II}, die in der Abbildung gepunktete und die schraffierte Fläche, sollen beide gleich 1 % werden, wenn die beiden Mittelwerte um den Betrag $\mu_2 - \mu_1 = \delta$ auseinanderliegen. Wir haben Normalverteilung vorausgesetzt und wollen einseitig testen.

Wie man Abbildung 11 leicht entnimmt, muß gelten: $\delta/\sigma_M = 2z$.
Mit (2.83) für σ_M erhält man bei Auflösung nach m die gesuchte Stichprobengröße:

$$(4.30) \quad m = \frac{4\,z^2\,\sigma_e^2}{\delta^2} \; .$$

Mit unseren Zahlenwerten wird aus (4.30) m = $\dfrac{4 \cdot 2{,}33^2 \cdot 15^2}{7{,}5^2}$ = 86,86.

Im Beispiel wird man also etwa 90 Versuchspersonen wählen. Eine größere Anzahl wäre wirtschaftlich nicht mehr vertretbar.

4.3.5 Effektgröße und Stichprobenumfang bei varianzanalytischen Versuchsplänen

Das Beispiel des Vergleiches einer Zufallsstichprobe mit einer durch μ_1 und σ gekennzeichneten Population wurde gewählt, da es sich graphisch mit der Normalverteilung der Stichprobenmittelwerte und numerisch mit Gleichung (2.83) besonders einfach ableiten läßt. Für die Varianzanalyse sind völlig analoge Überlegungen anzustellen, die wir hier aber in den Einzelschritten aus Platzgründen nicht aufführen können. Im Fall einer gültigen H_1 wird die Prüfgröße F = s_{ZG}^2/s_{IG}^2 zur Bestimmung des Fehlers II. Art mit der *nonzentralen F-Verteilung* beschrieben. Außer den Eingängen für die Zahl der Freiheitsgrade im Zähler und im Nenner müssen nun noch die Effektgrößen bei der Aufstellung der F-Verteilungen berücksichtigt werden. Eine Standardisierung auf wenige Tabellen ist nicht mehr möglich. Aus solchen nonzentralen F-Verteilungen lassen sich jedoch Tafeln wie unsere Tabelle X ableiten, mit deren Hilfe man analog zum behandelten Beispiel entweder die Stichprobengröße für einen vorgegebenen Mindesteffekt und eine festgelegte Obergrenze für die Fehlerwahrscheinlichkeit II. Art, p_{II}, oder die Obergrenze von p_{II} für einen in den Daten mit einer gegebenen Stichprobengröße enthaltenen Effekt bestimmen kann.

Pearson und Hartley (1951) (siehe auch Kirk, 1968, S. 9, S. 109 und passim) schlagen folgende Definition der Effektgröße vor, für die sie den Großbuchstaben ϕ verwenden:

(4.31) $\quad \phi = \sqrt{\dfrac{\sum\limits_{j=1}^{n} \beta_j^2 / n}{\sigma_e^2 / m}}$.

ϕ ist leicht zu interpretieren. Unter der Wurzel steht im Zähler die Varianz der Bedingungseffekte in der Population, im Nenner die rechte Seite von (2.83), also die Varianz der Stichprobenmittelwerte für Zufallsstichproben des Umfangs m aus einer Population mit der Varianz σ_e^2. Da die Tabellen von Pearson und Hartley für den Fall gleicher Stichprobenumfänge m ausgelegt sind, übernehmen wir diese Annahme. Die Wurzel macht aus dem

Quotienten zweier Varianzen einen Quotienten zweier Standardabweichungen, was leichter zu interpretieren ist. *Die durch die Effekte allein bestimmte Standardabweichung wird also auf die Fehlerstandardabweichung der Stichprobenmittelwerte normiert.*

(4.31) gilt für das Festeffektmodell, für das die Einzeleffekte β_j angegeben werden können; für das Zufallseffektmodell ist σ_B^2 in den Zähler zu setzen:

(4.32) $\quad \phi = \sqrt{\dfrac{\sigma_B^2}{\sigma_e^2/m}}$

(4.31) und (4.32) enthalten Größen, für die bei einer Varianzanalyse Schätzungen anfallen. Unter Geltung der Nullhypothese ist der Zähler und dementsprechend die Effektgröße 0. Unter Geltung der Arbeitshypothese haben wir folgende Erwartungswerte, umgerechnet auf gleiche Stichprobenumfänge, abgeleitet:

(3.54) $\quad E(s_{ZG}^2) = \sigma_e^2 + \dfrac{m}{n-1} \sum\limits_{j=1}^{n} \beta_j^2 \quad$ für feste Effekte und

(3.57) $\quad E(s_{ZG}^2) = \sigma_e^2 + m\,\sigma_B^2 \quad\quad$ für Zufallseffekte, sowie

(3.53) $\quad E(s_{IG}^2) = \sigma_e^2 \quad\quad\quad\quad\quad$ für feste wie Zufallseffekte.
und (3.56)

Zur Berechnung von Schätzungen des Zählers unter der Wurzel von (4.32) aufgrund gegebener Zahlenwerte erhalten wir dann:

(4.33) $\quad E[\dfrac{1}{m}(s_{ZG}^2 - s_{IG}^2)] = \dfrac{\sum\limits_{j=1}^{n} \beta_j^2}{n-1} \quad$ für feste Effekte und

(4.34) $\quad E[\dfrac{1}{m}(s_{ZG}^2 - s_{IG}^2)] = \sigma_B^2 \quad\quad$ für Zufallseffekte.

Einsetzen der Schätzungen für Zähler und Nenner von (4.31) und (4.32) ergibt

(4.35) $\quad \hat{\phi} = \sqrt{\dfrac{\dfrac{n-1}{n}(s_{ZG}^2 - s_{IG}^2)}{s_{IG}^2}} \quad$ und

(4.36) $\quad \hat{\phi} = \sqrt{\dfrac{s_{ZG}^2 - s_{IG}^2}{s_{IG}^2}}$

für Festeffekt- und Zufallseffektmodell. Mit dem Zeichen „ ^ " deuten wir an, daß das entsprechende $\hat{\phi}$ nicht wie in (4.31) und (4.32) aufgrund der Parameter β_j, σ_B^2 und σ_e^2, sondern aufgrund der Schätzer s_{ZG}^2 und s_{IG}^2 berechnet wurde. Die Größe $\hat{\phi}$ steht in einem einfachen Zusammenhang mit der Prüfgröße in der Varianzanalyse: aus F = s_{ZG}^2/s_{IG}^2 (3.62) und (4.35) bzw. (4.36) ergibt sich

(4.37) $\quad \hat{\phi} = \sqrt{\dfrac{n-1}{n}} \sqrt{F-1}$ und

(4.38) $\quad \hat{\phi} = \sqrt{F-1}$

für Festeffekt- und Zufallseffektmodell. Die Differenzen im Zähler von (4.35) und (4.36), die ja aus den Daten berechnet werden, können bei kleinen oder ganz fehlenden Effekten β_j durch Stichprobenfehler negativ werden, wofür dann die Wurzel reell nicht definiert ist. In diesen Fällen wird $\hat{\phi}$ = 0 gesetzt. Pearson und Hartley haben einen Satz Tafeln veröffentlicht (1951), die den Zusammenhang zwischen dem Signifikanzniveau p_I, der Zahl der Freiheitsgrade zwischen den Gruppen d_{f1} und innerhalb der Gruppen d_{f2}, der Effektgröße ϕ und der Effizienz der Varianzanalyse (1 – p_{II}) graphisch wiedergeben. Mit Hilfe dieser Tafeln, die auch als Tafeln D 14 in Kirk (1968) abgedruckt sind, lassen sich die beiden Aufgaben lösen, die wir unter 4.3.3 erörtert haben, und die Fragestellung aus 4.3.4. Wir fassen diese insgesamt drei Probleme nochmals zusammen:

1. Die Bestimmung von p_{II} für eine gegebene Varianzanalyse, die Wahrscheinlichkeit also, mit einer gegebenen Stichprobengröße und Fehlervarianzschätzung bei gegebenem Signifikanzniveau einen Effekt zu entdecken, der in der Population genau so groß ist, wie der in den Daten tatsächlich vorliegende Effekt,
2. die Festlegung eines Mindesteffektes in der Population, für den bei gegebener Stichprobengröße und Fehlervarianzschätzung sowie gewähltem Signifikanzniveau die Wahrscheinlichkeit (1 – p_{II}), den Effekt zu entdecken, eine gewählte Grenze, meist gleich 1 – p_I, erreicht und
3. die Festlegung einer Stichprobengröße, mit der ein gewählter Mindesteffekt in der Population bei einem gewählten Signifikanzniveau mit einer geforderten Mindestwahrscheinlichkeit 1 – p_{II} entdeckt wird.

Die Form der Tafeln Pearson und Hartleys resultiert daraus, daß sie den Zusammenhang zwischen fünf Größen angeben müssen, nämlich d_{f1}, d_{f2}, p_I, p_{II} (oder 1 – p_{II}) und ϕ. Das macht sie so umfangreich, daß wir hier auf ihre Wiedergabe verzichten und den Leser für den Anwendungsfall auf die genannte Literatur verweisen müssen.

Von den obengenannten drei Aufgaben sind die unter 2. und 3. angeführten die praktisch bedeutsamsten. Vernachlässigt man die unter 1. genannte Fragestellung, so lassen sich die Tafeln vereinfachen, da man jetzt für die Wahrscheinlichkeit p_{II} (bzw. $1 - p_{II}$) nur noch zwei Eingänge benötigt, die den konventionellen Zahlenwerten $p_{II} = 1\,\%$ und $p_{II} = 5\,\%$ entsprechen. Diese Vereinfachung liegt unserer Tafel X zugrunde. Zusätzlich definieren wir die Effektgröße um. Betrachten wir dazu nochmals die Definition von Pearson und Hartley (1951) Gleichung (4.31). Unter der Wurzel wird hier die Effektvarianz durch die Varianz der Stichprobenmittelwerte für Stichproben des Umfangs m dividiert. Das heißt aber: vergrößern wir die Stichprobe, so wird ϕ entsprechend kleiner. Das erschwert die Interpretation erheblich. *Ein anschauliches Maß für die Effektgröße sollte unabhängig von der Größe der verwendeten Stichproben sein,* da es ja gerade die Tatsache ist, daß bei wachsendem Stichprobenumfang immer kleinere Effekte statistisch signifikant werden, die Aussagen über die statistische Signifikanz allein für die Beurteilung der wissenschaftlichen Bedeutsamkeit eines Resultates unzureichend macht. Das Maß für die Effektgröße soll möglichst deutlich das Ausmaß veranschaulichen, in dem die Variation der unabhängigen Variablen die Variation der abhängigen Variablen beeinflußt. Da wir früher davon ausgegangen sind, daß alle in einer Untersuchung nicht interessierenden Variablen, die die abhängige Variable beeinflussen, durch die Fehlerstreuung σ_e repräsentiert werden, beziehen wir zweckmäßigerweise die Effektvarianz auf die Fehlervarianz. Wir nennen unsere neue Effektgröße ϑ. Wie in der Definition von ϕ setzen auch wir den Quotienten der beiden Varianzen unter eine Quadratwurzel. Es ergibt sich:

(4.39) $\quad \vartheta = \sqrt{\dfrac{\sum\limits_{j=1}^{n} \beta_j^2 / n}{\sigma_e^2}} \quad$ für den Festeffekt und

(4.40) $\quad \vartheta = \sqrt{\dfrac{\sigma_B^2}{\sigma_e^2}} \quad$ für den Zufallseffekt.

Für die Berechnung auf der Basis vorliegender Daten müssen wir die rechte Seite von (4.33) in den Zähler unter der Wurzel von (4.39) einsetzen. Man sieht leicht, daß zwischen ϑ und ϕ der Zusammenhang

(4.41) $\quad \phi = \sqrt{m}\,\vartheta \quad$ und

(4.42) $\vartheta = \phi/\sqrt{m}$ besteht.

Die Auflösung nach m ergibt

(4.43) $m = \phi^2/\vartheta^2$.

ϑ *ist sehr generell zu interpretieren als Verhältnis der Effektstandardabweichung zur Fehlerstandardabweichung.* Es bedeutet damit auch eine Generalisierung dessen, was wir als Effektgröße im Beispiel der Abbildung 12 verwendet haben: dort hatten wir die Differenz zweier Mittelwerte auf die Fehlerstandardabweichung in unseren Erörterungen bezogen.
Die aus den Daten berechnete Effektgröße bezeichnen wir mit $\hat{\vartheta}$. Wir können dabei wiederum die Zahlenwerte für s_{ZG}^2 und s_{IG}^2 verwenden. Es entsteht

(4.44a) $\hat{\vartheta} = \sqrt{\dfrac{n-1}{N}} \sqrt{\dfrac{s_{ZG}^2 - s_{IG}^2}{s_{IG}^2}} = \sqrt{\dfrac{n-1}{N}} \sqrt{F-1}$ für feste Effekte und

(4.44b) $\hat{\vartheta} = \sqrt{\dfrac{1}{m}} \sqrt{\dfrac{s_{ZG}^2 - s_{IG}^2}{s_{IG}^2}} = \sqrt{\dfrac{1}{m}}\sqrt{F-1}$ für Zufallseffekte.

Planen wir eine Untersuchung, für die wir die Stichprobengröße m erst noch festzulegen haben, so müssen wir wissen, mit welcher Fehlervarianz σ_e^2 wir zu rechnen haben. Wir können sie nur unserer einschlägigen Fachkenntnis, früheren Untersuchungen oder einem Vorversuch bzw. einer kleineren Probeerhebung entnehmen. In den meisten Fällen ist dies nicht allzu schwierig; im Beispiel der Abbildung 12 wußten wir, daß der zugrundegelegte psychologische Test auf eine Standardabweichung, die für unsere Zwecke als Fehlerstreuung σ_e zu verwenden ist, von 15 Testpunkten ausgelegt war. In anderen Fällen, zum Beispiel bei der Messung von Reaktionszeiten in psychologischen Fragestellungen, weiß man aus sehr vielen Untersuchungen, daß mit Fehlerstandardabweichungen von etwa 30–60 ms (Millisekunden) zu rechnen ist. Den Mindesteffekt, auf dessen Vorgabe wir die nötige Stichprobengröße begründen, können wir gleich als Standardabweichung oder Varianz ausdrücken. Einfacher und anschaulicher ist es, das Standardabweichungsverhältnis ϑ selbst vorzugeben. Die einfachste Abschätzung erhalten wir, wenn wir für die Festlegung des gewünschten Mindesteffektes die Differenz der beiden am weitesten auseinanderliegenden Mittelwerte $\mu_{max} - \mu_{min}$ festlegen. Diese Festlegung läßt sich zweckmäßig gleich in Einheiten der Fehlerstandardabweichung treffen. Man sagt also etwa: der Mindesteffekt, der sich mit der vorgegebenen Wahrscheinlichkeit $1 - p_{II}$ zeigen soll, falls er in der Population besteht, aufgefaßt als maximale Mittelwertsdifferenz und nicht als Effektstandardabweichung, wird auf $\delta\,\sigma_e$, also das δ-fache der Fehlerstandardabweichung, festgelegt. Um mit diesem δ in (4.39) und (4.40) eingehen zu können, müssen wir es in eine Standardabweichung σ_B umrechnen. Das können wir, wenn wir die Zusatzannahme machen, alle übrigen Bedingungsmittelwerte μ_j außer μ_{max} und μ_{min} lägen genau in der Mitte zwischen μ_{max} und μ_{min}, fielen also mit dem Gesamtmittel μ zusammen. Wir erhalten damit für den Zähler von (4.39):

$$(4.45) \quad \frac{\sum_{j=1}^{n} \beta_j^2}{n} = [(-\frac{\delta\,\sigma_e}{2})^2 + (\frac{\delta\,\sigma_e}{2})^2 + 0 + \ldots + 0]\,\frac{1}{n} = \frac{\delta^2\,\sigma_e^2}{2n}\,.$$

Aus (4.39) wird damit:

(4.46a) $\quad \vartheta = \dfrac{\delta}{\sqrt{2\,n}}\quad$ und

(4.46b) $\quad \delta = \vartheta\sqrt{2\,n}\,$.

(4.46) gilt für das Festeffekt- und das Zufallseffektmodell. ϑ ist, wie beabsichtigt, von der Stichprobengröße unabhängig.
Zur Lösung der Fragestellung 2, der Bestimmung des Mindesteffektes, der bei gegebener Stichprobengröße, Fehlervarianz und gegebenem Signifikanzniveau mit der Wahrscheinlichkeit $1 - p_I$ entdeckt wird, geht man wie folgt vor.

---

1. Entnahme von ϕ aus Tabelle X für das gegebene d_{f1}, d_{f2} und $p_I = p_{II}$.
2. Berechnung des Verhältnisses der Standardabweichungen ϑ aufgrund von (4.42) und dessen Interpretation.
3. Berechnung der maximalen Mittelwertsdifferenz δ, die allein das in 2. berechnete Verhältnis ϑ erzeugen könnte, wenn sonst keine Variation der Mittelwerte vorläge.

Als Beispiel lehnen wir uns an die Daten von Tabelle 16, S. 98, an. Angenommen, wir hätten wie dort n = 4 Gruppen, die den Stufen B_j entsprechen. Jede Gruppe enthielte die gleiche Zahl von Maßzahlen m = 7 und die Fehlervarianz sei wie im dortigen Beispiel $s_e^2 = 0,959$. Wir erhielten daraus $d_{f1} = 3$ und $d_{f2} = 24$, so daß wir Tabelle X für $p_I = 1\,\%$ $\phi = 3,18$ entnehmen könnten. (4.42) ergäbe dann $\vartheta = 3,18/\sqrt{7} = 1,20$ für das Verhältnis der Standardabweichungen, woraus mit (4.46) ein $\delta = 1,20\sqrt{2\cdot 4} = 3,40$ folgt. Das bedeutet: um in einer solchen Varianzanalyse mit 99 %iger Wahrscheinlichkeit einen in der Population vorliegenden Effekt durch ein signifikantes F zu entdecken, müßte dieser in einer Standardabweichung der Mittelwerte der Bedingungspopulationen (feste Effekte) oder einem σ_B (Zufallseffekte) von 1,20 σ_e bestehen. Sollte diese Streuung bei festen Effekten nur durch die Differenz zweier Mittelwerte zustandekommen, müßten diese die Differenz 3,40 σ_e aufweisen.

Zur Lösung der Fragestellung 3, der Bestimmung der notwendigen Stichprobengröße für eine maximale Fehlerwahrscheinlichkeit II. Art in Höhe von $1 - p_I$, bezogen auf einen zu entdeckenden Effekt, kann folgendermaßen vorgegangen werden.

---

1. Definition des zu entdeckenden Effektes als Verhältnis von Standardabweichungen ϑ oder als maximale Mittelwertsdifferenz δ.
2. Berechnung von ϑ mittels (4.46), falls der Effekt als δ definiert wurde.
3. Entnahme von ϕ aus Tabelle X mit $d_{f1} = n - 1$ und $d_{f2} = \infty$.
4. Berechnung von m mit (4.43).
5. Entnahme von ϕ aus Tabelle X mit $d_{f1} = n - 1$ und $d_{f2} = n(m - 1)$.
6. Erneute Berechnung von m durch Einsetzen des ϕ aus 5. in (4.43).
   Weicht dieses m von dem unter 4. berechneten ab, wiederholt man die Schritte 5. und 6. so lange, bis sich m dabei nicht mehr ändert. m ist dann die gesuchte Stichprobengröße.

Beispiel: man plant eine einfaktorielle varianzanalytisch ausgewertete Untersuchung mit n = 5 Gruppen und einem Signifikanzniveau $p_I = 5\,\%$. Die abhängige Variable ist ein psychologischer Test, der auf $\mu = 100$ und $\sigma = 10$ standardisiert ist. Man möchte die Stichprobengröße m so wählen, daß eine Wirkung der unabhängigen Variablen mit einer Wahrscheinlichkeit von mindestens $1 - p_I = 95\,\%$ entdeckt wird, sofern sie eine Effektstandardabweichung von $\sigma_B \geqq 6$ Testpunkten zur Folge hat. Wie groß muß jede der n = 5 Gruppen sein?

Tabelle X entnehmen wir für $d_{f1} = 4$ und $d_{f2} = \infty$ den Zahlenwert $\phi = 1,93$. Mit den vorliegenden Angaben ist $\vartheta = 0,6$. (4.43) liefert m = $(1,93/0,6)^2$ = 10,35. Aus m = 11 (nächsthöhere ganze Zahl) folgt $d_{f2} = 5(11 - 1) = 50$; zusammen mit $d_{f1} = 4$ liefert Tabelle X jetzt $\phi = 2,08$. Das führt auf m = $(2,08/0,6)^2 = 12,02$. Da ϕ für $d_{f2} = 30$, den „sichereren" Wert angesichts der Stufung der Tabelle X ausgesucht wurde, wird eine Gruppengröße von m = 12 gewählt.

Für Probleme in der Art von Fragestellung 1, S. 142, verweisen wir den Leserser auf die ausführlichen Tabellen in Pearson und Hartley (1951) oder in Kirk (1968).

Einen anderen Ansatz für das Problem der Effektgröße wollen wir noch kurz erwähnen. Hays (1963, S. 325) schlägt zur Beurteilung der Effektgröße das Varianzenverhältnis ω^2 („Omega quadrat", griech. Kleinbuchstabe) vor. Es ist als Quotient aus der Varianz der abhängigen Variablen, vermindert um den mit der unabhängigen Variablen erklärbaren Anteil, und der Varianz der abhängigen Variablen definiert. ω^2 entspricht dem Quadrat eines Korrelationskoeffizienten zwischen unabhängiger und abhängiger Variabler, also einem Determinationskoeffizienten. Man kann es auch als Anteil der Varianz der abhängigen Variablen, der durch die Variation der unabhängigen Variablen erklärt werden kann, interpretieren. Für die bisher behandelte einfaktorielle Varianzanalyse wird ω^2 auf die Bedingungspopulationen bei festen Effekten bezogen definiert:

$$(4.47) \quad \omega^2 = \frac{\sigma_T^2 - \sigma_e^2}{\sigma_T^2}.$$

Mit den Erwartungswerten aus Abschnitt 3.3.5, S. 93, läßt sich dafür die Schätzung berechnen:

$$(4.48) \quad \hat{\omega}^2 = \frac{S_{ZG} - (n-1)s_{IG}^2}{S_T + s_{IG}^2}.$$

Für das Beispiel aus Tabelle 17 und 18, S. 99, erhalten wir mit (4.48):

$$\hat{\omega}^2 = \frac{25{,}934 - (4-1)0{,}959}{48 + 0{,}959} = 0{,}471 \ .$$

Wir interpretieren: 47,1 % der Varianz der abhängigen Variablen „Beurteilung der Lärmbekämpfungsmaßnahmen" ist mit der unabhängigen Variablen „verschiedene Maßnahmen B_j" erklärbar. Je höher $\hat{\omega}^2$ ausfällt, desto höher ist der Einfluß der unabhängigen Variablen auf die abhängige. Bei relativ kleinen Stichproben werden erst mittlere bis hohe Effekte ω^2 signifikant, aber bei großen Stichproben können auch Effekte signifikant werden, die sich durch ein kleines ω^2 als wissenschaftlich wenig bedeutsam erweisen, weil sie nur einen kleinen Teil der Varianz der abhängigen Variablen erklären.

Für das Zufallseffektmodell der einfaktoriellen Varianzanalyse mit gleichen Stichprobenumfängen wird anstelle von ω^2 die sogenannte Intraklassenkorrelation

$$(4.49) \quad \rho = \frac{\sigma_B^2}{\sigma_B^2 + \sigma_e^2} \text{ definiert.}$$

Mit den Erwartungswerten aus Abschnitt 3.3.5 erhält man die Schätzung

(4.50) $\hat{\rho} = \dfrac{s_{ZG}^2 - s_{IG}^2}{s_{ZG}^2 + (m-1)s_{IG}^2}$.

Die Anwendung und Interpretation gleicht dem Beispiel für feste Effekte; man beachte dabei, daß ρ nicht, wie ω^2, schon von der Definition her eine quadrierte Größe ist, dennoch aber ein Varianzenverhältnis kennzeichnet.

5. Die Bausteine komplexerer Analysen

Nach der Diskussion der Voraussetzungen einer Varianzanalyse einschließlich der Maßnahmen zu ihrer Erfüllung und deren Nachprüfung, der Einzelvergleiche und der Effektgröße im 4. Kapitel knüpfen wir jetzt wieder an das 3. Kapitel an. Dort haben wir gezeigt, wie die „totale" Quadratsumme eines gegebenen Datensatzes, der aus mehreren Stichproben besteht, zerlegt werden kann, und wie ein F-Test mit den Varianzschätzungen „zwischen" und „innerhalb" eine Signifikanzprüfung des Einflusses der unabhängigen Variablen erlaubt. Das Verfahren kann auf *mehrere unabhängige Variablen*, zwischen denen bestimmte logische Beziehungen bestehen, bei *einer abhängigen Variablen* ausgedehnt werden.
Den bisher untersuchten Auswertungsplan nannten wir „einfaktoriell", womit ausgedrückt wurde, daß jede Untersuchungseinheit (Versuchsperson, Meßobjekt) genau einer Untersuchungsbedingung unterzogen wurde, jede Bedingung mehrere Einheiten enthielt und insgesamt nur eine unabhängige Variable mit mehreren Ausprägungen vorlag. Die erste Generalisierung, der wir uns jetzt zuzuwenden haben, ist die Erhöhung der Zahl der unabhängigen Variablen, der Faktoren.

5.1 Die zweifaktorielle Varianzanalyse

5.1.1 Der Versuchsplan

Angenommen, wir wollen den Einfluß *zweier* unabhängiger Variablen auf eine abhängige Variable untersuchen. Wir haben es beispielsweise mit einem angewandt-psychologischen Experiment zu tun, in dem der Einfluß der Type und der Druckfarbe auf die Lesbarkeit kurzer Werbetexte ermittelt werden soll. Um den Umfang des Beispiels möglichst klein zu halten, nehmen wir an, die Variable „Farbe" habe zwei Ausprägungen, etwa blau und schwarz, wir nennen sie A_1 und A_2, und die Variable „Type" habe deren drei, etwa Antiqua, Fraktur, Kapitälchen, die wir mit B_1, B_2 und B_3 bezeichnen.
Wir kombinieren jede Ausprägung der einen mit jeder Ausprägung der anderen unabhängigen Variablen, so daß ein Schema, ein Versuchsplan nach

Abbildung 13 entsteht. Zeilen und Spalten werden den Variablen A und B zugeordnet.

		Type		
		B_1	B_2	B_3
Farbe	A_1	x_{h11}	x_{h12}	x_{h13}
	A_2	x_{h21}	x_{h22}	x_{h23}

Abbildung 13

Die Untersuchungseinheiten, im Beispiel die Versuchspersonen, werden wiederum nach Zufall aus der Population ausgewählt und nach Zufall auf die Kombinationen der einzelnen Ausprägungen von A und B aufgeteilt. Jede solche *Faktor-Stufen-Kombination* stellt in Abbildung 13 eine Zelle dar. Wie früher wollen wir Variable A mit dem Laufindex i kennzeichnen, die Anzahl der Stufen von A mit m. i läuft also auch jetzt wieder von 1 bis m, $1 \leq i \leq m$. Variable B kennzeichnen wir mit dem Laufindex j, die Anzahl ihrer Stufen mit n, es gilt entsprechend $1 \leq j \leq n$. Jede Zelle der Abbildung 13 soll mehrere Meßwerte enthalten, die an mehreren Untersuchungseinheiten, im Beispiel Personen, erhoben worden sind. Jede Person ist in der Tabelle also einmal, mit einer Maßzahl vertreten. Zur Kennzeichnung einer Maßzahl benötigen wir jetzt *drei* Indices, außer der Angabe der Zeile, der Ausprägung von A, und der Spalte, der Ausprägung von B, noch die Nummer, die eine Person innerhalb ihrer Gruppe ij erhält. *Den Index für die Nummer innerhalb der Gruppe ziehen wir vor die beiden anderen Indices;* wir gehen zu seiner Auswahl im Alphabet hinter i zurück und wählen h. Entsprechend wählen wir für die Anzahl der Personen in einer Zelle ij die Bezeichnung l_{ij}. Schon hier sei festgehalten, daß die Zellen nicht gleich besetzt sein müssen; sie dürfen andererseits auch nicht beliebige Häufigkeiten l_{ij} aufweisen. Es gilt vielmehr für einen Versuchsplan nach Abbildung 13 die Regel, daß die Zellenbesetzungen von Zeile zu Zeile und von Spalte zu Spalte proportional sein müssen. Wir diskutieren dies näher auf S. 160 f. Natürlich gilt auch hier wieder: $1 \leq h \leq l_{ij}$.

Zur Veranschaulichung geben wir in Tabelle 22 ein Beispiel. Der Einfachheit halber wählen wir nur vier Zahlenwerte je Zelle, also auch gleiches

$l_{ij} = l = 4$. Die Maßzahlen repräsentieren die abhängige Variable Lesbarkeit. Zur weiteren Vereinfachung nehmen wir lediglich einstellige Zahlen. Die Dreifachindices von x_{hij} sind zur Verdeutlichung ausgeschrieben, was bei praktischen Anwendungen nicht üblich ist.

Tabelle 22

Druckfarbe	Drucktype		
	B_1	B_2	B_3
A_1	$x_{111} = 6$	$x_{112} = 4$	$x_{113} = 2$
	$x_{211} = 7$	$x_{212} = 3$	$x_{213} = 1$
	$x_{311} = 4$	$x_{312} = 2$	$x_{313} = 2$
	$x_{411} = 5$	$x_{412} = 5$	$x_{413} = 3$
A_2	$x_{121} = 5$	$x_{122} = 2$	$x_{123} = 5$
	$x_{221} = 3$	$x_{222} = 3$	$x_{223} = 3$
	$x_{321} = 4$	$x_{322} = 1$	$x_{323} = 4$
	$x_{421} = 4$	$x_{422} = 4$	$x_{423} = 3$

Abbildung 14 zeigt die Häufigkeitsverteilung der in Tabelle 22 verzeichneten Daten. Wir haben jetzt 2 x 3 = 6 Einzelstichproben bzw. Gruppen. Wir könnten eine Varianzanalyse nach dem Schema der Tabellen 12 und 13, S. 74, und der Abbildung 7 berechnen, wenn wir vernachlässigen würden, daß die Daten ein zweifaktorielles Gliederungsschema der Variablen A und B nach Abbildung 13 zeigen. Eine solche Berechnung ist zulässig. Mit ihr kann der Unterschied zwischen den *Zellen*, den Kombinationen A_iB_j auf Signifikanz geprüft werden. Sie ist allerdings ungebräuchlich, da die Information, die sie liefert, in der zweifaktoriellen Varianzanalyse ebenfalls enthalten ist. Andererseits kann auch jede Zeile und jede Spalte von Abbildung 13 als ein einfaktorieller Versuchsplan aufgefaßt werden. Der gesamte Versuchsplan nach Abbildung 13 entsteht dann dadurch, daß wir zwei (oder mehrere) einfaktorielle Analysen untereinander oder nebeneinander anordnen.

Wie Abbildung 14 zeigt, lassen sich zusammengefaßte Verteilungen für die *Zeilen* und für die *Spalten* angeben, natürlich auch eine Gesamtverteilung, die die Aufteilung in Zeilen und Spalten, und damit in Zellen, außer acht läßt. Die Zeilen- und Spaltenverteilungen sowie die Gesamtverteilung werden auch *Randverteilungen* genannt. Natürlich läßt sich für jede dieser Verteilungen ein Mittelwert rechnen. Die *Zellenmittelwerte* drücken aus, wie sich eine bestimmte *Kombination* der unabhängigen Variablen A_iB_j auf die abhängige Variable X ausgewirkt hat. Ein *Zeilenmittelwert* $M_{i.}$ drückt die durchschnittliche Maßzahl x für die Ausprägung der unabhängigen Variablen A_i über alle Ausprägungen der unabhängigen Variablen B_j mit $1 \leq j \leq n$ hinweg aus. Entsprechend bedeutet ein Spaltenmittelwert $M_{.j}$ die Durchschnittsmaßzahl x für eine bestimmte Bedingung B_j über alle Bedingungen A_i hinweg. Der Gesamtmittelwert $M_{..}$ ist das Durchschnitts-x über alle Ausprägungen von A und B hinweg.

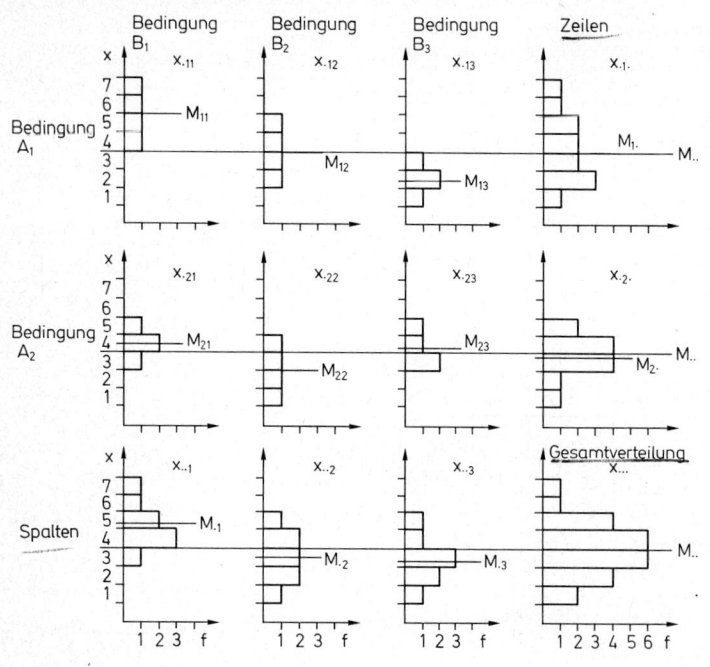

Abbildung 14

5.1.2 Die Zerlegung der Varianzschätzung und die Berechnung der einzelnen Quadratsummen und Freiheitsgradezahlen

Wie im früheren, einfaktoriellen Beispiel zerlegen wir wiederum die totale Quadratsumme in einzelne additive Bestandteile. Diese Einzelquadratsummen werden jetzt nicht mehr „zwischen den Gruppen" und „innerhalb der

Gruppen" berechnet, sondern „zwischen den Zeilen", „zwischen den Spalten", „innerhalb der Zellen" und „zwischen den Zellen nach Abzug der Zeilen- und Spaltenanteile". Die letztgenannte Quadratsumme wird kürzer als „Wechselwirkung" bezeichnet.

Im Abschnitt 3.1 haben wir gesehen, daß sich für einen in Gruppen aufgeteilten Datensatz *eine totale* Varianzschätzung und Quadratsumme berechnen läßt, wenn man die *Einteilung in Gruppen vernachlässigt* und *zwei* Varianzschätzungen und Quadratsummen, sofern man diese *Einteilung berücksichtigt*. Wir konnten dann zeigen, daß die Varianzschätzung *zwischen den Gruppen* von der *Fehlervarianz und der Effektvarianz*, erzeugt von der unabhängigen Variablen, die Varianzschätzung *innerhalb der Gruppen* hingegen immer *nur von der Fehlervarianz* bestimmt wird. Wir haben schließlich für die Population gezeigt, daß wir jede Maßzahl als Summe des Gesamtmittelwertes μ, eines Bedingungseffektes β_j und eines Fehleranteils ϵ_{ij} auffassen dürfen: $x_{ij} = \mu + \beta_j + \epsilon_{ij}$ ((3.23), S. 84). Für die einzelnen in den Daten vorliegenden Maßzahlen erhielten wir:

(3.27) $\quad x_{ij} = M_{..} + b_j + e_{ij}.$

Wiederholung Kap. 3.

Im jetzt vorliegenden, zweifaktoriellen Fall wollen wir ganz entsprechend verfahren, also aus den Zeilenmittelwerten eine Varianzschätzung für den Zeileneffekt und aus den Spaltenmittelwerten eine Varianzschätzung für den Spalteneffekt gewinnen. Wir verzichten darauf, die umfangreichen Erörterungen der Seiten 63–85 im einzelnen auf die neue Fragestellung zu übertragen. Es tauchen dabei keine grundsätzlich neuen Überlegungen auf. Wir definieren völlig analog zu Abschnitt 3.3 (S. 84) die Effekte: aus (3.20) wird jetzt:

(5.1) $\quad \epsilon_{hij} = x_{hij} - \mu_{ij}\,,$

der Fehler der individuellen Maßzahl x_{hij} bezogen auf ihren Zellenmittelwert μ_{ij}. Für die Stichprobe (anstatt der Population) können wir entsprechend statt (3.25) schreiben:

(5.2) $\quad e_{hij} = x_{hij} - M_{ij}.$

Für die Zeilen- und Spalteneffekte in den Populationen und ihre Schätzungen in den Stichproben erhalten wir aus (3.21) und (3.26)

(5.3) $\quad \alpha_i = \mu_i - \mu\,,$
(5.4) $\quad a_i = M_{i.} - M_{..}\,,$ *Bedingungseffekt d. Var. A*
(5.5) $\quad \beta_j = \mu_j - \mu$ und
(5.6) $\quad b_j = M_{.j} - M_{..}\,.$ *Bedingungseffekt d. Var. B*

Versuchen wir nun zur Ableitung der Varianzzerlegung einen Ansatz analog zu (3.23). Wir erhalten

(5.7) $x_{hij} = \mu + \alpha_i + \beta_j + \epsilon_{hij}$.

Setzen wir in die rechte Seite von (5.7) unsere Definitionen von (5.1), (5.3) und (5.5) ein, müssen natürlich beide Seiten der Gleichung noch übereinstimmen, alle Mittelwerte der rechten Seite müssen sich also gegenseitig aufheben und nur x_{hij} darf übrigbleiben:

(5.8) $x_{hij} = \mu + \mu_i - \mu + \mu_j - \mu + x_{hij} - \mu_{ij}$.

Offensichtlich ist dies jedoch nicht der Fall, Gleichung (5.8) gilt, wie man leicht sieht, nicht. Daraus folgt, daß der Ansatz mit (5.7) auf der Basis der Definitionen (5.1), (5.3) und (5.5) kontradiktorisch ist. Die Unverträglichkeit des Ansatzes mit den Definitionen läßt sich beseitigen, indem man zur rechten Seite von (5.8) alle die Glieder, die sich nicht herausheben, mit umgekehrtem Vorzeichen addiert; sie sind in (5.9) in runde Klammern gesetzt. Man erhält so

(5.9) $x_{hij} = \mu + \mu_i - \mu + \mu_j - \mu + x_{hij} - \mu_{ij} + (\mu + \mu_{ij} - \mu_i - \mu_j)$.

Der Klammerausdruck in (5.9) ist der Anteil der *Wechselwirkung* zwischen A und B, der auf die Zelle ij entfällt. Er wird in der Population mit dem Formelzeichen $\alpha\beta_{ij}$ bezeichnet, womit sich

(5.10) $\alpha\beta_{ij} = \mu + \mu_{ij} - \mu_i - \mu_j$ ergibt.

Die rechte Seite von (5.10) läßt sich durch Addition von $+\mu$ und $-\mu$ und Wiedereinführung der Definitionen (5.3) und (5.5) umwandeln, so daß entsteht:

(5.11a) $\alpha\beta_{ij} = \mu_{ij} - \mu - \alpha_i - \beta_j$.

Für gegebene Stichproben gilt entsprechend:

(5.11b) $ab_{ij} = M_{ij} - M_{..} - a_i - b_j$.

Erfahrungsgemäß ist es besonders schwierig, die *Wechselwirkung* anschaulich zu interpretieren. Gleichung (5.11) zeigt, daß sie *die um Zeilen- und Spalteneffekt verminderte Abweichung des Zellenmittelwertes vom Gesamtmittelwert* ist. Anders ausgedrückt: *eine Wechselwirkung liegt immer dann vor, wenn ein Zellenmittelwert nicht als Summe eines Zeilen- und eines Spalteneffektes zustandekommt*. Mittels (5.11a) läßt sich (5.7) als erfüllbare Gleichung anschreiben:

(5.12) $x_{hij} = \mu + \alpha_i + \beta_j + \alpha\beta_{ij} + \epsilon_{hij}$.

Für Stichproben gilt analog zu (3.27):

(5.13) $x_{hij} = M_{..} + a_i + b_j + ab_{ij} + e_{hij}$

Die Abweichung einer bestimmten Einzelmaßzahl x_{hij} vom Gesamtmittelwert läßt sich bestimmen, indem man in (5.13) $M_{..}$ auf die linke Seite bringt:

(5.14) $x_{hij} - M_{..} = a_i + b_j + ab_{ij} + e_{hij}$.

Mit den Definitionen (5.2), (5.4) und (5.6) wird aus (5.14)

(5.15) $x_{hij} - M_{..} = (M_{i.} - M_{..}) + (M_{.j} - M_{..}) + (M_{ij} - M_{..}) - (M_{i.} - M_{..})$
$- (M_{.j} - M_{..}) + (x_{hij} - M_{ij})$.

Wie früher gezeigt ((3.3), S. 67), erhalten wir die totale Quadratsumme, indem wir beide Seiten von (5.15) quadrieren und über alle Maßzahlen innerhalb der Zellen, innerhalb der Spalten und innerhalb der Zeilen aufsummieren. Die Berechnung verläuft analog zur Auflösung von (3.24), S. 85, in die Form von (3.31). Wir verzichten darauf, die umfangreichen Zwischenrechnungen wiederzugeben – der Leser möge zur Prüfung dessen, daß er die Operationen mit Summen und indizierten Variablen beherrscht, die Berechnung ausführen – und geben nur das Ergebnis an:

(5.16) $S_T = \sum_{j=1}^{n} \sum_{i=1}^{m} \sum_{h=1}^{l_{ij}} (x_{hij} - M_{..})^2 = S_A + S_B + S_{AB} + S_{IG}$.

Wie früher bedeuten die Größen S jeweils Quadratsummen; die Indices von S geben die Quellen an, für die die Quadratsumme gilt. S_A ist demnach die Quadratsumme zwischen den Zeilen (A), S_B die Quadratsumme zwischen den Spalten (B), S_{AB} ist die Quadratsumme der Wechselwirkung und S_{IG} wie früher die Quadratsumme innerhalb der Zellen.

Betrachten wir die Daten nach Tabelle 21 so, daß wir nur die Verteilung auf Gruppen, nicht aber nach Zeilen und Spalten berücksichtigen, ist natürlich (3.9), S. 69, anwendbar:

(3.9) $S_T = S_{ZG} + S_{IG}$.

Daraus folgt mit (5.16):

(5.17) $S_{ZG} = S_A + S_B + S_{AB}$.

Wir haben also die *Quadratsumme zwischen den Zellen in die drei Anteile „zwischen den Zeilen", „zwischen den Spalten" und „Wechselwirkung" zusätzlich zerlegt.*

Für die einzelnen Quadratsummen in (5.16) ergeben sich die folgenden Formeln für die praktische Berechnung, wobei wir wiederum deren Ableitung, die völlig analog zur Ableitung von (3.2), (3.3) und (3.4) verläuft, auslassen. Neben den ausgeschriebenen Summierungen nehmen wir die auf den Seiten 70–73 eingeführten Abkürzungen (3.10), (3.11) und (3.13) in die Formeln auf, damit deren Struktur entsprechend deutlicher wird. Summierungen über die Stufen der Faktoren A und B werden mit Groß- und Kleinbuchstaben, A, B, a und b, symbolisiert. Die Summierung über die Maßzahlen in den Zellen (meist Personen) haben wir im einfaktoriellen Falle mit den Buchstaben A und a bezeichnet, die wir jetzt der ersten unabhängigen Variablen zugeordnet haben. Als Ersatz verwenden wir den Groß- und Kleinbuchstaben O und o. Er möge mnemotechnisch für „Objekte", also die einzelnen untersuchten Personen, Versuchstiere oder anders definierten Einheiten, stehen. „E" für „Einheiten" und das in englischen Texten gebräuchliche „S" für „$s$ubjects" haben wir schon anderweitig verwendet und möchten jede Verwechslung ausschließen. Auch „P" für „Personen" oder eine aus mehreren Buchstaben bestehende Abkürzung wie „Vpn" erscheint uns weniger günstig für eine übersichtliche Formelschreibung.

Für die totale Quadratsumme erhalten wir:

$$(5.18) \quad S_T = \sum_{j=1}^{n} \sum_{i=1}^{m} \sum_{h=1}^{l_{ij}} x_{hij}^2 - \frac{(\sum_{j=1}^{n} \sum_{i=1}^{m} \sum_{h=1}^{l_{ij}} x_{hij})^2}{N} = (OAB) - (oab).$$

N bedeutet in (5.18) wiederum die Gesamtzahl aller Maßzahlen; für gleiche Zellenbesetzungen $l_{ij} = l$ wird $N = l \cdot m \cdot n$ (5.19), für ungleiches l_{ij} gilt

$$(5.20) \quad N = \sum_{j=1}^{n} \sum_{i=1}^{m} l_{ij}.$$

Das Symbol (OAB) bedeutet, wie S. 72 näher ausgeführt, daß zunächst alle Maßzahlen zu quadrieren sind, danach über alle Gruppierungen der Zellen, Zeilen und Spalten so summiert werden müssen, daß das Quadrat jeder Maßzahl genau einmal in der Summe enthalten ist. (oab) andererseits verlangt, daß zunächst die Maßzahlen in Zellen, Zeilen und Spalten zu summieren sind und danach das Quadrat der Summe durch die Anzahl der Summanden dividiert wird. (oab) ist das Korrekturglied der zweifaktoriellen Varianzanalyse.

Für die anderen Summanden von (5.16) und (5.17) erhalten wir:

$$(5.21) \quad S_{ZG} = \sum_{j=1}^{n} \sum_{i=1}^{m} \frac{(\sum_{h=1}^{l_{ij}} x_{hij})^2}{l_{ij}} - (oab) = (oAB) - (oab),$$

$$(5.22) \quad S_A = \sum_{i=1}^{m} \frac{(\sum_{j=1}^{n} \sum_{h=1}^{l_{ij}} x_{hij})^2}{\sum_{j=1}^{n} l_{ij}} - (oab) = (obA) - (oab) \text{ und}$$

$$(5.23) \quad S_B = \sum_{j=1}^{n} \frac{(\sum_{i=1}^{m} \sum_{h=1}^{l_{ij}} x_{hij})^2}{\sum_{i=1}^{m} l_{ij}} - (oab) = (oaB) - (oab).$$

Bereits bei den Gleichungen (5.21), (5.22) und (5.23) zeigt die Kurzschreibweise mit Groß- und Kleinbuchstaben ihre Vorteile. (oAB) bedeutet, daß für jede Kombination A_iB_j, also jede Zelle, zunächst über alle Maßzahlen zu summieren ist, die Summe dann quadriert und durch die Zahl der Maßzahlen je Zelle dividiert werden muß. Alle diese Quotienten sind dann über alle Zellen A_iB_j hinweg aufzusummieren. Entsprechend bedeutet (oaB), daß zunächst für jede Einheit B_j, also jede Spalte, in allen Zellen und über alle Zeilen hinweg die Maßzahlen summiert werden; diese Summe wird dann quadriert und durch die Zahl der Maßzahlen in der gesamten Spalte (dies bedeutet die Summe im Nenner des ersten Ausdruckes von (5.23)) dividiert. In dieser Weise gewinnt man für jede Spalte einen Ausdruck. Alle diese Spaltenausdrücke sind dann über die Spalten hinweg zu summieren. Für die Berechnung von S_{AB} machen wir von (5.17) Gebrauch:

$$(5.24) \quad S_{AB} = S_{ZG} - S_A - S_B = (oAB) - (obA) - (oaB) + (oab).$$

Es steht noch S_{IG} aus. Wir können (3.9) zugrundelegen, da wir S_{ZG} schon in (5.21) als Hilfsgröße für die Berechnung von S_{AB} mit (5.24) bestimmt haben:

$$(5.25) \quad S_{IG} = S_T - S_{ZG} = (OAB) - (oAB).$$

Sämtliche für die Quadratsummen der zweifaktoriellen Varianzanalyse benötigten, hier besprochenen Formelausdrücke sind in Tabelle 27, S. 171, nochmals zusammengestellt.

Ermitteln wir nun die Zahlen der Freiheitsgrade. Die totale Zahl der Freiheitsgrade ist wiederum

(5.26) $d_{fT} = N - 1$.

Allgemein haben wir festgestellt, daß jede der ursprünglich gegebenen Maßzahlen einen Freiheitsgrad repräsentiert. Jeder Mittelwert „entzieht" der Datenmenge, in der er berechnet wird, einen Freiheitsgrad, den er dann für weitere Berechnungen enthält. Jede Varianzschätzung, basiere sie auf Maßzahlen oder Mittelwerten, beruht auf einem Freiheitsgrad weniger, als die Datenmenge, für die sie berechnet wird, Freiheitsgrade enthält. Mit dieser Regel können wir alle Freiheitsgradezahlen für die zweifaktorielle Varianzanalyse bestimmen.

Zwischen den Zeilen erhalten wir:

(5.27) $d_{fA} = m - 1$

und zwischen den Spalten:

(5.28) $d_{fB} = n - 1$.

Innerhalb jeder Zelle haben wir l_{ij} Maßzahlen, also $l_{ij} - 1$ Freiheitsgrade für die Varianzschätzung „innerhalb". Bestimmen wir die Varianzschätzung „innerhalb" über alle Zellen, müssen wir demnach für jede Zelle von der Gesamtanzahl aller Maßzahlen N einen Freiheitsgrad subtrahieren, erhalten also:

(5.29) $d_{fIG} = N - mn$.

Die Zahl der Freiheitsgrade für die Wechselwirkung finden wir mit Hilfe von (5.24). S_{ZG} basiert auf $m \cdot n$ Gruppenmittelwerten, hat also $m \cdot n - 1$ Freiheitsgrade. Dieser Datenmenge werden $m - 1$ Freiheitsgrade für die Zeilen und $n - 1$ Freiheitsgrade für die Spalten entzogen. Wir erhalten

(5.30) $d_{fAB} = mn - 1 - (m - 1) - (n - 1) = (m - 1)(n - 1)$ und
(5.31) $d_{fZG} = mn - 1$.

Alle Varianzschätzungen für die zweifaktorielle Analyse erhalten wir aus Quadratsummen und Freiheitsgraden mit Gleichung (2.65), wonach die Varianzschätzung stets als Quotient aus Quadratsumme und Zahl der Freiheitsgrade gewonnen wird:

(2.65) $s^2 = S/d_f$.

Die einzelnen Gleichungen für die einzelnen s^2 brauchen wir wegen der Einfachheit dieser Beziehung nicht gesondert zusammenzustellen.

5.1.3 Nullhypothese und Arbeitshypothese

Wir haben uns nun über die statistische Nullhypothese und die Arbeitshypothese, die im zweifaktoriellen Fall geprüft werden, Klarheit zu verschaffen.

Zunächst einmal lautet wiederum die generelle Nullhypothese: alle Zellen, unabhängig von der Gruppierung nach Zeilen und Spalten, stellen Zufallsstichproben aus einer Population mit dem Mittelwert μ und der Standardabweichung σ_e dar. Abweichungen der Gruppenmittelwerte M_{ij} voneinander und von μ sind nur durch Zufall zu erklären. Die generelle Arbeitshypothese behauptet demgegenüber, in den Daten enthaltene Mittelwertsunterschiede seien systematisch durch Wirkungen der unabhängigen Variablen bedingt.

Da die Aufteilung der Gruppen nach Zeilen und Spalten zur zusätzlichen Aufteilung der Quadratsumme zwischen den Gruppen in einen Zeilenanteil, Spaltenanteil und Wechselwirkungsanteil geführt hat (vgl. (5.17)), lassen sich diesen Anteilen auch Teil-Nullhypothesen und dazu komplementäre Arbeitshypothesen zuordnen.

Für die Zeilen gilt:

(5.32) $H_{0A}: \mu_{1.} = \mu_{2.} = \ldots = \mu_{i.} = \ldots = \mu_{m.} = \mu$,

für die Spalten:

(5.33) $H_{0B}: \mu_{.1} = \mu_{.2} = \ldots = \mu_{.j} = \ldots = \mu_{.n} = \mu$

und für die Wechselwirkung (vgl. (5.10))

(5.34) $H_{0AB}: \mu_{11} - \alpha_1 - \beta_1 = \ldots = \mu_{ij} - \alpha_i - \beta_j = \ldots =$
$\mu_{mn} - \alpha_m - \beta_n = \mu$.

Die Nullhypothese für die Wechselwirkung läßt sich folgendermaßen verbalisieren: die um den zugehörigen Zeilen- und Spalteneffekt korrigierten Zellenmittelwerte der Population sind untereinander und mit dem Gesamtmittelwert gleich. Abweichungen in den Daten sind zufallsbedingt.

Jede der drei Nullhypothesen wird mit einem eigenen F-Test geprüft, da wir ja auch für jede Nullhypothese eine Varianzschätzung erhalten haben. Wir gewinnen die F-Tests für

(5.35) $H_{0A}: F_A = s_A^2 / s_{IG}^2$,

(5.36) $H_{0B}: F_B = s_B^2 / s_{IG}^2$ und

(5.37) $H_{0AB}: F_{AB} = s_{AB}^2 / s_{IG}^2$.

Diese F-Tests gelten allerdings nur für feste Faktoren A und B. Im Gegensatz zur einfaktoriellen Varianzanalyse werden jetzt für die Auswahl der F-Quotienten bei *zufälligen Faktoren* noch zusätzliche Überlegungen nötig, die wir im folgenden Abschnitt 5.2 anstellen.

s_A^2, s_B^2 und s_{AB}^2 stellen, wie man durch Ermittlung der Erwartungswerte feststellen kann, Varianzschätzungen für die entsprechenden Effekte in der Population, überlagert mit Varianzschätzungen für den Fehler, dar. Durch Ableitung analog zu (3.32) bis (3.60), S. 87–94, läßt sich dies zeigen. Die dort im Detail geführten Erörterungen gelten völlig analog. Wir überlassen es (aus Raumgründen) dem Leser, zur Überprüfung seines Verständnisses diese Ableitungen auf den zweifaktoriellen Fall zu übertragen (vgl. auch Übungsbeispiel 8.2.2).

Wir haben noch eine terminologische Festlegung anzugeben. Die mit F_A (5.35) und F_B (5.36) auf Signifikanz geprüften Wirkungen der unabhängigen Variablen werden auch als „Haupteffekt A" und „Haupteffekt B" (engl. main effect) bezeichnet. Die in Abschnitt 4.2 behandelten Einzelvergleiche können auch zwischen Zellen je einer Zeile oder Spalte eines zweifaktoriellen Auswertungsplanes angestellt werden. Man spricht dann von „Einfacheffekten" (engl. simple effect). Enthält eine unabhängige Variable (ein Faktor) mehr als zwei Ausprägungen (Stufen) wie in unserem Beispiel B, so können auch Einzelvergleiche zwischen Paaren von Zeilen- oder Spaltenmittelwerten interessant sein. Man spricht dabei von „einfachen Haupteffekten" (engl. simple main effect). Rechnerisch entstehen dabei keine neuen Probleme; es müssen lediglich die interessierenden Mittelwerte und ihre Stichprobenumfänge, also Zeilen-, Spalten- oder Zellenbesetzungen, in die Gleichungen (4.13) oder (4.18), (4.21), (4.22) und (4.26) bis (4.29) eingesetzt werden. Für das s_{fG}^2 in jenen Gleichungen ist der Nenner des zugehörigen F in der Varianzanalyse, hier meist ebenfalls s_{fG}^2, zu verwenden.

5.1.4 Orthogonalität von Effekten der unabhängigen Variablen und der Wechselwirkung. Die Zellenbesetzung

Ein Problem ist noch zu behandeln. Im zweifaktoriellen Versuchsplan werden alle Ausprägungen der einen unabhängigen Variablen A mit allen Ausprägungen der anderen unabhängigen Variablen B kombiniert. Jeder unabhängigen Variablen wird eine Nullhypothese, (5.32) für A und (5.33) für B, zugeordnet. Diese Nullhypothesen werden unabhängig voneinander statistisch geprüft. Es leuchtet ein, daß ein signifikanter Effekt auf die Wirkung der zugehörigen unabhängigen Variablen nur dann zurückgeführt werden kann, wenn die jeweiligen Varianzschätzungen s_A^2 und s_B^2 voneinander statistisch unabhängig sind. Mit den Formulierungen des Abschnitts 4.2, S. 115, können wir auch sagen, daß die drei Varianzschätzungen s_A^2, s_B^2 und s_{AB}^2 je paarweise orthogonal sein müssen.

Mittelwertbildungen lassen sich aber mit (4.15) bei gleichen Gruppengrößen und mit (4.19) bei ungleichen Gruppengrößen auf Orthogonalität prüfen. Die Anwendung von (4.15) und (4.19) setzt voraus, daß wir die relevanten Stichprobenmittelwerte, also Zeilen- und Spaltenmittelwerte und die entsprechenden Effekte a_i, b_j und ab_{ij} als Linearkombinationen der Zellenmittelwerte M_{ij} darstellen. Völlig analog zu Tabelle 21, S. 119 stellen wir uns deshalb Tabelle 23 auf. Da die allgemeine Berechnung einen sehr hohen Aufwand an Formelzeichen mit sich bringt, nehmen wir das Beispiel von Tabelle 22, den Fall also zweier Zeilen A_1 und A_2 und dreier Spalten B_1 bis B_3. Damit sind 6 Zellen mit den 6 Zellenmittelwerten M_{11} bis M_{23} gegeben. Jedem dieser Mittelwerte wird eine Spalte in Tabelle 23 zugeordnet.

Zeile (1) und (2) enthalten die Darstellung der *Zeilenmittelwerte* $M_{1.}$ und $M_{2.}$ als Linearkombinationen aus den mit Faktoren c_{ij} nach (4.13) gewichteten Zellenmittelwerten, wobei die einzelnen c_{ij} in jeder Zeile (4.14) nicht erfüllen. Wir bitten den Leser, gegebenenfalls nach einem Zurückblättern auf die S. 119, sicherzustellen, daß er das Prinzip, nach dem die beiden Zeilen aufgebaut sind, verstanden hat.

In gleicher Weise bestimmen wir die *Spaltenmittelwerte* in Zeile (3), (4) und (5) und den Gesamtmittelwert in Zeile (6). Die Zeilen (1) bis (5) erlauben uns dann, mit den Gleichungen (5.4) und (5.6) die einzelnen Zeilen- und Spalteneffekte der Varianzanalyse als entsprechende Linearkombinationen darzustellen. Sie sind in den Zeilen (7) bis (11) enthalten. Für den Wechselwirkungsanteil in jedem einzelnen Mittelwert, ab_{ij}, erhalten wir durch Auflösung von (5.11):

(5.38) $\quad ab_{ij} = M_{ij} - M_{i.} - M_{.j} + M.$

Wir berechnen nicht alle sechs Größen ab_{11} bis ab_{23}, sondern nur exemplarisch ab_{11} und ab_{12} in Zeile (14) und (15) der Tabelle 23. Die dabei benötigten Einzelmittelwerte M_{11} und M_{12} werden natürlich einfach durch Zeile (12) und (13) als Linearkombinationen dargestellt. Die Koeffizienten der Zeile (14) entstehen dann nach (5.38) als Spaltensummen der Koeffizienten von Zeile (12), Zeile (1) mit negativem Vorzeichen, Zeile (3) mit negativem Vorzeichen und Zeile (6). Die Koeffizienten der Zeile (15) sind entsprechend die Summe aus den Koeffizienten der Zeile (13),

Tabelle 23

Zeile Nr.	M_{11}	M_{12}	M_{13}	M_{21}	M_{22}	M_{23}	Bedeutung
(1)	$+\frac{1}{3}M_{11}$	$+\frac{1}{3}M_{12}$	$+\frac{1}{3}M_{13}$	$+0$	$+0$	$+0$	$= M_{1.}$
(2)	$+0$	$+0$	$+0$	$+\frac{1}{3}M_{21}$	$+\frac{1}{3}M_{22}$	$+\frac{1}{3}M_{23}$	$= M_{2.}$
(3)	$+\frac{1}{2}M_{11}$	$+0$	$+0$	$+\frac{1}{2}M_{21}$	$+0$	$+0$	$= M_{.1}$
(4)	$+0$	$+\frac{1}{2}M_{12}$	$+0$	$+0$	$+\frac{1}{2}M_{22}$	$+0$	$= M_{.2}$
(5)	$+0$	$+0$	$+\frac{1}{2}M_{13}$	$+0$	$+0$	$+\frac{1}{2}M_{23}$	$= M_{.3}$
(6)	$+\frac{1}{6}M_{11}$	$+\frac{1}{6}M_{12}$	$+\frac{1}{6}M_{13}$	$+\frac{1}{6}M_{21}$	$+\frac{1}{6}M_{22}$	$+\frac{1}{6}M_{23}$	$= M_{..}$
(7)	$+\frac{1}{6}M_{11}$	$+\frac{1}{6}M_{12}$	$+\frac{1}{6}M_{13}$	$-\frac{1}{6}M_{21}$	$-\frac{1}{6}M_{22}$	$-\frac{1}{6}M_{23}$	$= a_1 = M_{1.} - M_{..}$
(8)	$-\frac{1}{6}M_{11}$	$-\frac{1}{6}M_{12}$	$-\frac{1}{6}M_{13}$	$+\frac{1}{6}M_{21}$	$+\frac{1}{6}M_{22}$	$+\frac{1}{6}M_{23}$	$= a_2 = M_{2.} - M_{..}$

(9)	$+\frac{2}{6}M_{11}$	$-\frac{1}{6}M_{12}$	$-\frac{1}{6}M_{13}$	$+\frac{2}{6}M_{21}$	$-\frac{1}{6}M_{22}$	$-\frac{1}{6}M_{23}$	$= b_1 = M_{.1} - M_{..}$
(10)	$-\frac{1}{6}M_{11}$	$+\frac{2}{6}M_{12}$	$-\frac{1}{6}M_{13}$	$-\frac{1}{6}M_{21}$	$+\frac{2}{6}M_{22}$	$-\frac{1}{6}M_{23}$	$= b_2 = M_{.2} - M_{..}$
(11)	$-\frac{1}{6}M_{11}$	$-\frac{1}{6}M_{12}$	$+\frac{2}{6}M_{13}$	$-\frac{1}{6}M_{21}$	$-\frac{1}{6}M_{22}$	$+\frac{2}{6}M_{23}$	$= b_3 = M_{.3} - M_{..}$
(12)	$+1\,M_{11}$	$+0$	$+0$	$+0$	$+0$	$+0$	$= M_{11}$
(13)	$+0$	$+1\,M_{12}$	$+0$	$+0$	$+0$	$+0$	$= M_{12}$
(14)	$+\frac{2}{6}M_{11}$	$-\frac{1}{6}M_{12}$	$-\frac{1}{6}M_{13}$	$-\frac{2}{6}M_{21}$	$+\frac{1}{6}M_{22}$	$+\frac{1}{6}M_{23}$	$= ab_{11}$
(15)	$-\frac{1}{6}M_{11}$	$+\frac{2}{6}M_{12}$	$-\frac{1}{6}M_{13}$	$+\frac{1}{6}M_{21}$	$-\frac{2}{6}M_{22}$	$+\frac{1}{6}M_{23}$	$= ab_{12}$
(16)	$+\frac{2}{36}$	$-\frac{1}{36}$	$-\frac{1}{36}$	$-\frac{2}{36}$	$+\frac{1}{36}$	$+\frac{1}{36}$	$= 0$
(17)	$+\frac{1}{36}$	$-\frac{2}{36}$	$+\frac{1}{36}$	$+\frac{1}{36}$	$-\frac{2}{36}$	$+\frac{1}{36}$	$= 0$

Zeile (1) mit negativem Vorzeichen, Zeile (4) mit negativem Vorzeichen und Zeile (6). Man vergewissere sich mit Papier und Bleistift der Berechnung der Zeilen (14) und (15).

Nach den Ausführungen auf S. 119 sind zwei Effekte zueinander orthogonal, also voneinander unabhängig, wenn die Summe der Gewichte c_{ij} zeilenweise 0 ergibt (4.14) und die Summe aus den Produkten zusammengehöriger Gewichte c_{ij} beider Zeilen 0 ist (4.15). Man sieht beim Nachrechnen sofort, daß alle in der Tabelle 23 vorhandenen Effekte a_1 und a_2, b_1 bis b_3, ab_{11} und ab_{12} beide Bedingungen erfüllen und also je gegenseitig orthogonal sind. Zeile (16) weist dies für den Zeileneffekt a_1 und den Spalteneffekt b_1 nach, sie enthält die Produkte der Koeffizienten der Zeile (7) und (9). Zeile (17) erbringt den Orthogonalitätsnachweis für den Zeileneffekt a_2 der Zeile (8) und den Wechselwirkungsanteil ab_{12} der Zeile (15). Der Leser mag zu seiner Übung den Nachweis der Tabelle 23 für die wechselseitige Unabhängigkeit aller Zeilen- Spalten- und Zellenwechselwirkungseffekte führen. Der allgemeine Nachweis müßte nun noch für ungleiche Zellenbesetzungen und allgemeine Zeilen- und Spaltenanzahl m und n geführt werden. Er ist entsprechend umfangreich, wenn auch frei von besonderen rechentechnischen Problemen; wir lassen ihn jedoch aus Raumgründen aus, nachdem wir sein Prinzip anhand des Beispiels der Tabelle 23 gezeigt haben. *Das Ergebnis lautet, daß die drei Effektschätzungen solange wechselseitig voneinander unabhängig sind, wie die Zellenbesetzungen entweder gleich oder von Zeile zu Zeile und von Spalte zu Spalte zueinander proportional sind.* Mit dem Sprachgebrauch von Abschnitt 4.2.2 können wir auch sagen, die *Berechnung der Varianzschätzungen A, B und AB sei eine orthogonale Zerlegung der Varianz zwischen den Mittelwerten* M_{ij}, solange die Zellenbesetzungen gleich oder proportional sind. Ein Beispiel für proportionale Zellenbesetzungen gibt Tabelle 24.

Tabelle 24

	B_1	B_2	B_3
A_1	$l_{11} = 2$	$l_{12} = 3$	$l_{13} = 4$
A_2	$l_{21} = 4$	$l_{22} = 6$	$l_{23} = 8$
A_3	$l_{31} = 6$	$l_{32} = 9$	$l_{33} = 12$

Die Zellen von Tabelle 24 enthalten mögliche Häufigkeiten, Anzahlen von Maßzahlen je Zelle (l_{ij}). Die Proportionalität zeigt sich daran, daß man Zeile 2 durch Multiplizieren der Zeile 1 mit dem Faktor 2 erhält, Zeile 3 durch

Multiplikation der Zeile 2 mit dem Faktor 1,5. Aber auch die Spalten sind durch Multiplikation mit einer Konstanten auseinander ableitbar: Spalte 2 entsteht aus Spalte 1 durch Multiplikation mit 1,5, Spalte 3 aus Spalte 2 bei Multiplikation mit 4/3.

Zur Wahl der Zellenbesetzung ist zu sagen: *sofern es irgend möglich ist, sollte allen Gruppen die gleiche Anzahl von Messungen zugeordnet werden.* Über die Gründe wurde in Abschnitt 4.1 näheres ausgeführt. Es muß hier nochmals betont werden: oft wird bei praktischen Anwendungen ein vergleichsweise hoher Aufwand dafür getrieben, normalverteilte Maßzahlen mit homogenen Varianzen und nachweislichem Intervallskalenniveau zu erzielen. Die Folgen einer Verletzung dieser nur schwer genau prüfbaren Bedingungen lassen sich aber außerordentlich mildern, wenn nur die *Stichproben* exakt *nach Zufall* zustandekommen *und gleich groß* sind. Mit proportionalen Zellenbesetzungen begeht man zwar von der Theorie der Varianzanalyse her keinen Fehler, wird aber wesentlich und schlecht kontrollierbar abhängiger von den anderen Voraussetzungen. *Bei der Planung einer varianzanalytisch auszuwertenden Untersuchung sollte man deshalb keinen noch irgend tragbaren Aufwand scheuen, gleiche Zellenbesetzungen zu erzielen und eine wirkliche Zufallsauswahl und -verteilung der Meßobjekte auf die Gruppen zu realisieren.* Mit allen anderen Voraussetzungen kann man dann sehr großzügig verfahren.

Das einfachste, gleichwohl methodisch unbedenklichste Verfahren bei ungleichen oder nicht proportionalen Zellenbesetzungen besteht darin, daß man aus den zu hoch besetzten Zellen Daten nach Zufall eliminiert, bis Proportionalität oder Gleichheit der l_{ij} entsteht. Man bezahlt dabei wenigstens nur mit dem Verlust von Daten, nicht aber mit dem Risiko verfälschter p_I und p_{II}-Wahrscheinlichkeiten. Bei anderen Verfahren ist genauer zu überlegen, wie die Ungleichheit der Zellenbesetzung zustandegekommen ist. Eine wichtige Quelle ungleicher Zellenbesetzungen ist die Verwendung vorgefundener Gruppen (Schulklassen, Abteilungen in Betrieben usw.), die den einzelnen Bedingungen als ganze, oft noch in einer Gruppenuntersuchung, zugeordnet werden. In diesen Fällen ist nicht nur die Voraussetzung der gleichen Zellenbesetzung, sondern auch die der individuellen Zufallsauswahl der Meßobjekte verletzt. Die bisher besprochenen Varianzanalysen sollten deshalb in diesen Fällen grundsätzlich vermieden werden. Die Abhilfe besteht hier darin, daß man jeder Bedingung mehrere vorgefundene Gruppen zuweist und die Varianzanalyse mit den Mittelwerten dieser Gruppen als Maßzahlen berechnet. Im Abschnitt 5.5 behandeln wir dieses Problem weiter. Generell gilt, daß Mittelwerte, beispielsweise über Meßwiederholungen, sich besonders gut als Maßzahlen für varianzanalytische Auswertungen eignen, da sie nach dem Zentralen Grenzwertsatz die Voraussetzungen der Varianzanalyse stets besser erfüllen, als die Maßzahlen, aus denen sie berechnet werden.

Ungleiche Zellenbesetzung entsteht auch in gut geplanten Untersuchungen oft dadurch, daß etwa ein Gerät einmal versagt, eine Versuchsperson nicht zum Untersuchungstermin erscheint, Fragebogen nicht zurückgegeben oder Einzelfragen nicht beantwortet werden oder sich bei der Auswertung, wenn die Datenerhebung nicht mehr wiederholt oder ergänzt werden kann, zeigt, daß eine Messung fehlerhaft ist. Hier ist zu unterscheiden, ob es sich um nur wenige, einzelne Ausfälle oder um nennenswerte Ausfallraten handelt. In beiden Fällen kann mit der Zufallselimination weiterer Daten die nötige Zellenbesetzung hergestellt werden.

Bei Einzelausfällen in nicht zu kleinen Gruppen kann man sich oft damit behelfen, daß man für den fehlenden Zahlenwert das arithmetische Mittel über alle vorhandenen Maßzahlen der kleinsten Bezugseinheit (meist der Zelle), der der fehlende Wert angehört, bei der Berechnung verwendet. Man ist so wenigstens in der Lage, die Berechnung formal mit unveränderter Zellenbesetzung auszuführen. Im Signifikanztest ist die Zahl der Freiheitsgrade innerhalb der Gruppen dann aber um die Zahl der fehlenden Meßwerte zu vermindern. In der Literatur finden sich zum Teil noch andere, auf komplizierteren Überlegungen basierende Abhilfemaßnahmen für den Ausfall einzelner Daten. Allen ist gemeinsam, daß sie eine Schätzung für die ausgefallenen Maßzahlen zu gewinnen suchen, die die Berechnung der Varianzanalyse ohne die Herausnahme weiterer, vorhandener Daten erlaubt und gleichzeitig den dabei in Kauf genommenen Fehler möglichst klein hält. Für kompliziertere Fälle, die Anpassung einer varianzanalytischen Auswertung an erhebliche und schwierig verteilte Datenausfälle müssen wir den Leser auf die Literatur verweisen (z. B. Kirk, 1968; Lösel und Wüstendörfer, 1974).

Datenausfälle können aber auch, grob gesprochen, selbst ein Datum sein. So kann etwa ein Fragebogen in den einzelnen Gruppen $A_i B_j$ eine sehr unterschiedliche Rücklaufquote haben, weil sein Inhalt die Bereitschaft zur Rückgabe in unterschiedlicher Weise beeinflußt. In diesem Fall besteht ein Sachzusammenhang zwischen unabhängigen Variablen und Datenausfällen, der nicht in einem bloß rechnerischen Ausgleich ungleicher Zellenbesetzungen übergangen werden darf.

5.1.5 Beispiel: eine zweifaktorielle Varianzanalyse

Wir haben nun alle Informationen zusammengetragen, um das Beispiel der Tabelle 22 für feste Effekte berechnen zu können. Die Berechnung wird in den Tabellen 25, 26, und 27 ausgeführt. Tabelle 25 ist nach den gleichen Grundsätzen wie die Tabellen 12 und 14, S. 74 und 76, Tabelle 27 in der Art der Tabellen 13 und 15 angelegt. Die Diskussion der Tabellengestaltung ist dort nachzulesen. Unsere neue Tabelle 25 wird lediglich etwas komplizierter als die Tabellen 12 und 14, da wir jetzt zwei unabhängige Variablen haben. Die Tabellen 12 und 14 können jeweils als eine Zeile von Tabelle 25 aufgefaßt werden.

Die Summierung vor und nach dem Quadrieren und vor allem die Bildung von Ausdrücken der Struktur (oaB), also die Vorschrift, für jede Einheit von B über alle Einheiten von O und A hinweg zu summieren, dann die Summen zu quadrieren und durch die Zahl der Summanden zu dividieren, läßt sich am besten ausführen, wenn man das Schema der *fünf Fußzeilen* in der Tabelle *für jede Zelle* mitführt. Danach müssen diese fünf Zeilen aber auch für die anderen Gruppierungseinheiten, Zeilen und Spalten, eingesetzt werden, was zur endgültigen Form von Tabelle 25 führt.

Die Tabelle 25 enthält wiederum alle notwendigen Zwischenrechnungen zur Aufstellung der folgenden Tabelle 26, diese liefert die Zahlenwerte für die Endausrechnung in Tabelle 27.

Bei wissenschaftlichen Veröffentlichungen ist es verbreitet, eine varianzanalytische Auswertung durch den Abdruck der gesamten Tabelle 27 zu dokumentieren; lediglich die Wurzeln aus den Größen s^2 werden nicht mitpubliziert. Wir haben sie aufgenommen, um unser Ergebnis mit diesen Standardabweichungen noch etwas zu veranschaulichen. Die Varianzschätzung „innerhalb" ist wiederum Fehlervarianz. Wir bekommen die drei F-Tests:

(5.35) $\quad F_A = 0{,}374/1{,}208 = 0{,}310$ mit $d_{f1} = 1$ und $d_{f2} = 18$,

(5.36) $\quad F_B = 8{,}792/1{,}208 = 7{,}278$ mit $d_{f1} = 2$ und $d_{f2} = 18$ und

(5.37) $\quad F_{AB} = 6{,}126/1{,}208 = 5{,}071$ mit $d_{f1} = 2$ und $d_{f2} = 18$.

Aus der F-Tabelle erhalten wir die Prüfgröße bei einem Signifikanzniveau $p_I = 1\ \%$ $F_{1\%,1,18} = 8{,}29$ und $F_{1\%,2,18} = 6{,}01$. Das Ergebnis der Signifikanzprüfung lautet: der Haupteffekt B ist signifikant, der Haupteffekt A ist es nicht. Die Wechselwirkung ist ebenfalls nicht signifikant.

Wir verzichten darauf, die Einzelschritte zur Ausfüllung der gesamten Tabelle 25 aufzulisten, da dies einen umständlichen Text ergäbe, der den Zusammenhang wahrscheinlich nicht besonders durchsichtig machen würde.

Tabelle 25

Unabhängige Variable A	Unabhängige Variable B $j=1..n$						Zeilen			
	B_1		B_2		B_3		$\sum\limits_{j=1}^{n_{l_{ij}}}\sum\limits_{h=1}^{l_{ij}} x_{hij}$	$\sum\limits_{j=1}^{n_{l_{ij}}}\sum\limits_{h=1}^{l_{ij}} x^2_{hij}$	l_i	$(\sum\limits_{j=1}^{n_{l_{ij}}}\sum\limits_{h=1}^{l_{ij}} x_{hij})^2/l_i$	M_i
A_1	$x_{.11}$	$x^2_{.11}$	$x_{.12}$	$x^2_{.12}$	$x_{.13}$	$x^2_{.13}$					
$i=1..m$	6	36	4	16	2	4					
	7	49	3	9	1	1					
	4	16	2	4	2	4					
	5	25	5	25	3	9					
$\sum\limits_{h=1}^{l_{ij}} x_{h1j}$	22		14		8		44				
$\sum\limits_{h=1}^{l_{ij}} x^2_{h1j}$		126		54		18		198			
l_{1j}	4		4		4				12		
$(\sum\limits_{h=1}^{l_{ij}} x_{h1j})^2/l_{1j}$		121		49		16				$(44)^2/12 = 161{,}333$	
M_{1j}	5,5		3,5		2,0						3,667

A_2	$x_{.21}$	$x_{.21}^2$	$x_{.22}$	$x_{.22}^2$	$x_{.23}$	$x_{.23}^2$					
	5	25	2	4	5	25					
	3	9	3	9	3	9					
	4	16	1	1	4	16					
	4	16	4	16	3	9					
$\sum_{h=1}^{l_{ij}} x_{h2j}$	16		10		15		41				
$\sum_{h=1}^{l_{ij}} x_{h2j}^2$	66		30		59			155			
l_{2j}	4		4		4				12		
$(\sum_{h=1}^{l_{ij}} x_{h2j})^2 / l_{2j}$	64		25		56,25					$(41)^2/12 =$ 140,083	
M_{2j}	4,0		2,5		3,75						3,417

Fortsetzung Tabelle 25

Unabhängige Variable A	Unabhängige Variable B				Zeilen		
Spalten	B_1	B_2	B_3		Gesamt		
$\sum_{i=1}^{m} \sum_{h=1}^{l_{ij}} x_{hij}$	38	24	23	85			(obA) = 301,416
$\sum_{i=1}^{m} \sum_{h=1}^{l_{ij}} x_{hij}^2$	192	84	77		(OAB) = 353		
l_j	8	8	8			24	
$(\sum_{i=1}^{m} \sum_{h=1}^{l_{ij}} x_{hij})^2 / l_j$	$(38)^2/8 = 180,5$	72	66,125		(oaB) = 318,625		(oab) = 301,042
$M_{.j}$	4,75	3,00	2,875				$M_{..} = 3,542$

170

Tabelle 26

(OAB) = 192 + 84 + 77 = 353
(oAB) = 121 + 49 + 16 + 64 + 25 + 56,25 = 331,25
(obA) = 161,333 + 140,083 = 301,416
(oaB) = 180,5 + 72 + 66,125 = 318,625
(oab) = 301,042

Tabelle 27

Quelle	Quadratsumme S	d_f	s^2	s
A (Zeilen)	S_A = (obA) − (oab) = 0,374	m − 1 = 1	0,374	0,61
B (Spalten)	S_B = (oaB) − (oab) = 17,583	n − 1 = 2	8,792	2,97
ZG (zwischen Gruppen)	S_{ZG} = (OAB) − (oab) = 30,208	mn − 1 = 5	6,042	2,46
AB (Wechselwirkung)	S_{AB} = (oAB) − (obA) − (oaB) + (oab) = 12,251	(m−1)(n−1) = 2	6,126	2,48
IG (innerhalb Gruppen)	S_{IG} = (OAB) − (oAB) = 21,75	N − mn = 18	1,208	1,10
T (total)	S_T = (OAB) − (oab) = 51,958	N − 1 = 23	2,259	1,50

An dieser Stelle aber ist unsere Bitte an den Leser besonders dringlich: er möge sich anhand der Beschriftung von Tabelle 25 und der einfachen verwendeten Zahlenwerte die Zusammenhänge der Tabelle vollständig klarmachen. Dabei sollte auch der Zusammenhang zwischen dem Aufbau der Tabelle, den in sie aufgenommenen Zahlen und den Operatoren aus den Tabellen 26 und 27 klarwerden. Übungsbeispiel 8.3.2 entspricht diesem Muster.

Es zeigt sich hier wohl besonders, daß die Rechnung einer größeren Varianzanalyse in erster Linie die klare und übersichtliche Anlage einer der Tabelle 25 entsprechenden Tafel verlangt. Rechnet man ohne Rechenhilfen oder mit Tischrechner selbst mittlerer Größe, ist man darauf angewiesen, die Zwischenergebnisse übersichtlich und nachprüfbar aufzuzeich-

nen, weil sonst Fehler nahezu mit Sicherheit entstehen und kaum aufzufinden sind. Vor den üblichen Konzeptzetteln ist für solche Berechnungen dringend zu warnen. Die relativ geringe Zeitersparnis für eine flüchtig angelegte Tabelle zahlt man meist mit stundenlanger Fehlersuche.
Wir fassen deshalb die Aufbauprinzipien der Tabelle 25 nochmals kurz zusammen.

---

1. Den Kern der Tabelle bilden die kleinsten in den Daten unterscheidbaren Gruppen, die Zellen des Versuchsplanes in Abbildung 13, S. 150. Sie werden so angelegt, daß sie die einzelnen Maßzahlen und deren Quadrate aufnehmen können.
2. Zu jeder *Zelle* sind die auf S. 74 eingeführten *5 Fußzeilen* vorzusehen.
   Sie enthalten in der aufgeführten Reihenfolge:
   1. Die Summe aller Maßzahlen der Zelle,
   2. Die Summe der Quadrate aller Maßzahlen der Zelle,
   3. Die Anzahl der Maßzahlen der Zelle,
   4. Die quadrierte Summe aller Maßzahlen der Zelle dividiert durch deren Anzahl und
   5. Die Mittelwerte der Maßzahlen der Zelle.
3. Für jede *Spalte* sind wiederum die *5 Fußzeilen* vorzusehen. Sie werden zweckmäßig unterhalb der 5 Fußzeilen der Zellen der untersten Zeile angeordnet. Die Reihenfolge ist die gleiche wie unter 2.
4. Für jede *Zeile* müssen die Rechnungen der 5 Fußzeilen ausgeführt werden, was man zweckmäßigerweise in *5 rechten Randspalten* notiert. Die Reihenfolge ist von links nach rechts die gleiche wie unter 2.
5. Für die *Gesamtdaten* sind die *5 Fußzeilen* nochmals nötig. Zweckmäßigerweise verwendet man dafür die Überschneidung der 5 Fußzeilen für die Spalten mit den 5 rechten Randspalten für die Zeilen.

Fehler in der Logik der Formelanwendung oder der Zahlenrechnung zeigen sich übrigens oft daran, daß man für eine der Endausrechnungen der *Quadratsumme S eine negative Zahl* erhält. *Dies ist immer ein Fehlerindikator*, denn Quadratsummen können von der Definition her bei beliebig beschaffenen Daten nicht negativ werden. Positive F-Werte hingegen können bei richtiger Rechnung Zahlenwerte $< 1,0$ annehmen.
Weil bei der Prüfung auf Homogenität von Varianzen die Vorschrift gilt, die größere Varianz durch die kleinere zu dividieren, wird gelegentlich angenommen, F könne auch in der Varianzanalyse nicht kleiner als 1,0 sein.

Dies ist jedoch sehr wohl möglich, da ja, wie wir gesehen haben, bei Effektgröße 0 in der Population auch die Gruppenmittelwerte noch von der Fehlerstreuung beeinflußt werden. Ein F < 1,0 bedeutet in der Varianzanalyse stets, daß der geprüfte Effekt nicht signifikant ist.

Zu den Zahlenrechnungen ist noch eine wichtige Anmerkung zu machen. Schon bei unseren sehr klein gewählten Maßzahlen (einstellig!) ergaben sich für die Operatoren (OAB) bis (oab) sehr große Zahlen. *Die gesuchten Quadratsummen hingegen haben relativ kleine Zahlenwerte, die als Differenzen der großen Zahlen entstehen.* Dieser Effekt nimmt bereits bei dreistelligen Maßzahlen, wie sie beispielsweise in vielen psychologischen Tests vorkommen, erhebliche Ausmaße an. Wenn aber die Quadrate nicht mit zureichender Genauigkeit berechnet werden, gehen die Quadratsummen, auf die es eigentlich ankommt, in den Fehlergrenzen der großen Summen von quadrierten Maßzahlen oder Zwischensummen unter. Nicht immer hat man das „Glück", daß sich ein solcher Fehler durch ein negatives Resultat für eine Quadratsumme bemerkbar macht.

Nach einer varianzanalytischen Auswertung sollte man daher stets überprüfen, ob wenigstens die drei in den Quadratsummen (vor allem in der Quadratsumme innerhalb) am weitesten links stehenden Ziffern mit Sicherheit noch nicht in den Rundungsbereich der großen Summen der Quadrate fallen.

Machen wir uns das an einem Beispiel klar. Angenommen, wir hätten eine Analyse mit insgesamt 200 Maßzahlen und 6 Zellen wie in unserem letzten Beispiel. Die Maßzahlen mögen um 100 herum liegen. Für (oab) resultiert dann eine Zahl in der Größenordnung $(200 \cdot 100)^2/200 = 2\,000\,000$. Der Effekt A, dessen Schätzung nur auf einem Freiheitsgrad beruht, kann leicht zu einer (schon längst signifikanten) einstelligen Quadratsumme führen. Soll sie auch nur auf der ersten Stelle hinter dem Komma noch zuverlässig sein, müßte (oab) noch ohne jede Rundung auf 8 Stellen genau berechnet werden.

Die Genauigkeitsgrenzen müssen also auch bei Verwendung elektronischer Rechenhilfen oder bei der Berechnung der ganzen Analyse auf einem Computer unbedingt überschlagen werden. Bei Computerberechnung sind die entsprechenden Variablen gegebenenfalls mit „Double Precision" zu definieren, aber selbst hier können, beispielsweise bei kleineren Prozeßrechnern, die Genauigkeitsgrenzen in Sonderfällen einmal nicht ausreichen.

5.1.6 Interpretation und Veranschaulichung

Zur Interpretation der erhaltenen Daten ist es zweckmäßig, eine Zeichnung wie Abbildung 15 und/oder 16 anzulegen, also die Zellenmittelwerte graphisch darzustellen. Beide Abbildungen enthalten offensichtlich die gleiche Information, nur ist im einen Fall die unabhängige Variable B der Abszisse zugeordnet, die unabhängige Variable A durch einen Punkteverlauf (eine „Kurve") je Ausprägung A_i repräsentiert. In der zweiten Darstellung, Abbildung 16, sind die Rollen der beiden unabhängigen Variablen vertauscht. Abbildung 15 entnehmen wir, daß der Übergang von B_1 über B_2 auf B_3 offenbar mit einer generellen Abnahme von X verbunden ist. Nach Abbildung 16 hingegen führt der Übergang von A_1 auf A_2 zu unterschiedlichen Auswirkungen auf X bei den unterschiedlichen Ausprägungen von B. Dies wirkt sich als Nichtsignifikanz im F-Test für A aus. Die Daten zeigen eine Wechselwirkung, die sich im nicht parallelen Verlauf der Darstellungen der Zellenmittelwerte äußert. Sie erreicht aber die Signifikanzgrenze im F-Test noch nicht (was bei der kleinen Zahl von Maßzahlen im Demonstrationsbeispiel nicht weiter überrascht).

Der Leser möge sich an dieser Stelle klarmachen, warum unsere Formulierung für die Wechselwirkung auf S. 154, Wechselwirkung liege vor, wenn ein Zellenmittelwert nicht allein als Summe eines Zeilen- und eines Spalteneffektes zustandekommt, gleichbedeutend ist mit einem nichtparallelen Verlauf der graphischen Darstellungen in den Abbildungen 15 und 16.

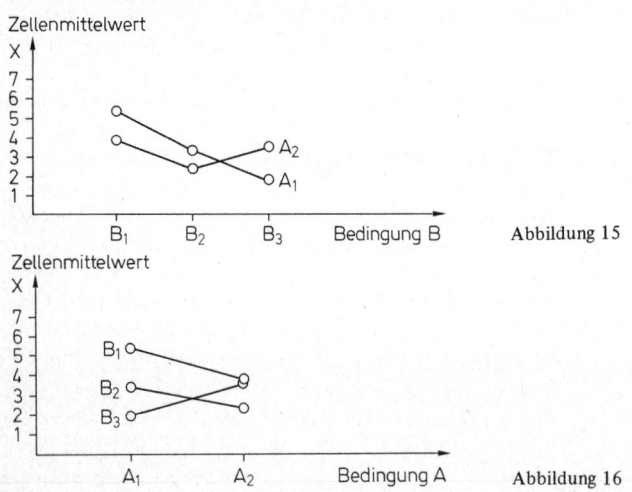

Abbildung 15

Abbildung 16

In Abbildung 14, S. 152, haben wir die Häufigkeitsverteilung der Daten, zunächst getrennt nach Zellen, dann gruppiert nach Zeilen und Spalten, schließlich völlig zusammengefaßt, dargestellt. Wir haben auch die Mittelwerte aus Tabelle 25 eingetragen. Wir sehen dort, daß sich die Zeilenmittelwerte $M_1.$ und $M_2.$ nur wenig vom gemeinsamen Mittelwert $M_{..}$ unterscheiden, hingegen die Spaltenmittelwerte $M_{.1}$, $M_{.2}$ und $M_{.3}$ deutliche Effekte aufweisen. Die unter Geltung der Nullhypothese bzw. der Arbeitshypothese angenommenen Populationsverteilungen lassen sich auch für dieses Beispiel wieder zeichnen. Sie können analog zu den Abbildungen 8 und 9, S. 82, dargestellt werden.

Unseren Ansatz (5.12) von S. 154 wollen wir noch graphisch veranschaulichen. Die Gleichung besagt, daß wir jeden Zellenmittelwert als Summe aus Gesamtmittelwert, Zeileneffekt, Spalteneffekt und Wechselwirkungsanteil der Zelle additiv zusammengesetzt denken können. Die Einzelmaßzahl erhalten wir dann, wenn wir zusätzlich, gemäß (5.12), noch einen individuellen Fehlerbetrag ϵ_{hij} addieren.

Für die Darstellung konstruieren wir ein neues Beispiel, wobei wir annehmen, Variable A habe 3 Ausprägungen, Variable B deren 4. Die Effekte von A mögen betragen $\alpha_1 = 2{,}5$; $\alpha_2 = -1{,}5$ und $\alpha_3 = -1{,}0$ Einheiten. Für B möge gelten: $\beta_1 = 2{,}0$; $\beta_2 = 1{,}0$; $\beta_3 = -4{,}0$ und $\beta_4 = 1{,}0$. Aus der Definition der Effektgrößen in (5.3) bzw. (5.4) folgt, daß die Summe aller Effekte einer unabhängigen Variablen gleich Null ist (Warum?). Dies ist in unserem Beispiel, wie man leicht sieht, erfüllt. Für die Wechselwirkungsanteile nehmen wir die Zahlen an: $\alpha\beta_{11} = -1{,}0$; $\alpha\beta_{13} = 1{,}0$; $\alpha\beta_{21} = 3{,}0$; $\alpha\beta_{24} = -3{,}0$; $\alpha\beta_{31} = -2{,}0$; $\alpha\beta_{33} = -1{,}0$ und $\alpha\beta_{34} = 3{,}0$. Die restlichen Zellen mögen keine Wechselwirkungsanteile aufweisen ($\alpha\beta_{ij} = 0$). Man sieht leicht, daß für die Wechselwirkung nicht nur die Gesamtsumme über alle Zellen, sondern auch die Summe über jede Zeile und jede Spalte hinweg Null ist. Auch dies folgt aus der Definition der Wechselwirkung mit (5.10), wonach es sich um die Abweichung eines Zellenmittelwertes vom Gesamtmittelwert handelt, nachdem der zugehörige Zeilen- und der zugehörige Spalteneffekt abgezogen worden ist.

Abbildung 17 verdeutlicht die additive Zusammensetzung jedes Gruppenmittelwertes aus den drei Effekten α, β und $\alpha\beta$. Jeder Effekt ist durch einen Pfeil dargestellt. Der erste Pfeil repräsentiert den Zeileneffekt. Er beginnt auf der Nullinie, die dem Gesamtmittelwert entspricht. Der zweite und dritte Pfeil beginnen jeweils an der Spitze des vorausgehenden. Ein nach oben gerichteter Pfeil zeigt ein positives, ein nach unten gerichteter Pfeil ein negatives Vorzeichen des repräsentierten Effektes an. Man beachte, daß die doppelt schraffierten Pfeile für jede Zeile und die einfach

schraffierten Pfeile für jede Spalte gleiche Länge und Richtung haben. Die
gepunkteten Pfeile ergänzen sich für jede Zeile, jede Spalte und damit
auch in der gesamten Darstellung zu Null.

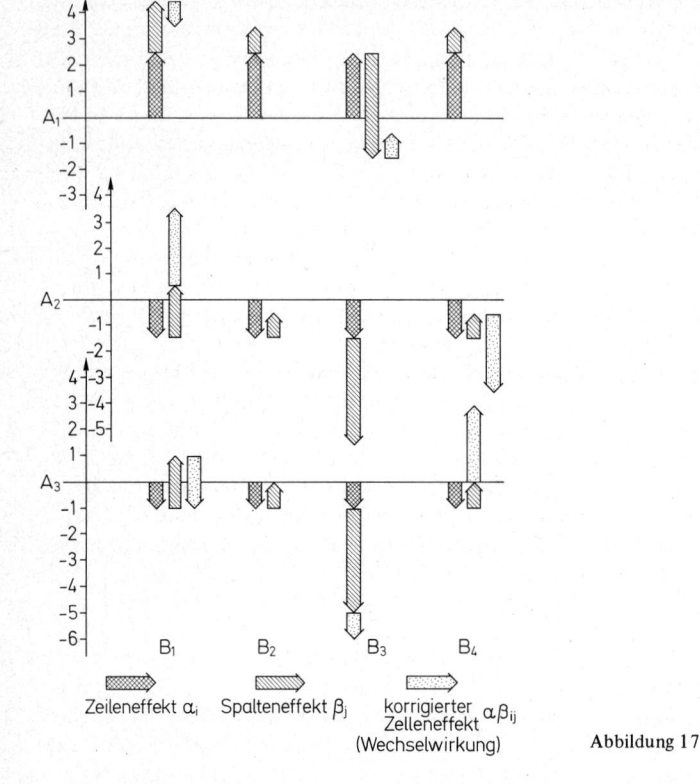

Zeileneffekt α_i Spalteneffekt β_j korrigierter Zelleneffekt $\alpha\beta_{ij}$ (Wechselwirkung)

Abbildung 17

5.1.7 Voraussetzungen, Einzelvergleiche und Effektgröße bei der zweifaktoriellen Varianzanalyse

Die im Kapitel 4 behandelten Fragen sind in völlig analoger Weise zu dem
dort zugrundegelegten einfaktoriellen Versuchsplan auf den zweifaktoriellen Versuchsplan zu übertragen. Die Voraussetzungen der Zufallsverteilung
der Meßobjekte auf die Gruppen, der normalverteilten Bedingungspopu-

lationen zu den einzelnen Gruppen und der Varianzhomogenität werden in der dort erörterten Weise erfüllt und überprüft. Die Bezugseinheit dafür ist hier wie dort die einzelne Zelle, die zusätzliche Anordnung der Zellen nach Zeilen und Spalten bleibt bei der Prüfung der Voraussetzungen außer Betracht.

Einzelvergleiche zwischen Zellen oder auch zwischen einzelnen Zeilen oder zwischen einzelnen Spalten können apriorisch und aposteriorisch, orthogonal und nichtorthogonal, wie dort ausgeführt, auf Signifikanz geprüft werden. Die Abschätzung der Fehlerwahrscheinlichkeit p_{II} und die Bestimmung der Stichprobengröße können auf alle drei Effekte A, B und AB übertragen werden. Man muß dazu nur die Zeilen, Spalten oder Zellen als Untersuchungsgruppen auffassen. Für die Stichprobengrößen m oder m_j in den Gleichungen der Abschnitte 4.2 und 4.3 sind jetzt lediglich die Häufigkeiten der Maßzahlen in den einzelnen Zellen, Zeilen oder Spalten, deren Mittelwertunterschiede oder Effektgrößen interessieren, einzusetzen.

Die Effektgröße $\hat{\omega}^2$ nach (4.48) kann jetzt für die Effekte A und B und für die Wechselwirkung berechnet werden, indem man im Zähler von (4.48) S_{ZG} durch S_A, S_B oder S_{AB} und den Klammerausdruck durch die zugehörige Zahl der Freiheitsgrade d_{fA}, d_{fB} oder d_{fAB} ersetzt. In den Nenner von (4.49) ist für Zufallseffekte in der zweifaktoriellen Varianzanalyse die Summe $\sigma_A^2 + \sigma_B^2 + \sigma_{AB}^2 + \sigma_e^2$ einzusetzen. Für die praktische Berechnung sind die dazu nötigen Schätzer mit Tabelle 28 zu ermitteln. In den Zähler von (4.49) wird der interessierende Effekt σ_A^2, σ_B^2 oder σ_{AB}^2 eingesetzt.

5.2 Feste und zufällige Effekte in komplexeren Analysen. Modelle I, II und III

Im Abschnitt 3.3.4 haben wir gezeigt, wie die Erwartungswerte für die drei Varianzschätzungen s_{ZG}^2, s_{IG}^2 und s_T^2 im einfachsten Fall, der einfaktoriellen Varianzanalyse mit festen oder zufälligen Effekten, berechnet werden. In Abschnitt 3.3.5 haben wir dann begründet, wie aus den Erwartungswerten ein Signifikanztest für die Wirkung der unabhängigen Variablen abgeleitet werden kann. Das Übungsbeispiel 8.2.2 und seine Musterlösung in Abschnitt 9.2.2 befassen sich mit Erwartungswerten für die *zweifaktorielle* Varianzanalyse.

Bei komplizierteren Varianzanalysen, mit der zweifaktoriellen beginnend, erhält man *voneinander abweichende Ausdrücke für die Erwartungswerte, je nachdem, ob feste oder zufällige Effekte* vorliegen; diese Unterschiede bedingen, daß man *unterschiedliche F-Quotienten* für den Signifikanztest auswählen muß. Wir haben uns also jetzt der Frage zuzuwenden, *wie der jeweils richtige F-Test gefunden wird*.

Eine zweifaktorielle Varianzanalyse kann in drei verschiedenen Weisen feste und zufällige Effekte enthalten. Zur übersichtlichen Kennzeichnung spricht man auch von „Modell I", „Modell II" und „Modell III". *„Modell I"* kennzeichnet die zwei- oder mehrfaktorielle Varianzanalyse, in der die unabhängigen Variablen *nur feste Faktoren* sind. *„Modell II"* meint die Analysen mit *ausschließlich zufälligen Faktoren*. Liegt *wenigstens ein fester und ein zufälliger Faktor* vor, so spricht man von *„Modell III"*, auch von einem *„gemischten Modell"*. Um welches Modell es sich handelt, spielt bei der Berechnung der einzelnen Quadratsummen und mittleren Quadrate einer Varianzanalyse keine Rolle, da die Formeln dafür, wie in Abschnitt 3.1 und 5.1.2 gezeigt, ohne irgendwelche Verteilungsannahmen für jeden Datensatz gelten.

In Tabelle 28 stellen wir die Erwartungswerte der Varianzschätzungen s_A^2, s_B^2, s_{AB}^2 und s_{IG}^2 für alle drei Modelle der zweifaktoriellen Analyse bei gleichen Zellenbesetzungen $l_{ij} = l$ zusammen. Wie schon gesagt, ist die Ableitung mit den Regeln aus Abschnitt 2.2 analog zum Beispiel im Abschnitt 3.3.4 möglich; wir gehen jedoch aus Platzgründen nicht näher darauf ein.

Tabelle 28

Varianz-schätzung	Modell I A fest B fest	Modell II A zufällig B zufällig	Modell III A fest B zufällig	Modell III A zufällig B fest
$E(s_A^2) =$	$\sigma_e^2 + ln\sigma_A^2$	$\sigma_e^2 + l\sigma_{AB}^2 + ln\sigma_A^2$	$\sigma_e^2 + l\sigma_{AB}^2 + ln\sigma_A^2$	$\sigma_e^2 + ln\sigma_A^2$
$E(s_B^2) =$	$\sigma_e^2 + lm\sigma_B^2$	$\sigma_e^2 + l\sigma_{AB}^2 + lm\sigma_B^2$	$\sigma_e^2 + lm\sigma_B^2$	$\sigma_e^2 + l\sigma_{AB}^2 + lm\sigma_B^2$
$E(s_{AB}^2) =$	$\sigma_e^2 + l\sigma_{AB}^2$	$\sigma_e^2 + l\sigma_{AB}^2$	$\sigma_e^2 + l\sigma_{AB}^2$	$\sigma_e^2 + l\sigma_{AB}^2$
$E(s_{IG}^2) =$	σ_e^2	σ_e^2	σ_e^2	σ_e^2

Ausdrücke der Form $\dfrac{1}{n-1} \sum\limits_{j=1}^{n} m_j \beta_j^2$, wie sie in der Gleichung (3.54), S. 93, für den Erwartungswert $E(s_{ZG}^2)$ vorkommen, können mit (2.86), S. 52, als Varianzschätzungen auf der Basis der festen Populationseffekte β_j aufgefaßt werden. Wir geben sie in Tabelle 28 durch Ausdrücke der Form $lm\sigma_B^2$ wieder. Bei zufälligen Effekten bedeuten σ_A^2, σ_B^2 und σ_{AB}^2 die Varianzen der entsprechenden zufälligen Faktoren und ihrer Wechselwirkungen in der Maßzahlenpopulation.

Wir wollen nun in die F-Quotienten für die zweifaktorielle Varianzanalyse nach Modell I, (5.35), (5.36) und (5.37), die Erwartungswerte für Zähler und Nenner nach Tabelle 28 einsetzen. Das führt auf:

$$(5.39) \quad F_A = \frac{\sigma_e^2 + ln\sigma_A^2}{\sigma_e^2},$$

$$(5.40) \quad F_B = \frac{\sigma_e^2 + lm\sigma_B^2}{\sigma_e^2} \text{ und}$$

$$(5.41) \quad F_{AB} = \frac{\sigma_e^2 + l\sigma_{AB}^2}{\sigma_e^2}.$$

Wir sehen sofort: im Nenner jedes F-Quotienten steht nur eine Schätzung der Fehlervarianz σ_e^2, im Zähler jeweils die Summe aus Fehlervarianz und der mit der Zahl der Maßzahlen je Zeile (ln), Spalte (lm) oder Zelle (l) multiplizierten Varianz des zu prüfenden Effektes.

Bilden wir die F-Quotienten für Modell II nach dem gleichen Schema, erhalten wir:

$$(5.42) \quad F_A = \frac{\sigma_e^2 + l\sigma_{AB}^2 + ln\sigma_A^2}{\sigma_e^2},$$

$$(5.43) \quad F_B = \frac{\sigma_e^2 + l\sigma_{AB}^2 + lm\sigma_B^2}{\sigma_e^2} \text{ und}$$

$$(5.44) \quad F_{AB} = \frac{\sigma_e^2 + l\sigma_{AB}^2}{\sigma_e^2}.$$

Das F für die Wechselwirkung bei zufälligen Effekten A und B (5.44) gleicht dem für feste Effekte (5.41). *Die F-Quotienten für die zufälligen Effekte A und B enthalten aber jetzt im Zähler zusätzlich als einen Summanden die mit der Zellenbesetzung l multiplizierte Wechselwirkungsvarianz.* Das heißt: auch wenn in der Population der Effekt des Faktors A nicht besteht, für diesen Faktor also die Nullhypothese H_{0A} gilt, hat F bei Vorliegen einer

Wechselwirkung eine höhere Wahrscheinlichkeit, signifikant zu werden, als das gesetzte Signifikanzniveau p_I. Die Wechselwirkung AB erniedrigt also in einer unkontrollierbaren Weise das Signifikanzniveau bei der Prüfung der Effekte von A und B mit F-Quotienten wie (5.35) und (5.36).

Es gibt nun verschiedene Möglichkeiten, diese unerwünschte Verzerrung des F-Tests für die Zufallsfaktoren A und B zu beseitigen. Der sicherste Weg besteht darin, neue F-Quotienten zu wählen, in deren Nenner die Varianzschätzung der Wechselwirkung s^2_{AB} steht:

(5.45) $\quad F_A = \dfrac{s^2_A}{s^2_{AB}}\quad$ und

(5.46) $\quad F_B = \dfrac{s^2_B}{s^2_{AB}}$.

Die Erwartungswerte für Zähler und Nenner lauten jetzt:

(5.47) $\quad F_A = \dfrac{\sigma^2_e + l\sigma^2_{AB} + ln\sigma^2_A}{\sigma^2_e + l\sigma^2_{AB}}\quad$ und

(5.48) $\quad F_B = \dfrac{\sigma^2_e + l\sigma^2_{AB} + lm\sigma^2_B}{\sigma^2_e + l\sigma^2_{AB}}$.

Die den Signifikanztest nach (5.42) und (5.43) möglicherweise störende Wechselwirkung erscheint jetzt also im Erwartungswert des Zählers *und* des Nenners. Der Zählererwartungswert enthält jetzt zusätzlich zum Nennererwartungswert nur die Varianz des *Effektes, der geprüft werden soll.* Dies gilt als *allgemeine Regel für die Wahl der F-Quotienten: die F-Quotienten sind stets so zu bilden, daß der Erwartungswert der Nennervarianzschätzung alle Summanden des Erwartungswertes der Zählervarianzschätzung außer dem zu testenden Effekt enthält.* Man kann sie auch so formulieren: *Zähler und Nenner von F werden so gewählt, daß der Erwartungswert des Zählers aus dem des Nenners plus genau einem Summanden, der den zu prüfenden Effekt enthält, besteht.* Bei Modell I erfüllen F-Werte nach (5.35) und (5.36) diese Regel; bei Modell II und III muß durch Vergleich der Erwartungswerte im Zähler und Nenner von F die Einhaltung dieser Regel sichergestellt werden.

Diese Regel bringt einen Nachteil für zufällige unabhängige Variablen mit sich. Die Varianzschätzung der Wechselwirkung, s_{AB}^2, basiert auf wesentlich weniger Freiheitsgraden als diejenige innerhalb der Gruppen, s_{IG}^2. F muß also einen oft erheblich größeren Zahlenwert annehmen als bei festen Effekten, um signifikant zu werden. Das ist plausibel, bedenkt man, daß die Verallgemeinerung für eine zufällige Variable einen wesentlich größeren Umfang hat, da jetzt nicht nur auf die in der Untersuchung vorkommenden Ausprägungen, sondern auf alle überhaupt möglichen Stufen verallgemeinert wird.

Wichtig ist noch folgender Zusammenhang. Für das *gemischte Modell* erhält man bei *festem A und zufälligem B* mit den Erwartungswerten von Tabelle 28 die F-Werte

(5.49) $\quad F_A = \dfrac{s_A^2}{s_{AB}^2}\quad$ und

(5.50) $\quad F_B = \dfrac{s_B^2}{s_{IG}^2}$.

Zufälliges A und festes B führen auf

(5.51) $\quad F_A = \dfrac{s_A^2}{s_{IG}^2}\quad$ und

(5.52) $\quad F_B = \dfrac{s_B^2}{s_{AB}^2}$.

Im gemischten Modell mit zwei Faktoren wird also jeweils *die feste Variable gegen die* auf weniger Freiheitsgraden beruhende Varianzschätzung der *Wechselwirkung* getestet. Das erscheint paradox, kann aber damit plausibel gemacht werden, daß im gemischten Modell mit zwei Faktoren die Wechselwirkung selbst ein Zufallseffekt ist, der sich dem Effekt der festen Variablen mit einer Zufallskomponente zusätzlich überlagert, während er in der Varianzschätzung der Zufallsvariablen nicht gesondert auftritt. (Der an diesem Zusammenhang genauer interessierte Leser mag Übungsbeispiel 8.2.2 für Modell III lösen.)

Es gibt in vielen Anwendungsfällen einen Weg, der unerwünscht kleinen Zahl der Nennerfreiheitsgrade von F bei Modell II und III zu entgehen. Immer dann nämlich, wenn man aufgrund theoretischer Überlegungen, bisheriger Kenntnis der Zusammenhänge und eines Signifikanztests mit den vorliegenden Daten genügend sicher sein kann, daß bezüglich der im Erwartungswert des Zählers störenden Varianzkomponente, im zweifaktoriellen Fall σ_{AB}^2, die Nullhypothese angenommen werden kann, darf für den Nenner eine Varianzschätzung verwendet werden, die diese Komponente nicht enthält. Im Modell II ist also F_A und F_B nach (5.35) und (5.36) genau dann zulässig, wenn F_{AB} nach (5.37) auf einem niedrigen Signifikanzniveau (5 %, 10 % oder sogar 25 %) nicht signifikant ist. Entsprechendes gilt für das gemischte Modell.

Die Wahl des F-Tests für die Haupteffekte A und B kann vom F-Test für die Wechselwirkung abhängig gemacht werden. Ist sie signifikant, ist gemäß der strengen Regel (5.45) und (5.46) zu verfahren, andernfalls kann (5.35) und (5.36) verwendet werden. Das ist vor allem für komplexere Varianzanalysen bedeutsam: man beginnt mit der Signifikanzprüfung der Wechselwirkungen und bestimmt dann die noch ausstehenden F-Quotienten so, daß man eine Varianzschätzung mit möglichst vielen Freiheitsgraden für den Nenner bekommt.

Ein zusätzlicher Weg zur Gewinnung eines Nenners mit möglichst vielen Freiheitsgraden für F liegt in der Zusammenfassung (engl. pooling) nichtsignifikanter Effektvarianzen mit der Fehlervarianz. Angenommen, wir erhielten in einer zweifaktoriellen Analyse nach Modell II das F nach (5.37) auf niedrigem Niveau p_I nichtsignifikant, könnten also die Nullhypothese für die Wechselwirkung als recht sicher ansehen. Im Erwartungswert für s_{AB}^2 könnten wir dann die Komponente σ_{AB}^2 nullsetzen und erhielten in s_{AB}^2 einen zusätzlichen Schätzer für die Fehlervarianz σ_e^2. s_{AB}^2 ist orthogonal zu s_{IG}^2, beide Schätzer sind also voneinander unabhängig. Zwei solche Schätzungen der gleichen Varianz können aber zu einer einzigen, verbesserten Schätzung zusammengezogen werden, indem man ihr gewogenes arithmetisches Mittel bildet. Für Varianzschätzungen ist es besonders einfach zu berechnen. Man erhält

(5.54) $\quad s_{IG+AB}^2 = \dfrac{S_{IG} + S_{AB}}{d_{fIG} + d_{fAB}}$,

braucht also (generell für das Mitteln orthogonaler Varianzschätzungen) nur die Summe ihrer Quadratsummen S durch die Summe ihrer Freiheitsgrade d_f zu dividieren (vgl. Abschnitt 2.2.3). Die Zahl der Freiheitsgrade für eine so zusammengesetzte Varianzschätzung ist natürlich gleich dem Nenner von (5.54), also gleich der Summe der einzelnen Freiheitsgradzahlen.

Über die Zweckmäßigkeit dieser Zusammenfassung nicht signifikant unterschiedener Varianzschätzungen werden verschiedene Auffassungen vertreten, auf die hier nicht eingegangen werden kann. Sofern man bei der Entscheidung über die Annahme der Nullhypothese, die für eine Zusammenfassung vorausgesetzt wird, streng verfährt (sehr niedriges Signifikanzniveau und sachliche Gründe, daß eine Wechselwirkung nicht zu erwarten ist), ist das Verfahren unbedenklich.

Wir fassen die einzelnen Schritte bei der Festlegung der richtigen F-Quotienten zusammen, wobei wir bereits die allgemeine Anwendung auf die Versuchspläne des Kapitels 6 im Auge haben:

---

1. Entnahme der Erwartungswerte für die einzelnen Varianzschätzungen aus der Tabelle (analog Tabelle 28),
2. Auswahl der Zähler der einzelnen F-Quotienten nach den zu prüfenden Effekten,
3. Auswahl der zugehörigen Nenner nach der Regel von S. 180,
4. Signifikanztest für alle F,
5. Entscheidung aufgrund der bisher vorliegenden Signifikanztests, vor allem über die Wechselwirkungen, ob einzelne Signifikanztests mit anderen oder zusammengefaßten Varianzschätzungen im Nenner von F wiederholt werden und
6. gegebenenfalls Berechnung der neuen F nach 5. und Signifikanzprüfung.

5.3 Die Block-Varianzanalyse

Denken wir uns den Fall, daß in einem zweifaktoriellen Auswertungsplan wie im Beispiel der Tabelle 22, S. 151, jede Zelle, also jede Kombination einer bestimmten Ausprägung der einen unabhängigen Variablen A_i mit einer Ausprägung der anderen unabhängigen Variablen B_j, *nur mit einer Maßzahl* besetzt ist. Wir bekommen eine zweifaktorielle Varianzanalyse, *für die jede Maßzahl zugleich ihren Zellenmittelwert darstellt*. Eine Varianzschätzung innerhalb der Zellen ist nicht mehr möglich, da es innerhalb der Zellen, wenn sie nur eine Maßzahl enthalten, keine Varianz gibt.

In Tabelle 29 führen wir ein Beispiel für eine Block-Varianzanalyse ein, an dem wir die weiteren Erörterungen verdeutlichen wollen.

Tabelle 29

	B_1	B_2	B_3
A_1	8	6	6
A_2	6	5	4
A_3	5	5	2
A_4	7	4	3
A_5	4	3	1

Die Tabelle 29 sieht zunächst genauso aus wie eine Datentafel für den einfaktoriellen Versuchsplan mit gleichen Zellenbesetzungen $m_j = 5$ (Tabellen 11 und 12, S. 73). Der entscheidende *Unterschied* liegt aber darin, daß jetzt *die Zeilen* die Funktion haben, *die jeweils gleiche Ausprägung der unabhängigen Variablen A_i zu repräsentieren*, während in Tabelle 11 die Zeilen nur die Meßobjekte enthalten, die bei der Durchnumerierung innerhalb der Zellen B_j durch Zufall die gleiche Nummer bekommen haben.

In vielen Anwendungsfällen der Sozialwissenschaften stellen die Ausprägungen A_i der Block-Varianzanalyse jeweils eine bestimmte untersuchte Person dar. Der Versuchsplan nach Tabelle 29 entsteht dann, *wenn jedes untersuchte Meßobjekt A_i jeder Versuchsbedingung B_j unterzogen werden kann*, wenn also die damit eingeführte *Versuchs- oder Meßwiederholung am einzelnen Meßobjekt* von den Sachzusammenhängen her zulässig ist. In dieser Anwendung wird der Versuchsplan auch „Personen-Bedingungen-Plan" ("Subjects by treatments" design nach Lindquist, 1953, S. 156) genannt. Auch dieser Plan ist wiederum die Generalisierung eines t-Tests auf mehr als zwei Stichproben, und zwar jetzt des t-Tests für *abhängige Stichproben*. Da die Zeilen A_i der Tabelle 29 die Daten *eines* Meßobjektes oder einer Versuchsperson unter *allen* Ausprägungen der unabhängigen Variablen B_j enthalten, nennt man sie auch *„Blöcke"*, woraus die Bezeichnung für den gesamten Versuchsplan resultiert.

Die Berechnungsformeln für die einzelnen Varianzschätzungen erhalten wir, wenn wir $l_{ij} = 1$ in die Formeln (5.16), S. 155, bis (5.25) einsetzen. Mit der Zellenbesetzung 1 entfällt der Klassifizierungsgesichtspunkt o dieser Formeln; da der Mittelwert einer Zelle gleich deren einziger Maßzahl und gleich der Summe aller Maßzahlen der Zelle wird, fallen die Gleichungen (5.18) und (5.21) zusammen, die Quadratsumme zwischen den Gruppen wird gleich der totalen Quadratsumme. Wir erhalten aus (5.18) und (5.21):

(5.55) $S_T = (AB) - (ab)$.

(5.22) und (5.23) werden zu:

(5.56) $S_A = (bA) - (ab)$ und

(5.57) $S_B = (aB) - (ab)$.

Aus (5.24) erhalten wir aufgrund der Koinzidenz von S_T und S_{ZG}

(5.58) $S_{AB} = S_T - S_A - S_B$.

In (5.25), der Gleichung für S_{IG}, wird natürlich jetzt die rechte Seite zu Null.
Damit haben wir bereits den Formelsatz für die Block-Varianzanalyse zusammengestellt. Die Zahl der Freiheitsgrade wird wie im ersten Abschnitt dieses Kapitels mit (5.26) bis (5.31) bestimmt.
Die Frage erhebt sich jetzt, woher wir eine Schätzung für die Fehlervarianz nehmen können. Im vorigen Abschnitt, 5.2, haben wir gesehen (Tabelle 28), daß bei Geltung der Nullhypothese wie bei Geltung der Arbeitshypothese s_{IG}^2, die Varianzschätzung „innerhalb", die wir jetzt nicht berechnen können, immer eine Schätzung der Fehlervarianz darstellt. Wir erhalten die hier benötigte Fehlervarianzschätzung, indem wir auf die Überlegungen zurückgehen, mit deren Hilfe wir im Abschnitt 5.2 die Fehlervarianzen für die einzelnen Modelle I, II und III in allgemeiner Form gewonnen haben:
wenn für die Wechselwirkung AB die Nullhypothese gilt, liefert s_{AB}^2, das wir auch in der Block-Varianzanalyse berechnen können, eine Schätzung der Fehlervarianz. Wir verwenden die F-Quotienten

(5.45) $F_A = s_A^2 / s_{AB}^2$ und

(5.46) $F_B = s_B^2 / s_{AB}^2$.

Da es eine Varianzschätzung innerhalb der Gruppen nicht gibt, kann auch innerhalb einer zweifaktoriellen Varianzanalyse mit Zellenbesetzung 1 die Nullhypothese für die Wechselwirkung nicht überprüft werden.
Man kann die Erfüllung dieser Voraussetzung jedoch mit einem von Tukey (1949) (vgl. Kirk, 1968, S. 138) entwickelten F-Test überprüfen. Hierzu

müssen wir zunächst eine Varianzschätzung für die Nichtadditivität von Zeilen und Spalten berechnen:

$$(5.59) \quad s^2 = \frac{N \left[\sum_{j=1}^{n} \sum_{i=1}^{m} (M_{i.} - M_{..})(M_{.j} - M_{..}) x_{ij} \right]^2}{S_A \, S_B} = $$

$$\frac{N \left(\sum_{j=1}^{n} \sum_{i=1}^{m} a_i \, b_j \, x_{ij} \right)^2}{S_A \, S_B} \, .$$

Der Zähler enthält die quadrierte Summe aller mit den zugehörigen Zeileneffekten $a_i = M_{i.} - M_{..}$ und Spalteneffekten $b_j = M_{.j} - M_{..}$ multiplizierten Einzelmaßzahlen x_{ij}. Diese Größe ist auf der Basis einer eigenen Tabelle, wie wir im Beispiel zeigen werden, zu berechnen (Tabelle 31). Der Nenner enthält nur Größen, die auch für die Varianzanalyse benötigt werden. Für den F_T-Test (der Index deutet an, daß der Tukey-Test gemeint ist) erhalten wir

$$(5.60) \quad F_T = \frac{s^2 \, (d_{fAB} - 1)}{S_{AB} - s^2} \, ,$$

wobei s^2 nach (5.59) zu berechnen ist. S_{AB} wird wiederum der Varianzanalyse entnommen.
In Abschnitt 4.1 haben wir die Voraussetzungen der Varianzanalyse diskutiert. Als sehr wichtig stellten sich dabei die Zufallsauswahl der untersuchten Meßobjekte *und* ihre zufallsgesteuerte Verteilung auf die einzelnen Versuchsbedingungen sowie die gleiche Zellenbesetzung heraus. Als wenig kritisch konnten andererseits Intervallskalenniveau, Normalverteilung und Varianzenhomogenität angesehen werden. In der Blockvarianzanalyse ist ungleiche Zellenbesetzung von vornherein ausgeschlossen; fallen eine oder mehrere Maßzahlen eines Blockes aus, kann man sich mit einer speziellen Schätzformel, die wir als (6.5.1) auf S. 227 angeben, behelfen, deren Rechenaufwand aber nur bei sehr wenigen Ausfällen tragbar ist. Besser ist es auch hier, bei Ausfall einzelner Maßzahlen den zugehörigen Block ganz zu eliminieren.
Bestehen die Blöcke aus Meßwiederholungen unter variierten Bedingungen B_j an denselben Personen A_i – was nicht die einzige mögliche Verwendung dieses Versuchsplanes ist, da man auch *verschiedene Personen* oder Meßobjekte auf die einzelnen Zellen eines zweifaktoriellen Planes mit der Zellen-

besetzung 1 verteilen kann, wobei dann auch A eine unabhängige Variable ist – ist die Voraussetzung der unabhängigen Zufallsauswahl der Meßobjekte in allen Zellen verletzt. Die Auswertung wird dadurch sehr empfindlich gegen heterogene Varianzen. An die Stelle des in 4.1.2 behandelten F_{max}- und des Bartlett-Tests zur Prüfung der Varianzhomogenität tritt bei Blockversuchsplänen der Box-Test zur Prüfung der *Homogenität der Varianz-Kovarianz-Matrix*. Wir haben darauf näher einzugehen.

In Abschnitt 2.2.3 wurde der Ausdruck

$$(2.65) \quad s^2 = \frac{\sum_{i=1}^{m} (x_i - M)^2}{m - 1}$$

als erwartungstreuer Schätzer der Varianz σ^2 eingeführt. Er läßt sich auch etwas anders schreiben:

$$(5.61) \quad s_{xx}^2 = \frac{\sum_{i=1}^{m} (x_i - M_x)(x_i - M_x)}{m - 1}.$$

Wählen wir die beiden Klammern im Zähler von (5.61) aus verschiedenen Variablen X und Y so aus, daß der gleiche Index i für ein bestimmtes x_i und y_i anzeigt, daß es sich um in irgendeiner Weise verbundene Meßwerte beider Variablen handelt, erhalten wir

$$(5.62) \quad s_{xy}^2 = \frac{\sum_{i=1}^{m} (x_i - M_x)(y_i - M_y)}{m - 1}.$$

Gleichung (5.62) wird als Schätzer der *Kovarianz* der Variablen X und Y, oder auch kurz als Kovarianz der beiden Variablen bezeichnet. Den Zähler von (5.62) nennt man auch die *„Produktsumme"* der Variablen X und Y, Formelzeichen P. Die Varianz einer Variablen ist ein Maß ihrer Dispersion; die *Kovarianz zweier Variablen* ein entsprechendes Maß ihrer *verbundenen* (gemeinsamen) *Dispersion*, weshalb wir ihr in (5.62) den Doppelindex xy geben. Man kann auch sagen, die Varianz sei die Kovarianz einer Variablen mit sich selbst, was wir in (5.61) mit dem Doppelindex xx markieren. Das übliche Maß für den Zusammenhang zweier Variablen, der Produktmomentkorrelationskoeffizient, ist bekanntlich als Quotient aus Kovarianz und geometrischem Mittel der Varianzen der beiden Variablen definiert, wie man jeder Einführung in die Statistik entnehmen kann. Für eine Datentabelle wie Tabelle 29, eine einfaktorielle Blockvarianzanalyse, hat die Varianz-Kovarianz-Matrix die Form:

$$(5.63) \quad \mathbf{S} = \begin{bmatrix} s^2_{11} & s^2_{12} & \cdot & s^2_{1j'} & \cdot & s^2_{1n} \\ s^2_{21} & s^2_{22} & \cdot & s^2_{2j'} & \cdot & s^2_{2n} \\ \cdot & \cdot & \cdot & \cdot & \cdot & \cdot \\ s^2_{j1} & s^2_{j2} & \cdot & s^2_{jj'} & \cdot & s^2_{jn} \\ \cdot & \cdot & \cdot & \cdot & \cdot & \cdot \\ s^2_{n1} & s^2_{n2} & \cdot & s^2_{nj'} & \cdot & s^2_{nn} \end{bmatrix}$$

„**S**" symbolisiert die Matrix als ganze; dafür werden stets fettgedruckte Großbuchstaben verwendet, sodaß eine Verwechslung mit „S" für Quadratsummen ausgeschlossen ist. **S** ist quadratisch, hat also die gleiche Zahl von n Zeilen und Spalten, die den Variablen der Datentabelle 29 entsprechen. In den *Zellen der Hauptdiagonale,* von links oben nach rechts unten, stehen die *Varianzen der Maßzahlen* x_{ij} *für die einzelnen Faktorstufen* B_j über die Personen A_i hinweg berechnet, in den *nichtdiagonalen Zellen die Kovarianzen zwischen jeweils verschiedenen Stufen* B_j. (Die Diagonale von rechts oben nach links unten spielt dabei keine Rolle, ihre Zellen werden auch als „nichtdiagonal" bezeichnet.) Die Matrix **S** ist nach der Definition der Matrizenrechnung symmetrisch, denn sie geht bei Vertauschung der Zeilen mit den Spalten (Transposition) in sich selbst über, da nach (5.62) $s^2_{xy} = s^2_{yx}$.

Wir lösen (5.61) nach (2.67) und (5.62) analog in eine rechenpraktisch günstigere Form auf, wobei wir die bei der Varianzanalyse verwendeten Indices und Obergrenzen einsetzen, und erhalten für das Element der j-ten Zeile und j'-ten Spalte von **S**:

$$(5.64) \quad s^2_{jj'} = \frac{1}{m-1} \left[\sum_{i=1}^{m} x_{ij}x_{ij'} - \frac{1}{m} \left(\sum_{i=1}^{m} x_{ij} \right) \left(\sum_{i=1}^{m} x_{ij'} \right) \right] .$$

Für den Box-Test haben wir die Varianz-Kovarianz-Matrix (5.63), deren Elemente aus den Daten mit (5.64) berechnet werden, mit einer Matrix $\mathbf{S}_o$ zu vergleichen, die in den Zellen der Hauptdiagonalen die durchschnittliche Varianz aus (5.63), $\bar{s}^2_{j=j'}$, und in den restlichen Zellen die durchschnittliche Kovarianz $\bar{s}^2_{j\neq j'}$, enthält:

(5.65) $\mathbf{S}_o = \begin{bmatrix} \overline{s}^2_{j=j'} & \cdot & \overline{s}^2_{j \neq j'} \\ \cdot & \overline{s}^2_{j=j'} & \cdot \\ \overline{s}^2_{j \neq j'} & \cdot & \overline{s}^2_{j=j'} \end{bmatrix}$.

Matrizenrechnung wird im vorliegenden Buch nicht behandelt. Wir möchten jedoch mit einigen wenigen Angaben den Leser in die Lage versetzen, einen Box-Test ohne weiteres Nachschlagen selbst zu rechnen. Für die Matrizen $\mathbf{S}$ und $\mathbf{S}_o$ wird dazu eine Größe $|\mathbf{S}|$ und $|\mathbf{S}_o|$ benötigt, die als *Determinante* von $\mathbf{S}$ und $\mathbf{S}_o$ bezeichnet wird.

Determinanten erhält man wie folgt. Zur Matrix mit zwei Zeilen und zwei Spalten

(5.66) $\mathbf{U}_2 = \begin{bmatrix} u_{11} & u_{12} \\ u_{21} & u_{22} \end{bmatrix}$

lautet die Determinante

(5.67) $|\mathbf{U}_2| = \begin{vmatrix} u_{11} & u_{12} \\ u_{21} & u_{22} \end{vmatrix} = u_{11}u_{22} - u_{12}u_{21}$.

Hat die Matrix 3 Zeilen und 3 Spalten:

(5.68) $\mathbf{U}_3 = \begin{bmatrix} u_{11} & u_{12} & u_{13} \\ u_{21} & u_{22} & u_{23} \\ u_{31} & u_{32} & u_{33} \end{bmatrix}$,

so erhält man

(5.69) $|\mathbf{U}_3| = u_{11} \begin{vmatrix} u_{22} & u_{23} \\ u_{32} & u_{33} \end{vmatrix} - u_{12} \begin{vmatrix} u_{21} & u_{23} \\ u_{31} & u_{33} \end{vmatrix} + u_{13} \begin{vmatrix} u_{21} & u_{22} \\ u_{31} & u_{32} \end{vmatrix}$.

Die einzelnen Determinanten, die in (5.69) noch enthalten sind, werden als *Unterdeterminanten* von (5.68) bezeichnet; sie werden nach (5.67) aufgelöst, sodaß man erhält:

(5.70) $|\mathbf{U}_3| = u_{11}u_{22}u_{33} - u_{11}u_{23}u_{32} - u_{12}u_{21}u_{33} + u_{12}u_{23}u_{31}$
$+ u_{13}u_{21}u_{32} - u_{13}u_{22}u_{31}$.

Der Zahlenwert für eine Determinante mit zwei Zeilen und Spalten ist also gleich dem Produkt des *oberen linken* mit dem *unteren rechten* Element minus das Produkt des *oberen rechten* mit dem *unteren linken* Element. Für mehr als zwei Zeilen und Spalten erhält man die Determinante als Summe der Produkte der Elemente der ersten Zeile mit ihren Unterdeterminanten, wobei das Vorzeichen für die *ungeradzahligen Spalten positiv*, für die *geradzahligen Spalten negativ* wird. Wie man dem Vergleich von (5.69) mit (5.68) leicht entnimmt, ist die Unterdeterminante eines Elementes die Determinante, die übrigbleibt, wenn man die Zeile und die Spalte, der das Element angehört, streicht und dabei entstehende Lücken schließt. Determinanten für Matrizen mit n (n $\geq$ 3) Zeilen und Spalten lassen sich so auf Determinanten mit 2 Zeilen und Spalten zurückführen. Das Verfahren wird für steigendes n schnell sehr umständlich; auf andere Berechnungsmethoden können wir jedoch hier nicht eingehen und verweisen daher auf die Literatur (z. B. Aitken, 1969; Zurmühl, 1964).

Für den Signifikanztest erhalten wir eine χ^2-verteilte Prüfgröße

(5.71) $\quad \chi^2_{Box} = \left(\dfrac{n(n+1)^2 (2n-3)}{6(m-1)(n-1)(n^2+n-4)} - 1 \right) (m-1) \ln \dfrac{|S|}{|S_o|}$.

„ln" bedeutet dabei den natürlichen Logarithmus, den Logarithmus zur Basis e. Die Zahl der Freiheitsgrade für χ^2_{Box} ist

(5.72) $\quad d_f = \dfrac{n^2 + n - 4}{2}$.

Die Berechnungen für den Box-Test gestalten sich, wie man Gleichungen (5.63) bis (5.71) ansieht, umfangreich. Deshalb wird er bei praktischen Anwendungen von Blockvarianzanalysen oft ausgelassen und das Risiko eines *unkontrolliert erniedrigten Signifikanzniveaus* eingegangen. Bei Computerberechnungen sollte man ihn jedoch unbedingt mit einbeziehen.

Die Logik des Box-Tests ist leicht als Verallgemeinerung der Logik des Bartlett-Tests zu erkennen. Aus der Nullhypothese gleicher Varianzen für unabhängige Stichproben im Bartlett-Test wird jetzt die Nullhypothese gleicher Varianzen für die einzelnen abhängigen Stichproben B_j (Diagonalzellen von (5.63)) *und* gleicher Kovarianzen aller möglichen Paare aus B_j (nichtdiagonale Zellen von (5.63)). Die zweite Voraussetzung bedeutet mit anderen Worten *je paarweise gleiche Korrelation zwischen allen einzelnen Faktorstufen* B_j, oder, nochmals anders ausgedrückt, *gleiche Anteile der durch Meßwiederholung bedingten und der durch Meßfehler bedingten Varianz an der Varianz innerhalb jeder Gruppe* B_j.

Ist der Box-Test nicht signifikant, kann ein signifikanter F-Test nach

(5.46) in der Blockvarianzanalyse uneingeschränkt interpretiert werden. Ist der Box-Test hingegen signifikant, empfehlen Geisser und Greenhouse (1958) einen *konservativen F-Test*, die Prüfung des nach (5.46) berechneten F-Wertes mit $d_{f1} = 1$ für den Zähler und $d_{f2} = m - 1$ für den Nenner. Ergibt der konservative F-Test Signifikanz, so darf der Unterschied zwischen den Gruppen B_j interpretiert werden, auch wenn der Box-Test signifikant ist. Damit kann man sich den hohen Rechenaufwand des Box-Tests sparen, indem man bei signifikantem F-Test in der Varianzanalyse zunächst den konservativen F-Test anschließt. Sind beide signifikant, ist der Box-Test unnötig. Der Box-Test ist dann nur noch nötig, wenn der normale F-Test signifikant, der konservative hingegen nicht signifikant ist. Ist jetzt der Box-Test signifikant, darf das normale F nicht mehr interpretiert werden, und der konservative F-Test hat andererseits möglicherweise ein unkontrolliert erhöhtes Signifikanzniveau. Man kann in diesem Falle noch Hotellings T^2-Test anwenden, auf den wir hier jedoch nicht mehr eingehen. Er wird beispielsweise bei Kirk (1968), Winer (1971) und Bortz (1977) dargestellt.

Die Verhältnisse lassen sich nach dem folgenden 2 x 3-Schema zusammenfassen, wobei die Spalten und Zeilen dem F-Test der Varianzanalyse, dem konservativen F-Test und dem Box-Test zugeordnet sind und die Zellen den Test enthalten, dessen Ergebnis interpretiert wird. Sie geben außerdem an, ob ein bestimmter Effekt in der Varianzanalyse signifikant ist oder nicht.

	F s.		F n.s.
	$F_{kons.}$ s.	$F_{kons.}$ n.s.	$F_{kons.}$ n.s.
χ^2_{Box} s.	$F_{kons.}$ s.	T^2 Hotelling ?	F n.s.
χ^2_{Box} n.s.	F s.	F s.	F n.s.

Man entnimmt dem Schema leicht, daß der Box-Test nur berechnet werden muß, wenn F signifikant und $F_{kons.}$ nicht signifikant ist. Ist der Box-Test dann signifikant, gibt nur der hier nicht behandelte T^2-Test Auskunft über die Signifikanz des zu prüfenden Effektes.

Zur Berechnung der Varianzanalyse des Beispiels von Tabelle 29 benötigen wir eine Tabelle in der Art von Tabelle 25, S. 168. Da jede Zelle nur eine

Tabelle 30

Unabhängige Variable A (Versuchspersonen)	Unabhängige Variable B (Untersuchungsbedingungen)										
	B_1		B_2		B_3						
	$x_{.1}$	$x^2_{.1}$	$x_{.2}$	$x^2_{.2}$	$x_{.3}$	$x^2_{.3}$					
A_1	8	64	6	36	6	36	20		3	133,333	6,667
A_2	6	36	5	25	4	16	15		3	75	5,000
A_3	5	25	5	25	2	4	12		3	48	4,000
A_4	7	49	4	16	3	9	14		3	65,333	4,667
A_5	4	16	3	9	1	1	8		3	21,333	2,667
$\sum_{i=1}^{m} x_{ij}$	30		23		16		69			(bA) = 343	
$\sum_{i=1}^{m} x^2_{ij}$		190		111		66	(AB) = 367				
m	5		5		5		15				
$(\sum_{i=1}^{m} x_{ij})^2/m$		180		105,8		51,2	(aB) = 337			(ab) = 317,4	
$M_{.j}$	6,0		4,6		3,2						M.. = 4,600

Maßzahl enthält, sind, wie schon gesagt, zwei der fünf Größen, für die wir jeder Zelle in Tabelle 25 zusammengenommen fünf Fußzeilen zugeordnet haben, gleich dieser Maßzahl, zwei gleich deren Quadrat und eine gleich 1. Für unsere jetzige Rechnung benötigen wir die fünf Fußzeilen nur einmal am unteren Ende der Tabelle für die Spalteneffekte. Da wir jedoch außerdem noch Zeileneffekte haben, sind auch die fünf rechten Randspalten wie in Tabelle 25 vonnöten. Tabelle 30 gibt die Zahlenwerte für unser Beispiel wieder.

Aufgrund von Tabelle 31 erhalten wir die F-Werte:

$$F_A = s_A^2 / s_{AB}^2 = 6{,}4/0{,}55 = 11{,}64 \text{ mit } d_{f1} = 4, \ d_{f2} = 8 \text{ und}$$

$$F_B = s_B^2 / s_{AB}^2 = 9{,}8/0{,}55 = 17{,}82 \text{ mit } d_{f1} = 2, \ d_{f2} = 8.$$

Die F-Tabelle liefert für $p_I = 1\,\%$ die Zahlenwerte $F_{1\%,4,8} = 7{,}01$ und $F_{1\%,2,8} = 8{,}65$.

Tabelle 30 können wir entnehmen:
(AB) = 367; (bA) = 343; (aB) = 337 und (ab) = 317,4. Damit läßt sich Tabelle 31 berechnen.

Tabelle 31

Quelle	Quadratsumme S	d_f	s^2
A (Zeilen, Personen)	$S_A = (bA) - (ab) = 25{,}6$	$m - 1 = 4$	6,4
B (Spalten, Bedingungen)	$S_B = (aB) - (ab) = 19{,}6$	$n - 1 = 2$	9,8
AB (Wechselwirkung)	$S_{AB} = (AB) - (bA) - (aB) + (ab)$ $= 4{,}4$	$(m-1)(n-1)$ $= 8$	0,55
T (total)	$S_T = (AB) - (ab) = 49{,}6$	$N - 1 = 14$	3,54

Beide F-Werte sind signifikant, wir haben also sowohl einen interpretierbaren Effekt A als auch B erhalten. Wären etwa in einer sozialwissenschaftlichen Untersuchung $A_1 \ldots A_5$ fünf Personen, $B_1 \ldots B_3$ drei Versuchsbedingungen, könnte man sagen, es bestehe sowohl eine Wirkung der unabhängigen Variablen B als auch ein interindividueller Unterschied in der abhängigen Variablen X zwischen den Untersuchungsteilnehmern.

Für den Tukey-Test auf eine Wechselwirkung AB benötigen wir eine neue Tabelle in der Art von Tabelle 32. Wir müssen sie so anlegen, daß sich der

Zähler von (5.59) möglichst übersichtlich berechnen läßt. Die Urliste (Tabelle 29) braucht dabei nicht als Tabellenbestandteil aufgenommen zu werden. Wir wählen soviele Zeilen und Spalten, wie die Urliste Zeilen und Spalten enthält. Für die Zeilen- und Spalteneffekte a_i und b_j sehen wir je eine Randspalte und Fußzeile vor. Die Zahlenwerte für die Effekte berechnen wir aufgrund der Mittelwerte in Tabelle 30. In die Zellen schreiben wir die Einzelprodukte Maßzahl mal beide zugehörige Effekte. Eine zweite Fußzeile dient der Aufnahme der Zwischensummen über die Zellen jeweils einer Spalte. Die Summe über diese zweite Fußzeile ergibt dann den gesuchten Zahlenwert für den Zähler von (5.59).

Tabelle 32

Blöcke A_i	B_1	B_2	B_3	Zeileneffekte $a_i = M_{i.} - M_{..}$
A_1	+23,150	0,000	−17,363	+2,067
A_2	+3,360	0,000	−2,240	+0,400
A_3	−4,200	0,000	+1,680	−0,600
A_4	+0,657	0,000	−0,281	+0,067
A_5	−10,825	0,000	+2,706	−1,933
Spaltensummen	+12,142	0,000	−15,498	−3,356
Spalteneffekte $b_j = M_{.j} - M_{..}$	+1,400	0,000	−1,400	

Mit der Gesamtsumme aus Tabelle 32 erhalten wir für (5.59):

$$s^2 = \frac{15 \cdot (-3,356)^2}{25,6 \cdot 19,6} = 0,337 \text{ und für } F_T \text{ (5.60):}$$

$$F_T = \frac{0,337 \cdot 7}{4,4 - 0,337} = 0,581.$$

F_T liegt unter 1,0 und ist also nicht signifikant. Wir müssen demnach nicht mit einer Wechselwirkung zwischen Blöcken und unabhängiger Variabler B rechnen und können die Varianzanalyse aus den Tabellen 30 und 31 interpretieren.

Signifikanz F_T bedeutet *formal*, daß eine Wechselwirkung AB angenommen werden muß und deshalb s^2_{AB} in der Varianzanalyse einen größeren Zahlenwert annimmt als eine Schätzung der Fehlervarianz. Das aber bedeutet, daß die *Wahrscheinlichkeit, einen in Wirklichkeit vorhandenen*

Effekt A und/oder B *nicht zu entdecken,* sich *vergrößert.* Die Prüfung auf Wechselwirkung in einem Blockversuchsplan ist also vor allem bei nichtsignifikanter Varianzanalyse wichtig. Eine Wechselwirkung begünstigt bei diesem Versuchsplan die Nullhypothese und benachteiligt die Arbeitshypothese. *Inhaltlich* besagt das Vorliegen einer Wechselwirkung, daß man von einer gleichen Auswirkung der Variation der Variablen B auf allen Niveaus von A (bei allen Blöcken A, bei allen untersuchten Personen A) nicht mehr sprechen kann.

Berechnen wir nun noch die Prüfgröße für den Box-Test. Mit (5.64) läßt sich die Varianz-Kovarianz-Matrix (5.63), Tabelle 33, zusammenstellen. Die nötigen Zahlenwerte für die Hauptdiagonale können sämtlich der Tabelle 30 entnommen werden. Für die ersten Summanden in den runden Klammern der nichtdiagonalen Zellen müssen auf der Basis der Datenspalten in Tabelle 29 oder 30 zusätzlich die Ausdrücke $\sum_{i=1}^{m} x_{ij} x_{ij'}$ für die einzelnen Bedingungskombinationen B_j, $B_{j'}$ mit $j \neq j'$ berechnet werden. Die Matrix S_o (5.65), Tabelle 34, enthält nur zwei verschiedene Zahlenwerte: in den diagonalen Zellen das arithmetische Mittel der Diagonalzellen von Tabelle 33, in den nichtdiagonalen Zellen dasjenige der nichtdiagonalen Zellen von Tabelle 33, wobei es wegen deren Symmetrie genügt, den Mittelwert über die obere Dreiecksmatrix, die oberen nichtdiagonalen Zellen, zu berechnen.

$$S = \begin{matrix} B_1 & B_2 & B_3 \\ \frac{1}{4}(190-180)=2{,}50 & \frac{1}{4}(143-\frac{1}{5}\cdot 30\cdot 23)=1{,}25 & \frac{1}{4}(107-\frac{1}{5}\cdot 30\cdot 16)=2{,}75 \\ \frac{1}{4}(143-\frac{1}{5}\cdot 30\cdot 23)=1{,}25 & \frac{1}{4}(111-105{,}8)=1{,}30 & \frac{1}{4}(81-\frac{1}{5}\cdot 23\cdot 16)=1{,}85 \\ \frac{1}{4}(107-\frac{1}{5}\cdot 30\cdot 16)=2{,}75 & \frac{1}{4}(81-\frac{1}{5}\cdot 23\cdot 16)=1{,}85 & \frac{1}{4}(66-51{,}2)=3{,}70 \end{matrix}$$

Tabelle 33

Tabelle 34

$$\mathbf{S_o} = \begin{bmatrix} 2{,}50 & 1{,}95 & 1{,}95 \\ 1{,}95 & 2{,}50 & 1{,}95 \\ 1{,}95 & 1{,}95 & 2{,}50 \end{bmatrix}$$

Mit (5.69) und (5.67) erhält man die Determinanten $|\mathbf{S}| = 0{,}575$ und $|\mathbf{S_o}| = 1{,}936$. Einsetzen der Zahlenwerte in (5.71) ergibt

$$\chi^2_{Box} = \left(\frac{3 \cdot 16 \cdot 3}{6 \cdot 4 \cdot 3 \cdot 8} - 1\right) \cdot 4 \cdot \ln \frac{0{,}575}{1{,}936} = 3{,}642.$$

(5.72) liefert die Freiheitsgrade $d_f = \frac{9 + 3 - 4}{2} = 4$.

Für 4 Freiheitsgrade und $p_I = 30\,\%$ erhalten wir aus Tabelle II ein $\chi^2_{30\%,4} = 4{,}878$, das vom errechneten Wert noch unterschritten wird. Der Box-Test ist für unser Beispiel also auf einem sehr niedrigen Niveau nicht signifikant, wir dürfen das Ergebnis der Varianzanalyse uneingeschränkt interpretieren.

Die Erwartungswerte für die Zähler und Nenner der F-Quotienten in der Blockvarianzanalyse können der Tabelle 28 entnommen werden, wobei $l = 1$ einzusetzen ist. Es zeigt sich: darf man aufgrund des Tukey-Tests auf das Fehlen der Wechselwirkung, auf $\sigma^2_{AB} = 0$ schließen, so sind die F-Werte nach (5.45) und (5.46) für alle Modelle I, II und III einwandfreie Prüfgrößen; ist $\sigma^2_{AB} \neq 0$, werden diese F-Tests für Modell I und für den zufälligen Faktor in Modell III in Richtung eines erhöhten Signifikanzniveaus verzerrt. Modell II und der feste Faktor in Modell III bleiben davon unberührt, da hier σ^2_{AB} auch im Zähler von F als Summand erscheint. Der Leser mag zur Überprüfung dieser Feststellungen die Überlegungen aus Abschnitt 5.2 auf die Block-Varianzanalyse übertragen.

Bei praktischen Anwendungen ist zu beachten, daß die Messung aller Untersuchungsbedingungen an jedem einzelnen Meßobjekt A_i *nicht wiederholungsbedingte systematische Meßfehler erzeugen* darf. In sozialwissenschaftlichen Arbeiten ist aber sehr häufig mit einem solchen Wiederholungsfehler durch Bekanntheit des Materials, also negativen oder positiven Lerntransfer von einer Bedingung B_j zur anderen, durch Einflüsse von Ermüdung, Motivation, Anwärmeffekten und vielem anderen zu rechnen. *Man muß den Einfluß dieser Variablen in die Fehlervarianz hineinbringen,* indem man die Reihenfolge der Applikation der einzelnen Bedingungen B_j für jedes Individuum A_i in einer Zufallsauswahl (als Lose verwendete Kärtchen oder Zufallszahlentabellen) festlegt. Man kann auch versuchen, diese Einflüsse in der Wirkung zu kompensieren, indem man von Meßobjekt zu Meßobjekt die Untersuchungsreihenfolge systematisch permutiert. Der Einfluß der Reihenfolge der einzelnen Ausprägungen der unabhängigen Variablen kann so orthogonal zum Einfluß der unabhängigen Variablen selbst gemacht werden. Oft genügt statt einer vollständigen Permutation auch eine zyklische Vertauschung, vor allem, wenn keine besonderen paarweisen sequentiellen Effekte bei der Aufeinanderfolge bestimmter Bedingungen erwartet werden müssen.

Der Blockversuchsplan ist außerordentlich ökonomisch, da er schon für wenige Daten in der Population vorhandene Effekte entdeckt. Die Anwendungsgrenzen werden von den Sachzusammenhängen gesteckt: sind Untersuchungswiederholungen an einem Meßobjekt unmöglich oder liegt eine Wechselwirkung zwischen den Blöcken und der unabhängigen Variablen B vor, ist er nicht mehr anwendbar. Für eine inhomogene Varianz-Kovarianz-Matrix gilt nur noch der konservative F-Test.

5.4 Das Lateinische Quadrat

Im zweifaktoriellen Versuchsplan, wie ihn etwa Tabelle 22, S. 151, darstellt, läßt sich eine dritte unabhängige Variable unterbringen, wenn die Zahl der Ausprägungen aller drei unabhängigen Variablen gleich ist. Verdeutlichen wir uns dies mit Tabelle 35! Wir nehmen die Zahl der Ausprägungen jeder unabhängigen Variablen mit 3 an, also $m = 3$, $n = 3$ und $r = 3$. Dabei müssen wir zusätzlich beachten, daß jede unabhängige Variable gegenüber jeder anderen vollständig balanciert ist, also jede Ausprägung einer unabhängigen Variablen gleich häufig mit jeder Ausprägung jeder anderen Variablen zusammen auftritt. Tabelle 35 gibt eine Möglichkeit an, wie die drei unabhängigen Variablen A, B und C miteinander kombiniert werden können.

Tabelle 35

	B_1	B_2	B_3
A_1	C_1	C_2	C_3
A_2	C_3	C_1	C_2
A_3	C_2	C_3	C_1

Mit dem Verfahren von Tabelle 23, S. 162, läßt sich leicht nachweisen, daß für gleiche Zellenbesetzungen $l_{ij} = 1$ jetzt drei voneinander unabhängige, also wechselseitig zueinander orthogonale Effektschätzungen $a_1 \ldots a_3$, $b_1 \ldots b_3$ und $c_1 \ldots c_3$ berechnet werden können. Da dieser Nachweis ohne besondere Schwierigkeiten möglich ist, lassen wir ihn aus Raumgründen aus. Der Formelsatz zur Berechnung der Analyse läßt sich leicht aus demjenigen für den zweifaktoriellen Versuchsplan im zweiten Abschnitt dieses Kapitels ableiten. Die Voraussetzungen zur Anwendung der vorliegenden Analyse liegen in der logischen Kombinierbarkeit der unabhängigen Variablen in der Art von Tabelle 35. Die einzelnen Zellen haben in der Regel eine von 1 abweichende Besetzung, was aber nicht vorausgesetzt werden muß; das lateinische Quadrat kann auch mit Zellenbesetzung 1 gerechnet werden. Die Fehlervarianzschätzung wird dann ähnlich wie im Blockversuchsplan des vorigen Abschnittes gewonnen. Wir können die totale Quadratsumme zunächst wieder mit Gleichung (3.9), S. 69 und S. 155, in einen Anteil zwischen und innerhalb der Gruppen zerlegen. Der Anteil zwischen den Gruppen, beim zweifaktoriellen Versuchsplan in Abschnitt 5.1 mit (5.17), S. 155, weiterzerlegt, enthält jetzt auch noch den Varianzanteil für die unabhängige Variable C: aus (5.17) wird

(5.73) $S_{ZG} = S_A + S_B + S_C + S_{Res}$.

In (5.17) haben wir die Größe S_{AB} als Wechselwirkung zwischen den unabhängigen Variablen A und B bezeichnet, also als unterschiedliche Auswirkung der einzelnen Ausprägungen von A bei den verschiedenen Ausprägungsgraden von B. Wir können die Wechselwirkung auch als Nichtadditivität der Effekte von A und B auffassen. *Sind in einem Versuchsplan drei unabhängige Variablen enthalten, so ist zwischen je zwei Variablen eine Wechselwirkung möglich.* Darüberhinaus kann eine *Dreifachwechselwirkung* auftreten, die als *unterschiedliche Auswirkung der verschiedenen Ausprägungen jeweils einer unabhängigen Variablen für die einzelnen Ausprägungskombinationen der beiden anderen* unabhängigen Variablen zu interpretieren ist. Bei drei unabhängigen Variablen sind also insgesamt vier verschiedene Wechselwirkungen möglich. Das lateinische Quadrat gestattet jedoch keine Trennung dieser verschiedenen Wechselwirkungen, sondern faßt sie in eine Varianzschätzung zusammen. S_{Res} in (5.73) ist die zu dieser Varianzschätzung gehörige Quadratsumme. Man spricht auch davon, daß die Wechselwirkungen *konfundiert* werden.
Allerdings werden im lateinischen Quadrat die Wechselwirkungen nicht nur untereinander, sondern auch mit den Haupteffekten konfundiert; im Plan von Tabelle 35 ist beispielsweise der Haupteffekt C nicht orthogonal zur

Wechselwirkung AB. Für die Anwendung des lateinischen Quadrates ist es deshalb Voraussetzung, daß mit keiner der vier möglichen Wechselwirkungen gerechnet werden muß. Unter dieser Bedingung sind die Prüfgrößen F, die nach (5.35) und (5.36), in analoger Weise für C und für F_{Res} nach (5.37) berechnet werden, für alle Modelle I, II und III anwendbar. Der Test für s^2_{Res} dient der Prüfung, ob Wechselwirkungen vorhanden sind. Bei Zellenbesetzung l = 1 wird für F_A, F_B und F_C der entsprechende Zähler durch s^2_{Res} dividiert; auf Wechselwirkung prüft man in diesem Falle mit dem Tukey-Test wie für eine einfaktorielle Block-Varianzanalyse.

Die Rechenformeln für S_T, S_{ZG} und S_{IG} stimmen mit denen für den zweifaktoriellen Plan überein, (5.18), (5.21) und (5.25) werden also auch für das lateinische Quadrat verwendet. Das Gleiche gilt für S_A und S_B, also (5.22) und (5.23). S_C müssen wir nur analog zu S_A und S_B bestimmen:

(5.74) $S_C = (oaC) - (oac)$ oder

(5.75) $S_C = (obC) - (obc)$.

Das zweite Glied auf der rechten Seite von (5.74) und (5.75) bedeutet, daß über alle Maßzahlen der gesamten Datenmenge zu summieren, diese Summe zu quadrieren und durch die Gesamtzahl aller Maßzahlen zu dividieren ist. Daraus folgt für das lateinische Quadrat:

(5.76) $(oac) = (oab) = (obc)$.

Zur Berechnung von S_C müssen wir eine gegenüber der Tabelle für die Hauptberechnung in der Art von Tabelle 25 oder 30 zusätzliche, neue Tabelle anlegen, da ja die einzelnen Ausprägungen von C nicht ihrerseits Zeilen, Spalten oder Ebenen einer Matrix darstellen, sondern auf die Zeilen und Spalten der zunächst gegebenen Tabelle verteilt sind.

Schließlich erhalten wir noch S_{Res} aus (5.73) durch Umstellung:

(5.77) $S_{Res} = S_{ZG} - S_A - S_B - S_C$.

Die Zahlen der Freiheitsgrade werden wieder mit (5.27) bis (5.31) bestimmt, die F-Werte analog (5.35) bis (5.37) gerechnet. In Tabelle 39 sind alle nötigen Formeln zusammengestellt.

Wir geben ein Beispiel für ein lateinisches Quadrat. Der Einfachheit halber wählen wir wieder die Zahl der Maßzahlen je Zelle kleiner als in praktischen Fällen üblich zu l = 5. Die Maßzahlen werden auch wieder einstellig ausgesucht, um den Rechenaufwand, der die Logik des Verfahrens eher verdecken kann, klein zu halten. Allerdings verwenden wir diesmal auch negative Maßzahlen.

Angenommen, drei unabhängige psychologische Variablen werden in je drei Stufen variiert. Die Ausprägungen der drei Variablen werden so kombiniert, daß ein lateinisches Quadrat mit 3 x 3 Zellen entsteht. Jede Zelle enthält die Maßzahlen von 5 Personen, die nur an einem Teilversuch, der der Zelle entsprechenden Kombination der drei Bedingungen A_i, B_j und C_k, teilgenommen haben. Man habe die Daten von Tabelle 36 erhalten. Zur Berechnung der Zahlenwerte für die Varianzanalyse ist zunächst eine Tabelle mit dem gleichen Aufbau wie Tabelle 25 nötig; sie ist für das jetzige Beispiel in Tabelle 37 ausgeführt. Diese Tabelle enthält die Größen (oab), (OAB), (oaB) und (obA). (oAB) ist leicht als Summe der jeder Zelle zugehörigen Größen ($\sum_{h=1}^{l_{ij}} x_{hij})^2 / l_{ij}$ über die gesamte Tabelle zu gewinnen.
Der Zahlenwert ist (oAB) = 291,0.

Tabelle 36

Unabhängige Variable A	Unabhängige Variable B		
	B_1	B_2	B_3
	C_1	C_2	C_3
A_1	−2	−7	−4
	+1	−1	−5
	+2	−1	−2
	+1	−2	0
	+2	−2	−1
	C_3	C_1	C_2
A_2	+2	+6	+1
	0	+6	−3
	−1	+4	+1
	−3	+1	0
	−3	+4	−2
	C_2	C_3	C_1
A_3	−4	−1	+4
	0	−2	+6
	−2	−1	+2
	−5	+2	+5
	0	+3	+6

Die unabhängige Variable C ist orthogonal zu den unabhängigen Variablen A und B auf die Zellen verteilt.

Tabelle 37

Unabhängige Variable A	Unabhängige Variable B						Zeilen			
	B_1		B_2		B_3					
	C_1		C_2		C_3					
	$x_{.11}$	$x^2_{.11}$	$x_{.12}$	$x^2_{.12}$	$x_{.13}$	$x^2_{.13}$	$\sum x_{i.}$	$\sum x^2_{i.}$	$l_{i.}$	$(\sum x_{i.})^2/l_{i.}$	$M_{i.}$
A_1	−2	4	−7	49	−4	16					
	+1	1	−1	1	−5	25					
	+2	4	−1	1	−2	4					
	+1	1	−2	4	0	0					
	+2	4	−2	4	−1	1					
$\sum x_{hij}$	+4		−13		−12		−21				
$\sum x^2_{hij}$		14		59		46					
l_{ij}	5		5		5				15		
$(\sum x_{hij})^2/l_{ij}$	3,2		33,8		28,8					29,400	
M_{ij}	+0,8		−2,6		−2,4						−1,40

Fortsetzung Tabelle 37

Unabhängige Variable A	Unabhängige Variable B					Zeilen				
	B_1	B_2		B_3						
	C_3	C_1		C_2						
A_2	+2 4	+6	36	+1	1					
	0 0	+6	36	−3	9					
	−1 1	+4	16	+1	1					
	−3 9	+1	1	0	0					
	−3 9	+4	16	−2	4					
$\sum x_{hij}$	−5	+21		−3		+13				
$\sum x_{hij}^2$	23		105		15			15		
l_{ij}	5	5		5					11,267	
$(\sum x_{hij})^2 / l_{ij}$	5,0	+4,2		1,8						+0,8667
M_{ij}	−1,0	+4,2		−0,6						

	C_2	C_3	C_1				
A_3	−4 16	−1 1	+4 16				
	0 0	−2 4	+6 36				
	−2 4	−1 1	+2 4				
	−5 25	+2 4	+5 25				
	0 0	+3 9	+6 36				
$\sum x_{hij}$	−11	+1	+23	+13			
$\sum x_{hij}^2$	45	19	117				
l_{ij}	5	5	5		15		
$(\sum x_{hij})^2/l_{ij}$	24,2	0,20	105,8			11,267	
M_{ij}	−2,2	+0,2	+4,6				+0,8667

Spalten

$\sum x_{.j}$	−12	+9	+8	+5			
$\sum x_{.j}^2$	82	183	178				
$l_{.j}$	15	15	15				
$(\sum x_{.j})^2/l_{.j}$	9,60	5,40	4,267	(oaB) = 19,267			
$M_{.j}$	−0,8	+0,6	+0,5333				

Gesamt

(OAB) = 443		45	(obA) = 51,932	
			(oab) = 0,5555	$M_{...} = +0,1111$

Die einzige noch ausstehende Größe, die wir für die Berechnung benötigen, ist (oaC) oder (obC); für die jeweils drei Zellen, die zusammen einem C_k angehören, ist zunächst die Summe über alle Maßzahlen ohne Rücksicht auf die Einteilung nach A und B zu bilden, zum Quadrat zu erheben und durch die Zahl der Maßzahlen je Gruppe C_k zu dividieren; schließlich sind alle so gewonnenen Größen noch über alle Gruppen C_k hinweg zu addieren. Da C in der Tabelle 37 nicht den Zeilen oder Spalten entspricht, haben wir in Tabelle 38 die Gruppierung nach C zusammenzustellen. Natürlich brauchen wir die Maßzahlen innerhalb der Zellen nicht erneut einzutragen, da jetzt nur deren Summen weiterverarbeitet werden. Die neue Tabelle erhält wiederum die üblichen fünf Fußzeilen. Die Größe (oaC) können wir, ebenso wie die Mittelwerte der drei Stufen C_k, jetzt der Tabelle 38 entnehmen.

Tabelle 38

Unabhängige Variable A	Unabhängige Variable C					
	C_1		C_2		C_3	
	$\sum_{h=1}^{l_{ij}} x_{hij}$	l_{ij}	$\sum_{h=1}^{l_{ij}} x_{hij}$	l_{ij}	$\sum_{h=1}^{l_{ij}} x_{hij}$	l_{ij}
A_1	+4	5	−13	5	−12	5
A_2	+21	5	−3	5	+1	5
A_3	+23	5	−11	5	+1	5
$\sum_{i=1}^{m} x_{.i.(k)}$	+48		−27		−16	
$\sum_{i=1}^{m} x^2_{.i.(k)}$						
$l_{(k)}$	15		15		15	
$(\sum_{i=1}^{m} x_{.i.(k)})^2 / l_{(k)}$	153,6		48,6		17,067	(oaC) = 219,267
$M_{(k)}$	3,2		−1,8		−1,067	

Da C in der Datentafel 36 kein Gliederungsgesichtspunkt ist, sondern der vorhandenen Gliederung nach Zeilen A, Spalten B und innerhalb der Zellen 0 orthogonal überlagert wird, bekommt die abhängige Variable x_{hij} keinen Laufindex, der C zugeordnet ist. In Tabelle 38 wird jedoch C unter

Vernachlässigung der Gruppierungen nach B Hauptgliederungsgesichtspunkt. Wir ersetzen hier deshalb die Laufindices h und j durch Punkte und fügen für C den Laufindex k hinzu. Die Tatsache, daß er nicht zur ursprünglichen Datengliederung gehört, also nicht Zeilen, Spalten oder Ebenen der Datentafel 36 kennzeichnet, sondern Zeilen und Spalten dort überlagert ist, drücken wir dadurch aus, daß wir k in Tabelle 38 in Klammern setzen.

Die Endausrechnung zeigt Tabelle 39. Mit ihren Zahlen lassen sich die F-Werte berechnen: $F_A = 25{,}689/4{,}222 = 6{,}085$; $F_B = 9{,}356/4{,}222 = 2{,}216$; $F_C = 109{,}356/4{,}222 = 25{,}901$ und $F_{Res} = 0{,}822/4{,}222 = 0{,}195$. Die Tabelle III liefert den F-Wert $F_{1\%, 2, 30} = 5{,}39$.

Die Haupteffekte A und C sind also signifikant.

Tabelle 39

Quelle	Quadratsumme	d_f	s^2
A (Zeilen)	$S_A = (obA) - (oab) = 51{,}378$	$m - 1 = 2$	25,689
B (Spalten)	$S_B = (oaB) - (oab) = 18{,}711$	$n - 1 = 2$	9,356
C (3. Unabh. Variable)	$S_C = (oaC) - (oab) = 218{,}711$	$k - 1 = 2$	109,356
ZG (zwischen Gruppen)	$S_{ZG} = (oAB) - (oab)$ $= 290{,}444$	$m^2 - 1 = 8$	36,306
Res (Residuum)	$S_{Res} = (oAB) - (obA) - (oaB)$ $- (oaC) + 2(oab) = 1{,}643$	$(m-1)(m-2)$ $= 2$	0,822
IG (innerhalb Gruppen)	$S_{IG} = (OAB) - (oAB) = 152$	$m^2(l-1) = 36$	4,222
T (total)	$S_T = (OAB) - (oab)$ $= 442{,}444$	$N - 1 = m^2 l - 1$ $= 44$	10,056

Alle früher betrachteten Fragestellungen, also die Fragen der Erfüllung der notwendigen Voraussetzungen zur Berechnung der Varianzanalyse, der Einzelvergleiche zwischen Zellen und der Effektgröße lassen sich beim lateinischen Quadrat in genau der gleichen Weise behandeln, wie oben für den zweifaktoriellen Auswertungsplan angegeben. Graphische Veranschaulichungen werden wie die Abbildungen 15 und 16 angelegt.

Versuchspläne in der Art des lateinischen Quadrates lassen sich immer dann konstruieren, wenn die Zahl der Ausprägungen der drei unabhängigen Variablen gleich ist oder gleich gemacht werden kann und nicht mit Wechselwirkungen gerechnet werden muß, die man voneinander und von den Haupteffekten getrennt auswerten möchte. Die orthogonale Überlage-

rung der dritten unabhängigen Variablen C über die Zeilen und Spalten muß man durch Probieren so ermitteln, daß jede Ausprägung von C in jeder Zeile und jeder Spalte genau einmal vorkommt.
Im Beispiel von Tabelle 35 haben wir C_1 in der ersten Zeile B_1, in der zweiten B_2 und in der dritten B_3 zugeordnet und dann rechts jeweils erst C_2, dann C_3 angeschlossen. Kamen wir damit an das Zeilenende, setzten wir die Folge am Zeilenanfang fort. Man nennt dieses Vorgehen „zyklische Vertauschung". Mit seiner Hilfe kann man lateinische Quadrate erzeugen.

5.5 Die hierarchische Varianzanalyse. Gekreuzte und geschachtelte Faktoren

Bei der Behandlung der einfaktoriellen Varianzanalyse (Abschnitt 3.4) haben wir betont, daß die Individuen, die die Untersuchungsgruppen bilden, *nach Zufall einzeln* den Gruppen zugewiesen werden müssen. In den Sozialwissenschaften hat man es jedoch in vielen Fällen, in denen man Einzelpersonen untersucht, mit vorgegebenen Personengruppen zu tun, also etwa Schulklassen, Arbeitsgemeinschaften, Abteilungen in Fabrikbetrieben, Wohngemeinschaften im weitesten Sinne usw. Bei vielen Untersuchungen ist es organisatorisch unmöglich, die Mitglieder solcher vorgefundener Gruppen individuell nach Zufall auf die Experimental- oder Erhebungsbedingungen aufzuteilen. Vielmehr wird *jede vorgefundene Personengruppe als ganze nach Zufall jeweils einer Versuchsbedingung zugeordnet*. Die Daten werden dann auch oft für alle Personen gleichzeitig in einer gemeinsamen Sitzung (Gruppenuntersuchung) erhoben. Die logischen Zusammenhänge in diesem Fall verdeutlicht Abbildung 18. Wieder haben wir zunächst einen zweifaktoriellen Untersuchungsplan mit Zellenbesetzungen l_{ij}; die Zellenbesetzungen sind, da jede Zelle eine bestehende Personengruppe repräsentiert, größer als 1 ($l_{ij} > 1$). Gerastert sind alle die Zellen, die gegenüber einem zweifaktoriellen Plan fehlen. Variable A bezeichnet die vorgefundenen Gruppen, ihr Laufindex numeriert diese fortlaufend; jede Ausprägung der Variablen A wird zwar auf mehrere Individuen, eben die Mitglieder der entsprechenden Gruppe, angewandt, aber nicht mit allen Ausprägungen der Variablen B kombiniert, sondern kommt in der gesamten Analyse nur einmal und nur mit einer bestimmten Ausprägung von B vor. Man sieht sofort: wäre die Zellenbesetzung $l_{ij} = 1$, so ginge der Plan in eine einfaktorielle Varianzanalyse über. Das Gleiche geschähe, wenn es zulässig wäre, die Grenzen *zwischen* den Gruppen A *innerhalb* der Bedingungen B aufzuheben. Der Versuchsplan setzt gleiche Zahl der Gruppen A_i innerhalb jeder Stufe von B voraus. Die Zahl der Messungen je Zelle, l_{ij}, wird in den folgenden Erörterungen ebenfalls als gleich, $l_{ij} = 1$, vorausgesetzt.

		B_1	B_2	B_3
A_1	O_1 O_h O_l	x_{111} x_{h11} x_{l11}		
A_2	O_h	x_{h21}		
A_3	O_h		x_{h32}	
A_4	O_h		x_{h42}	
A_5	O_h			x_{h53}
A_6	O_h			x_{h63}

Abbildung 18

Bedingung A ist nicht beliebig wählbar, der Versuchsplan hat seine Hauptbedeutung in der Untersuchung vorgefundener, zur Applikation der Versuchsbedingungen und der Datenerhebung nicht aufteilbarer Gruppen von Personen oder anderen Meßobjekten. Variable A wird überwiegend als Zufallsvariable aufgefaßt, die einzelnen *Gruppen* sind dann nach Zufall für die Erhebung auszuwählen und nach Zufall auf die Bedingungen B_j zu verteilen. Eine Wechselwirkung zwischen A und B kann nicht ermittelt werden; man sieht sofort, daß *die gesamte Variation zwischen den Gruppen A die gesamte Variation zwischen den Bedingungen B plus einen Variationsanteil*

zwischen den A_i innerhalb der B_j enthält. Man sagt deshalb auch, die Variable A sei in die Variable B *eingeschachtelt* (engl. nested).
Oft ist die Bedingung gleicher Zellenbesetzung $l_{ij} = 1$ durch ungleichen Umfang vorgefundener Gruppen verletzt. In diesem Falle kann man entweder durch Zufallsauswahl zu eliminierender Daten gleiche Zellenbesetzung herstellen oder die Zellenmittelwerte wie Maßzahlen in einer einfaktoriellen Analyse auf Signifikanz des Unterschiedes prüfen. Weitere bei ungleicher Zellenbesetzung anwendbare Verfahren sind in der umfangreicheren Literatur, z.B. bei Winer (1971) oder Bortz (1977) angegeben.
Die Aufteilung der totalen Quadratsumme kann man sich wiederum mit Hilfe der Gleichung (3.9) (S. 69, S. 155) klarmachen. Zunächst läßt sich die totale Quadratsumme in einen Anteil zwischen und einen Anteil innerhalb der Gruppen aufteilen:

(3.9) $S_T = S_{ZG} + S_{IG}$,

wobei die einzelnen Zellen die Einheiten sind, auf die bezogen von „zwischen" und „innerhalb" die Rede ist. Die Quadratsumme zwischen den Gruppen, S_{ZG}, läßt sich dann weiter zerlegen in einen Anteil zwischen den Bedingungen B und einen Anteil zwischen den Gruppen A innerhalb der Bedingungen B:

(5.78) $S_{ZG} = S_{AIB} + S_B$.

Damit wird aus (3.9):

(5.79) $S_T = S_{AIB} + S_B + S_{IG}$.

Mit dem Index AIB drücken wir aus, daß es sich um die Quadratsumme *zwischen A innerhalb der Bedingungen B* handeln soll.
Folgende Formeln sind zur Berechnung nötig: für die totale Quadratsumme S_T, die Quadratsumme zwischen B und die Quadratsumme zwischen den Gruppen S_{ZG} sind (5.18), (5.23) und (5.21) anwendbar. Die Quadratsumme innerhalb der Gruppen erhalten wir mit (3.9) zu

(5.25) $S_{IG} = S_T - S_{ZG} = (OAB) - (oAB)$

und die Quadratsumme S_{AIB} aus (5.78) als

(5.80) $S_{AIB} = S_{ZG} - S_B = (oAB) - (oaB)$.

Die Zahl der Freiheitsgrade ergibt sich für B nach (5.28), für T nach (5.26); für IG entsteht entsprechend (5.29) $d_{fIG} = N - m$ (5.81a) und für ZG entsprechend (5.31) $d_{fZG} = m - 1$ (5.81b), da die Zahl der Zellen in diesem Versuchsplan gleich der Zahl der Ausprägungen von A, m, ist.

Für die Gruppen A innerhalb der Bedingungen B erhalten wir d_{fAIB} = m − n (5.82) Freiheitsgrade, da von den m − 1 Freiheitsgraden zwischen allen Gruppen n − 1 Freiheitsgrade zwischen den Bedingungen B abgezogen werden müssen. Die Zusammenstellung aller Rechenformeln enthält Tabelle 42.

Wie in den vorangehenden Abschnitten geben wir ein Beispiel. Eine unabhängige Variable B wird in n = 3 Ausprägungsstufen variiert. Untersucht werden N = 36 Objekte, die in m = 12 Gruppen zu je 1 = 3 Individuen vorliegen. Die Gruppen A werden den Bedingungen B_1 bis B_3 nach Zufall so zugeteilt, daß jede Bedingung B_j an 4 Gruppen geprüft wird. Man beachte, daß der logische Zusammenhang zwischen A und B durch Abbildung 18 richtig wiedergegeben wird. In Tabelle 40, welche die Daten enthält, stellen wir die Gruppen innerhalb der einzelnen Bedingungen B_j unmittelbar nebeneinander. Zur Rechenerleichterung haben wir wieder einfachere Zahlen und kleinere Gruppen gewählt, als sie in der Praxis anfallen.

Tabelle 40

Unabhängige Variable A	Unabhängige Variable B					
	B_1		B_2		B_3	
	A_1	2	A_5	2	A_9	9
		2		2		10
		3		7		11
	A_2	6	A_6	6	A_{10}	9
		2		3		6
		1		6		8
	A_3	5	A_7	2	A_{11}	9
		1		4		9
		2		7		6
	A_4	3	A_8	6	A_{12}	6
		4		6		8
		4		5		9

Die Tabelle 41 für die Zahlenrechnung hat jetzt wiederum die Form der Tabellen 25 und 37. Da den Zeilen in diesem Versuchsplan keine Bedeutung zukommt, haben die zugehörigen fünf rechten Randspalten eine untergeordnete Bedeutung; sie nehmen lediglich die Zeilensummen der

Tabelle 41

Unabhängige Variable A (Gruppen)	Unabhängige Variable B						Zeilen
	B_1		B_2		B_3		
	x_{hi1}	x^2_{hi1}	x_{hi2}	x^2_{hi2}	x_{hi3}	x^2_{hi3}	
A_1, A_5, A_9	2	4	2	4	9	81	
	2	4	2	4	10	100	
	3	9	7	49	11	121	
Σx_{hij}	7		11		30		
Σx^2_{hij}		17		57		302	
l_{ij}	3		3		3		
$(\Sigma x_{hij})^2/l_{ij}$		16,333		40,333		300,0	356,666
M_{ij}	2,33		3,67		10,0		
A_2, A_6, A_{10}	6	36	6	36	9	81	
	2	4	3	9	6	36	
	1	1	6	36	8	64	

$\sum x_{hij}$		9	15	23	
$\sum x_{hij}^2$		41	81	181	
l_{ij}	3		3	3	
$(\sum x_{hij})^2/l_{ij}$		27,0	75,0	176,333	278,333
M_{ij}	3,0		5,0	7,67	
A_3, A_7, A_{11}	5	25	2	4	9	81
	1	1	4	16	9	81
	2	4	7	49	6	36
$\sum x_{hij}$	8		13	24	
$\sum x_{hij}^2$		30	69	198	
l_{ij}	3		3	3	
$(\sum x_{hij})^2/l_{ij}$		21,333	56,333	192,0	269,666
M_{ij}	2,67		4,33	8,0	
A_4, A_8, A_{12}	3	9	6	36	6	36
	4	16	6	36	8	64
	4	16	5	25	9	81

Fortsetzung Tabelle 41

Unabhängige Variable A (Gruppen)	Unabhängige Variable B						Zeilen
	B_1		B_2		B_3		
	x_{hi1}	x^2_{hi1}	x_{hi2}	x^2_{hi2}	x_{hi3}	x^2_{hi3}	
$\sum x_{hij}$	11		17		23		
$\sum x^2_{hij}$		41		97		181	
l_{ij}	3		3		3		
$(\sum x_{hij})^2 / l_{ij}$		40,333		96,333		176,333	312,999
M_{ij}	3,67		5,67		7,67		
Spalten							Gesamt
$\sum x_{h.j}$	35		56		100		191
$\sum x^2_{h.j}$		129		304		862	
$l_{.j}$	12		12		12		36
$(\sum x_{h.j})^2 / l_{.j}$		102,083		261,333		833,333	(oaB) = 1196,749
$M_{.j}$	2,917		4,667		8,333		$M.. = 5,305$

(oAB) = 1217,664
(OAB) = 1295
(oab) = 1013,361

quadrierten und durch die Anzahl der Maßzahlen je Zelle dividierten Zellensummen für die Berechnung von (oAB) auf. Nur für die Gesamtsumme werden die fünf Randspalten in der üblichen Weise ausgefüllt.
Die Endausrechnung enthält Tabelle 42.

Tabelle 42

Quelle	Quadratsumme S	d_f	s^2
B (Spalten)	S_B = (oaB) − (oab) = 183,388	n − 1 = 2	91,694
IG (innerhalb Gruppen)	S_{IG} = (OAB) − (oAB) = 77,336	N − m = 24	3,222
ZG (zwischen Gruppen)	S_{ZG} = (oAB) − (oab) = 204,303	m − 1 = 11	18,573
AIB (A innerhalb B, Gruppen innerhalb Bedingungen)	S_{AIB} = (oAB) − (oaB) = 20,915	m − n = 9	2,324
T (total)	S_T = (OAB) − (oab) = 281,639	N − 1 = 35	8,047

Die F-Werte lauten:

(5.83) $\quad F_{AIB} = s^2_{AIB}/s^2_{IG}\quad$ und

(5.84) $\quad F_B = s^2_B/s^2_{AIB}$.

Von Bedeutung sind jetzt also zwei F-Tests. Mit F_{AIB} (5.83) wird geprüft, wieweit die Gruppen sich innerhalb der Bedingungen überzufällig unterscheiden. Prüfvarianzschätzung ist hier die Varianzschätzung innerhalb der Gruppen. Wir erhalten im Beispiel F_{AIB} = 2,324/3,222 = 0,72, in unserem Falle kann die Nullhypothese bezüglich dieses Unterschiedes demnach beibehalten werden. Das heißt aber, daß man nicht annehmen muß, die Aufteilung der untersuchten Objekte in vorgefundene Gruppen bringe einen zusätzlichen, gruppenbezogenen Fehler. Mit diesem F-Test überprüft man also zunächst, ob die Annahme, die zur Wahl des hierarchischen Auswertungsplanes führte, zu Recht getroffen wurde.

Ist dieser F-Test nicht signifikant, können die Grenzen zwischen den Zellen auch fortgelassen werden, womit ein normaler einfaktorieller Auswertungsplan entsteht. Es empfiehlt sich jedoch bei praktischen Anwendungen, das Signifikanzniveau, das dieser Entscheidung zugrundegelegt wird, sehr klein zu machen (10 % oder sogar 25 %), um die maximale Fehlerwahrscheinlichkeit, einen doch bestehenden Unterschied zwischen den Gruppen innerhalb der Bedingungen nicht zu entdecken, zu reduzieren. Der zweite F-Test (5.84) prüft den gesuchten Haupteffekt B. Die Prüfvarianz ist jetzt die Varianz zwischen den Gruppen innerhalb der Bedingungen, sie hat auch nur deren Freiheitsgrade, weshalb dieser F-Test relativ wenig effizient ist. Wir erhalten $F_B = 91{,}694/2{,}324 = 39{,}46$. Die Tabelle III liefert $F_{1\%,2,9} = 8{,}02$, der Effekt B ist also signifikant.

Tabelle 43 enthält die Erwartungswerte für die in Tabelle 42 enthaltenen Varianzschätzungen.

Tabelle 43

	Modell I A fest B fest	Modell II A zufällig B zufällig	Modell III A fest B zufällig	Modell III A zufällig B fest
$E(s_B^2) =$	$\sigma_e^2 + lm\sigma_B^2$	$\sigma_e^2 + l\sigma_A^2 + lm\sigma_B^2$	$\sigma_e^2 + lm\sigma_B^2$	$\sigma_e^2 + l\sigma_A^2 + lm\sigma_B^2$
$E(s_{AIB}^2) =$	$\sigma_e^2 + l\sigma_A^2$	$\sigma_e^2 + l\sigma_A^2$	$\sigma_e^2 + l\sigma_A^2$	$\sigma_e^2 + l\sigma_A^2$
$E(s_{IG}^2) =$	σ_e^2	σ_e^2	σ_e^2	σ_e^2

Modell I ist bei diesem Versuchsplan relativ uninteressant, denn es bedeutet, daß nicht nur die unabhänigige Variable B, sondern auch die untersuchten Gruppen A_i als feste Faktoren aufgefaßt werden. Nach der Regel für die Wahl von F aus Abschnitt 5.2 muß jetzt an die Stelle von (5.84) $F_B = s_B^2/s_{IG}^2$ (5.85) treten.

Von praktischer Bedeutung sind vor allem Modell II und Modell III mit A zufällig und B fest. Es wird dann deutlich, daß für ein nichtsignifikantes F_{AIB} nach (5.83) ebenfalls F_B nach (5.85) an die Stelle des F_B nach (5.84) treten kann.

Aus diesem Unterabschnitt müssen wir vor allem festhalten: der Versuchsplan nach Abbildung 13, S. 150, unterscheidet sich von demjenigen nach Abbildung 18, S. 207, in einer charakteristischen Weise. In der zweifaktoriellen Analyse ist jede Stufe A_i des Faktors A mit jeder Stufe B_j des Faktors B kombiniert. Wir sagten, die Faktoren A und B seien *gekreuzt*. In der hier behandelten hierarchischen Analyse kommt jede Stufe A_i des

Faktors A genau einmal, und zwar kombiniert mit einer bestimmten Stufe B_j des Faktors B, vor. Wir sagten hier, Faktor A sei in Faktor B *geschachtelt*. Damit haben wir zwei prinzipielle Weisen herausgestellt, in der Faktoren, also unabhängige Variablen, in einer Varianzanalyse miteinander in Verbindung gebracht werden können. Ohne es entsprechend zu bezeichnen haben wir von geschachtelten Faktoren schon ganz am Anfang des Buches Gebrauch gemacht. Vergleichen wir die einfaktorielle Varianzanalyse, etwa von Tabelle 16, S. 98, mit der einfaktoriellen Blockanalyse von Tabelle 29, S. 184, so stoßen wir auf den hier herausgearbeiteten Unterschied: in der *einfaktoriellen Analyse* ist der Faktor Personen, A, in den Faktor B, die unabhängige Variable, geschachtelt. In der *einfaktoriellen Blockanalyse* ist der Faktor Personen, A, mit dem Faktor B gekreuzt. Vergleichen wir die Auswertungen, so können wir feststellen, daß Wechselwirkungen nur zwischen gekreuzten, niemals zwischen geschachtelten Faktoren in der Auswertung vorkommen.

6. Tabellen ausgewählter varianzanalytischer Versuchspläne und Regeln ihrer Konstruktion

Nachdem wir in den vorangehenden Kapiteln die wichtigsten theoretischen Grundlagen und Voraussetzungen abgehandelt und die Grundtypen varianzanalytischer Versuchspläne ausführlich besprochen haben, möchten wir nun dem Leser als Instrument für die praktische Arbeit eine Zusammenstellung aller zur Berechnung und Anwendung komplexerer varianzanalytischer Versuchspläne nötigen Formeln und Informationen angeben.
Die in Kapitel 5 besprochenen Grundversuchspläne sind zunächst einer Erweiterung dadurch fähig, daß die Zahl einbezogener unabhängiger Variablen erhöht wird. Bei einer höheren Zahl unabhängiger Variablen ergeben sich dann weitere Typen von Versuchsplänen dadurch, daß verschiedene Grundtypen aus Kapitel 5 miteinander kombiniert werden, was zu den verschiedenen Versuchsplänen (Nr. 6.12, 6.13 und 6.14) mit Meßwiederholungen führt.
Grundsätzlich wäre wohl die eine oder andere verbale Erklärung zu diesen komplexeren Versuchsplänen noch möglich und nützlich; der Raum eines Taschenbuches verbietet sie jedoch. Wir nehmen deshalb in die folgenden Tabellen nur noch die unverzichtbaren verbalen Ausführungen auf, verweisen den Leser für die grundlegenden Verständnisfragen aber auf die Besprechung der Bausteine in Kapitel 5 oder die vorangehende Behandlung der einzelnen theoretischen Zusammenhänge.
Zur Darstellung der Rechenvorschriften bedienen wir uns der im Abschnitt 3.2, S. 69 f., ausführlich dargestellten Symbolik zur Abkürzung der sonst recht umfangreichen Mehrfachindizierungen und -summierungen. Die Regeln für das Arbeiten mit diesen Operatoren sind auf S. 72 zusammengestellt.
Um diese Operatoren nochmals näher zu erläutern, stellen wir sie in der folgenden Tabelle 44 den mit Summenzeichen ausgeschriebenen Formelausdrücken gegenüber.
Um dem Leser die vergleichende Arbeit mit wichtigen Werken der einschlägigen Literatur zu erleichtern, nehmen wir auch die Kürzel auf, die Kirk (1968), Lindquist (1953), Winer (1971) und, im Prinzip gleichlautend mit Winer, Bortz (1977) verwenden.
Als Beispiel legen wir die zweifaktorielle Varianzanalyse (Abschnitt 5.1.2), eine Datentafel mit drei Eingängen O (Personen), A und B (Faktoren) zugrunde. Die Übertragung auf andere Datentafeln dürfte nicht schwerfallen.

Tabelle 44

Operator	Bedeutung	Bestandteil von Gleichung (Nr.)	Schreibweise Kirk (1968) S. 175	Schreibweise Lindquist (1953) S. 115	Schreibweise Winer (1971) S. 435 Bortz (1977) S. 367	
					nur Winer	nur Bortz
(OAB)	$\sum_{j=1}^{n} \sum_{i=1}^{m} \sum_{h=1}^{l_{ij}} x_{hij}^2$	(5.18)	[ABS]	$\sum_{j=1}^{c} \sum_{i=1}^{r} \sum_{i=1}^{n_{ij}} X^2$	$(2) = \sum X_{ijk}^2$	$= \sum_i \sum_j \sum_m x_{ijm}^2$
(oab)	$(\sum_{j=1}^{n} \sum_{i=1}^{m} \sum_{h=1}^{l_{ij}} x_{hij})^2 / N$	(5.18)	[X]	T^2/N	$(1) = G^2/npq$	$= G^2/pqn$
(oaB)	$\sum_{j=1}^{n} ((\sum_{i=1}^{m} \sum_{h=1}^{l_{ij}} x_{hij})^2 / \sum_{i=1}^{m} l_{ij})$	(5.23)	[B]	$\sum_{j=1}^{c} T_{\cdot j}^2/n_{\cdot j}$	$(4) = (\sum B_j^2)/np$	$= \sum_j B_j^2/pn$
(obA)	$\sum_{i=1}^{m} ((\sum_{j=1}^{n} \sum_{h=1}^{l_{ij}} x_{hij})^2 / \sum_{j=1}^{n} l_{ij})$	(5.22)	[A]	$\sum_{i=1}^{r} T_{i\cdot}^2/n_{i\cdot}$	$(3) = (\sum A_i^2)/nq$	$= \sum_i A_i^2/qn$
(oAB)	$\sum_{j=1}^{n} \sum_{i=1}^{m} (\sum_{h=1}^{l_{ij}} x_{hij})^2 / l_{ij}$	(5.22)	[AB]	$\sum_{i=1}^{r} \sum_{j=1}^{c} T_{ij}^2/n_{ij}$	$(5) = [\sum (AB_{ij})^2]/n$	$= \sum_i \sum_j AB_{ij}^2/n$

Die Auswahl der F-Quotienten für die Signifikanzprüfungen in einem varianzanalytischen Versuchsplan ist nur bei festen Effekten (Modell I) ganz schematisch möglich. Deshalb geben wir *in den folgenden Tabellen die F-Quotienten nur für feste Effekte* an. Für Modelle II und III, Analysen mit ausschließlich zufälligen oder festen und zufälligen Effekten, verbietet sich ein einfaches Schema. In diesen Fällen sind die passenden F-Quotienten aufgrund weiterer Überlegungen, die in den Abschnitten 5.2 und 6.15 behandelt werden, zu ermitteln.

Im Kapitel 10 geben wir näher an, wie man von einer vorliegenden wissenschaftlichen Fragestellung zu einem adäquaten varianzanalytischen Versuchsplan kommt. Die dort behandelten Überlegungen enden mit der Auswahl eines Planes aus dem vorliegenden Kapitel oder, falls der benötigte Plan darin nicht enthalten ist, mit der Konstruktion des Planes nach Abschnitt 6.15.

6.1 Einfaktorielle Analyse

Entstehung, Charakterisierung: Grundtyp, einfachste mögliche Varianzanalyse.

Plan:

	B_1	B_2	.	B_j	.	B_n
A_1	x_{11}	x_{12}	.	x_{1j}	.	x_{1n}
A_2	x_{21}	x_{22}	.	x_{2j}	.	x_{2n}
.	.	.	.	.	.	.
A_i	x_{i1}	x_{i2}	.	x_{ij}	.	x_{in}
.	.	.	.	.	.	.
A_{m_j}	$x_{m_1 1}$	$x_{m_2 2}$	.	$x_{m_j j}$	.	$x_{m_n n}$

Abbildung 19

Klassifizierungen:

A_i $1 \leq i \leq m_j$ Untersuchungsobjekte, Versuchspersonen. Jedes Objekt nimmt nur einmal (nur in einer Zelle) an der Untersuchung teil. m_j beliebig wählbar, gleiches $m_j = m$ für alle Zellen zweckmäßig.

B_j $1 \leq j \leq n$ Ausprägungen der unabhängigen Variablen (quantitativ oder qualitativ).

Weitere Formelzeichen:

N Gesamtzahl aller Maßzahlen, $N = \sum_{j=1}^{n} m_j$ für unterschiedliche m_j und

$N = m \cdot n$ für gleiche $m_j = m$.

Formeln:

Tabelle 45

Quelle	Quadratsumme	Freiheitsgrade
B (unabhängige Variable)	$S_B = S_{ZG} = (aB) - (ab)$	$n - 1$
IG (innerhalb Gruppen)	$S_{IG} = (AB) - (aB)$	$N - n$
T (total)	$S_T = (AB) - (ab)$	$N - 1$

F-Test für feste und zufällige Effekte:

$$F = s_B^2 / s_{IG}^2$$

Prüfung der Voraussetzungen: F_{max}- oder Bartlett-Test n. Kap. 4.1.2
Bemerkungen: ausführliche Besprechung mit Beispiel in Kap. 3.4

6.2 Zweifaktorielle Analyse

Entstehung, Charakterisierung: Hinzunahme einer zweiten unabhängigen Variablen zu 6.1. Wechselwirkung taucht erstmalig auf.

Plan: Abbildung 20

Klassifizierungen:

A_i $1 \leq i \leq m$ Ausprägungen der unabhängigen Variablen A (qualitativ oder quantitativ).

B_j $1 \leq j \leq n$ Ausprägungen der unabhängigen Variablen B (qualitativ oder quantitativ).

O_h $1 \leq h \leq l_{ij}$ Untersuchungsobjekte, Versuchspersonen. Jedes Objekt wird nur einmal in die Untersuchung einbezogen (kommt nur in einer Zelle vor). l_{ij} muß nach Zeilen und Spalten proportional sein (vgl. S. 164). Gleiche Zellenbesetzung $l_{ij} = 1$ ist zweckmäßig.

	B_1		B_j		B_n
A_1	x_{111} . x_{h11} . $x_{l_{11}11}$	.	x_{11j} . x_{h1j} . $x_{l_{1j}1j}$	.	x_{11n} . x_{h1n} . $x_{l_{1n}1n}$
.	.	.	.	.	.
A_i	x_{hi1}	.	x_{hij}	.	x_{hin}
.	.	.	.	.	.
A_m	x_{hm1}	.	x_{hmj}	.	x_{hmn}

Abbildung 20

Weitere Formelzeichen: N Gesamtzahl aller Maßzahlen, $N = \sum_{j=1}^{n} \sum_{i=1}^{m} l_{ij}$ für unterschiedliche l_{ij} und $N = 1 \cdot m \cdot n$ für gleiche Zellenbesetzung.
Formeln:

Tabelle 46

Quelle	Quadratsumme	Freiheitsgrade
A (unabhängige Variable)	$S_A = (obA) - (oab)$	$m - 1$
B (unabhängige Variable)	$S_B = (oaB) - (oab)$	$n - 1$
ZG (zwischen Gruppen)	$S_{ZG} = (oAB) - (oab)$	$mn - 1$
AB (Wechselwirkung)	$S_{AB} = (oAB) - (obA) - (oaB)$ $+ (oab)$	$(m-1)(n-1)$
IG (innerhalb Gruppen)	$S_{IG} = (OAB) - (oAB)$	$N - mn$
T (total)	$S_T = (OAB) - (oab)$	$N - 1$

F-Tests für feste Effekte:

$$\text{Haupteffekt A: } F_A = s_A^2/s_{IG}^2, \text{ Haupteffekt B: } F_B = s_B^2/s_{IG}^2$$
$$\text{Wechselwirkung AB: } F_{AB} = s_{AB}^2/s_{IG}^2$$

Prüfung der Voraussetzungen: F_{max}- oder Bartlett-Test n. Kap. 4.1.2
Bemerkungen: ausführliche Besprechung mit Beispiel in Kap. 5.1

6.3 Dreifaktorielle Analyse

Entstehung, Charakterisierung: Hinzunahme einer dritten unabhängigen Variablen zu 6.2. Drei Wechselwirkungen zwischen je einer unabhängigen Variablen, eine Dreifachwechselwirkung.

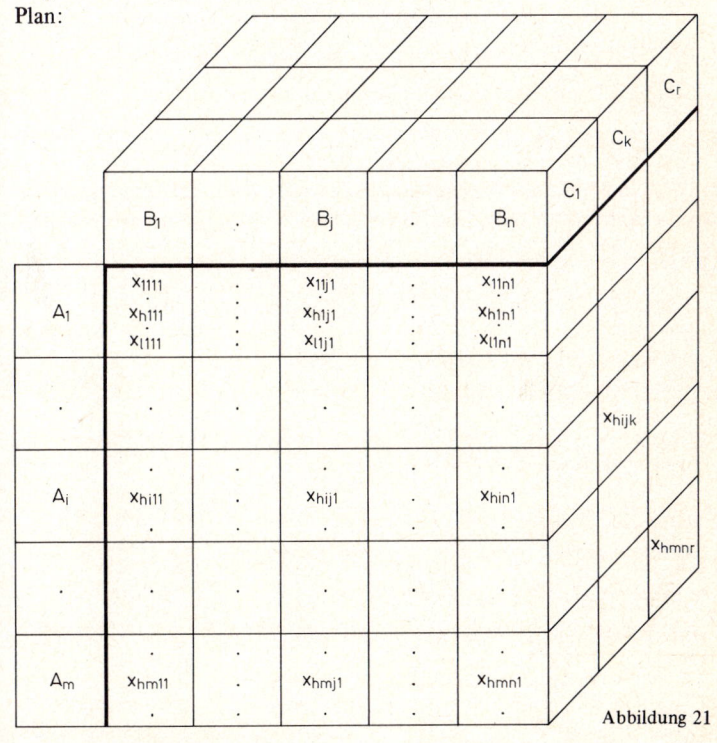

Plan:

Abbildung 21

Plan in die Ebene übertragen:

	C_1			.	C_k			.	C_r		
	B_1 · B_j · B_n			···	B_1 · B_j · B_n			···	B_1 · B_j · B_n		
A_1											
A_i											
A_m											

Abbildung 22

Klassifizierungen:

A_i $1 \leq i \leq m$ Ausprägungen der unabhängigen Variablen A

B_j $1 \leq j \leq n$ Ausprägungen der unabhängigen Variablen B

C_k $1 \leq k \leq r$ Ausprägungen der unabhängigen Variablen C

O_h $1 \leq h \leq l_{ijk}$ Untersuchungsobjekte, Versuchspersonen. Jedes Objekt wird nur einmal in die Untersuchung einbezogen (kommt nur in einer Zelle vor). l_{ijk} muß nach Zeilen, Spalten, Ebenen proportional sein (vgl. S. 164). Gleiche Zellenbesetzung $l_{ijk} = 1$ ist zweckmäßig.

Weiteres Formelzeichen: N Gesamtzahl aller Maßzahlen, $N = \sum_{k=1}^{r} \sum_{j=1}^{n} \sum_{i=1}^{m} l_{ijk}$

für unterschiedliche, und $N = 1 \, m \, n \, r$ für gleiche Zellenbesetzung.

Formeln:

Tabelle 47

Quelle	Quadratsumme	Freiheitsgrade
A (unabhängige Variable)	$S_A = (obcA) - (oabc)$	$m-1$
B (unabhängige Variable)	$S_B = (oacB) - (oabc)$	$n-1$
C (unabhängige Variable)	$S_C = (oabC) - (oabc)$	$r-1$
ZG (zwischen Gruppen)	$S_{ZG} = (oABC) - (oabc)$	$mnr-1$
AB (Wechselwirkung)	$S_{AB} = (ocAB) - (obcA) - (oacB) + (oabc)$	$(m-1)(n-1)$
AC (Wechselwirkung)	$S_{AC} = (obAC) - (obcA) - (oabC) + (oabc)$	$(m-1)(r-1)$
BC (Wechselwirkung)	$S_{BC} = (oaBC) - (oacB) - (oabC) + (oabc)$	$(n-1)(r-1)$
ABC (Wechselwirkung)	$S_{ABC} = (oABC) - (ocAB) - (obAC) - (oaBC) + (obcA) + (oacB) + (oabC) - (oabc)$	$(m-1)(n-1)(r-1)$
IG (innerhalb Gruppen)	$S_{IG`} = (OABC) - (oABC)$	$N-mnr$
T (total)	$S_T = (OABC) - (oabc)$	$N-1$

F-Tests für feste Effekte: $F = s^2/s_{IG}^2$ für drei Haupteffekte, zwischen Zellen und vier Wechselwirkungen.
Prüfung der Voraussetzungen: F_{max}- oder Bartlett-Test n. Kap. 4.1.2
Bemerkungen: ausführliche Besprechung in der Musterlösung 9.3.4 zu
 Übungsbeispiel 8.3.4

6.4 Vierfaktorielle Analyse

Entstehung, Charakterisierung: Hinzunahme einer vierten unabhängigen
 Variablen zu 6.3. 6 Wechselwirkungen zwischen 2, 4 Wechselwirkungen
 zwischen 3 und 1 Wechselwirkung zwischen 4 unabhängigen Variablen.
Plan:

		D_1					.	$D_{k'}$					.	$D_{r'}$				
		C_1	.	C_k	.	C_r	...	C_1	.	C_k	.	C_r	...	C_1	.	C_k	.	C_r
A_1	B_1	:	:	:	:	:	: : :	:	:	:	:	:	: : :	:	:	:	:	:
	.																	
	B_j	:																
	.																	
	B_n	:																
.																		
A_i	B_1	:																
	.																	
	B_j	:																
	.																	
	B_n	:																
.																		
A_m	B_1	:																
	.																	
	B_j	:																
	.																	
	B_n	:																

Abbildung 23

allgemeines Element im Plan: $x_{hijkk'}$

Klassifizierungen:

A_i $1 \leq i \leq m$ Ausprägungen der unabhängigen Variablen A

B_j $1 \leq j \leq n$ Ausprägungen der unabhängigen Variablen B

C_k $1 \leq k \leq r$ Ausprägungen der unabhängigen Variablen C

$D_{k'}$ $1 \leq k' \leq r'$ Ausprägungen der unabhängigen Variablen D

O_h $1 \leq h \leq l_{ijkk'}$ Untersuchungsobjekte, Versuchspersonen. Jedes Objekt wird nur einmal in die Untersuchung einbezogen (kommt nur in einer Zelle vor). $l_{ijkk'}$ muß nach Zeilen, Spalten, Ebenen, Metaebenen proportional sein (vgl. S. 164). Gleiche Zellenbesetzung $l_{ijkk'} = l$ ist zweckmäßig.

Weiteres Formelzeichen: N Gesamtzahl aller Maßzahlen,

$$N = \sum_{k'=1}^{r'} \sum_{k=1}^{r} \sum_{j=1}^{n} \sum_{i=1}^{m} l_{ijkk'}$$

für unterschiedliche, und $N = l\,m\,n\,r\,r'$ für gleiche Zellenbesetzung.

Formeln:

Tabelle 48

Quelle	Quadratsumme	Freiheitsgrade
A (unabhängige Variable)	$S_A = (obcdA) - (oabcd)$	$m - 1$
B (unabhängige Variable)	$S_B = (oacdB) - (oabcd)$	$n - 1$
C (unabhängige Variable)	$S_C = (oabdC) - (oabcd)$	$r - 1$
D (unabhängige Variable)	$S_D = (oabcD) - (oabcd)$	$r' - 1$
ZG (zwischen Gruppen)	$S_{ZG} = (oABCD) - (oabcd)$	$mnrr' - 1$
AB (Wechselwirkung)	$S_{AB} = (ocdAB) - (obcdA) - (oacdB) + (oabcd)$	$(m-1)(n-1)$
AC (Wechselwirkung)	$S_{AC} = (obdAC) - (obcdA) - (oabdC) + (oabcd)$	$(m-1)(r-1)$
AD (Wechselwirkung)	$S_{AD} = (obcAD) - (obcdA) - (oabcD) + (oabcd)$	$(m-1)(r'-1)$
BC (Wechselwirkung)	$S_{BC} = (oadBC) - (oacdB) - (oabdC) + (oabcd)$	$(n-1)(r-1)$
BD (Wechselwirkung)	$S_{BD} = (oacBD) - (oacdB) - (oabcD) + (oabcd)$	$(n-1)(r'-1)$
CD (Wechselwirkung)	$S_{CD} = (oabCD) - (oabdC) - (oabcD) + (oabcd)$	$(r-1)(r'-1)$
ABC (Wechselwirkung)	$S_{ABC} = (odABC) - (ocdAB) - (obdAC) - (oadBC)$ $+ (obcdA) + (oacdB) + (oabdC) - (oabcd)$	$(m-1)(n-1)(r-1)$
ABD (Wechselwirkung)	$S_{ABD} = (ocABD) - (ocdAB) - (obcAD) - (oacBD)$ $+ (obcdA) + (oacdB) + (oabcD) - (oabcd)$	$(m-1)(n-1)(r'-1)$
ACD (Wechselwirkung)	$S_{ACD} = (obACD) - (obdAC) - (obcAD) - (oabCD)$ $+ (obcdA) + (oabdC) + (oabcD) - (oabcd)$	$(m-1)(r-1)(r'-1)$
BCD (Wechselwirkung)	$S_{BCD} = (oaBCD) - (oadBC) - (oacBD) - (oabCD)$ $+ (oacdB) + (oabdC) + (oabcD) - (oabcd)$	$(n-1)(r-1)(r'-1)$
ABCD (Wechselwirkung)	$S_{ABCD} = (oABCD) - (odABC) - (ocABD) - (obACD)$ $- (oaBCD) + (ocdAB) + (obdAC) + (obcAD)$ $+ (oadBC) + (oacBD) + (oabCD) - (obcdA)$ $- (oacdB) - (oabdC) - (oabcD) + (oabcd)$	$(m-1)(n-1)$ $\cdot (r-1)(r'-1)$
IG (innerhalb Gruppen)	$S_{IG} = (OABCD) - (oABCD)$	$N - mnrr'$
T (total)	$S_T = (OABCD) - (oabcd)$	$N - 1$

F-Tests für feste Effekte: $F = s^2/s_{IG}^2$ für vier Haupteffekte, zwischen Zellen und 11 Wechselwirkungen.
Prüfung der Voraussetzungen: F_{max}- oder Bartlett-Test n. Kap. 4.1.2

6.5 Einfaktorielle Block-Analyse

Entstehung, Charakterisierung: zweifaktorielle Analyse mit Zellenbesetzung 1, unabhängige Variable A repräsentiert die Blöcke.
Plan:

	B_1	.	B_j	.	B_n
A_1	x_{11}	.	x_{1j}	.	x_{1n}
.	.	.	.	.	.
A_i	x_{i1}	.	x_{ij}	.	x_{in}
.	.	.	.	.	.
A_m	x_{m1}	.	x_{mj}	.	x_{mn}

Abbildung 24

Klassifizierungen:

A_i $1 \leq i \leq m$ Blöcke, Untersuchungsobjekte, Versuchspersonen. Jedes Objekt A_i wird jeder Bedingung B_j unterzogen, wobei die Reihenfolge zu balancieren oder zu randomisieren ist, oder Ausprägungen einer unabhängigen Variablen A

B_j $1 \leq j \leq n$ Ausprägungen der unabhängigen Variablen B

Weiteres Formelzeichen: N Gesamtzahl aller Maßzahlen, $N = mn$
Formeln:

Tabelle 49

Quelle	Quadratsumme	Freiheitsgrade
A (zwischen Blöcken)	$S_A = (bA) - (ab)$	$m - 1$
B (unabhängige Var.)	$S_B = (aB) - (ab)$	$n - 1$
AB (Wechselwirkung, Residuum)	$S_{AB} = (AB) - (bA) - (aB) + (ab)$	$(m - 1)(n - 1)$
T (total)	$S_T = (AB) - (ab)$	$N - 1$

F-Tests für feste und zufällige Effekte:

Blöcke: $F_A = s_A^2/s_{AB}^2$, unabhängige Variable: $F_B = s_B^2/s_{AB}^2$

Prüfung der Voraussetzungen: Tukey-Test und Box-Test n. Kap. 5.3
Bemerkungen: ausführliche Besprechung mit Beispiel in Kap. 5.3
Schätzung einer ausgefallenen Maßzahl:

(6.5.1) $\quad x_{ij} = \dfrac{m(\sum\limits_{j=1}^{n} x_{ij}) + n(\sum\limits_{i=1}^{m} x_{ij}) - \sum\limits_{j=1}^{n}\sum\limits_{i=1}^{m} x_{ij}}{(m-1)(n-1)}$

wobei 1. Klammer im Zähler: Summe aller vorhandenen Maßzahlen der Zeile, der die fehlende Maßzahl angehört,
      2. Klammer im Zähler: Summe aller vorhandenen Maßzahlen der Spalte, der die fehlende Maßzahl angehört und
      3. Summand im Zähler: Summe aller vorhandenen Maßzahlen.

Fehlen mehrere Maßzahlen, y an der Zahl, sind y − 1 davon frei zu schätzen und die y. Maßzahl mit (6.5.1) zu berechnen. Mit der so berechneten Maßzahl ist eine andere der vorher geschätzten fehlenden Maßzahlen zu berechnen. Das Verfahren ist iterativ fortzusetzen bis alle Berechnungswiederholungen bis auf vernachlässigbare Abweichungen konvergiert sind.

6.6 Zweifaktorielle Block-Analyse

Entstehung, Charakterisierung: dreifaktorielle Analyse mit Zellenbesetzung 1, unabhängige Variable A repräsentiert die Blöcke.
Plan:

	C_1				.	C_k				.	C_r			
	B_1	.	B_j	.	B_n	...	B_1	.	B_j	.	B_n	...	B_1	.	B_j	.	B_n
A_1	x_{111}	.	x_{1j1}	.	x_{1n1}	...	x_{11k}	.	x_{1jk}	.	x_{1nk}	...	x_{11r}	.	x_{1jr}	.	x_{1nr}
.																	
A_i	x_{i11}	.	x_{ij1}	.	x_{in1}	...	x_{i1k}	.	x_{ijk}	.	x_{ink}	...	x_{i1r}	.	x_{ijr}	.	x_{inr}
.																	
A_m	x_{m11}	.	x_{mj1}	.	x_{mn1}	...	x_{m1k}	.	x_{mjk}	.	x_{mnk}	...	x_{m1r}	.	x_{mjr}	.	x_{mnr}

Abbildung 25

Klassifizierungen:

A_i $1 \leq i \leq m$ Blöcke, Untersuchungsobjekte, Versuchspersonen. Jedes Objekt A_i wird jeder Bedingungskombination der unabhängigen Variablen B und C (B_jC_k) unterzogen, wobei die Reihenfolge zu balancieren oder zu randomisieren ist, oder Ausprägungen einer unabhängigen Variablen A

B_j $1 \leq j \leq n$ Ausprägungen der unabhängigen Variablen B

C_k $1 \leq k \leq r$ Ausprägungen der unabhängigen Variablen C

Weiteres Formelzeichen: N Gesamtzahl aller Maßzahlen, $N = m \cdot n \cdot r$
Formeln:

Tabelle 50

Quelle	Quadratsumme	Freiheitsgrade
A (zwischen Blöcken)	S_A = (bcA) − (abc)	$m - 1$
B (unabhängige Variable)	S_B = (acB) − (abc)	$n - 1$
C (unabhängige Variable)	S_C = (abC) − (abc)	$r - 1$
BC (Wechselwirkung)	S_{BC} = (aBC) − (acB) − (abC) + (abc)	$(n - 1)(r - 1)$
Res (Residuum)	S_{Res} = (ABC) − (bcA) − (aBC) + (abc)	$(m - 1)(nr - 1)$
T (total)	S_T = (ABC) − (abc)	$N - 1$

F-Tests für feste Effekte (auch Blöcke fest): $F = s^2/s^2_{Res}$ für unabhängige Variablen B und C, für Blöcke A und Wechselwirkung BC.

F-Tests für Modell III (Blöcke zufällig, Effekte A und B fest):

$$F_B = s^2_B/s^2_{AB}, \quad F_C = s^2_C/s^2_{AC} \quad \text{und} \quad F_{BC} = s^2_{BC}/s^2_{ABC}.$$

Dabei sind folgende Quadratsummen und Freiheitsgradezahlen vonnöten, die Plan 6.3 entnommen werden können, wenn man o bzw. O fortläßt:

Tabelle 50a

Quelle	Quadratsumme	Freiheitsgrade
AB (Wechselwirkung)	S_{AB} = (cAB) − (bcA) − (acB) + (abc)	$(m - 1)(n - 1)$
AC (Wechselwirkung)	S_{AC} = (bAC) − (bcA) (abC) + (abc)	$(m - 1)(r - 1)$
ABC (Wechselwirkung)	S_{ABC} = (ABC) − (cAB) − (bAC) − (aBC) + (bcA) + (acB) + (abC) − (abc)	$(m - 1)(n - 1)(r - 1)$

Wie man leicht sieht, ist $S_{Res} = S_{AB} + S_{AC} + S_{ABC}$.

Prüfung der Voraussetzungen: Tukey-Test und Box-Test n. Kap. 5.3 mit den Stufenkombinationen B_jC_k als Einheiten für die unabhängige Variable.

6.7 Dreifaktorielle Block-Analyse

Entstehung, Charakterisierung: vierfaktorielle Analyse mit Zellenbesetzung 1, unabhängige Variable A repräsentiert die Blöcke.

Plan:

		D_1					.	$D_{k'}$					.	$D_{r'}$				
		C_1	.	C_k	.	C_r	. . .	C_1	.	C_k	.	C_r	. . .	C_1	.	C_k	.	C_r
	B_1	.	.	.	.	.	. . .	.	.	.	.	.	. . .	.	.	.	.	.
	.																	
A_1	B_j	.																
	.																	
	B_n	.																
	.																	
.	.																	
	.																	
	B_1	.																
	.																	
A_i	B_j	.																
	.																	
	B_n	.																
	.																	
.	.																	
	.																	
	B_1	.																
	.																	
A_m	B_j	.																
	.																	
	B_n	.																

Abbildung 26

Klassifizierungen:

A_i $1 \leqq i \leqq m$ Blöcke, Untersuchungsobjekte, Versuchspersonen. Jedes Objekt A_i wird jeder Bedingungskombination der unabhängigen Variablen B, C und D ($B_jC_kD_{k'}$) unterzogen, wobei die Reihenfolge zu balancieren oder zu randomisieren ist, oder Ausprägungen einer unabhängigen Variablen A

B_j $1 \leqq j \leqq n$ Ausprägungen der unabhängigen Variablen B

C_k $1 \leq k \leq r$ Ausprägungen der unabhängigen Variablen C
$D_{k'}$ $1 \leq k' \leq r'$ Ausprägungen der unabhängigen Variablen D

Weiteres Formelzeichen: N Gesamtzahl aller Maßzahlen, $N = m \cdot n \cdot r \cdot r'$
Formeln:

Tabelle 51

Quelle	Quadratsumme	Freiheitsgrade
A (zwischen Blöcken)	$S_A = (bcdA) - (abcd)$	$m - 1$
B (unabhängige Variable)	$S_B = (acdB) - (abcd)$	$n - 1$
C (unabhängige Variable)	$S_C = (abdC) - (abcd)$	$r - 1$
D (unabhängige Variable)	$S_D = (abcD) - (abcd)$	$r' - 1$
BC (Wechselwirkung)	$S_{BC} = (adBC) - (acdB) - (abdC) + (abcd)$	$(n - 1)(r - 1)$
BD (Wechselwirkung)	$S_{BD} = (acBD) - (acdB) - (abcD) + (abcd)$	$(n - 1)(r' - 1)$
CD (Wechselwirkung)	$S_{CD} = (abCD) - (abdC) - (abcD) + (abcd)$	$(r - 1)(r' - 1)$
BCD (Wechselwirkung)	$S_{BCD} = (aBCD) - (adBC) - (acBD) - (abCD)$ $+ (acdB) + (abdC) + (abcD) - (abcd)$	$(n - 1)(r - 1)(r' - 1)$
Res (Residuum)	$S_{Res} = (ABCD) - (bcdA) - (aBCD) + (abcd)$	$(m - 1)(nrr' - 1)$
T (total)	$S_T = (ABCD) - (abcd)$	$N - 1$

230

F-Tests: $F = s^2/s^2_{Res}$ für Blöcke A, Haupteffekte B, C und D und Wechselwirkungen BC − BCD.

Prüfung der Voraussetzungen: Tukey-Test und Box-Test n. Kap. 5.3 mit den Stufenkombinationen $B_j C_k D_k'$ als Einheiten für die unabhängige Variable.

6.8 Lateinisches Quadrat

Entstehung, Charakterisierung: Auswahl von m^2 Kombinationen $A_i B_j C_k$ aus einer dreifaktoriellen Analyse mit $m = n = r$ so, daß A, B und C wechselseitig orthogonal zueinander sind.

Plan:

	B_1	B_j	B_m
A_1	C_1 x_{h11}	C_k x_{h1j}	C_m x_{h1m}
A_i	C_m x_{hi1}	C_1 x_{hij}	C_k x_{him}
A_m	C_k x_{hm1}	C_m x_{hmj}	C_1 x_{hmm}

Abbildung 27

Klassifizierungen:

A_i $1 \leq i \leq m$ Ausprägungen der unabhängigen Variablen A

B_j $1 \leq j \leq m$ Ausprägungen der unabhängigen Variablen B

C_k $1 \leq k \leq m$ Ausprägungen der unabhängigen Variablen C

O_h $1 \leq h \leq 1$ Untersuchungsobjekte, Versuchspersonen. Jedes Objekt wird nur einer Kombination der unabhängigen Variablen A, B und C unterzogen (kommt nur in einer Zelle vor). Zellenbesetzungen müssen gleich sein.

Weiteres Formelzeichen: N Gesamtzahl aller Maßzahlen, $N = 1\,m^2$

Besonderheiten: 1. Tabelle ist immer quadratisch mit m Zeilen und Spalten und

2. k (Index von C) ist zur Kennzeichnung einer bestimmten Maßzahl nicht nötig.

Formeln:

Tabelle 52

Quelle	Quadratsumme		Freiheitsgrade
A (unabhängige Variable)	S_A	$= (obA) - (oab)$	$m - 1$
B (unabhängige Variable)	S_B	$= (oaB) - (oab)$	$m - 1$
C (unabhängige Variable)	S_C	$= (oaC) - (oab)$	$m - 1$
ZG (zwischen Gruppen)	S_{ZG}	$= (oAB) - (oab)$	$m^2 - 1$
Res (Residuum)	S_{Res}	$= (oAB) - (obA) - (oaB) - (oaC) + 2(oab)$	$(m-1)(m-2)$
IG (innerhalb Gruppen)	S_{IG}	$= (OAB) - (oAB)$	$m^2(l-1)$
T (total)	S_T	$= (OAB) - (oab)$	$N - 1 = m^2 l - 1$

F-Tests: $F = s^2/s_{IG}^2$ für Haupteffekte A, B und C und für Residuum.

Prüfung der Voraussetzungen: F_{max}- oder Bartlett-Test n. Kap. 4.1.2. Bei $l = 1$ Tukey-Test n. Kap. 5.3 auf Wechselwirkung.

Bemerkungen: ausführliche Besprechung mit Beispiel in Kap. 5.4. Wechselwirkungen müssen fehlen.

6.9 Griechisch-Lateinisches Quadrat

Entstehung, Charakterisierung: Zwei Lateinische Quadrate mit den unabhängigen Variablen A, B und C bzw. A, B und D werden so überlagert, daß alle vier unabhängigen Variablen A, B, C und D je wechselseitig orthogonal sind. Die Zahl der Ausprägungen ist für alle unabhängigen Variablen gleich m.

Plan:

	B_1	B_j	B_m
A_1	$C_1 D_1$. x_{h11} .	$C_k D_{k'}$. x_{h1j} .	$C_m D_m$. x_{h1m} .
A_i	$C_m D_{k'}$. x_{hi1} .	$C_1 D_m$. x_{hij} .	$C_k D_1$. x_{him} .
A_m	$C_k D_m$. x_{hm1} .	$C_m D_1$. x_{hmj} .	$C_1 D_{k'}$. x_{hmm} .

Abbildung 28

Klassifizierungen:

A_i $1 \leq i \leq m$ Ausprägungen der unabhängigen Variablen A

B_j $1 \leq j \leq m$ Ausprägungen der unabhängigen Variablen B

C_k $1 \leq k \leq m$ Ausprägungen der unabhängigen Variablen C

$D_{k'}$ $1 \leq k' \leq m$ Ausprägungen der unabhängigen Variablen D

O_h $1 \leq h \leq l$ Untersuchungsobjekte, Versuchspersonen. Jedes Objekt wird nur einer Kombination der unabhängigen Variablen A, B, C und D unterzogen (kommt nur in einer Zelle vor). Zellenbesetzungen l müssen gleich sein.

Weiteres Formelzeichen: N Gesamtzahl aller Maßzahlen, $N = l \, m^2$.

Besonderheiten:

1. Tabelle ist immer quadratisch mit m Zeilen und Spalten,
2. k (Index von C) und k' (Index von D) sind zur Kennzeichnung einer bestimmten Einzelmaßzahl nicht nötig und
3. wechselseitige Orthogonalität aller unabhängigen Variablen ist dadurch sicherzustellen, daß jede Ausprägung jeder unabhängigen Variablen genau einmal mit jeder Ausprägung jeder anderen unabhängigen Variablen zusammen auftritt (wechselseitige Balance aller unabhängigen Varia-

blen gegeneinander). Die Zahl möglicher Griechisch-Lateinischer Quadrate ist abhängig von m begrenzt; für m = 3 existiert genau ein solcher Plan, für m = 4 deren 3 und für m = 5 deren 6. Für m = 6 gibt es kein Griechisch-Lateinisches Quadrat.

Formeln:

Tabelle 53

Quelle	Quadratsumme	Freiheitsgrade
A (unabhängige Variable)	S_A = (obA) − (oab)	$m - 1$
B (unabhängige Variable)	S_B = (oaB) − (oab)	$m - 1$
C (unabhängige Variable)	S_C = (oaC) − (oab)	$m - 1$
D (unabhängige Variable)	S_D = (oaD) − (oab)	$m - 1$
ZG (zwischen Gruppen)	S_{ZG} = (oAB) − (oab)	$m^2 - 1$
Res (Residuum)	S_{Res} = (oAB) − (obA) − (oaB) − (oaC) − (oaD) + 3(oab)	$(m - 1)(m - 3)$
IG (Innerhalb Gruppen)	S_{IG} = (OAB) − (oAB)	$m^2 (l - 1)$
T (total)	S_T = (OAB) − (oab)	$N - 1$

F-Tests: $F = s^2 / s_{IG}^2$ für Haupteffekte A, B, C und D und für Residuum.
Prüfung der Voraussetzungen: F_{max}- und Bartlett-Test n. Kap. 4.1.2.
Bemerkungen: Wechselwirkungen müssen fehlen

6.10 Zweifaktorielle hierarchische Analyse, A in B geschachtelt

Entstehung, Charakterisierung: Weglassen der im Plan gerasterten Zellen aus einer zweifaktoriellen Analyse. Unabhängige Variable A repräsentiert meist vorgefundene Gruppen.

Plan:

	B_1	B_j	B_n
A_1	x_{h11}		
A_2	x_{h21}		
A_{i-1}		$x_{h(i-1)j}$	
A_i		x_{hij}	
A_{m-1}			$x_{h(m-1)n}$
A_m			x_{hmn}

Abbildung 29

Plan, äquivalente Darstellung:

B_1			B_j				B_n	
A_1	A_2	. .	A_{i-1}	A_i	.	.	A_{m-1}	A_m
x_{h11}	x_{h21}	. .	. .	x_{hij}	. .	. .	. .	x_{hmn}

Abbildung 30

Klassifizierungen:

A_i $1 \leq i \leq m$ Ausprägungen der unabhängigen Variablen A (meist vorgefundene Gruppen von Untersuchungsobjekten), geschachtelt in B (jede Ausprägung A_i ist genau einer Ausprägung B_j zugeordnet). Gleiche Zahl von Gruppen A_i innerhalb jeder Stufe B_j ist erforderlich.

B_j $1 \leq j \leq n$ Ausprägungen der unabhängigen Variablen B

O_h $1 \leq h \leq l$ Untersuchungsobjekte, Versuchspersonen. Jedes Objekt wird nur einer Bedingungskombination A_iB_j unterzogen (kommt nur in einer Zelle vor). Zellenbesetzungen l müssen gleich sein.

Weiteres Formelzeichen: N Gesamtzahl aller Maßzahlen, N = l m
Formeln:

Tabelle 54

Quelle	Quadratsumme	Freiheitsgrade
B (unabhängige Variable)	S_B = (oaB) − (oab)	n − 1
ZG (zwischen Gruppen)	S_{ZG} = (oAB) − (oab)	m − 1
AIB (zwischen A innerhalb B)	S_{AIB} = (oAB) − (oaB)	m − n
IG (innerhalb Gruppen)	S_{IG} = (OAB) − (oAB)	N − m
T (total)	S_T = (OAB) − (oab)	N − 1

F-Tests (A zufällig, B fest oder zufällig): $F_{AIB} = s^2_{AIB}/s^2_{IG}$ und $F_B = s^2_B/s^2_{AIB}$

Prüfung der Voraussetzungen: F_{max}- oder Bartlett-Test n. Kap. 4.1.2.
Bemerkungen: ausführliche Besprechung mit Beispiel in Kap. 5.5.

6.11 Dreifaktorielle zweifach hierarchische Analyse, A in B geschachtelt, B in C geschachtelt

Entstehung, Charakterisierung: Übertragung der einfachen hierarchischen Analyse 6.10 auf den Fall dreier unabhängiger Variablen auf drei Ebenen der Hierarchie.
Plan:

C₁			.	Cₖ			.	Cᵣ			
B₁		B₂		. .	B_{j-1}		B_j		. .	B_{n-1}	B_n
A₁	A₂	A_{i-1}	A_i	. . . .	A_{i'-1}	A_{i'}	A_{i''-1}	A_{i''}	. . . .	A_{i'''-1} A_{i'''}	A_{m-1} A_m
x_{h111}		x_{hi21}									

Abbildung 31

Klassifizierungen:

A_i $1 \leq i \leq m$ Ausprägungen der unabhängigen Variablen A, geschachtelt in B, unterste Ebene der Hierarchie

B_j $1 \leq j \leq n$ Ausprägungen der unabhängigen Variablen B, geschachtelt in C, mittlere Ebene der Hierarchie

C_k $1 \leq k \leq r$ Ausprägungen der unabhängigen Variablen C, oberste Ebene der Hierarchie

O_h $1 \leq h \leq l$ Untersuchungsobjekte, Versuchspersonen. Jedes Objekt wird nur einer Bedingungskombination $A_i B_j C_k$ unterzogen (kommt nur in einer Zelle vor). Zellenbesetzungen l müssen gleich sein, bei ungleichen Zellenbesetzungen Verwendung der Zellenmittelwerte als Maßzahlen, womit der Plan in Plan 6.10 übergeht. Siehe auch S. 207.

Weiteres Formelzeichen: N Gesamtzahl aller Maßzahlen, $N = 1 \cdot m$
Formeln:

Tabelle 55

Quelle	Quadratsumme	Freiheitsgrade
C (unabhängige Variable)	$S_C = (oabC) - (oabc)$	$r - 1$
ZG (zwischen Gruppen)	$S_{ZG} = (oABC) - (oabc)$	$m - 1$
BIC (zwischen B innerhalb C)	$S_{BIC} = (oaBC) - (oabC)$	$n - r$
AIB (zwischen A innerhalb B)	$S_{AIB} = (oABC) - (oaBC)$	$m - n$
IG (innerhalb Gruppen)	$S_{IG} = (OABC) - (oABC)$	$N - m$
T (total)	$S_T = (OABC) - (oabc)$	$N - 1$

F-Tests (A zufällig, B und C fest, gemischt oder zufällig): $F_C = s_C^2 / s_{BIC}^2$, $F_{BIC} = s_{BIC}^2 / s_{AIB}^2$ und $F_{AIB} = s_{AIB}^2 / s_{IG}^2$.

Prüfung der Voraussetzungen: F_{max}- oder Bartlett-Test n. Kap. 4.1.2.
Bemerkungen: Gleiche Zahl von Gruppen A_i innerhalb jeder Gruppe B_j
und von Gruppen B_j innerhalb jeder Gruppe C_k sind erforderlich.

6.12 Zweifaktorielle Analyse mit Meßwiederholungen auf einem Faktor

Entstehung, Charakterisierung: Je eine einfaktorielle Block-Analyse 6.5
wird für jede Ausprägung der einen unabhängigen Variablen A in
einer zweifaktoriellen Analyse eingesetzt. Kombination von 6.2 und
6.5.
Plan:

		B_1	.	B_j	.	B_n
A_1	O_{11}	x_{111}	.	x_{11j}	.	x_{11n}
	.	.	.	.	.	.
	O_{h1}	x_{h11}	.	x_{h1j}	.	x_{h1n}
	.	.	.	.	.	.
	$O_{l_1 1}$	.	.	.	.	.
.		.	.	.	.	.
A_i	O_{1i}	.	.	.	.	.
	.	.	.	.	.	.
	O_{hi}	x_{hi1}	.	x_{hij}	.	x_{hin}
	.	.	.	.	.	.
	$O_{l_i i}$	.	.	.	.	.
.		.	.	.	.	.
A_m	O_{1m}	.	.	.	.	.
	.	.	.	.	.	.
	O_{hm}	x_{hm1}	.	x_{hmj}	.	x_{hmn}
	.	.	.	.	.	.
	$O_{l_m m}$	.	.	.	.	.

Abbildung 32

Klassifizierungen:

A_i $1 \leq i \leq m$ Ausprägungen der unabhängigen Variablen A (zwischen den Blöcken)

B_j $1 \leq j \leq n$ Ausprägungen der unabhängigen Variablen B (innerhalb der Blöcke)

O_h $1 \leq h \leq l_i$ Untersuchungsobjekte, Versuchspersonen, Blöcke. Jedes Objekt wird *einer* Bedingung A_i in Kombination mit *allen* Bedingungen B_j unterzogen (kommt in den n Zellen einer Zeile vor). Die einzelnen Bedingungen A_i können eine unterschiedliche Anzahl von Blöcken (l_i) enthalten.

Weiteres Formelzeichen: N Gesamtzahl aller *Objekte (Blöcke)*, $N = \sum_{i=1}^{m} l_i$

Formeln:

Tabelle 56

Quelle	Quadratsumme	Freiheitsgrade
ZO (zwischen Objekten)	S_{ZO} = (bOA) – (oab)	$N - 1$
A (unabhängige Variable zwischen Objekten)	S_A = (obA) – (oab)	$m - 1$
OIA (zwischen Objekten innerhalb der Gruppen A_i)	S_{OIA} = (bOA) – (obA)	$N - m$
IO (innerhalb der Objekte)	S_{IO} = (OAB) – (bOA)	$N(n - 1)$
B (unabhängige Variable innerhalb der Objekte)	S_B = (aoB) – (oab)	$n - 1$
AB (Wechselwirkung)	S_{AB} = (oAB) – (obA) – (oaB) + (oab)	$(m - 1)(n - 1)$
BOIG (Wechselwirkung B, Objekte innerhalb der Gruppen A_i)	S_{BOIG} = (OAB) – (oAB) – (bOA) + (obA)	$(N - m)(n - 1)$
T (total)	S_T = (OAB) – (oab)	$Nn - 1$

F-Tests (O zufällig, A und B fest): $F_A = s_A^2/s_{OIA}^2$, $F_B = s_B^2/s_{BOIG}^2$ und $F_{AB} = s_{AB}^2/s_{BOIG}^2$

Konservative F-Tests (vgl. Abschnitt 5.3), Freiheitsgradezahlen:

$F_B: d_{f1} = 1$, $d_{f2} = m(l - 1)$; $F_{AB}: d_{f1} = m - 1$, $d_{f2} = m(l - 1)$

Prüfung der Voraussetzungen: Box-Test (vgl. Abschnitt 5.3). Zunächst ist für jede unabhängige Personenstichprobe A_i nach (5.63) eine Varianz-Kovarianz-Matrix zu berechnen. Aus diesen m Matrizen ist eine Durchschnittsmatrix S_M zu berechnen, die aus den Mittelwerten (bei ungleichen Stichprobengrößen l_i aus mit den Freiheitsgraden $l_i - 1$ gewichteten Mittelwerten) einander entsprechender Elemente aller S_i

besteht. Der Box-Test hat jetzt zwei Teile: zuerst wird die Gleichheit der Populationen zu den einzelnen Matrizen S_i geprüft, dann die Homogenität von S_M. Die Formeln lauten:

(6.12.1) $\chi^2_{Box(1)} = \left[\dfrac{2n^2 + 3n - 1}{6(n+1)(m-1)} \left(\dfrac{1}{N} - \sum\limits_{i=1}^{m} \dfrac{1}{l_i}\right) - 1\right] N \ln|S_M| - \sum\limits_{i=1}^{m} l_i \ln|S_i|$

(6.12.2) mit $d_{fBox(2)} = n(n+1)(m-1)/2$ Freiheitsgraden und

(6.12.3) $\chi^2_{Box(2)} = \left(\dfrac{n(n+1)^2(2n-3)}{6(N-m)(n-1)(n^2+n-4)} - 1\right)(N-m)\ln\dfrac{|S_M|}{|S_{MO}|}$

(5.72) mit $d_{fBox(2)} = \dfrac{n^2 + n - 4}{2}$.

(6.12.3) entspricht (5.71); an die Stelle von $(m-1)$ in (5.71) ist $(N-m)$, die Zahl der Freiheitsgrade innerhalb aller Personengruppen A_i zusammengenommen getreten. $|S_{MO}|$ wird aus $|S_M|$ mit (5.65) gebildet. Nur wenn beide Box-Tests nicht signifikant sind, sind F_B und F_{AB} der Varianzanalyse wie üblich interpretierbar.

Bemerkungen: Plan ist effizienter für Variable B und Wechselwirkung AB als für Variable A, da Fehlervarianz für B und AB innerhalb der Objekte, für A zwischen den Objekten.

6.13 Dreifaktorielle Analyse mit Meßwiederholungen auf einem Faktor

Entstehung, Charakterisierung: Hinzunahme einer weiteren unabhängigen Variablen C, die *zwischen* den Blöcken variiert wird, zur zweifaktoriellen Analyse (6.12).

Plan:

Klassifizierungen:

A_i $1 \leq i \leq m$ Ausprägungen der unabhängigen Variablen A (zwischen den Blöcken)

B_j $1 \leq j \leq n$ Ausprägungen der unabhängigen Variablen B (innerhalb der Blöcke)

C_k $1 \leq k \leq r$ Ausprägungen der unabhängigen Variablen C (zwischen den Blöcken)

O_h $1 \leq h \leq l_{ik}$ Untersuchungsobjekte, Versuchspersonen, Blöcke. Jedes Objekt wird einer Bedingungskombination A_iC_k, kombiniert mit allen Bedingungen B_j, unterzogen (kommt in den n Zellen einer Zeile A_iC_k vor). Die einzelnen Bedingungskombinationen A_iC_k können eine unterschiedliche Anzahl l_{ik} von Blöcken enthalten. Die Zahl der Gruppen A muß in jeder Bedingung C_k gleich sein (m).

Weiteres Formelzeichen: N Gesamtzahl aller *Objekte (Blöcke)*,

$$N = \sum_{k=1}^{r} \sum_{i=1}^{m} l_{ik}$$

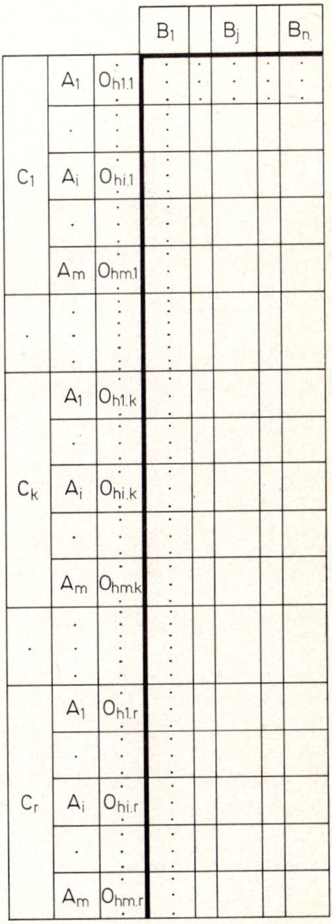

Formeln:

Abbildung 33

Tabelle 57

Quelle	Quadratsumme	Freiheitsgrade
ZO (zwischen Objekten)	$S_{ZO} = (bOAC) - (oabc)$	$N - 1$
A (unabhängige Variable)	$S_A = (obcA) - (oabc)$	$m - 1$
C (unabhängige Variable)	$S_C = (oabC) - (oabc)$	$r - 1$
AC (Wechselwirkung)	$S_{AC} = (obAC) - (obcA) - (oabC) + (oabc)$	$(m-1)(r-1)$
OIG (zwischen Objekten innerhalb der Gruppen)	$S_{OIG} = (bOAC) - (obAC)$	$N - mr$
IO (innerhalb der Objekte)	$S_{IO} = (OABC) - (bOAC)$	$N(n-1)$
B (unabhängige Variable innerhalb der Objekte)	$S_B = (oacB) - (oabc)$	$n - 1$
AB (Wechselwirkung innerhalb der Objekte)	$S_{AB} = (ocAB) - (obcA) - (oacB) + (oabc)$	$(m-1)(n-1)$
BC (Wechselwirkung innerhalb der Objekte)	$S_{BC} = (oaBC) - (oacB) - (oabC) + (oabc)$	$(n-1)(r-1)$
ABC (Wechselwirkung)	$S_{ABC} = (oABC) - (ocAB) - (oaBC) - (obAC) + (obcA) + (oacB) + (oabC) - (oabc)$	$(m-1)(n-1)(r-1)$
BOIG (Wechselwirkung B, Objekte innerhalb der Gruppen)	$S_{BOIG} = (OABC) - (oABC) - (bOAC) + (obAC)$	$(N - mr)(n-1)$
T (total)	$S_T = (OABC) - (oabc)$	$Nn - 1$

F-Tests (O zufällig, A, B, C fest): $F_A = s_A^2/s_{OIG}^2$, $F_C = s_C^2/s_{OIG}^2$,
$F_{AC} = s_{AC}^2/s_{OIG}^2$, $F_B = s_B^2/s_{BOIG}^2$, $F_{AB} = s_{AB}^2/s_{BOIG}^2$, $F_{BC} = s_{BC}^2/s_{BOIG}^2$,
$F_{ABC} = s_{ABC}^2/s_{BOIG}^2$

Freiheitsgrade für konservative F-Tests (vgl. Abschnitt 5.3):

F_B: $d_{f1} = 1$, $d_{f2} = mr(l - 1)$; F_{AB}: $d_{f1} = m - 1$, $d_{f2} = mr(l - 1)$;
F_{BC}: $d_{f1} = r - 1$, $d_{f2} = mr(l - 1)$; F_{ABC}: $d_{f1} = (m - 1)(r - 1)$, $d_{f2} = mr(l - 1)$

Prüfung der Voraussetzungen: 2 Box-Tests wie in 6.12 auf der Basis der einzelnen Personengruppen A_iC_k über die B_j hinweg.

Bemerkungen: Plan ist effizienter für Variable B und Wechselwirkungen AB, BC und ABC, da hier Fehlervarianz innerhalb der Objekte, für die restlichen F-Tests zwischen den Objekten.

6.14 Dreifaktorielle Analyse mit Meßwiederholungen auf zwei Faktoren

Entstehung, Charakterisierung: Hinzunahme einer weiteren unabhängigen Variablen C, die *innerhalb* der Blöcke variiert wird, zur zweifaktoriellen Analyse (6.12)
Plan: Abbildung 34

Klassifizierungen:

A_i $1 \leq i \leq m$ Ausprägungen der unabhängigen Variablen A (zwischen den Blöcken)

B_j $1 \leq j \leq n$ Ausprägungen der unabhängigen Variablen B (innerhalb der Blöcke)

		C_1					·	C_k					·	C_r				
		B_1	·	B_j	·	B_n	···	B_1	·	B_j	·	B_n	···	B_1	·	B_j	·	B_n
	O_{11}																	
A_1	O_{h1}		·	x_{h1j1}	·				·	x_{h1jk}								
	O_{l_11}																	
	O_{1i}																	
A_i	O_{hi}									x_{hijk}								
	O_{l_ii}																	
	O_{1m}																	
A_m	O_{hm}																	
	O_{l_mm}																	

Abbildung 34

C_k $1 \leq k \leq r$ Ausprägungen der unabhängigen Variablen C (innerhalb der Blöcke)

O_h $1 \leq h \leq l_i$ Untersuchungsobjekte, Versuchspersonen, Blöcke. Jedes Objekt wird einer Bedingung A_i, kombiniert mit allen Bedingungskombinationen $B_j C_k$ unterzogen (kommt in allen n · r Zellen einer Zeile vor). Die einzelnen Ausprägungen A_i können eine unterschiedliche Anzahl von Blöcken l_i enthalten.

Weiteres Formelzeichen: N Gesamtzahl aller *Objekte (Blöcke)*,

$$N = \sum_{i=1}^{m} l_i .$$

Formeln:

Tabelle 58

Quelle	Quadratsumme	Freiheitsgrade
ZO (zwischen Objekten)	$S_{ZO} = (bcOA) - (oabc)$	$N - 1$
A (unabhängige Variable zwischen Objekten)	$S_A = (obcA) - (oabc)$	$m - 1$
OIG (zwischen Objekten innerhalb der Gruppen)	$S_{OIG} = (bcOA) - (obcA)$	$N - m$
IO (innerhalb der Objekte)	$S_{IO} = (OABC) - (bcOA)$	$N(nr - 1)$
B (unabhängige Variable)	$S_B = (oacB) - (oabc)$	$n - 1$
AB (Wechselwirkung)	$S_{AB} = (ocAB) - (obcA) - (oacB) + (oabc)$	$(m - 1)(n - 1)$
BOIG (Wechselwirkung B, Objekte innerhalb der Gr.)	$S_{BOIG} = (cOAB) - (ocAB) - (bcOA) + (obcA)$	$(N - m)(n - 1)$
C (unabhängige Variable)	$S_C = (oabC) - (oabc)$	$r - 1$
AC (Wechselwirkung)	$S_{AC} = (obAC) - (obcA) - (oabC) + (oabc)$	$(m - 1)(r - 1)$
COIG (Wechselwirkung C, Objekte innerhalb der Gruppen)	$S_{COIG} = (bOAC) - (obAC) - (bcOA) + (obcA)$	$(N - m)(r - 1)$
BC (Wechselwirkung)	$S_{BC} = (oaBC) - (oacB) - (oabC) + (oabc)$	$(n - 1)(r - 1)$
ABC (Wechselwirkung)	$S_{ABC} = (oABC) - (ocAB) - (obAC) - (oaBC) + (obcA) + (oacB) + (oabC) - (oabc)$	$(m - 1)(n - 1)(r - 1)$
BCOIG (Wechselwirkung BC, Objekte innerhalb der Gruppen)	$S_{BCOIG} = (OABC) - (oABC) - (cOAB) - (bOAC) + (ocAB) + (obAC) + (bcOA) - (obcA)$	$(N - m)(n - 1)(r - 1)$
T (total)	$S_T = (OABC) - (oabc)$	$Nnr - 1$

F-Tests: $F_A = s_A^2/s_{OIG}^2$, $F_B = s_B^2/s_{BOIG}^2$, $F_{AB} = s_{AB}^2/s_{BOIG}^2$,

$F_C = s_C^2/s_{COIG}^2$, $F_{AC} = s_{AC}^2/s_{COIG}^2$, $F_{BC} = s_{BC}^2/s_{BCOIG}^2$,

$F_{ABC} = s_{ABC}^2/s_{BCOIG}^2$.

Freiheitsgrade für konservative F-Tests (vgl. Abschnitt 5.3):

F_B : $d_{f1} = 1$, $d_{f2} = m(l-1)$; F_{AB} : $d_{f1} = m-1$, $d_{f2} = m(l-1)$

F_C : $d_{f1} = 1$, $d_{f2} = m(l-1)$; F_{AC} : $d_{f1} = m-1$, $d_{f2} = m(l-1)$

F_{BC} : $d_{f1} = 1$, $d_{f2} = m(l-1)$; F_{ABC} : $d_{f1} = m-1$, $d_{f2} = m(l-1)$

Prüfung der Voraussetzungen: 2 Box-Tests wie in 6.12 auf der Basis der einzelnen Personengruppen A_i über die Kombinationen B_jC_k hinweg.

Bemerkungen: Plan ist effizienter für Variablen B und C, sowie die Wechselwirkungen, in denen B und/oder C enthalten sind, da hier Fehlervarianz innerhalb der Objekte, für die Variable A zwischen den Objekten.

6.15 Die Konstruktion varianzanalytischer Versuchspläne

In diesem Abschnitt geben wir eine Folge von Regeln an, mit denen die zur Berechnung einer Varianzanalyse nötigen Formeln, wie wir sie für die Versuchspläne 6.1 bis 6.14 explizit dargestellt haben, und die Erwartungswerte für die einzelnen Varianzschätzungen für die verschiedenen Modelle I, II und III, also für alle möglichen Verteilungen fester und zufälliger Faktoren, aufgestellt werden können. Wir wollen den Leser damit in die Lage versetzen, einen benötigten Versuchsplan in den Fällen, in denen er ihn in den vorangegangenen Abschnitten nicht findet, selbst zu konstruieren und die Erwartungswerte, aufgrund derer die F-Tests ausgewählt werden, für sämtliche Modelle zu bestimmen.

Als Beispiel zur Verdeutlichung der abgehandelten Regeln verwenden wir den Plan 6.12, eine zweifaktorielle Varianzanalyse mit Meßwiederholungen auf einem Faktor.

Jede Versuchsplanung geht von einer graphischen Darstellung der logischen Relationen zwischen den unabhängigen Variablen aus. Unser Plan ist durch Abbildung 32, S. 238, wiedergegeben. Wir sehen daran: mit dem Sprachgebrauch aus Abschnitt 5.5 ausgedrückt, ist der Faktor O, Personen

oder Meßobjekte, in den Faktor A geschachtelt und mit dem Faktor B gekreuzt. Die Faktoren A und B sind gekreuzt.
Die Aufstellung des Formelsatzes beginnt mit der Angabe der Komponenten jeder Maßzahl, der Bildung der Summe der unterscheidbaren Effekte in der Art von Gleichung (3.23), S. 84, oder (5.12), S. 154. Dabei werden die folgenden Regeln zugrundegelegt:

1.1 Die Maßzahl x hat soviele Indices, wie Faktoren vorliegen. Der Faktor Personen oder Meßobjekte wird mit dem Buchstaben O, dem Index h und der Obergrenze (Anzahl der Meßobjekte) l, die anderen Faktoren mit den Buchstaben A, B, C, ... und den Indices i, j, k, ... mit den Obergrenzen m, n, r, ... wiedergegeben.
1.2 Die rechte Seite der Gleichung enthält den Gesamtmittelwert μ und den Meßfehler ϵ.
1.3 Für jeden Faktor erhält die rechte Seite der Gleichung einen Haupteffekt, der mit einem griechischen Kleinbuchstaben entsprechend der Faktorbezeichnung symbolisiert wird und den Laufindex enthält: o_h (griech. omikron), $\alpha_i, \beta_j, \gamma_k, \ldots$
Ist ein Faktor in einen anderen geschachtelt, so wird der Index des Faktors, *in den* er geschachtelt ist (auch *schachtelnder* Faktor genannt) in Klammern mitgeführt. Ist er in mehrere Faktoren geschachtelt, kommt er also in den *Kombinationen* der Stufen mehrerer Faktoren unabhängig vor, werden die Indices aller schachtelnder Faktoren in Klammern mitgeführt.
Liegen keine Meßwiederholungen vor, wird der Personen-/Objektefaktor O nicht aufgenommen, sondern dem Meßfehler zugeordnet.
1.4 Für jedes mögliche Paar gekreuzter Faktoren wird eine Wechselwirkung $\alpha\beta_{ij}, \alpha\gamma_{ik}, \beta\gamma_{jk} \ldots$ aufgenommen. Eine Wechselwirkung zwischen geschachteltem Faktor und schachtelndem Faktor kommt grundsätzlich in der Gleichung nicht vor.
1.5 Für jedes mögliche Tripel je paarweise gekreuzter Faktoren wird eine Wechselwirkung $\alpha\beta\gamma_{ijk}, o\alpha\gamma_{hik}, \ldots$ aufgenommen. Sind geschachtelte Faktoren an solchen Tripeln beteiligt, werden die Indices der schachtelnden Faktoren in Klammern mitgeführt.
1.6 Für jedes mögliche Quartupel, Quintupel, n-Tupel je paarweise gekreuzter Faktoren wird die entsprechende, aus vier, fünf, n Zeichen bestehende Wechselwirkung aufgenommen.

Der Leser mache sich klar, daß nach den Regeln 1.1 bis 1.6 für den einfaktoriellen Plan aus (3.23)

(6.15.1) $x_{ij} = \mu + \beta_j + \epsilon_{i(j)}$ wird

und aus (5.12) für den zweifaktoriellen Plan

(6.15.2) $x_{hij} = \mu + \alpha_i + \beta_j + \alpha\beta_{ij} + \epsilon_{h(ij)}$.

Wir geben noch ein schwierigeres Beispiel. Für Plan 6.14 ist O in A geschachtelt, A mit B gekreuzt (damit auch O mit B gekreuzt), A mit C gekreuzt (damit auch O mit C gekreuzt) und B mit C gekreuzt. Nach Regeln 1.1 bis 1.6 erhalten wir:

(6.15.3) $x_{hijk} = \mu + \alpha_i + o_{h(i)} + \beta_j + \gamma_k + \alpha\beta_{ij} + \alpha\gamma_{ik} + \beta\gamma_{jk} + \alpha\beta\gamma_{ijk}$
$+ o\beta_{h(i)j} + o\gamma_{h(i)k} + o\beta\gamma_{h(i)jk} + \epsilon_{(hijk)}$.

Für das weiterzubehandelnde Beispiel, Plan 6.12, erhalten wir: O ist in A geschachtelt, A ist mit B gekreuzt (damit auch O mit B gekreuzt), also

(6.15.4) $x_{hij} = \mu + \alpha_i + o_{h(i)} + \beta_j + \alpha\beta_{ij} + o\beta_{h(i)j} + \epsilon_{(hij)}$.

Nachdem wir die *Strukturgleichung* der Varianzanalyse für einen vorgegebenen Versuchsplan, die Gleichung der Komponenten der einzelnen Maßzahlen in der Form von (6.15.1) bis (6.15.4) angeschrieben haben, bestimmen wir die Formeln zur Berechnung der Quadratsummen, die für die F-Tests benötigt werden. Dabei gelten folgende Regeln:

2.1 Für die Haupteffekte nicht geschachtelter (aber möglicherweise schachtelnder) Faktoren erhalten wir Ausdrücke in der Form
$S_A = (obA) - (oab)$, $S_D = (oabcD) - (oabcd)$, ..., Operatoren, wie wir sie in Abschnitt 3.2 eingeführt haben, in denen jeweils alle Faktoren des Versuchsplanes vorkommen. Die Haupteffekte werden stets aus der Differenz eines Operators, in dem nur der zugehörige Faktor als Großbuchstabe steht, und des gesamten Korrekturgliedes (nur Kleinbuchstaben) bestimmt.

2.2 Für die Wechselwirkungen zwischen je *zwei* nichtgeschachtelten (aber möglicherweise schachtelnden) Faktoren entstehen Ausdrücke der Struktur:
$S_{AB} = (oAB) - (obA) - (oaB) + (oab)$ oder
$S_{CD} = (oabCD) - (oabdC) - (oabcD) + (oabcd)$.

2.3 Für die Wechselwirkungen zwischen je *drei* nichtgeschachtelten (aber möglicherweise schachtelnden) Faktoren bilden wir Ausdrücke der Form:

S_{OAB} = (cOAB) − (ocAB) − (acOB) − (bcOA) + (abcO) + (obcA) + (oacB) − (oacb).

2.4 Für höhere Wechselwirkungen läßt sich die Regel, nach der 2.2 und 2.3 gebildet sind, allgemeiner fassen. Von dem Operator, in dem alle Faktoren, deren Wechselwirkung interessiert, als Großbuchstaben vorkommen, sind alle Operatoren zu subtrahieren, die man mit einem Großbuchstaben weniger aus den Großbuchstaben des ersten Operators bilden kann, also alle Kombinationen der u Großbuchstaben zur (u − 1)-ten Klasse ohne Wiederholung und ohne Berücksichtigung der Stellung. Die entsprechenden Kombinationen zur (u − 2)-ten Klasse sind dann zu addieren, die folgenden zur (u − 3)-ten Klasse wieder zu subtrahieren. Das Verfahren wird fortgesetzt, bis es mit dem allgemeinen Korrekturglied endet, wobei das Vorzeichen jeweils zwischen den Gruppen von Operatoren mit gleicher Zahl von Großbuchstaben wechselt.

2.5 Für Schachtelungen wie $o_{h(i)}$ in (6.15.4) erhält man
S_{OIA} = (bOA) − (obA), für geschachtelte Ausdrücke wie $o_{h(ij)}$
S_{OIAB} = (cOAB) − (ocAB), also Differenzen zwischen zwei Operatoren, deren positiver alle zu den Indices in $o_{h(ij)}$ gehörigen Faktoren, und deren negativer nur die zu den eingeklammerten Indices gehörenden Faktoren als Großbuchstaben enthält.

2.6 Für Schachtelungen wie $o\beta_{h(i)j}$ erhält man
S_{BOIA} = (OAB) − (oAB) − (bOA) + (obA), für Schachtelungen wie $o\beta\gamma_{h(i)jk}$
S_{BCOIA} = (OABC) − (oABC) − (bOAC) − (cOAB) + (ocAB) + (obAC) + (bcOA) − (obcA).

Hier wird der erste Operator mit den Großbuchstaben für alle u Indices gebildet. Dann werden alle daraus möglichen Kombinationen ohne Wiederholung und ohne Berücksichtigung der Anordnung zur (u − 1)-ten Klasse mit Ausnahme derjenigen, die den zum geklammerten Index gehörenden Faktor als Kleinbuchstaben enthalten, subtrahiert. Als nächstes werden die entsprechenden Kombinationen zur (u − 2)-ten Klasse addiert usw. Der Ausdruck endet mit dem schachtelnden Faktor als einzigem Großbuchstaben in einem Operator.

Der Leser überzeuge sich, daß man mit den Regeln 2.1 bis 2.6, angewandt auf Formel (6.15.4), die für die F-Tests benötigten Gleichungen für den Versuchsplan 6.12 erhält.

Die Zahl der Freiheitsgrade ist leicht zu erhalten; die nötigen Regeln lauten:

3.1 Für Haupteffekte ist die Zahl der Freiheitsgrade gleich der Zahl der Faktorstufen minus 1, also $d_{fA} = m - 1$, $d_{fB} = n - 1$, ...

3.2 Für Wechselwirkungen zwischen zwei gekreuzten Faktoren ist die Zahl der Freiheitsgrade gleich dem Produkt der einzelnen Freiheitsgradezahlen:
$d_{fAB} = (m - 1)(n - 1)$, $d_{fABC} = (m - 1)(n - 1)(r - 1)$, ...

3.3 Geschachtelte Variablen haben eine Zahl der Freiheitsgrade gleich der Zahl ihrer Ausprägungen je Stufe des schachtelnden Faktors minus 1 mal Zahl der Stufen des schachtelnden Faktors; für S_{OIA} beispielsweise erhält man $d_{fOIA} = m(l - 1) = N - m$. Für die Wechselwirkungen, an denen geschachtelte Faktoren beteiligt sind, ist zusätzlich nach 3.2 zu verfahren; zum Beispiel $d_{fBOIA} = (n - 1)(N - m)$.

Als nächstes müssen wir angeben, wie für einen Versuchsplan, dessen Strukturgleichung in der Art von (6.15.4) vorliegt und dessen Rechenformeln wir nach den Regeln 2.1 bis 2.6 und 3.1 bis 3.3 dieses Abschnittes ermittelt haben, die Erwartungswerte für die einzelnen Varianzschätzungen gefunden werden, damit die richtigen F-Quotienten ausgewählt werden können. Wir geben dazu ein auf Bennett und Franklin (1954) und Cornfield und Tukey (1956) zurückgehendes Verfahren an, das wir nach Kirk (1968, S. 208 f.) darstellen. Als Beispiel verwenden wir wieder den Plan 6.12 mit der Strukturgleichung (6.15.4). Das Verfahren besteht in der Anlage der Tabelle 59 nach folgenden Regeln.

4.1 Die Zeilen der Tabelle werden den einzelnen Summanden mit Ausnahme des Gesamtmittelwertes der rechten Seite der Strukturgleichung zugeordnet. Für jeden Summanden wird eine Zeile vorgesehen.

4.2 Die Spalten des linken Teils der Tabelle werden den Faktoren zugeordnet; die Indices und ihre Obergrenzen werden eingetragen.

4.3 Für jede Zelle der linken Seite der Tabelle wird eine Kenngröße bestimmt; diese lautet
   a) gleich der *Obergrenze der zugehörigen Spalte*, wenn der Index der zugehörigen Spalte in der Zeilenkomponente *nicht vorkommt* (im Beispiel also 1 für die Zelle in Zeile α_i und Spalte O),
   b) gleich einer Größe P_A, P_B, ..., wenn der Index der zugehörigen Spalte in der Zeilenkomponente *vorkommt*, und zwar *nicht eingeklammert*. Der Index von P wird entsprechend der Spalte ge-

wählt (im Beispiel also P_A für die Zelle in Zeile $\alpha\beta_{ij}$ und Spalte A) und

c) gleich 1, wenn der Index der zugehörigen Spalte in der Zeilenkomponente *eingeklammert vorkommt* (im Beispiel also 1 für die Zelle in Zeile $o_{h(i)}$ und Spalte A).

Die rechte Seite der Tabelle 59 enthält dann die gesuchten Erwartungswerte. Man gewinnt sie nach folgenden Regeln:

5.1 Eine *Zeile* enthält die Varianzen aller der Effekte, in *deren Index ihr Index oder ihre Indexkombination* vorkommt, und zwar ohne Rücksicht auf die Reihenfolge und darauf, ob eingeklammert oder nicht. Im Beispiel: die erste Zeile ist der Komponente α_i und damit der Varianzschätzung s_A^2 zugeordnet; der *einzige Index* i kommt in $\alpha_i, o_{h(i)}, \alpha\beta_{ij}, o\beta_{h(i)j}$ und $\epsilon_{(hij)}$ vor, also müssen die zugehörigen fünf Varianzen in die Zeile von α_i aufgenommen werden. Oder: die *Indexkombination* hi (ohne Rücksicht auf die Klammer!) kommt in Zeile $o_{h(i)}, o\beta_{h(i)j}$ und $\epsilon_{(hij)}$ vor; die drei entsprechenden Varianzen kommen in die Zeile $o_{h(i)}$.

5.2 Die vor den Varianzen einer Zeile in der rechten Hälfte der Tabelle 59 stehenden Faktoren gewinnt man, indem man *die zu den nicht eingeklammerten Indices des Zeileneffektes gehörende(n) Spalte(n) der linken Tabellenhälfte abdeckt* und jetzt die *Zeile* aufsucht, die der jeweiligen Varianz durch die Vorspalte zugeordnet ist. Die noch sichtbaren Spalten dieser Zeile enthalten die gesuchten Faktoren. Dies ist wohl der schwierigste Teil der Regeln. Wir verdeutlichen ihn wiederum mit dem Beispiel. In der zu s_A^2 gehörenden Zeile kommt in der rechten Tabellenhälfte die Varianz σ_{OBIA}^2 vor. Sie hat die Faktoren $P_O P_B$, die man erhält, indem man die mittlere Spalte der linken Hälfte (Index i) abdeckt und die in der zu $o\beta_{h(i)j}$ gehörenden Zeile noch sichtbaren Zellenwerte P_O und P_B als Faktoren vor σ_{OBIA}^2 setzt.

Oder: beim Erwartungswert für s_{AB}^2 erscheint in der rechten Hälfte der Tabelle 59 die Varianz σ_{OBIA}^2. Die Zeile für s_{AB}^2 ist mit $\alpha\beta_{ij}$ gekennzeichnet, enthält also die nicht eingeklammerten Indices i und j. Demnach müssen die Spalten A und B in der linken Tabellenhälfte abgedeckt werden. Zu σ_{OBIA}^2 findet man dann in der einzigen nicht abgedeckten Spalte und der Zeile $o\beta_{h(i)j}$ den Zahlenwert P_O, der als Faktor für σ_{OBIA}^2 in die Zeile $\alpha\beta_{ij}$ eingesetzt wird.

Auf die Bedeutung der Größen P_A, P_B, ... können wir hier nicht eingehen; es wird auf die Literatur verwiesen. Den Erwartungswert für eine Varianzschätzung erhalten wir, indem wir in der rechten Hälfte der Tabelle 59 *alle P, deren Index einen festen Faktor repräsentiert, gleich Null, und alle P, deren Index zu einem zufälligen Faktor gehört, gleich 1 setzen*.

Nehmen wir im Beispiel an, O, die untersuchten Personen seien ein Zufallsfaktor, A und B seien feste Faktoren. Dann müssen wir einsetzen: $P_O = 1$, $P_A = O$, $P_B = O$. Wir erhalten:

$$E(s_A^2) = \sigma_e^2 + n\sigma_{OIA}^2 + l\,n\sigma_A^2$$

$$E(s_{OIA}^2) = \sigma_e^2 + n\sigma_{OIA}^2$$

$$E(s_B^2) = \sigma_e^2 + \sigma_{OBIA}^2 + l\,m\,\sigma_B^2$$

$$E(s_{AB}^2) = \sigma_e^2 + \sigma_{OBIA}^2 + l\,\sigma_{AB}^2$$

$$E(s_{BOIA}^2) = \sigma_e^2 + \sigma_{OBIA}^2.$$

Tabelle 59

Varianz-schätzung	Effekt	Faktor Laufindex Obergrenze			Erwartungswert der Varianzschätzung
		O h l	A i m	B j n	
s_A^2	α_i	l	P_A	n	$\sigma_e^2 + P_O P_B \sigma_{OBIA}^2 + lP_B \sigma_{AB}^2 + nP_O \sigma_{OIA}^2 + ln\sigma_A^2$
s_{OIA}^2	$o_{h(i)}$	P_O	1	n	$\sigma_e^2 + P_B \sigma_{OBIA}^2 + n\sigma_{OIA}^2$
s_B^2	β_j	l	P_A	P_B	$\sigma_e^2 + P_O \sigma_{OBIA}^2 + lP_A \sigma_{AB}^2 + lm\sigma_B^2$
s_{AB}^2	$\alpha\beta_{ij}$	l	P_A	P_B	$\sigma_e^2 + P_O \sigma_{OBIA}^2 + l\sigma_{AB}^2$
s_{BOIA}^2	$o\beta_{h(i)j}$	P_O	1	P_B	$\sigma_e^2 + \sigma_{OBIA}^2$
–	$\epsilon_{(hij)}$	1	1	1	σ_e^2

Nach der Regel von S. 180 müssen wir den Nenner des F-Quotienten so auswählen, daß sein Erwartungswert genau die Summanden des Erwartungswertes des Zählers, ausgenommen die Varianz des zu prüfenden Effektes, enthält. Im vorliegenden Beispiel führt das auf die unter 6.12 angegebenen F-Tests.

Bestimmt man mit dem hier dargestellten Verfahren für jede geplante Varianzanalyse die Erwartungswerte der einzelnen Varianzschätzungen, so zeigt sich, daß für mehrfaktorielle Analysen mit *überwiegend oder ausschließlich zufälligen Faktoren* vor allem die Erwartungswerte für die Haupteffekte sehr viele Summanden für Wechselwirkungen aufweisen. Es kann sich dann als unmöglich herausstellen, einen F-Quotienten aufzufinden, dessen Nennererwartungswert genau die gleichen Summanden wie der Zählererwartungswert mit Ausnahme des zu prüfenden Effektes enthält. Abhilfe kann entweder dadurch versucht werden, daß man schrittweise solchermaßen unerwünschte Wechselwirkungen durch Signifikanztests als vernachlässigbar nachweist und dann für die Haupteffekte einwandfreie F-Quotienten erhält, indem man die entsprechenden nichtsignifikanten störenden Wechselwirkungen in den Erwartungswerten gleich Null setzt. Auch die Zusammenfassung unerheblicher Wechselwirkungsquadratsummen untereinander und mit der Fehlervarianzschätzung (pooling), wie in Abschnitt 5.2 näher beschrieben, ist dann möglich.

Schließlich kann es vorkommen, daß von den Daten her keine der bei der Prüfung der Haupteffekte störenden Wechselwirkungen vernachlässigt werden darf und man deshalb überhaupt keinen passenden F-Test findet. Dies ist beispielsweise bei der dreifaktoriellen Analyse (Plan 6.3) der Fall, wenn alle Wechselwirkungen bedeutsam sind und zwei oder drei zufällige Faktoren vorliegen. Bei zwei zufälligen Faktoren gibt es für den Haupteffekt des dritten, festen Faktors kein F, bei drei zufälligen Faktoren fallen die F für alle drei Haupteffekte aus.

Man behilft sich mit der Bildung von „Quasi-F-Quotienten" (Formelzeichen F'). Sie entstehen dadurch, daß man für Zähler und Nenner von F'-Quotienten Summen von Varianzschätzungen in der Form von Gleichung (6.15.5) so einsetzt, daß die Bedingung für die Auswahl von F-Quotienten, gleiche Summanden der Erwartungswerte im Zähler und Nenner, im Zähler aber zusätzlich noch die Varianz des zu prüfenden Effektes, erfüllt wird. So erhält man etwa für den Haupteffekt A einer dreifaktoriellen Varianzanalyse mit drei zufälligen Faktoren und nicht zu vernachlässigenden Wechselwirkungen das Quasi-F:

(6.15.5) $F' = \dfrac{s_A^2 + s_{ABC}^2}{s_{AC}^2 + s_{AB}^2}$, mit

$$(6.15.6) \quad df_1 = \frac{(s_A^2 + s_{ABC}^2)^2}{(s_A^2)^2/d_{fA} + (s_{ABC}^2)^2/d_{fABC}} \quad \text{und}$$

$$(6.15.7) \quad df_2 = \frac{(s_{AC}^2 + s_{AB}^2)^2}{(s_{AC}^2)^2/d_{fAC} + (s_{AB}^2)^2/d_{fAB}} \ .$$

Für d_{f1} und d_{f2} ist die dem errechneten Zahlenwert nächstliegende ganze Zahl zu verwenden.

Es zeigt sich also: nur für feste Effekte ist die Auswahl der F-Quotienten einfach und schematisch möglich. Für diese Fälle haben wir die passenden F bereits in die Angaben der Versuchspläne 6.1 bis 6.14 aufgenommen. Bei zufälligen Effekten, erst recht wenn in einer mehrfaktoriellen Analyse überwiegend oder ausschließlich zufällige Faktoren vorkommen, ist die Auswahl der richtigen F-Quotienten eine ziemlich umständliche und von den erhaltenen Daten selbst mitabhängige Prozedur. Die nötigen Schritte sind:

1. Bestimmung der Erwartungswerte für die einzelnen Varianzschätzungen nach den Regeln 4.1 bis 5.2 dieses Abschnittes,
2. Zusammenstellung der Erwartungswerte für die Zähler und Nenner der F-Quotienten des zugehörigen Festeffektmodells,
3. Signifikanzprüfung der Wechselwirkungen, mit denjenigen höchster Ordnung beginnend, und Entscheidung darüber, welche der unter 2. zusammengestellten F-Quotienten verwendet werden können und
4. je nach Resultat von 3., Auswahl anderer F- und F'-Quotienten nach der Regel von S. 180 und deren Signifikanzprüfung.

7. Weiterungen

Das Verfahren der Varianzanalyse ist jetzt soweit dargestellt, daß der Leser wohl die notwendigsten Kenntnisse über die Zusammenhänge besitzt und anhand der Tabellen und Regeln im vorangegangenen Kapitel 6 rasch den für eine gegebene Fragestellung passenden Versuchs- und Auswertungsplan auswählen oder konstruieren und die Berechnung ansetzen kann. Wir wollen die Erörterungen mit drei Problembereichen abschließen, die über die Varianzanalyse im dargestellten Sinne hinausführen, jedoch noch als nützliche Ergänzungen betrachtet werden können. Dem beschränkten Raum gemäß müssen wir uns etwas kürzer fassen und gegebenenfalls auf die Spezialliteratur verweisen.

Die *Trendanalyse* untersucht die Daten auf Regularitäten, die über die bloße Feststellung einer Wirkung der Variation der unabhängigen Variablen auf die abhängige Variable hinausgehen. Sie sagt etwas über funktionale Zusammenhänge beider Variablen aus.

Die *Kovarianzanalyse* ist ein Verfahren zur Verbesserung der Effizienz einer Varianzanalyse aufgrund einer weiteren, in der Varianzanalyse selbst nicht vorkommenden, mit der abhängigen Variablen korrelierenden Meßreihe, die „konkomitante Variable" genannt wird.

Die *multivariate Varianzanalyse* (MANOVA) schließlich können wir nur kurz in Abhebung von der Varianzanalyse kennzeichnen. Sie stellt deren Erweiterung für den Fall von *zwei oder mehr abhängigen Variablen* dar.

7.1 Die Trendanalyse

Die bisher besprochene Varianzanalyse endet mit dem F-Test, der die Entscheidung über die interessierende Arbeitshypothese herbeiführt. Bei Annahme der Arbeitshypothese schließt sich dann eine Interpretation der erhaltenen Daten, vor allem der Gruppenmittelwerte, im Blick auf die zugrundeliegende wissenschaftliche Fragestellung an. Eine graphische Darstellung der Gruppenmittelwerte, wie sie beispielsweise in Abbildung 10, S. 100, für einen einfaktoriellen Plan vorliegt, ist dabei oft sehr nützlich. Auf der Seite 101 haben wir für das dort gegebene Beispiel die Interpretation formuliert.

In allen den Fällen, in denen die *unabhängige Variable* — wir beziehen uns zunächst weiter auf den einfaktoriellen Plan — nicht nur qualitative Merkmalsausprägungen aufweist, zwischen denen vielleicht eine Ordinalrelation besteht, sondern *metrisch skaliert ist*, kann die Interpretation auf *Trends* ausgedehnt werden. Unter einem Trend ist dabei das Bestehen eines mit einer algebraischen Funktion ausdrückbaren Zusammenhanges zu verstehen. Zur Verdeutlichung der folgenden Überlegungen geben wir ein neues Beispiel (Tabelle 60). Wir wählen dafür eine einfaktorielle Analyse mit gleichen Zellenbesetzungen $m_j = m = 6$. Die unabhängige Variable B mag jetzt beispielsweise die Konzentration eines Pharmakons im Blut von Probanden darstellen (Einheit etwa mg o/oo), die abhängige Variable sei das Ergebnis eines psychologischen Leistungstests.

Tabelle 60

	Unabhängige Variable B (Konzentration mg o/oo)				
	B_1	B_2	B_3	B_4	
	1	2	3	4	mg o/oo
x_{ij} = Test-	7	5	5	1	
ergebnis	4	7	0	2	
	9	5	5	3	
	6	8	2	2	
	5	4	4	4	
	7	2	2	5	

Die Datentafel 60 hat natürlich die gleiche Form wie Tabelle 16, S. 98. Die Varianzanalyse wird analog Tabelle 17 gerechnet; wir geben nur die Ergebnisse wieder (Tabelle 61).

Tabelle 61

Quelle	Quadratsumme	d_f	s^2
B	(aB) − (ab) = 503,000 − 450,667 = 52,333	n − 1 = 3	17,444
IG	(AB) − (aB) = 572,000 − 503,000 = 69,000	N − n = 20	3,450
T	(AB) − (ab) = 572,000 − 450,667 = 121,333	N − 1 = 23	5,275

F = 17,444/3,450 = 5,056. Die F-Tabelle liefert $F_{1\%,3,20}$ = 4,94. Der Haupteffekt von B ist also auf 1% Niveau signifikant. Zur Veranschaulichung stellen wir die einzelnen Maßzahlen und die Gruppenmittelwerte in Abbildung 35 graphisch dar.

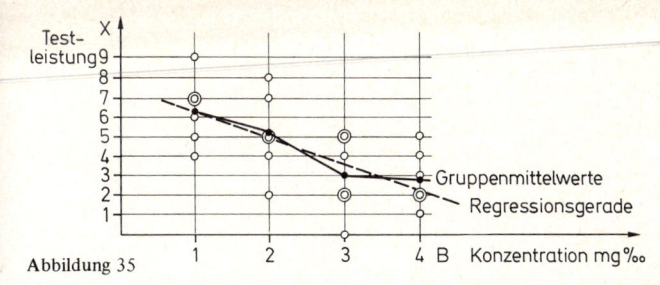

Abbildung 35 — Testleistung X vs. Konzentration mg‰ B; Gruppenmittelwerte, Regressionsgerade

Dank der definierten Abstände auf der Skala von B kann man nach einer algebraischen Funktion für den Zusammenhang zwischen der unabhängigen Variablen B und der abhängigen Variablen X suchen. Die Funktion soll dabei die Daten möglichst gut wiedergeben. Aus den Einführungen in die Statistik ist bekannt, daß die Anpassung einer Funktion an eine gegebene Datenmenge dann ein Optimum erreicht, wenn die Summe der quadrierten Abweichungen der Daten von der Funktion ein relatives Minimum wird. Diese „Methode der kleinsten Abweichungsquadrate" kann auch hier angewandt werden.

Für die gesuchte Funktion setzt man zunächst ein allgemeines algebraisches Polynom m^*-ten Grades an:

(7.1) $\quad X^* = a_0 + a_1 B + a_2 B^2 + a_3 B^3 + \ldots + a_{i^*} B^{i^*} + \ldots + a_m * B^{m^*}$.

Mit „*" kennzeichnen wir den mit (7.1) für die einzelnen B_j berechneten Wert für die abhängige Variable X im Gegensatz zu den gemessenen Werten x_{ij}. Die hier verwendete Größe a_{i^*} hat nichts mit der an anderer Stelle verwendeten Effektgröße a_i zu tun, sie bedeutet einen Gewichtungsfaktor für die entsprechende Potenz von B. Ebenso nimmt der Laufindex i^* und seine obere Schranke m^* keinen Bezug auf m, die Anzahl der Ausprägungen einer unabhängigen Variablen A. Auch im vorliegenden Abschnitt bedeutet m (ohne „*") die Zahl der Ausprägungen der unabhängigen Variablen A.

Die Koeffizienten a_{i^*} in (7.1) lassen sich aufgrund der Daten mit der Methode der kleinsten Quadrate bestimmen. Das Resultat ist dann eine Regressionsgleichung m^*-ten Grades zur Vorhersage der abhängigen Variablen X aus der unabhängigen Variablen B. Wählt man zum Beispiel in (7.1) $m^* = 1$, so erhält man

(7.2) $\quad X^* = a_0 + a_1 B$,

die Regressionsgleichung (ersten Grades) für eine Gerade. Für $m^* = 2$ entsteht eine quadratische, für m* = 3 eine kubische, für m* = 4 eine quartische, für m* = 5 eine quintische usw. Regressionsgleichung.

Die hier wichtige Frage lautet nun: welche Potenzen von B erklären einen signifikanten Anteil der Varianz zwischen den Gruppen? Ein Lösungsweg besteht darin, daß man die Regressionsgleichung des gewünschten m*-ten Grades ermittelt (die Angabe der Formeln würde den vorliegenden Rahmen sprengen) und den Varianzanteil berechnet, den die einzelnen Summanden von (7.1) zur Varianz zwischen den Gruppen beitragen. Dies ist relativ einfach; da die Bestimmung der Regressionsgleichung die Koeffizienten $a_0, a_1, \ldots, a_{i*}, \ldots, a_{m*}$ liefert, muß nur noch für jedes a_{i*} die Varianzschätzung über alle in die i*-te Potenz erhobenen Ausprägungen B_j berechnet werden.

Fisher und Yates (1974) geben eine Tafel an (Nr. XXIII), im Auszug unsere Tabelle IX, mit deren Hilfe man sich die explizite Regressionsrechnung ersparen kann. Die Tafel enthält für jede Zahl von Gruppen (n) zwischen n = 3 und n = 10 einen Satz zueinander orthogonaler Gewichtungsfaktoren, die es erlauben, die Trendkomponenten der einzelnen Potenzen von B, also die lineare, quadratische, kubische usw. Trendkomponente jeweils mit einem Freiheitsgrad aus den Daten orthogonal herauszuziehen. Das Verfahren setzt gleiche Zellenbesetzung $m_j = m$ und gleichabständige Faktorstufen B_j voraus, was in unserem Beispiel gegeben ist.

Es sei noch erwähnt, daß bei n Ausprägungen der unabhängigen Variablen B die Regressionsgleichung maximal (n − 1)-ten Grades sein kann. Das rührt daher, daß eine Gerade (Gleichung 1. Grades) durch zwei Punkte definiert ist, eine quadratische Parabel (Gleichung 2. Grades) durch deren drei usw. Daten mit n Gruppen ist also eine Regressionsgleichung maximal (n − 1)-ten Grades abzugewinnen, Trendkomponenten n-ten und höheren Grades sind durch sie nicht definierbar.

Mit den Koeffizienten aus Tabelle IX werden aufgrund der Summen der Maßzahlen innerhalb der Zellen in der gleichen Weise die Trendkomponenten bestimmt, wie die Einzelvergleiche von Mittelwerten in Tabelle 21, S. 119 In Tabelle 62 führen wir diese Berechnung für unser Beispiel aus.

Wir erhalten eine Quadratsumme für den linearen Varianzanteil, die zugleich eine Varianzschätzung darstellt, da die Zahl der Freiheitsgrade $d_{f1} = 1$ ist:

$$(7.3) \qquad S_1 = s_1^2 = \frac{(\sum_{j=1}^{n} c_{1j} \sum_{i=1}^{m} x_{ij})^2}{m \sum_{j=1}^{n} c_{1j}^2} \ .$$

Tabelle 62

	B_1	B_2	B_3	B_4	
$\sum_{i=1}^{6} x_{ij}$	38	31	18	17	
Lineare Koeff. c_{1j} nach Tabelle IX	−3	−1	1	3	$m \sum_{j=1}^{n} c_{1j}^2 = 6 \cdot 20 = 120$
Quadrat. Koeff. c_{2j} nach Tabelle IX	1	−1	−1	1	$m \sum_{j=1}^{n} c_{2j}^2 = 6 \cdot 4 = 24$
Kubische K. c_{3j} nach Tabelle IX	−1	3	−3	1	$m \sum_{j=1}^{n} c_{3j}^2 = 6 \cdot 20 = 120$
$\sum_{j=1}^{n} c_{1j} \sum_{i=1}^{6} x_{ij}$	−114	−31	+18	+51	= −76 linearer Trend
$\sum_{j=1}^{n} c_{2j} \sum_{i=1}^{6} x_{ij}$	+38	−31	−18	+17	= + 6 quadratischer Trend
$\sum_{j=1}^{n} c_{3j} \sum_{i=1}^{6} x_{ij}$	−38	+93	−54	+17	= +18 kubischer Trend

Entsprechend ergibt sich für die quadratische Komponente:

$$(7.4) \quad S_2 = s_2^2 = (\sum_{j=1}^{n} c_{2j} \sum_{i=1}^{m} x_{ij})^2 / (m \sum_{j=1}^{n} c_{2j}^2).$$

Alle weiteren Komponenten werden völlig analog bestimmt; man muß nur den Satz von Koeffizienten c_i wählen, der der i-ten Komponente entspricht. Die Berechnung ist sehr einfach: der Zähler von (7.3) und (7.4) enthält in der zu quadrierenden Klammer die Summe über die Zellen der mit den Koeffizienten c_{ij} gewichteten Zellensummen, der Nenner die mit der Zellenbesetzung multiplizierte Summe der quadrierten Koeffizienten c_{ij}. Tabelle 62 enthält die gesamte Zwischenrechnung, sodaß wir in (7.3) usw. einsetzen können:

$s_1^2 = (-76)^2 / 120 = 48{,}133$; $s_2^2 = 6^2 / 24 = 1{,}500$ und $s_3^2 = 18^2 / 120 = 2{,}700$.

Die Varianzschätzungen für die Trendkomponenten nach (7.3), (7.4) usw.

werden im F-Test mit der zugehörigen Fehlervarianzschätzung aus der Varianzanalyse verglichen, F erhält also den gleichen Nenner, der in der Varianzanalyse zur Prüfung des entsprechenden Effektes berechnet wurde. Im Beispiel ist

(7.5) $\quad F_{Trend} = s^2_{Trend}/s^2_{IG}$.

Wir erhalten:

$F_1 = 48{,}133/3{,}450 = 13{,}952;\quad F_2 = 1{,}500/3{,}450 = 0{,}435$ und

$F_3 = 2{,}700/3{,}450 = 0{,}783$.

Die F-Werte unter 1,0 sind natürlich nicht signifikant. Die Zahl der Freiheitsgrade ist für alle Zähler von (7.5) $d_{fTrend} = 1$, für den Nenner d_{fIG} (in unserem Beispiel $d_{fIG} = 20$). Die F-Tabelle liefert $F_{1\%, 1, 20} = 8{,}10$. Der lineare Trendanteil ist also offensichtlich signifikant, die beiden anderen Anteile sind es nicht. Das leuchtet angesichts der Abbildung 35 auch unmittelbar ein; offenbar stellt eine Gerade eine gute Annäherung an den Verlauf der Gruppenmittelwerte dar, während Anteile einer quadratischen oder kubischen Parabel kaum zu erkennen sind.

Die Summe aller mit (7.3) und (7.4) usw. berechenbaren Quadratsummen für die einzelnen Trendanteile eines Datensatzes beträgt $S_{ZG} = S_B$. Man kann deshalb auch residuale Quadratsummen bilden. Etwa nach der Bestimmung der linearen Komponente läßt sich rechnen:

(7.6) $\quad S_{Res} = S_{ZG} - S_1$,

mit den Zahlen unseres Beispiels:

$S_{Res} = 52{,}333 - 48{,}133 = 4{,}200$.

Die Zahl der Freiheitsgrade zu S_{Res} ist gleich der Zahl der Freiheitsgrade zwischen den Gruppen (in unserem Beispiel $d_{fB} = 3$) minus Zahl der von S_{ZG} schon abgezogenen Trendkomponenten (im Beispiel 1). Wir erhalten

$s^2_{Res} = 4{,}200/2 = 2{,}100$.

Das zugehörige F ist

(7.7) $\quad F_{Res} = s^2_{Res}/s^2_{IG}$.

Sein Zahlenwert ist offensichtlich kleiner als 1,0, die Berechnung von s^2_{Res} zeigt also schon, daß die Berechnung weiterer Trendkomponenten über die lineare hinaus sich erübrigt.

Es muß noch betont werden, daß die Trendanalyse voraussetzt, daß in der Varianzanalyse die Nullhypothese verworfen wurde, daß sich also überhaupt ein nicht mit dem Zufall zu erklärender Effekt gezeigt hat.
Die Methode der orthogonalen Komponenten erlaubt es auch, die Funktion, die die Daten optimal annähert, zu gewinnen. Der Erwartungswert für eine bestimmte Maßzahl x_j^* (das Zeichen „*" bedeutet wieder, daß der durch die Regressionsgleichung berechnete Wert der abhängigen Variablen X für die Ausprägung B_j der unabhängigen Variablen gemeint ist) und für den entsprechenden Gruppenmittelwert M_j^* ergibt sich (wir verzichten auf die Ableitung):

(7.8) $\quad x_j^* = d_0 + d_1 c_{1j} + d_2 c_{2j} + \ldots + d_{i*} c_{i*j} + \ldots + d_{m*} c_{m*j}$,

(7.9) $\quad$ wobei $d_0 = M_{..}$,

(7.10) $\quad d_1 = (\sum_{j=1}^{n} c_{1j} \sum_{i=1}^{m} x_{ij})/(m \sum_{j=1}^{m} c_{1j}^2)$.

(7.10) ist mit (7.3) bis auf die Tatsache identisch, daß der Zähler nicht noch in Klammern gesetzt und quadriert wird. Die weiteren Größen d_2, ..., d_{i*}, ..., d_{m*} für Gl. (7.8) werden analog (7.10) berechnet, indem man die entsprechenden c_{ij} einsetzt.
Im Beispiel ist nur die lineare Komponente signifikant. Eine Gerade läßt sich bekanntlich mit zwei Punkten bestimmen. Wir rechnen deshalb x_j^* nach (7.8) für j = 1 und j = 4.
Dabei ist $d_0 = 4{,}333$ und $d_1 = (-76)/120 = -0{,}633$.
Für j = 1 wird (7.8): $x_1^* = 4{,}333 + (-0{,}633)(-3) = 6{,}232$ und
für j = 4 $\quad\quad\quad\quad x_4^* = 4{,}333 + (-0{,}633)\, 3 \quad = 2{,}434$.
Damit läßt sich die Regressionsgerade in Abbildung 35 eintragen.
Wir haben die Trendanalyse am einfachst möglichen Beispiel, dem einfaktoriellen Versuchsplan, erläutert. Bei komplexeren Versuchsplänen sind Trendanalsyen vor allem für die einzelnen unabhängigen Variablen, also für Zeilen-, Spalten-, Ebenen- usw. Effekte interessant. Die Trendanalyse läßt sich hier ebenso rechnen wie in unserem Beispiel; man muß nur statt der Zellen bzw. Gruppen unseres Beispieles die entsprechenden Einheiten (Zeilen ohne Rücksicht auf Spalten und Ebenen, Spalten ohne Rücksicht auf Zeilen und Ebenen usw.) in die angegebene Berechnung einsetzen. An die Stelle des Summenausdruckes

$$\sum_{i=1}^{m} x_{ij}$$

in (7.3), (7.4) und (7.10) tritt dann die Summierung über alle Maßzahlen der einzelnen Zeilen, Spalten usw. und an die Stelle von m die Anzahl der Summanden. Als Prüfvarianz ist wiederum der Nenner des zugehörigen F aus der Varianzanalyse zu verwenden.

7.2 Die Kovarianzanalyse

Zur Erläuterung der Kovarianzanalyse legen wir wiederum eine einfaktorielle Auswertung zugrunde. Wir beginnen die Ausführungen mit einem neuen Beispiel, in dem angenommen wird, die unabhängige Variable B liege in n = 3 Ausprägungen vor und die Zellenbesetzungen seien untereinander gleich ($m_j = m = 6$). Die erhaltenen Daten mögen beispielsweise Leistungen in einem Problemlöseversuch darstellen, die einzelnen Ausprägungen von B unterschiedliche Instruktionen über den Lösungsweg. Die Spalten für $x_{.j}$ in Tabelle 63 enthalten mögliche Ergebnisse einer solchen Untersuchung. (Zahlenwerte und Gruppengrößen sind wie immer in den Beispielen vereinfacht.)

Tabelle 63

	Unabhängige Variable B (Instruktion)					
	B_1		B_2		B_3	
	$x_{.1}$	$w_{.1}$	$x_{.2}$	$w_{.2}$	$x_{.3}$	$w_{.3}$
A	3	2	7	5	6	1
(Personen)	7	10	3	1	10	8
	4	4	8	9	9	5
	5	7	7	7	8	4
	6	8	5	4	6	3
	1	1	5	3	5	1

X: abhängige Variable (Leistung beim Problemlösen)
W: konkomitante Variable (Intelligenz)

Es sei ferner angenommen, daß sich im Verlaufe der Untersuchung herausstellt, daß die Intelligenz der Probanden sehr stark mit ihrer Punktzahl im Problemlösen korreliert. Für alle Probanden werde deshalb die Intelligenz noch gemessen und als Variable W in die Tabelle 63 aufgenommen. Wir veranschaulichen uns die Daten der Tabelle 63 in Abbildung 36 mit einer bivariaten Häufigkeitsverteilung, in die wir zusätzlich die Randverteilungen, also die univariaten Verteilungen von X und W, nach den Gruppen B_1 bis B_3 getrennt, eintragen.

Sehen wir uns die Randverteilungen für die abhängige Variable X an, so erekennen wir deutliche Mittelwertsunterschiede. Eine einfaktorielle Varianzanalyse über die Maßzahlen von X liefert F = 3,403, nach Tabelle III ist $F_{5\%,2,15}$ = 3,68, die Mittelwertsunterschiede von X sind also nicht signifikant.

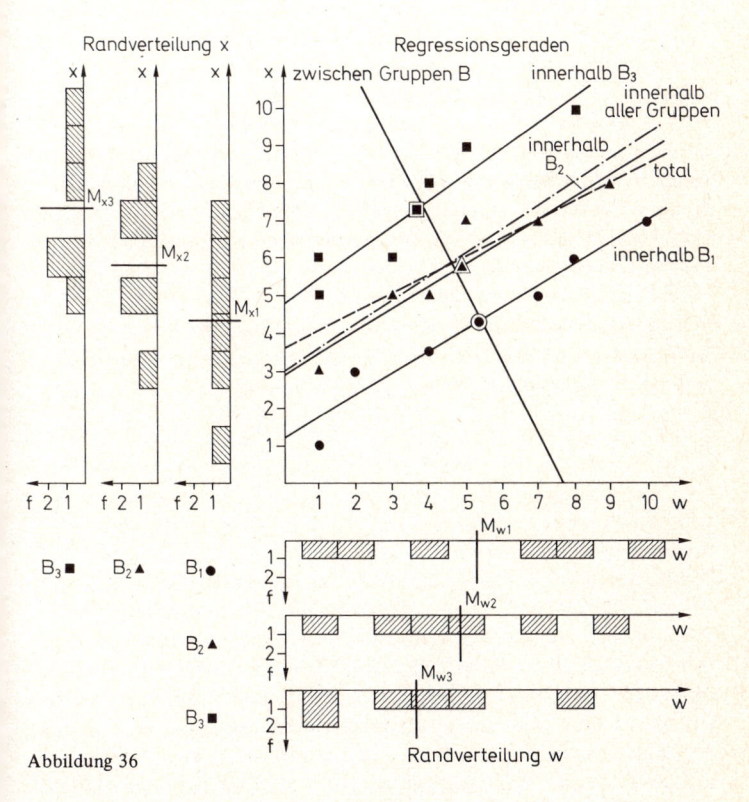

Abbildung 36

Die bivariate Verteilung von X und W zeigt eine offensichtlich hohe Korrelation innerhalb der einzelnen Gruppen zwischen X und W. In der Darstellung sind die Punkte für die einzelnen Gruppen kaum vermischt, sie bilden deutlich gegeneinander abgegrenzte Punktwolken. Ein erheblicher Teil der

Varianz von X wird demnach mitbedingt durch die Variation von W. Auf unser Beispiel bezogen heißt das, die abhängige Variable X, Problemlösen, hängt, unabhängig von den Versuchsbedingungen, stark mit der in die Untersuchung zunächst nicht einbezogenen Variablen W, Intelligenz, zusammen. Man nennt eine solche mit der abhängigen Variablen einer Varianzanalyse korrelierende Variable *konkomitante Variable*.

Das Verfahren der Kovarianzanalyse besteht nun darin, mit Hilfe der Maßzahlen in einer konkomitanten Variablen die Varianz innerhalb der Gruppen, also die Fehlervarianz der abhängigen Variablen, zu verringern, um die Effizienz der Varianzanalyse zu steigern. Die Randverteilung der Variablen W zeigt in Abbildung 36 keine nennenswerten Mittelwertdifferenzen zwischen den Gruppen. Das entspricht der Voraussetzung, daß die einzelnen Gruppen durch Zufall gebildet werden und daß die *konkomitante Variable unbeeinflußt von der unabhängigen Variablen*, den Versuchsbedingungen, *gemessen* wurde. Mißt man die konkomitante Variable vor Applikation der Versuchsbedingungen, ist diese Messung natürlich unbeeinflußt; wird sie nach der Untersuchung erhoben, muß von den Sachzusammenhängen her gesichert sein, daß die Versuchsbedingungen keinen Einfluß auf die konkomitante Variable haben.

Bei der Herleitung der einfaktoriellen Varianzanalyse (Kapitel 3.1) sind wir davon ausgegangen, daß wir die Daten in dreierlei Weise zur Gewinnung einer Varianzschätzung verwenden können: wir können jede Gruppe für sich betrachten, eine Varianzschätzung berechnen und alle diese Schätzungen gewogen mitteln, was zur Varianzschätzung „innerhalb" führt; wir können die Gruppeneinteilung vernachlässigen und erhalten die „totale" Varianzschätzung, und schließlich läßt sich aus den Mittelwerten der Gruppen eine Varianzschätzung „zwischen" den Gruppen bestimmen.

Eine bivariate Verteilung wird – außer durch die Statistiken für die Randverteilungen – mittels der beiden Regressionsgeraden und des Korrelationskoeffizienten zureichend charakterisiert, sofern ein linearer Zusammenhang zwischen beiden Variablen angenommen werden kann. Diese Voraussetzung soll im Beispiel als erfüllt angesehen werden.

Überträgt man die drei Weisen der Varianzschätzung auf die bivariaten Daten, so kann man offenbar drei Regressionen zur *Vorhersage von X aus W* bestimmen: innerhalb jeder Gruppe läßt sich eine Regressionsgerade berechnen (die zweite Regressionsgerade zur *Vorhersage von W aus X* ist im vorliegenden Zusammenhang *ohne Bedeutung*); diese Regressionsgeraden lassen sich über die drei Gruppen mitteln, sodaß eine gemeinsame Regression „innerhalb" entsteht, die der Varianzschätzung „innerhalb" in der einfaktoriellen Analyse in gewisser Weise entspricht. Auf der Basis der –

im Beispiel drei – bivariaten Gruppenmittelwerte läßt sich eine Regression „zwischen" den Gruppen bestimmen, und schließlich kann die Gruppeneinteilung vernachlässigt werden, sodaß eine Regression „total" entsteht. Natürlich läßt sich auch für jede dieser Regressionen die zugehörige Produktmomentkorrelation berechnen.

In unserem Beispiel ist offensichtlich die Korrelation innerhalb der Gruppen sehr hoch positiv, denn die Punkte der einzelnen Gruppen liegen innerhalb einer sehr schmalen Ellipse um die zugehörige Regressionsgerade. Die totale Korrelation nimmt einen mittleren positiven Wert an; die Korrelation zwischen den Gruppen wird, wie die Lage der Mittelwerte zeigt, negativ. Die Wirkung der unabhängigen Variablen B reduziert, veranschaulicht in Abbildung 36, offenbar die Korrelation zwischen W und X, da sie die bivariate Verteilung in vertikaler Richtung auseinanderzieht. Die von der unabhängigen Variablen unbeeinflußte Korrelation zwischen X und W liegt innerhalb der Gruppen vor.

In der Kovarianzanalyse werden die einzelnen Maßzahlen x_{ij} *um den Wert korrigiert, der sich mit der zugehörigen Maßzahl* w_{ij} *aus der Regressionsgeraden innerhalb aller Gruppen ergibt. Mit den so korrigierten Maßzahlen* $x'_{ij} = x_{ij} - x^*_{ij}$ *wird dann eine gewöhnliche Varianzanalyse berechnet.*

Die praktische Berechnung könnte durchaus so aufgebaut werden, daß man zunächst die Regressionsgerade innerhalb bestimmt, dann die Maßzahlen korrigiert und mit den neuen Maßzahlen die Varianzanalyse berechnet. Einfacher ist es jedoch, die Korrektur über die Regressionsgerade unmittelbar in Formeln für die korrigierten Quadratsummen und Varianzschätzungen einzubringen.

In den Einführungen in die Statistik (z.B. Bartel, 1971, S. 112) wird gezeigt, daß die Voraussage einer Variablen X aufgrund einer anderen Variablen W, d.h. die Berechnung von Erwartungswerten x^*_{ij} der einen Variablen durch Einsetzen zugehöriger Meßwerte w_{ij} in die lineare Regressionsgleichung

(7.11) $X^* = a_0 + a_1 W$,

möglich ist. Das Zeichen „*" deutet dabei, wie schon im vorangegangenen Abschnitt, an, daß das entsprechende x^*_{ij} keine gegebene Maßzahl, sondern einen Punkt auf der Regressionsgeraden, der durch die zugehörige Maßzahl w_{ij} bestimmt ist, darstellt. Für die Gruppengröße m und den Laufindex i erhält man die beiden Koeffizienten von (7.11) aus den Daten:

(7.12) $a_1 = [\sum_{i=1}^{m} (w_i - M_w)(x_i - M_x)] / \sum_{i=1}^{m} (w_i - M_w)^2$ und

(7.13) $a_0 = M_x - a_1 M_w$.

a_1 in (7.12) wird auch „Regressionskonstante" genannt, es bestimmt die Steigung der Geraden. a_0 kennzeichnet den Achsenabschnitt $x^*(w = 0) = a_0$. Der Nenner der rechten Seite von (7.12) ist gleich der Quadratsumme der Maßzahlen W, er wird praktisch nach (2.67) berechnet. Der Zähler der rechten Seite stellt die Summe der für jedes Maßzahlenpaar zu bildenden Produkte der Abweichung jedes Paarelementes von seinem Mittelwert dar. Er wird als Produktsumme bezeichnet, das Formelzeichen ist P:

(7.14) $P = \sum_{i=1}^{m} (w_i - M_w)(x_i - M_x)$.

Bildet man die Produktsumme einer Variablen mit sich selbst, so geht P in S über, aus der Produktsumme wird eine Quadratsumme im Sinne von Gl. (2.66). Im Abschnitt 5.3 haben wir bei der Darstellung der Varianz-Kovarianz-Matrix schon einmal von Ausdrücken der Form (7.14) Gebrauch gemacht, und zwar im Zähler der Gleichung (5.62).

Die Produktsumme dividiert durch die Zahl ihrer Summanden wird *Kovarianz* genannt. Die Kovarianz ist ein Maß für die gemeinsame Variation zweier Variablen. Teilt man eine Produktsumme durch die Zahl ihrer Freiheitsgrade, wiederum Zahl ihrer Summanden minus 1, entsteht die Schätzung einer Populationskovarianz, wenn man die vorliegenden Daten als Zufallsstichprobe auffassen kann. Wenn die Gefahr der Verwechslung nicht besteht, wird auch die Schätzung einer Populationskovarianz kurz als „Kovarianz" bezeichnet.

Wir haben nun abzuleiten, was aus den drei Quadratsummen S_{IG}, S_{ZG} und S_T einer Varianzanalyse für unsere Daten X wird, wenn die entsprechenden Korrekturen vorgenommen werden, die Maßzahlen X also durch die transformierten Maßzahlen

(7.15) $x'_{ij} = x_{ij} - x^*_{ij}$

ersetzt werden.

Da wir jetzt zwei Variablen, X und W, haben, nehmen wir die Variablennamen in die Indices von S auf, um Mißverständnisse zu vermeiden; die Quadratsumme innerhalb der Gruppen der Variablen X soll jetzt S_{IX} heißen usw. Per definitionem ist

(7.16) $S_{IX} = \sum_{j=1}^{n} \sum_{i=1}^{m_j} (x_{ij} - M_{x.j})^2$.

Führen wir die Korrektur über die Regressionsgerade, also (7.15) ein, entsteht die Quadratsumme innerhalb der Gruppen für die korrigierten Maßzahlen x'_{ij}, die wir S'_{IX} nennen:

(7.17) $\quad S'_{IX} = \sum_{j=1}^{n} \sum_{i=1}^{m_j} (x'_{ij} - M'_{x.j})^2 = \sum_{j=1}^{n} \sum_{i=1}^{m_j} [(x_{ij} - x^*_{ij}) - (M_{x.j} - M^*_{x.j})]^2$.

Ersetzen wir in (7.17) x^*_{ij} nach (7.11), so entsteht

(7.18) $\quad S'_{IX} = \sum_{j=1}^{n} \sum_{i=1}^{m_j} [(x_{ij} - a_{II} w_{ij}) - (M_{x.j} - a_{II} M_{w.j})]^2$.

Der zusätzliche Index „I" bei der Regressionskonstanten a_{II} drückt aus, daß es sich um die Regressionskonstante „innerhalb" handelt. Die korrigierte Quadratsumme innerhalb der Gruppen ist also aufgrund der Daten X und W mit (7.18) zu berechnen, sofern man über die Regressionskonstante a_{II} verfügt.

Ersetzt man in (7.18) a_{II} mittels (7.12), entsteht nach einigen Umformungen

(7.19) $\quad S'_{IX} = \sum_{j=1}^{n} \sum_{i=1}^{m_j} (x_{ij} - M_{x.j})^2 - [\sum_{j=1}^{n} \sum_{i=1}^{m_j} (w_{ij} - M_{w.j})$

$\cdot (x_{ij} - M_{x.j})]^2 / \sum_{j=1}^{n} \sum_{i=1}^{m_j} (w_{ij} - M_{w.j})^2$.

Den linken Summanden der rechten Seite von (7.19) können wir als S_{IX}, den Nenner des Bruches als S_{IW} identifizieren. Der Zähler des Bruches ist P^2_{IG}. Damit erhalten wir aus (7.19):

(7.20) $\quad S'_{IX} = S_{IX} - P^2_{IG}/S_{IW}$.

In völlig analoger Weise läßt sich die korrigierte totale Quadratsumme ableiten. Wir übergehen die Einzelschritte und geben nur das Ergebnis an:

(7.21) $\quad S'_{TX} = S_{TX} - P^2_T/S_{TW}$.

Da auch für die korrigierten Quadratsummen Gleichung (3.9), S. 69 gilt, können wir anschreiben:

(7.22) $\quad S'_{ZX} = S'_{TX} - S'_{IX}$.

Division der Quadratsummen durch die Zahl der zugehörigen Freiheitsgrade liefert wiederum Varianzschätzungen; zwischen den n Gruppen bestehen wie in der Varianzanalyse $n - 1$ Freiheitsgrade, innerhalb der Gruppen sind es $N - n - 1$, einer weniger als in der Varianzanalyse. Der Verlust des weiteren Freiheitsgrades entsteht bei der Berechnung der Regressionsgeraden „innerhalb".

Zur praktischen Berechnung der Kovarianzanalyse benötigen wir zunächst für abhängige und konkomitante Variable die üblichen Größen für die Berechnung von S_{IG}, S_{ZG} und S_T. Die Gleichung (7.14) für die Produktsumme ist dann noch mit den Größen und Indices für die Berechnung „innerhalb" und „zwischen" den Gruppen sowie „total" zu versehen und in eine Form zu bringen, die einfaches Rechnen ermöglicht. Wir erhalten:

innerhalb der Gruppen

$$(7.23) \quad P_{IG} = \sum_{j=1}^{n} \sum_{i=1}^{m_j} w_{ij} x_{ij} - \sum_{j=1}^{n} \left(\left(\sum_{i=1}^{m_j} x_{ij} \right) \left(\sum_{i=1}^{m_j} w_{ij} \right) / m_j \right),$$

zwischen den Gruppen

$$(7.24) \quad P_{ZG} = \sum_{j=1}^{n} \left(\left(\sum_{i=1}^{m_j} x_{ij} \right) \left(\sum_{i=1}^{m_j} w_{ij} \right) / m_j \right) - \left(\sum_{j=1}^{n} \sum_{i=1}^{m_j} x_{ij} \right) \left(\sum_{j=1}^{n} \sum_{i=1}^{m_j} w_{ij} \right) / \sum_{j=1}^{n} m$$

und total

$$(7.25) \quad P_T = \sum_{j=1}^{n} \sum_{i=1}^{m_j} w_{ij} x_{ij} - \left(\sum_{j=1}^{n} \sum_{i=1}^{m_j} x_{ij} \right) \left(\sum_{j=1}^{n} \sum_{i=1}^{m_j} w_{ij} \right) / \sum_{j=1}^{n} m_j.$$

Gl. (7.23) bis (7.25) zeigen, daß auch für die Produktsummen gilt:

$$(7.26) \quad P_T = P_{ZG} + P_{IG}.$$

Unsere auf S. 70 f. eingeführten Abkürzungen lassen sich auf (7.23), (7.24) und (7.25) übertragen, wenn wir jetzt festlegen, daß an die Stelle von „quadrieren" in der damaligen Definition jetzt „multiplizieren mit den korrespondierenden Größen der konkomitanten Variablen" tritt. Es bedeuten daher jetzt:

(AB): Multiplizieren aller Einzelmaßzahlen x_{ij} mit ihren Paarlingen w_{ij} der konkomitanten Variablen, Summieren über alle Gruppierungen von A und B hinweg,

(ab): Summieren innerhalb der Einzelvariablen X und W über alle Gruppierungen von A und B hinweg, Multiplizieren der Summen für beide Variablen miteinander, Dividieren des Produktes durch die Zahl der Maßzahlpaare insgesamt und

(aB): Summieren der Maßzahlen beider Variablen X und W innerhalb der Gruppen B_j (Spalten) über alle Zeilen (A_i) hinweg, Multiplizieren dieser Summen für X und W miteinander in jeder Gruppe B_j und Dividieren der n Produkte durch die jeweiligen Anzahlen der Summanden (m_j), Aufsummieren dieser Zwischenergebnisse über alle Gruppen B_j.

Damit wird aus (7.23) bis (7.25):

(7.27) $P_{IG} = (AB) - (aB)$,

(7.28) $P_{ZG} = (aB) - (ab)$ und

(7.29) $P_T = (AB) - (ab)$.

Damit können wir die Kovarianzanalyse für unser Beispiel rechnen. Zunächst ist die normale einfaktorielle Varianzanalyse für beide Variablen X und W vonnöten. Sie wird in einer Tabelle analog Tabelle 12 berechnet. Wir lassen diesen mehrmals ausführlich in Beispielen behandelten Teil hier aus und geben gleich die Ergebnisse der Zwischenrechnungen in Tabelle 65 an. Zur Berechnung der Produktsummen benötigen wir die Tabelle 64.

Tabelle 64

	B_1 $x_{i1}w_{i1}$	B_2 $w_{i2}w_{i2}$	B_3 $x_{i3}w_{i3}$	
	6	35	6	
	70	3	80	
	16	72	45	
	35	49	32	
	48	20	18	
	1	15	5	
$\sum_{i=1}^{m_j} x_{ij}w_{ij}$	176	194	186	(AB) = 556
$(\sum_{i=1}^{m_j} x_{ij})(\sum_{i=1}^{m_j} w_{ij})/m_j$	$\frac{1}{6}26\cdot 32$	$\frac{1}{6}35\cdot 29$	$\frac{1}{6}44\cdot 22$	
	138,667	169,167	161,333	(aB) = 469,167
				(ab) = 105·83/18 = 484,167

Die Ergebnisse der beiden Varianzanalysen für die Variablen X und W und die Produktsummen stellen wir in Tabelle 65 zusammen.

Tabelle 65

Variable X	Variable W	Kovariation
(AB) = 699,000	(AB) = 531,000	(AB) = 556,000
(aB) = 639,500	(aB) = 391,500	(aB) = 469,167
(ab) = 612,500	(ab) = 382,722	(ab) = 484,167

Die Spalten der Tabelle 64 enthalten die Produkte zusammengehöriger Maßzahlen x_{ij} und w_{ij}. Für die Berechnung von (aB) und (ab) sind die entsprechenden Zwischensummen von Maßzahlen der Varianzanalyse zu entnehmen. Tabelle 65 enthält eine Zusammenstellung aller benötigten Zwischenergebnisse.

Die Kovarianzanalyse kann nun vollends berechnet werden. Für die Produktsummen ergibt sich:

(7.27) $\quad P_{IG} = 556{,}000 - 469{,}167 = 86{,}833$

(7.28) $\quad P_{ZG} = 469{,}167 - 484{,}167 = -15{,}000$

(7.29) $\quad P_{T} = 556{,}000 - 484{,}167 = 71{,}833$.

Bei Produktsummen können negative Zahlenwerte vorkommen, sie sind hier keine Fehlerindikatoren wie bei den Quadratsummen. Die negative Produktsumme P_{ZG} in unserem Beispiel bedeutet eine negative Korrelation zwischen den Gruppenmittelwerten $M_{x.j}$ und $M_{w.j}$. Abbildung 36 veranschaulicht diesen Zusammenhang.

Die Quadratsummen der beiden Varianzanalysen nehmen die Zahlenwerte an:

$S_{IX} = 699{,}000 - 639{,}500 = 59{,}500$
(3.15) $\ \ S_{IW} = 531{,}000 - 391{,}500 = 139{,}500$

$S_{ZX} = 639{,}500 - 612{,}500 = 27{,}000$
(3.14) $\ \ S_{ZW} = 391{,}500 - 382{,}722 = 8{,}778$

$S_{TX} = 699{,}000 - 612{,}500 = 86{,}500$
(3.16) $\ \ S_{TW} = 531{,}000 - 382{,}722 = 148{,}278$.

Daraus und aus den Produktsummen lassen sich die korrigierten Quadratsummen berechnen:

(7.20) $\quad S'_{IX} = 59{,}500 - 86{,}833^2/139{,}500 = 5{,}450$,

(7.22) $\quad S'_{ZX} = 51{,}701 - 5{,}450 \phantom{/139{,}500\ \ } = 46{,}251$ und

(7.21) $\quad S'_{TX} = 86{,}500 - 71{,}833^2/148{,}278 = 51{,}701$.

Die Kovarianzanalyse wird mit einem F-Test zwischen den korrigierten Varianzschätzungen abgeschlossen (Tabelle 66).

Tabelle 66

Quelle	korrigierte Quadratsumme	d_f	s'^2
B (unabhängige Variable B, zwischen den Gruppen)	$S'_{ZX} = 46{,}251$	$n - 1 = 2$	23,126
IG (innerhalb der Gruppen)	$S'_{IX} = 5{,}450$	$N - n - 1 = 14$	0,389
T (total)	$S'_{TX} = 51{,}701$	$N - 2 = 16$	3,231

Wir erhalten F = 23,126/0,389 = 59,450. Die F-Tabelle liefert $F_{1\%, 2, 14}$ = 6,51, der Zahlenwert ist also signifikant. Für die Varianzanalyse der unkorrigierten Maßzahlen X wird F, wie wir auf S. 263 schon angegeben haben, nicht signifikant. Die Korrektur der Maßzahlen der abhängigen Variablen um die Regression innerhalb der Gruppen führt also zu einer Erhöhung von F, da der Teil der Fehlervarianz, der mit der konkomitanten Variablen erklärt werden kann, aus der Varianz innerhalb der Gruppen herausgenommen wird.

Wir vervollständigen die Abbildung 36, indem wir die Regressionsgeraden eintragen. Es sind deren sechs; aus der Kovarianzanalyse können wir die Regressionsgeraden zur Vorhersage von X aus W „total", „innerhalb" aller Gruppen und „zwischen" den Gruppen bestimmen. Darüberhinaus lassen sich die drei Regressionsgeraden „innerhalb" der einzelnen Gruppen bestimmen, deren gewogenes arithmetisches Mittel die Regressionsgerade „innerhalb" aller Gruppen darstellt.

Aus (7.12) erhalten wir

$$a_{1IG} = P_{IG}/S_{IW} \ (7.30), \ a_{1ZG} = P_{ZG}/S_{ZW} \ (7.31) \text{ und}$$
$$a_{1T} = P_T/S_{TW} \ (7.32).$$

Aus (7.13) wird

$$a_{OIG} = M_{x.} - a_{1IG} M_{w.} \ (7.33), \ a_{OZG} = M_{x.} - a_{1ZG} M_{w.} \ (7.34) \text{ und}$$
$$a_{OT} = M_{x.} - a_{1T} M_{w.}$$

Für jede einzelne Gruppe ergibt sich:

$$a_{1B_j} = P_{B_j}/S_{WB_j} \ (7.36) \text{ und } a_{OB_j} = M_{xj} - a_{1B_j} M_{W_j} \ (7.37) \, .$$

Wir erhalten die Zahlenwerte der Tabelle 67:

(7.11)   Regression $X^* = a_0 + a_1 W$

Tabelle 67

Quelle	a_0	a_1
B (zwischen den Gruppen)	14,728	−1,929
IG (innerhalb der Gruppen)	2,960	0,623
T (total)	3,601	0,484
B_1 (innerhalb Gruppe B_1)	1,192	0,589
B_2 (innerhalb Gruppe B_2)	2,895	0,608
B_3 (innerhalb Gruppe B_3)	4,774	0,698

Die Hilfsgrößen für (7.36), die Produktsummen und die Quadratsummen innerhalb jeder einzelnen Gruppe, liegen in der Varianzanalyse bzw. Kovarianzanalyse nicht unmittelbar vor, lassen sich aber durch Anwendung von (7.23) ohne die Summierungen über die Gruppen B_j und (2.67) leicht bestimmen.

Da jede Regressionsgerade mit der Steigung a_1 durch den zugehörigen bivariaten Mittelwert verläuft, muß man zur Zeichnung nur das Steigungsdreieck mit dem Kathetenverhältnis a_1 für den jeweiligen Mittelwert einzeichnen und erhält als dessen Hypotenuse die gesuchte Regressionsgerade.

Die Bedeutung der Kovarianzanalyse kann man sich besonders dadurch veranschaulichen, daß man, nachdem die Regressionsgerade „innerhalb" vorliegt, von jeder ursprünglich gegebenen Maßzahl x_{ij} den Erwartungswert aufgrund des zugehörigen w_{ij} und der Regressionsgeraden subtrahiert, also die Maßzahlen $x'_{ij} = x_{ij} - x^*_{ij}$ (7.15) bildet und deren Verteilung zeichnet. Wir geben die sehr einfache Berechnung hier nicht wieder.

Die Verteilung von x'_{ij} zeigt Abbildung 37. Die korrigierten Maßzahlen sind dort als Punkte auf dem Kontinuum gekennzeichnet. Man sieht sehr deutlich, daß die drei Verteilungen, verglichen mit den drei linken Randverteilungen für x_{ij} in Abbildung 36, jetzt sehr stark auseinandergezogen sind, sich also kaum noch überlappen. Schon aufgrund der graphischen Darstellung von X' können wir für diese Maßzahlen ein signifikantes F in der Varianzanalyse erwarten.

Die Interpretation einer Kovarianzanalyse unterscheidet sich nicht von der einer Varianzanalyse. *Man interpretiert die Auswirkung der unabhängigen Variablen (im Beispiel B) auf die um den Einfluß der konkomitanten Variablen W korrigierte abhängige Variable X.* In unserem Beispiel heißt das:

nach der Elimination des Varianzanteils der Intelligenz aus den Maßzahlen für die abhängige Variable „Problemlösen" mittels der Kovarianzanalyse zeigt sich ein signifikanter Effekt der unabhängigen Variablen „Instruktion".

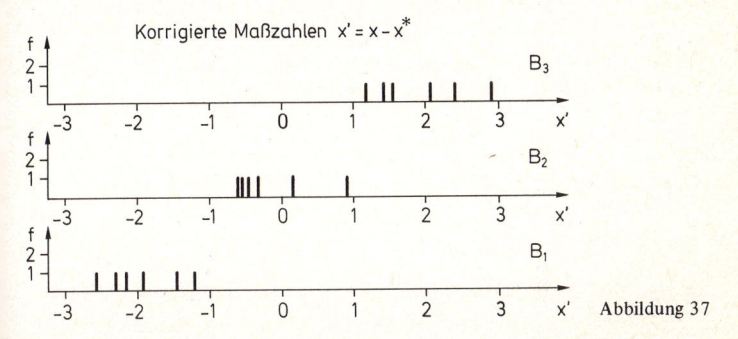

Korrigierte Maßzahlen $x' = x - x^*$

Abbildung 37

Die Kovarianzanalyse ist nicht auf den einfaktoriellen Versuchsplan, an dem wir sie demonstriert und abgeleitet haben, beschränkt. Sie läßt sich vielmehr auf alle varianzanalytischen Pläne ausdehnen. Die Zerlegung der korrigierten Quadratsumme geschieht in der gleichen Weise, wie die der unkorrigierten Quadratsummen in den varianzanalytischen Plänen (vgl. Gleichung (7.22)). Die korrigierten Quadratsummen werden analog (7.20) bis (7.22) berechnet, die dazu nötigen Produktsummen analog (7.23) bis (7.26).

7.3 Die multivariate Varianzanalyse (MANOVA)

Die bisher behandelten varianzanalytischen Versuchspläne unterscheiden sich in Anzahl und Kombinationsweise der *unabhängigen Variablen*. Ausgewertet wird stets *eine abhängige Variable*. *Die multivariate Varianzanalyse erweitert die Zahl der abhängigen Variablen über 1 hinaus.* Die dabei möglichen Versuchspläne, die logischen Zuordnungen der unabhängigen Variablen, bleiben grundsätzlich erhalten. Die mathematische Darstellung erhält man, indem man die abhängige Variable X zur Vektorvariablen **X** werden läßt. Eine Vektorvariable ist eine Variable, deren Ausprägungen x_{ij} Vektoren darstellen, also geordnete Folgen von Skalaren, d.h. geordnete Folgen von Einzelmaßzahlen, wie wir sie bisher behandelt haben.

Greifen wir unser früheres Beispiel aus Kapitel 1.3 wieder auf. Dort hatten wir zwei unabhängige Variablen, Blutalkoholgehalt und Schmerzmitteleinnahme, und eine abhängige Variable, Verkehrstauglichkeit als Kraftfahrer, angenommen. Wenn wir „Verkehrstauglichkeit" als zusammengesetzt etwa aus den drei Variablen Reaktionszeit, Risikobereitschaft und Wahrnehmungsleistung auffassen, erhalten wir eine multivariate zweifaktorielle Varianzanalyse mit drei *abhängigen* Variablen. Jede Messung an einer Versuchsperson führt jetzt zu einem Vektor

$$(7.38) \quad x_{hij} = \begin{bmatrix} x_{hij1} \\ x_{hij2} \\ x_{hij3} \end{bmatrix} \;,$$

wobei wir festlegen müssen, welches Element welche *abhängige* Variable repräsentiert. Vektoren- und Matrizenrechnung, die wir im vorliegenden Buch weder voraussetzen wollen, noch behandeln können, geben Regeln an, wie mit Vektoren gerechnet wird, ohne daß man ständig die Komponenten nach (7.38) ausschreibt.

Die theoretische Grundlage der multivariaten Varianzanalyse bildet die Multinormalverteilung, die Wahrscheinlichkeitsverteilung von mehr als einer normalverteilten Variablen, die miteinander kombiniert auftreten, wobei Interkorrelationen zwischen −1 über 0 bis +1 bestehen können. Bei *zwei miteinander verbundenen Variablen* dieser Art wird aus der Multinormalverteilung die *Binormalverteilung,* die der Produktmomentkorrelation zugrundegelegt wird. Eine Veranschaulichung liegt in der bivariaten Häufigkeitsverteilung der Abbildung 36 vor. Die multivariate Varianzanalyse basiert dann auf der Erweiterung der Definition der Varianz auf die Multinormalverteilung:

$$(7.39) \quad S = \frac{\sum_{i=1}^{m} (x_i - M)(x_i - M)'}{m} \;.$$

Daß hier eine Erweiterung vorliegt, sieht man sofort daran, daß S für den univariaten Fall, den Fall, daß jeder Variablenvektor x_i nur aus einer Maßzahl besteht, in die Definition der Varianz

$$\sigma^2 = \frac{\sum_{i=1}^{m} (x_i - M)^2}{m} \quad \text{übergeht.}$$

S entspricht der Varianz-Kovarianz-Matrix (5.63), wie wir sie im Abschnitt 5.3 für den Box-Test eingeführt haben (nur daß wir dort Varianz-Kovarianz-*Schätzungen* zugrundelegt und dabei im Nenner m − 1 eingesetzt haben).

Nach den Regeln der Matrizenrechnung ist S eine quadratische Matrix, deren Zeilen- und Spaltenzahl gleich der Zahl der Elemente des Variablenvektors ist. Sie ist symmetrisch. Sie enthält in den Diagonalzellen die Varianzen der einzelnen Elemente des Variablenvektors, in der oberen und unteren Dreiecksmatrix sämtliche zwischen den Variablen bestehenden Kovarianzen. Sie wird deshalb Varianz-Kovarianz-Matrix genannt. Die Varianz-Kovarianz-Matrix ist also per definitionem die multivariate Dispersion eines Variablenvektors. Das entsprechende multivariate Maß der Zentraltendenz ist einfach der Vektor der Mittelwerte der Komponenten des Variablenvektors; für den Fall dreier Variablen ist

$$(7.40) \quad \mathbf{M} = \begin{bmatrix} M_1 \\ M_2 \\ M_3 \end{bmatrix}.$$

Für die multivariate Varianz S gibt es einen erwartungstreuen Schätzer, der wie (2.65) aufgebaut ist:

$$(7.41) \quad \hat{\mathbf{S}} = \frac{\sum_{i=1}^{m} (\mathbf{x}_i - \mathbf{M})(\mathbf{x}_i - \mathbf{M})'}{m - 1}.$$

Die multivariaten Quadratsummen $\mathbf{S}_q$ lassen sich analog Gl. (3.9) zerlegen:

$$(7.42) \quad \mathbf{S}_{qT} = \mathbf{S}_{qIG} + \mathbf{S}_{qZG}.$$

Da auch der Zähler von (7.41) wiederum als Quadratsumme bezeichnet wird, erhält man für die einfaktorielle Analyse aus (7.42):

$$(7.43) \quad \sum_{j=1}^{n} \sum_{i=1}^{m_j} (\mathbf{x}_{ij} - \mathbf{M}_{.})(\mathbf{x}_{ij} - \mathbf{M}_{.})' = \sum_{j=1}^{n} \sum_{i=1}^{m_j} (\mathbf{x}_{ij} - \mathbf{M}_j)(\mathbf{x}_{ij} - \mathbf{M}_j)'$$

$$+ \sum_{j=1}^{n} m_j (\mathbf{M}_j - \mathbf{M}_{.})(\mathbf{M}_j - \mathbf{M}_{.})'.$$

(7.43) entspricht (3.31), S. 86, für den multivariaten Fall. Für die multivariaten Varianzschätzungen wird (7.41) auf (7.42) bzw. (7.43) angewandt. Man erhält für die multivariate Varianzschätzung zwischen den Gruppen:

(7.44) $\hat{S}_{ZG} = S_{qZG}/(n - 1)$.

Innerhalb der Gruppen ergibt sich:

(7.45) $\hat{S}_{IG} = S_{qIG}/(N - n)$.

Die Varianzschätzung total wird:

(7.46) $\hat{S}_T = S_{qT}/(N - 1)$.

Auch diese Gleichungen übertragen nur (3.5) auf den Fall gegebener Variablen*vektoren*. N ist jetzt die Gesamtzahl der Maßzahlenvektoren, n die Zahl der Gruppen. m_j ist die Zahl der Maßzahlvektoren in Gruppe j.
An die Stelle des F-Tests der Varianzanalyse tritt der Λ-Test nach Wilks:

(7.47) $\Lambda = |\hat{S}_{IG}| / |\hat{S}_T|$.

Die Prüfgröße lautet jetzt Λ (griechischer Großbuchstabe, lies „Lambda") und ist der Quotient der Determinanten der beiden Matrizen $\hat{S}_{IG}$ und $\hat{S}_T$. Die wichtigsten Zusammenhänge und Rechenregeln für Determinanten haben wir im Abschnitt 5.3 behandelt.
Mit dem Wilks-Test wird die Nullhypothese gleicher Zentraltendenz der Mittelwertsvektoren geprüft. Für die Prüfgröße benötigt man wiederum einschlägige Tabellen. Auch Approximationen von Λ durch F, mit deren Hilfe die F-Verteilungen anwendbar werden, werden in der Literatur berichtet (z.B. Cooley und Lohnes, 1971, S. 227).
Wir geben der Vollständigkeit halber das Näherungsverfahren nach Rao (zit. n. Cooley und Lohnes, 1971, S. 227) an, sodaß zuminest diejenigen Leser, die soweit mit der Matrizenrechnung vertraut sind, daß sie (7.43) und (7.47) für vorliegende Daten berechnen können, ohne zusätzliches Nachschlagen in der Lage sind, das Ergebnis einer multivariaten Varianzanalyse auf Signifikanz zu prüfen.
Zur Approximation von Λ durch die F-Verteilung ist die Prüfgröße

(7.48) $F = \dfrac{d_{f2}(1 - \sqrt[s]{\Lambda})}{d_{f1}\sqrt[s]{\Lambda}}$

zu berechnen. Dabei werden die Freiheitsgrade d_{f1} und d_{f2} und die Größe s benötigt. Sie sind definiert:

(7.49) $\quad d_{f1} = f(n-1)$,

(7.50) $\quad s = \sqrt{\dfrac{f^2(n-1)^2 - 4}{f^2 + (n-1)^2 - 5}} \quad$ und

(7.51) $\quad d_{f2} = s[(N-1) - \dfrac{f + (n-1) + 1}{2}] - \dfrac{f(n-1) - 2}{2}$.

Im Signifikanztest ist wie üblich d_{f1} für den Zähler, d_{f2} für den Nenner von F zugrundezulegen. Signifikanz liegt vor, wenn der berechnete Zahlenwert den der Tabelle entnommenen übersteigt. Die Formelzeichen N und n haben die gleiche Bedeutung wie bisher, nämlich Gesamtzahl der Maßzahlvektoren (N) und Zahl der Gruppen (n). f bedeutet die Zahl der Variablen je Vektor, also die Zahl abhängiger Variablen der Analyse.

Es ist noch immer sehr verbreitet, Varianzanalysen und/oder einfache Mittelwertsvergleiche zu berechnen, wo im Grunde eine multivariate Varianzanalyse angebracht wäre. Die Anwendungsmöglichkeiten sind vor allem in den Sozialwissenschaften sehr zahlreich, da in den meisten Untersuchungen mehrere abhängige Variablen erhoben werden. Die multivariate Varianzanalyse zieht nicht nur alle abhängigen Variablen zu einem gemeinsamen Signifikanztest zusammen, sondern berücksichtigt auch deren korrelative Zusammenhänge. Die daran gemessen noch verhältnismäßig seltene praktische Anwendung der multivariaten Varianzanalyse dürfte vor allem daher rühren, daß, von einfachen Fällen abgesehen, die Berechnung ohne Datenverarbeitungsanlagen sehr mühsam und zeitraubend ist. Die üblichen Rechenprogramme für die Sozialwissenschaften erlauben jedoch eine für den Benutzer besonders einfache rechnerische Behandlung von Vektoren und Determinanten wie in (7.47).

8. Übungsbeispiele

Wir haben an verschiedenen Stellen des bisherigen Textes schon angedeutet, daß die Bearbeitung vieler und unterschiedlichster Übungsbeispiele für den Erwerb guter Kenntnisse über die Varianzanalyse nicht von gleicher Bedeutung ist, wie für den Stoff der Einführungslehrbücher in die Statistik. Wir wollen mit dem vorliegenden Buch den Leser in die Lage versetzen, seine Überlegungen zur Wahl und Kombination der unabhängigen Variablen einer beabsichtigten Untersuchung durch Auswahl des entsprechenden varianzanalytischen Auswertungsplanes aus Kapitel 6 zu realisieren und dann sämtliche erforderlichen Rechnungen auszuführen oder auf einem ihm zugänglichen Elektronenrechner zu programmieren.

Die folgenden Übungsbeispiele beziehen sich zunächst auf die dabei angewandten Regeln für Summen indizierter Variablen (Abschnitt 2.1) und das Rechnen mit den von uns eingeführten Kürzeln für die bei der Varianzanalyse benötigten Mehrfachsummen (Abschnitt 3.2). Das Rechnen mit Erwartungswerten (Abschnitt 2.2) ist bei den üblichen Anwendungen von Varianzanalysen nicht erforderlich, da die Erwartungswerte der einzelnen Varianzschätzungen, die die Auswahl der Varianzen im Zähler und Nenner der F-Tests festlegen, in den Beispielen des Kapitels 5 bereits angegeben sind und Abschnitt 6.15 ein allgemeines Schema ihrer Zusammenstellung für darüber hinausgehende Fälle enthält. Für Leser, die diese Angaben aus theoretischem Interesse heraus überprüfen möchten, geben wir zwei Übungsbeispiele für das Rechnen mit Erwartungswerten.

Schließlich werden vier Übungsbeispiele angeführt, in denen Varianzanalysen komplett zu rechnen und zu interpretieren sind. Wir geben hier Datentafeln vor, die empirischen Untersuchungen entnommen sein könnten und nun varianzanalytisch auszuwerten sind. Wie bei solchen Beispielen häufig, haben wir uns an veröffentlichte empirische Arbeiten angelehnt, die Daten aber für die Übungsbeispiele in vereinfachter Form frei erfunden. Wir beabsichtigen also selbstverständlich nicht, inhaltliche Forschungsergebnisse mit diesen Beispielen zu referieren. Die Beispiele lehnen sich, dem Fachgebiet des Autors gemäß, an psychologische oder pädagogische Fragestellungen an. Sie sind jedoch so unspezifisch gewählt, daß ihre Logik keinerlei einschlägige Fachkenntnisse voraussetzt und sie, wie wir hoffen, ohne Schwierigkeiten auf andere, soziologische, politologische, medizinische, biologische oder technische Probleme übertragbar sind.

In Kapitel 9 haben wir die Lösungen zusammengestellt; wir geben dort nur wenige Zwischenergebnisse, aber alle Endergebnisse und Interpretationen, sowie ausgedehnte Hinweise für den Lösungsweg. Vor allem geben wir dort auch an, mit welchen Formeln zu rechnen ist und wo im gesamten Text sich Beispiele gleichartiger Rechnungen finden. Diese Verweise wurden insbesondere auch für die bei der Rechnung anzulegenden Tabellen aufgenommen. Der Leser mag also, wo er den Lösungsweg trotz der Schlüssel des vorliegenden Buches, Stichwortverzeichnis, Inhaltsverzeichnis und Kapitel 10 nicht findet, schon vor der Berechnung bei den Lösungen nachsehen.

8.1 Übungsbeispiele zu Summen indizierter Variablen (Abschnitt 2.1) und unseren Operatoren für die Varianzanalyse (Abschnitt 3.2)

8.1.1 Gegeben ist die dreidimensionale Datentabelle (Matrix) Tabelle 68 mit

$$1 \leq i \leq m = 3, \quad 1 \leq j \leq n = 4 \text{ und } 1 \leq k \leq r = 2.$$

Man berechne mittels der Rechenregeln für mehrfach indizierte Variablen (Abschnitt 2.1.3):

a) $\sum_{i=1}^{m} x_{i22}$ b) $\sum_{k=1}^{r} x_{12k}$ c) $\sum_{j=1}^{n} \sum_{i=1}^{m} x_{ij2}$ d) $\sum_{k=1}^{r} \sum_{j=1}^{n} x_{3jk}$

e) $\sum_{k=1}^{r} \sum_{j=1}^{n} \sum_{i=1}^{2} x_{ijk}$ f) $\sum_{j=1}^{n} M_{.j2}$ g) $\sum_{k=1}^{r} M_{..k}$ h) $\sum_{k=1}^{r} M_{1.k}$

i) $\sum_{k=1}^{r} \sum_{j=1}^{n} \sum_{i=1}^{m} x_{ijk}$.

Tabelle 68

C Ebene	k = 1				k = 2			
B Spalte j =	1	2	3	4	1	2	3	4
A Zeile i = 1	4	1	8	5	6	9	3	6
2	3	4	6	8	1	7	2	7
3	7	5	1	3	3	8	2	1

8.1.2 Man löse mittels der Rechenregeln für Summen (Abschnitt 2.1.2) die folgenden Ausdrücke soweit auf, daß nur noch einzelne Summanden, aber keine Klammern, innerhalb derer sich mehr als eine indizierte Variable oder mehr als ein Summenzeichen enthaltender Ausdruck befinden, übrigbleiben.

a) $\sum_{i=1}^{m} (x_i - M.)$ b) $\sum_{i=1}^{m} (x_i - M.)^2$ c) $\sum_{i=1}^{m} (x_i - M.)^3$

d) $\sum_{i=1}^{m} (x_i^2 - 5x_i - 2)^2$ e) $\sum_{i=1}^{m} (x_i - M_x)(y_i - M_y)$

8.1.3 Gegeben ist die nur aus m = 9 Zeilen und einer Spalte bestehende Tabelle 69. Man berechne für diese Tabelle mit den Regeln aus Abschnitt 3.2, S. 72, die Operatoren (A) und (a).

Tabelle 69

A	i = 1	x_i = 4
	2	3
	3	8
	4	7
	5	5
	6	2
	7	1
	8	7
	9	3

8.1.4 Man berechne für die linke Hälfte der Tabelle 68, also für k = 1, unter Weglassen der rechten Hälfte, k = 2, mit den Regeln aus Abschnitt 3.2, S. 72, die folgenden Größen:

a) (AB)   b) (aB)   c) (bA)   d) (ab)

8.1.5 Man berechne für die gesamte Tabelle 68 mit Hilfe der Regeln aus Abschnitt 3.2, S. 72, die folgenden Größen:

a) (ABC)   b) (aBC)   c) (bAC)   d) (cAB)   e) (abC)   f) (acB)

g) (bcA)   h) (abc)

8.2 Übungsbeispiele zu Erwartungswerten (Abschnitt 2.2)

8.2.1 Das Skatspiel besteht aus 32 Karten, vier Farben mit den Karten Ass (11), 10 (10), König (4), Dame (3), Bube (2), 9 (0), 8 (0) und 7 (0). Die Zahl in Klammern gibt den Punktwert jeder Karte bei der Gewinnberechnung an. Man ermittle auf der Basis dieser Punktwerte mit der entsprechenden Gleichung aus Abschnitt 2.2.1 den Erwartungswert der Zufallsverteilung, die durch unendlich häufiges Ziehen mit Zurücklegen einer Karte aus einem gut gemischten Skatspiel definiert ist.

8.2.2 Für die zweifaktorielle Varianzanalyse (Formelsatz Tabelle 46, S. 220) berechne man die Erwartungswerte für die Varianzschätzungen zwischen A, zwischen B, Wechselwirkung AB, zwischen den Gruppen ZG und innerhalb der Gruppen IG, also $E(s_A^2)$, $E(s_B^2)$, $E(s_{AB}^2)$, $E(s_{ZG}^2)$ und $E(s_{IG}^2)$ für die Annahme, A und B seien Zufallseffektvariablen bei gleichen Zellenbesetzungen $l_{ij} = 1$.

Anmerkung zum Lösungsweg: man berechnet zweckmäßig zunächst mit dem Ansatz der Gleichung (5.13) und den Rechenregeln für Summen indizierter Variablen aus Abschnitt 2.1 und für Erwartungswerte aus Abschnitt 2.2.2, hier besonders (2.50), (2.53) und (2.59), die Erwartungswerte für die Hilfsgrößen (OAB), (obA), (oaB), (oAB) und (oab). Mit den Formeln der Tabelle 46 lassen sich dann daraus die Erwartungswerte für die Quadratsummen S und mit (2.69) die Erwartungswerte für die Varianzschätzungen s_2 berechnen.

Anmerkung zu dieser Übungsaufgabe: ein umfassendes Verständnis der Varianzanalyse hat der Leser dann erworben, wenn er für jeden varianzanalytischen Versuchsplan aus Kapitel 6 und für jede Kombination fester/ randomisierter unabhängiger Variablen die Erwartungswerte für alle zu berechnenden Varianzschätzungen selbst mit den Regeln aus Abschnitt 2.2.2 berechnen kann, wie es diese Übungsaufgabe für den Versuchsplan 6.2 mit randomisierten unabhängigen Variablen fordert. Zur Anwendung der Varianzanalyse im engeren Sinn trägt die vorliegende Übungsaufgabe jedoch nicht bei, da wir die Ergebnisse entsprechender Ausrechnungen in die Kapitel 5 und 6 bereits eingearbeitet haben und Anwendungsfehler bei Beachtung aller dort gemachten Angaben nicht entstehen können.
Wir empfehlen die Bearbeitung der vorliegenden Übungsaufgabe deshalb nur den Lesern, die ihre Kenntnis der Varianzanalyse auch theoretisch soweit abrunden wollen, daß sie diese Ableitungen ebenfalls beherrschen. Die Bearbeitung der Übungsaufgabe ist sehr zeitraubend. Je nach Geläu-

figkeit im Rechnen mit Summen indizierter Variablen und mit Erwartungswerten sind einige Stunden Arbeitszeit zu veranschlagen.

8.3 Übungsbeispiele für varianzanalytische Auswertungen

8.3.1 Die Wirksamkeit dreier verschiedener Trainingsmethoden zur Verbesserung der Merkfähigkeit hirnverletzter Patienten, die unter erheblichen einschlägigen Störungen leiden, soll überprüft werden. N = 30 Patienten werden deshalb nach Zufall für die Applikation von Therapie 1, 2 oder 3 ausgewählt. Als Maßzahlen X für den Therapieerfolg werden die Differenzen der Punktzahlen in einem Merkfähigkeitstest zwischen Anfang und Ende der Therapie verwendet. Eine hohe Maßzahl bedeutet also einen hohen Therapieerfolg. Man erhält die Zahlenwerte von Tabelle 70.

Tabelle 70

Patient	Therapie 1 Nr.	x	Therapie 2 P. Nr.	x	Therapie 3 P. Nr.	x
	1	5	13	4	23	5
	2	6	14	3	24	6
	3	9	15	8	25	1
	4	3	16	10	26	7
	5	1	17	8	27	5
	6	2	18	9	28	8
	7	7	19	6	29	7
	8	2	20	5	30	3
	9	4	21	7		
	10	3	22	9		
	11	2				
	12	0				

a) Man bestimme für jede Therapie eine statistische Kenngröße, die ihre durchschnittliche Wirksamkeit charakterisiert. Man stelle diese Kenngrößen graphisch dar.
b) Man suche aus den Tabellen von Kapitel 6 den varianzanalytischen Auswertungsplan heraus, der die Prüfung der generellen Nullhypothese gestattet, zwischen den Kenngrößen aus a) bestehe kein systematisch bedingter Unterschied, die Therapien seien in Wirklichkeit gleich wirksam.

c) Man prüfe die Unterschiede der Kenngrößen aus a) mit der varianzanalytischen Auswertung nach b) auf einem Signifikanzniveau $p_I = 5\%$.

d) Man prüfe mit einem geeigneten Verfahren, ob die varianzanalytische Auswertung nach c) zulässig ist, d.h. ob ihre Voraussetzungen als erfüllt angesehen werden können.

e) Man prüfe den Mittelwertsunterschied zwischen Therapie 1 und Therapie 2 mit einem apriorischen Test auf Signifikanz, ebenso alle in den vorliegenden Daten zu diesem Mittelwertsunterschied orthogonalen Mittelwertsunterschiede.

f) Man prüfe mit einem apriorischen, nichtorthogonalen Test alle zwischen den einzelnen Mittelwerten möglichen Unterschiede auf Signifikanz.

g) Man formuliere eine Interpretation der gesamten statistischen Analyse von a) bis f).

8.3.2 An einer Musikschule, die künstlerischen Einzelunterricht erteilt, soll festgestellt werden, mit welcher von drei Etüdensammlungen B_1, B_2 und B_3 sich in einem bestimmten Fach und Ausbildungsabschnitt der beste Lernerfolg erzielen läßt. Zwei Lehrer, A_1 und A_2, verwenden deshalb bei je $1 = 5$ Schülern eine der drei Etüdensammlungen B_j. Die insgesamt $N = 30$ Schüler werden der jeweiligen Kombination Lehrer i und Etüdensammlung j durch Zufall zugeordnet. Nach der Durcharbeitung des Etüdenheftes wird das Vorspiel jedes Schülers von einem unabhängigen Beurteiler auf einer 9-stufigen Punkteskala bewertet, wobei 9 Punkte der höchsten, einer sehr guten Leistung entsprechen. Die Ergebnisse zeigt Tabelle 71.

Tabelle 71

	Etüdensammlung B_j		
	B_1	B_2	B_3
Lehrer A_i A_1	3	6	2
	3	8	3
	4	5	2
	2	5	1
	5	7	4
A_2	4	4	4
	4	3	4
	5	6	3
	3	2	2
	2	5	2

Mit einer varianzanalytischen Auswertung soll festgestellt werden,
a) ob zwischen den Etüdensammlungen hinsichtlich ihrer didaktischen Brauchbarkeit ein systematischer Unterschied angenommen werden darf und welche Sammlung dann als die beste gelten kann,
b) ob die Variable „Lehrer" einen Einfluß auf die Bewertung des Vorspiels durch den unabhängigen Beurteiler hat,
c) ob der Wert der einzelnen Etüdensammlungen in den Händen verschiedener Lehrer unterschiedlich zu beurteilen ist und
d) welche einzelnen Lehrer-/Etüdenkombinationen von welchen einzelnen anderen Lehrer-/Etüdenkombinationen mit einem festgelegten Gesamtsignifikanzniveau systematisch unterschieden sind.

Man entnehme den Tabellen des Kapitels 6 den varianzanalytischen Auswertungsplan, mit dessen Hilfe Fragen a) bis c) beantwortet werden können, führe die notwendigen Berechnungen und Signifikanztests aus und interpretiere das Ergebnis. Entsprechend verwende man für die Beantwortung von d) ein geeignetes Verfahren aus Abschnitt 4.2.4.

8.3.3 In einem psychologischen Experiment soll festgestellt werden, in welchem Maße beim Lösen von Testaufgaben für Zahlreihenfortsetzen ein Übungsgewinn auftritt. Zu diesem Zweck werden m = 10 Personen instruiert, je n = 6 gleichschwere Zahlenreihenergänzungsaufgaben hintereinander zu lösen. Als Maß für die Leistung im Lösen dieser Aufgaben dient die jeweils für eine Aufgabe benötigte Zeit (in 10-Sekunden Einheiten). Für jede Person wird die Reihenfolge der vorhandenen Aufgaben nach Zufall festgelegt. Die Daten enthält Tabelle 72; eine Maßzahl x_{ij} gibt an, welche Zeit Person i für die an j-ter Stelle in der Zeitfolge bearbeitete Aufgabe benötigt hat.

Tabelle 72

A_i Person Nr.	B_j zeitliche Position der Aufgabe					
	j = 1	2	3	4	5	6
i = 1	8	6	6	4	4	2
2	7	7	5	5	3	3
3	8	8	6	6	4	4
4	12	10	10	8	9	5
5	10	10	8	8	6	7
6	9	9	7	7	5	5
7	11	12	8	8	6	6
8	10	8	8	6	6	4
9	11	11	9	10	6	6
10	9	7	7	5	5	3

Man wähle aus den Tabellen des Kapitels 6 den Auswertungsplan aus, der der vorliegenden Datentafel entspricht. Mit seiner Hilfe führe man die nötigen Berechnungen zur Beantwortung der folgenden Fragen aus.
a) Hat die Position einer Aufgabe in der Aufgabenfolge einen überzufällig erklärbaren Einfluß auf die zu ihrer Lösung benötigte Zeit?
b) Kann ein systematischer Unterschied zwischen den beteiligten Personen in der für die Bearbeitung einer Aufgabe durchschnittlich benötigten Zeit angenommen werden?
c) Können die für die Varianzanalyse zur Beantwortung von a) und b) zu machenden Voraussetzungen als erfüllt angesehen werden?
d) Die in der Abfolge erste Aufgabe kann als Kontrollaufgabe, bei der noch kein Übungsgewinn vorliegt, aufgefaßt werden, die Spalte B_1 entsprechend als Kontrollgruppe. Man prüfe, welche der Gruppen B_2 bis B_6 sich signifikant von der Kontrollgruppe B_1 unterscheiden.
e) Man prüfe, ob in den Daten der Tabelle 72 ein linearer, quadratischer oder kubischer Trend mit einem Signifikanzniveau von 1% angenommen werden kann.

8.3.4 Der Einfluß dreier unabhängiger Festeffektvariablen A, B und C auf eine abhängige Variable X soll untersucht werden. Die Zellenbesetzung sind untereinander gleich (1 = 4). Die Daten gibt Tabelle 73 wieder.

Tabelle 73

	C_1		C_2	
	B_1	B_2	B_1	B_2
A_1	4	4	4	7
	3	5	5	8
	5	3	5	5
	4	5	6	6
A_2	6	4	6	7
	3	6	5	8
	5	5	6	7
	4	5	3	6
A_3	5	4	4	6
	3	6	6	9
	4	8	4	7
	5	7	5	8

a) Man prüfe die Effekte der drei unabhängigen Variablen mit einem geeigneten, Kapitel 6 entnommenen Auswertungsplan auf Signifikanz.

b) Man prüfe mit der Auswertung nach a) sämtliche Wechselwirkungen auf Signifikanz.

c) Man prüfe mit dem Bartlett-Test, ob die Voraussetzung der Varianzenhomogenität innerhalb der Gruppen als erfüllt angesehen werden darf und die Ergebnisse nach a) und b) somit interpretierbar sind.

9. Lösungen der Übungsbeispiele aus Kapitel 8

9.1.1 Lösung zu Aufgabe 8.1.1

a) $\sum_{i=1}^{m} x_{i22} = 9 + 7 + 8 = 24$

Es ist über alle Zeilen i der 2. Spalte in der 2. Ebene zu summieren.

b) $\sum_{k=1}^{r} x_{12k} = 1 + 9 = 10$

Die Elemente der 1. Zeile und 2. Spalte sind über beide Ebenen zu summieren.

c) $\sum_{j=1}^{n} \sum_{i=1}^{m} x_{ij2} = 6 + 1 + 3 + \ldots + 6 + 7 + 1 = 55$

Die Elemente der 2. Ebene sind zu summieren.

d) $\sum_{k=1}^{r} \sum_{j=1}^{n} x_{3jk} = 7 + 5 + 1 + 3 + 3 + 8 + 2 + 1 = 30$

Die Elemente der 3. Zeile sind über alle Spalten und beide Ebenen hinweg zu summieren.

e) $\sum_{k=1}^{r} \sum_{j=1}^{n} \sum_{i=1}^{2} x_{ijk} = 4 + 3 + 1 + 4 + \ldots + 6 + 7 = 80$

Die Elemente der 1. und 2. Zeile sind über alle Spalten und beide Ebenen hinweg zu summieren.

f) $\sum_{j=1}^{n} M_{.j2} = 10/3 + 24/3 + 7/3 + 14/3 = 55/3 = 18,833$

In der 2. Ebene sind die j Zeilenmittelwerte zu bilden und aufzusummieren.

g) $\sum_{k=1}^{r} M_{..k} = 55/12 + 55/12 = 110/12 = 9,167$

Die beiden Ebenenmittelwerte sind zu summieren.

h) $\sum_{k=1}^{r} M_{1.k} = 18/4 + 24/4 = 42/4 = 10,5$

Die beiden Mittelwerte der 1. Zeile (über die Spalten hinweg) sind in beiden Ebenen zu berechnen und summieren.

i) $\sum_{k=1}^{r} \sum_{j=1}^{n} \sum_{i=1}^{m} x_{ijk} = 4 + 3 + 7 + \ldots + 2 + 6 + 7 + 1 = 110$

Die Summe über alle Maßzahlen, geordnet nach Zeilen, Spalten und Ebenen, ist zu bilden.

9.1.2 Lösung zu Aufgabe 8.1.2

a) $\sum_{i=1}^{m} (x_i - M.) = \sum_{i=1}^{m} x_i - m M.$ Gl. (2.10)

b) $\sum_{i=1}^{m} (x_i - M.)^2 = \sum_{i=1}^{m} x_i^2 - m M.^2$

Zunächst wird die Klammer ausmultipliziert, dann mit Gl. (2.10) das Summenzeichen auf die Summanden der neuen Klammer angewandt und mit Gl. (2.5) vereinfacht.

c) $\sum_{i=1}^{m} (x_i - M.)^3 = \sum_{i=1}^{m} x_i^3 - 3 M. \sum_{i=1}^{m} x_i^2 + 2 m M.^3$

Zunächst ist die Klammer auszumultiplizieren, was, da in die dritte Potenz zu erheben ist, einen Ausdruck mit 6 Summanden ergibt, die sich so zusammenfassen lassen, daß nur noch 4 Summanden übrigbleiben. Danach ist mit Gl. (2.10) das Summenzeichen auf die Summanden in der Klammer anzuwenden und mit Gl. (2.5) zu vereinfachen.

d) $\sum_{i=1}^{m} (x_i^2 - 5x_i - 2)^2 = \sum_{i=1}^{m} x_i^4 - 10 \sum_{i=1}^{m} x_i^3 + 21 \sum_{i=1}^{m} x_i^2 + 20 \sum_{i=1}^{m} x_i + 4 m$

Rechengang wie unter c), das Quadrieren der Klammer liefert zunächst 9 Summanden.

e) $\sum_{i=1}^{m} (x_i - M_x)(y_i - M_y) = \sum_{i=1}^{m} x_i y_i - m M_x M_y$

Rechengang wie unter c), das Ausmultiplizieren beider Klammern liefert zunächst 4 Summanden.

9.1.3 Lösung zu Aufgabe 8.1.3

Nach den Regeln von Abschnitt 3.2, S. 72, bedeutet (A) die Summe der quadrierten Maßzahlen, (a) die quadriertes Summe der Maßzahlen, dividiert durch deren Anzahl. Man erhält (A) = 226 und (a) = 177,778.

9.1.4 Lösung zu Aufgabe 8.1.4

a) Nach den Regeln von Abschnitt 3.2, S. 72, bedeutet (AB) die Summe aller ins Quadrat erhobenen Maßzahlen der Ebene k = 1 von Tabelle 68. Man erhält (AB) = 315.
b) (aB) erhält man nach den Regeln von S. 72, indem man zunächst alle *Spalten*summen bildet, diese quadriert und durch die Zahl der Summanden (gleich Zahl der *Zeilen*) dividiert und schließlich die Ergebnisse über alle *Spalten* aufsummiert. Der Zahlenwert ist (aB) = 259.
c) Für die Gewinnung von (bA) sind zunächst die *Zeilen*summen zu bilden, zu quadrieren, durch die Zahl der Summanden (gleich Zahl der *Spalten*) zu dividieren und dann die Ergebnisse über alle *Zeilen* aufzusummieren. Man erhält (bA) = 255,25.
d) Hier sind alle Maßzahlen ohne Rücksicht auf Zeilen und Spalten aufzusummieren, die Summe zu quadrieren und durch den Zahl der Summanden zu dividieren. Es entsteht (ab) = 252,083.

9.1.5 Lösung zu Aufgabe 8.1.5

Wir legen der Aufgabe die volle Tabelle 68 mit drei Eingängen, Zeilen A_i, Spalten B_j und Ebenen C_k zugrunde. Entsprechend enthalten die darauf bezogenen Operatoren 3 Buchstaben.

a) Die Quadrate aller Maßzahlen der gesamten Tabelle sind aufzusummieren. Man erhält (ABC) = 658.
b) Für jede Kombination Spalte/Ebene $B_j C_k$ ist die Summe aller Maßzahlen über A_i (sämtliche Zeilen) hinweg zu bilden, zu quadrieren und durch die Zahl der Summanden (3) zu dividieren. Die entstehenden 8 Korrekturglieder (zum Begriff des Korrekturgliedes vgl. S. 45) sind aufzusummieren. Man erhält (aBC) = 566.
c) Für jede Kombination Zeile/Ebene $A_i C_k$ ist die Summe der Maßzahlen über B_j (sämtliche Spalten) hinweg zu bilden, zu quadrieren und durch die Zahl der Summanden (4) zu dividieren. Die Summe der 6 Korrekturglieder ist (bAC) = 520,5.

d) Für jede Kombination Zeile/Spalte A_iB_j ist die Summe der Maßzahlen über C_k (sämtliche, d.h. beide, Ebenen) hinweg zu bilden, zu quadrieren und durch die Zahl der Summanden (2) zu dividieren. Die Summe der 12 Korrekturglieder ist (cAB) = 581.

e) Für jede Ebene C_k ist die Summe der Maßzahlen über Zeilen A_i und Spalten B_j hinweg zu bilden, zu quadrieren und durch die Zahl der Summanden (12) zu dividieren. Die Summe der beiden so entstehenden Korrekturglieder ist (abC) = 504,167.

f) Für jede Spalte B_j ist die Summe der Maßzahlen über Zeilen A_i und Ebenen C_k hinweg zu bilden, zu quadrieren und durch die Zahl der Summanden (6) zu dividieren. Die Summe der 4 so entstehenden Korrekturglieder beträgt (acB) = 519,333.

g) Für jede Zeile A_i ist die Summe der Maßzahlen über Spalten B_j und Ebenen C_k hinweg zu bilden, zu quadrieren und durch die Zahl der Summanden (8) zu dividieren. Die Summe der 3 so entstehenden Korrekturglieder beträgt (bcA) = 513,5.

h) Die Maßzahlen der gesamten Tabelle sind aufzusummieren, die Summe ist zu quadrieren und durch die Gesamtzahl der Maßzahlen zu dividieren. Man erhält das Korrekturglied (abc) = 504,167.

9.2.1 Lösung zu Aufgabe 8.2.1

Der Erwartungswert wird mit Gl. (2.31) bestimmt. Für die Rechnung legt man eine Tabelle wie Tabelle 74 an. Der Erwartungswert ergibt sich dann als Summe der vierten Spalte der Tabelle.

Tabelle 74

Karte	Punktzahl x_i	Wahrscheinlichkeit p_i	$x_i p_i$
Ass	11	0,125	1,375
10	10	0,125	1,25
König	4	0,125	0,5
Dame	3	0,125	0,375
Bube	2	0,125	0,25
9	0	0,125	0
8	0	0,125	0
7	0	0,125	0

Tabelle 74 ist $\sum_{i=1}^{8} x_i p_i = 3{,}75$ für den gesuchten Erwartungswert zu entnehmen.

Durch das Zurücklegen und Mischen nach dem Zug jeder Karte ist die Wahrscheinlichkeit, bei einem Zug eine bestimmte Karte zu ziehen, 1/32. Da jede Karte mit der Kennzeichnung der ersten Spalte von Tabelle 74 im Spiel viermal vorkommt, einmal in jeder Farbe, ist die Wahrscheinlichkeit, eine bestimmte Karte mit einer bestimmten Punktzahl ohne Rücksicht auf die Farbe zu ziehen $p_i = 4/32 = 1/8 = 0{,}125$.

9.2.2 Lösung zu Aufgabe 8.2.2

Mit dem Ansatz der Gl. (5.13) erhält man für den Erwartungswert der Summe aller quadrierten Maßzahlen

$$E[(OAB)] = E[\sum_{j=1}^{n} \sum_{i=1}^{m} \sum_{h=1}^{l} (M_{..} + a_i + b_j + ab_{ij} + e_{hij})^2].$$

Die Rechenschritte sind:
1. Quadrieren der runden Klammer,
2. Einarbeiten der drei Summenzeichen in die resultierende runde Klammer mit Gl. (2.10), (2.11) und (2.12) und
3. Einarbeiten des E-Operators in die eckige Klammer mit Gl. (2.49), (2.50), (2.53) und (2.59).

Man erhält $E[(OAB)] = N(\mu^2 + \sigma_M^2) + N\sigma_A^2 + N\sigma_B^2 + N\sigma_{AB}^2 + N\sigma_e^2$.

Die weiteren Ansätze und Ergebnisse lauten:

$$E[(oab)] = \frac{1}{N} E[\{\sum_{j=1}^{n} \sum_{i=1}^{m} \sum_{h=1}^{l} (M_{..} + a_i + b_j + ab_{ij} + e_{hij})^2\}].$$

Hier sind zunächst die drei Summenzeichen in die runde Klammer einzuarbeiten, dann ist zu quadrieren und schließlich der Operator E in die geschweifte Klammer zu bringen.

Man erhält $E[(oab)] = N(\mu^2 + \sigma_M^2) + \ln\sigma_A^2 + \text{lm}\sigma_B^2 + l\sigma_{AB}^2 + \sigma_e^2$.

$$E[(obA)] = \frac{1}{\ln} E[\sum_{i=1}^{m} \{\sum_{j=1}^{n} \sum_{h=1}^{l} (M_{..} + a_i + b_j + ab_{ij} + e_{hij})\}^2]$$

$$= N(\mu^2 + \sigma_M^2) + N\sigma_A^2 + \frac{N}{n}\sigma_B^2 + \frac{N}{n}\sigma_{AB}^2 + m\sigma_e^2.$$

Hier sind zunächst die beiden inneren Summenzeichen in die runde Klammer zu bringen, der resultierende Ausdruck, die geschweifte Klammer, ist zu quadrieren und danach das linke Summenzeichen in die geschweifte Klammer einzuarbeiten. Auf die erhaltenen Summanden ist dann der Operator E zu verteilen.

Entsprechned erhält man für

$$E[(oaB)] = \frac{1}{l\,m} E[\sum_{j=1}^{n} \{\sum_{i=1}^{m} \sum_{h=1}^{l} (M_{..} + a_i + b_j + ab_{ij} + e_{hij})\}^2]$$

$$= N(\mu^2 + \sigma_M^2) + \frac{N}{m}\sigma_A^2 + N\sigma_B^2 + \frac{N}{m}\sigma_{AB}^2 + n\sigma_e^2.$$

Für den noch ausstehenden Operator ergibt sich:

$$E[(oAB)] = \frac{1}{l} E[\sum_{j=1}^{n} \sum_{i=1}^{m} \{\sum_{h=1}^{l} (M_{..} + a_i + b_j + ab_{ij} + e_{hij})\}^2]$$

$$= N(\mu^2 + \sigma_M^2) + N\sigma_A^2 + N\sigma_B^2 + N\sigma_{AB}^2 + mn\sigma_e^2.$$

Im Unterschied zu den beiden zuvor behandelten Operatoren stehen hier zwei Summenzeichen außerhalb der zu quadrierenden geschweiften Klammer und nur eines innerhalb. Der Rechengang verläuft mit dieser Änderung analog zu den anderen Rechengängen.

Mit diesen Zwischenergebnissen und den Gleichungen für die Varianzschätzungen aus Abschnitt 6.2 erhält man die einzelnen Erwartungswerte:

$$E[s_A^2] = ln\sigma_A^2 + l\sigma_{AB}^2 + \sigma_e^2,$$

$$E[s_B^2] = lm\sigma_B^2 + l\sigma_{AB}^2 + \sigma_e^2,$$

$$E[s_{AB}^2] = l\sigma_{AB}^2 + \sigma_e^2.$$

$$E[s_{ZG}^2] = \frac{(m-1)\,ln}{mn-1}\sigma_A^2 + \frac{(n-1)\,lm}{mn-1}\sigma_B^2 + l\sigma_{AB}^2 + \sigma_e^2 \quad \text{und}$$

$$E[s_{IG}^2] = \sigma_e^2.$$

Das Ergebnis besagt: bei Geltung der Nullhypothese wie der Arbeitshypothese hinsichtlich der unabhängigen Variablen A und B sowie deren Wechselwirkung ist der Erwartungswert von s_{IG}^2 stets gleich der Fehlervarianz σ_e^2. s_{AB}^2 ist ein erwartungstreuer Schätzer der Summe aus der mit der Gruppengröße l multiplizierten Wechselwirkungsvarianz σ_{AB}^2 und der Fehlervarianz σ_e^2. Fehlt in der Population die Wechselwirkung, so ist auch

s_{AB}^2 ein erwartungstreuer Schätzer der Fehlervarianz σ_e^2, wovon bekanntlich in der Blockvarianzanalyse Gebrauch gemacht wird (vgl. Abschnitt 5.3).

Solange die Wechselwirkung in der Population nicht besteht ($\sigma_{AB}^2 = 0$), sind die Erwartungswerte der Varianzschätzungen für die Haupteffekte A und B aus deren mit der Zahl der Messungen (1 · n) bzw. (1 · m) multiplizierten Populationsvarianzen σ_A^2 bzw. σ_B^2 und der Fehlervarianz σ_e^2 additiv zusammengesetzt, und zwar in der gleichen Weise wie die Varianzschätzung zwischen den Gruppen in der einfaktoriellen Varianzanalyse (vgl. (3.57), S. 94). Nur in diesem Fall dürfen die Haupteffekte im F-Test mit s_{IG}^2 im Nenner getestet werden, also wenn der vorangegangene F-Test auf Wechselwirkung nicht signifikant war. Ist eine Wechselwirkung vorhanden, muß diese Wechselwirkung auch in den Nenner des F-Tests der Haupteffekte gebracht werden, d.h. man erhält $F_A = s_A^2/s_{AB}^2$ und $F_B = s_B^2/s_{AB}^2$. Sind die unabhängigen Variablen Festeffektvariablen, können die Haupteffekte auch beim Vorliegen einer Wechselwirkung gegen die Varianzschätzung „innerhalb" getestet werden, also $F_A = s_A^2/s_{IG}^2$ und $F_B = s_B^2/s_{IG}^2$, da beim Festeffektmodell die Wechselwirkungsvarianz in den Erwartungswerten von s_A^2 und s_B^2 nicht auftaucht (der Leser mag sich dies klarmachen, indem er die vorliegende Übungsaufgabe für das Festeffektmodell durchrechnet; siehe auch Abschnitt 5.2).

9.3.1 Lösung zu Aufgabe 8.3.1

a) Als Kenngrößen für den durchschnittlichen Therapieerfolg lassen sich die arithmetischen Mittelwerte für die drei Gruppen verwenden. Am besten berechnet man sie im Zuge der für die folgenden Aufgabenteile nötigen Varianzanalyse. Man erhält $M_1 = 3{,}667$, $M_2 = 6{,}900$ und $M_3 = 5{,}250$. Die graphische Darstellung enthält Abbildung 38.

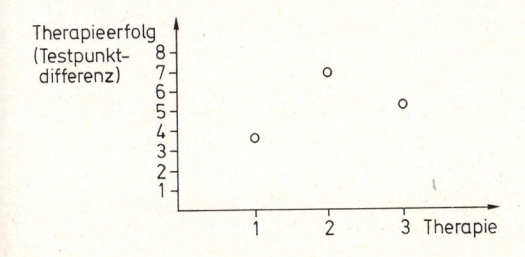

Abbildung 38

b) Die Daten entsprechen dem Versuchsplan 6.1, der einfaktoriellen Varianzanalyse. Die nötigen Rechenformeln sind Tabelle 45 zu entnehmen.
c) Zur Berechnung legt man sich eine Tabelle wie Tabelle 17, S. 99 an. Die Ergebnisse werden in einer Tabelle wie Tabelle 18 und Tabelle 45 zusammengestellt, sie sind in Tabelle 75 wiedergegeben.

Tabelle 75

Quelle	S		d_f	s^2
B	S_B = (aB) − (ab) = 857,933 − 800,833 = 57,100		n − 1 = 2	28,550
IG	S_{IG} = (AB) − (aB) = 1021,000 − 857,933 = 163,067		N − n = 27	6,040
T	S_T = (AB) − (ab) = 1021,000 − 800,833 = 220,167		N − 1 = 29	

Der F-Wert lautet: $F = \dfrac{28,550}{6,040} = 4,727$ mit $d_{f1} = 2$ und $d_{f2} = 27$.

Die F-Tabelle liefert: $F_{1\%,2,27} = 5,49$ und $F_{5\%,2,27} = 3,35$.

Die Therapien unterscheiden sich voneinander auf einem Signifikanzniveau von 5%.

d) Die Voraussetzung der Varianzenhomogenität wird mit dem Bartlett-Test (Gl. (4.4) und (4.5)) geprüft. Zur Berechnung ist eine Tabelle wie Tabelle 19 nötig. Dieser Tabelle kann auch die größte und die kleinste Gruppenvarianz für den F_{max}-Test (Gl. (4.3)) entnommen werden.

Wir erhalten für (4.4) $\chi^2_{Bartlett} = \dfrac{2,3026}{C} [(30 − 3) \log 6,040$

$$- 20,993] = 0,218 \,\dfrac{1}{C}.$$

Dieser Zahlenwert ist, da C immer größer als 1,0 ist (vgl. Gl. (4.5)), nicht signifikant, die varianzanalytische Auswertung ist uneingeschränkt zulässig.

Der F_{max}-Test bringt das gleiche Ergebnis: $F_{max} = \dfrac{6,970}{5,357} = 1,301$ n.s.

(Tabelle IV liefert $F_{max1\%,3,10} = 7,4$.)

e) Es wird der apriorische t-Test für den Mittelwertsvergleich (4.21) verwendet. (4.21) nimmt hier die Form an:

$$t = \frac{M_1 - M_2}{\sqrt{s_{IG}^2 \left(\frac{1}{m_1} + \frac{1}{m_2}\right)}} = -3{,}072 \text{ s.}$$

Die t-Tabelle liefert $t_{1\%,27} = 2{,}77$, das Ergebnis ist signifikant, Therapie 1 und 2 unterscheiden sich also überzufällig in ihrer Wirksamkeit.

Da unter n Mittelwerten $n - 1$ zueinander orthogonale Vergleiche möglich sind (S. 118), gibt es für n = 3 Mittelwerte nur noch einen zu dem Vergleich $1, D_1 = M_1 - M_2$, orthogonalen Vergleich. Er besteht, wie aus den Überlegungen S. 117 f. folgt, im Vergleich des mit den Gruppengrößen m_1 und m_2 gewogenen arithmetischen Mittels aus M_1 und M_2 mit M_3, also $D_2 = 6M_1 + 5M_2 - 8M_3$. (Man prüfe mit einer Tabelle in der Art von Tabelle 21 und der Nachrechnung von Gl. (4.19) nach, daß D_2 zu D_1 orthogonal ist! Die Entstehung der Gewichtungsfaktoren 6, 5 und 8 in D_2 aus den Gruppengrößen $m_1 = 12, m_2 = 10$ und $m_3 = 8$ ist S. 120 erklärt: zur Bildung von D_2 werden die beiden ersten Mittelwerte jeweils mit $+m_j/2$, der dritte Mittelwert mit $-m_j$ multipliziert.)

Aus (4.21) wird

$$t = \frac{6M_1 + 5M_2 - 8M_3}{\sqrt{s_{IG}^2(6^2/12 + 5^2/10 + 8^2/8)}} = 1{,}606 \text{ n.s.}$$

Aus dem Vergleich mit dem oben angegebenen t-Wert für den einseitigen Test mit $p_I = 1\%$, $d_f = 27$ folgt, daß dieser t-Wert nicht signifikant ist, Therapie 3 also keine vom Durchschnitt der Erfolge der Therapien 1 und 2 systematisch abweichende Wirkung hat.

f) Der Dunn-Test gestattet es, alle möglichen Mittelwertsunterschiede auf Signifikanz zu prüfen. Gerechnet wird mit Gl. (4.21). In e) haben wir für $D_1 = M_1 - M_2$ $t = -3{,}072$ erhalten. Für die anderen Differenzen erhalten wir die t-Werte:

$$D_3 = M_1 - M_3 \quad t = -1{,}411 \quad \text{und}$$
$$D_4 = M_2 - M_3 \quad t = 1{,}415.$$

Die Tafel für den Dunn-Test (Tabelle V) liefert $t_{Dunn\,5\%,3,24} = 2{,}58$ und $t_{Dunn\,1\%,3,24} = 3{,}26$.

Nur D_1 ist signifikant.

g) Mit den drei Therapien wird ein auf 5%-Signifikanzniveau überzufällig unterschiedener Erfolg erzielt. Therapie 1 weist den geringsten, Therapie 2 den höchsten Erfolg auf. Die Varianzanalyse darf interpretiert werden, da die mit dem Bartlett-Test geprüften Voraussetzungen als erfüllt angesehen werden können. In orthogonalen Einzelvergleichen ist nur der Unterschied Therapie 1 − Therapie 2 signifikant, desgleichen in einem nichtorthogonalen Satz aller drei Einzelvergleiche.

9.3.2 Lösung zu Aufgabe 8.3.2

a), b), c) Der Untersuchungsplan entspricht der zweifaktoriellen Analyse, Abschnitt 5.1 bzw. 6.2. Die zur Berechnung nötigen Formeln enthält Tabelle 46, ein Rechenbeispiel Tabelle 25. Frage a) wird durch den Signifikanztest für den Haupteffekt B (Etüdensammlung), Frage b) durch den Signifikanztest für den Haupteffekt A (Lehrer) und Frage c) durch den Signifikanztest für die Wechselwirkung AB (Lehrer/Etüdensammlung) beantwortet.

Da nicht sinnvoll über die drei Etüdensammlungen hinaus auf alle einschlägigen Etüden und nicht über die beiden Lehrer hinaus auf alle vergleichbaren Lehrer generalisiert werden kann, handelt es sich bei A und B um feste unabhängige Variablen.

Zur Berechnung ist eine Tabelle in der Art von Tabelle 25 anzulegen, die Ergebnisse zeigt Tabelle 76.

Tabelle 76

Quelle	S	d_f	s^2
A	S_A = (obA) − (oab) = 427,267 − 425,633 = 1,634	$m - 1 = 1$	1,634
B	S_B = (oaB) − (oab) = 455,500 − 425,633 = 29,867	$n - 1 = 2$	14,934
ZG	S_{ZG} = (oAB) − (oab) = 468,600 − 425,633 = 42,967	$mn - 1 = 5$	8,593
AB	S_{AB} = (oAB) − (obA) − (oaB) + (oab) = 468,600 − 427,267 − 455,500 + 425,633 = 11,466	$(m-1)(n-1) = 2$	5,733
IG	S_{IG} = (OAB) − (oAB) = 505,000 − 468,600 = 36,400	$N - mn = 24$	1,517
T	S_T = (OAB) − (oab) = 505,000 − 425,633 = 79,367	$N - 1 = 29$	

Für die F-Tests erhält man die Zahlenwerte:

$$F_A = \frac{1{,}634}{1{,}517} = 1{,}077, \; F_B = \frac{14{,}934}{1{,}517} = 9{,}844 \text{ und}$$

$$F_{AB} = \frac{5{,}733}{1{,}517} = 3{,}779 \, .$$

Die F-Tabelle liefert: $F_{1\%,1,24} = 7{,}82$, $F_{1\%,2,24} = 5{,}61$, $F_{5\%,1,24} = 4{,}26$ und $F_{5\%,2,24} = 3{,}4$.

Die Wechselwirkung ist auf $p_I = 5\%$ Niveau signifikant, der Effekt B, die Auswirkung der Verschiedenheit der Etüdensammlungen, auf einem Niveau von $p_I = 1\%$. Effekt A ist nicht signifikant. Man kann folglich interpretieren, daß eine Auswirkung der verwendeten Etüdensammlung auf die Beurteilung des Vorspiels besteht, hingegen keine Auswirkung der Tatsache, welcher Lehrer unterrichtet hat. Interpretiert man die auf 5% Niveau signifikante Wechselwirkung, so muß man annehmen, daß die Etüdensammlungen in den Händen unterschiedlicher Lehrer zu unterschiedlichen Lernerfolgen führen und zwar, wie die Gruppenmittelwerte zeigen, Lehrer 1 mit Etüdensammlung 2 den besten Lernerfolg erzielt.

Der Bartlett-Test über alle 6 Lehrer-/Etüdensammlungsgruppen zeigt, daß die Varianzanalyse uneingeschränkt interpretiert werden darf ($\chi^2_{Bartlett}$ = $\frac{1}{C}$ 1,0653). Auch der F_{max}-Test spricht dafür ($F_{max} = 2{,}5$ n. s.).

d) Die Frage ist aufgrund des Newman-Keuls-Tests für den Vergleich aller Paare von Zellenmittelwerten beantwortbar. Zur Signifikanzprüfung dienen die der Größe nach geordneten Mittelwerte, die der Berechnung für die Varianzanalyse entnommen werden, und deren geordnete Differenzen in Tabelle 77. Im Gegensatz zur Tabelle 20, S. 116, haben wir hier die Mittelwerte von links nach rechts und von oben nach unten in *aufsteigender* Folge geordnet. Für die Interpretation der Tabelle ist das ohne Belang; in beiden Fällen steht die größte Mittelwertsdifferenz in der oberen rechten Zelle.

Tabelle 77

	$M_{23} = 3{,}0$	$M_{11} = 3{,}4$	$M_{21} = 3{,}6$	$M_{22} = 4{,}0$	$M_{12} = 6{,}2$
$M_{13} = 2{,}4$	0,6	1,0	1,2	1,6	3,8*
$M_{23} = 3{,}0$	–	0,4	0,6	1,0	3,2*
$M_{11} = 3{,}4$	–	–	0,2	0,6	2,8*
$M_{21} = 3{,}6$	–	–	–	0,4	2,6*
$M_{22} = 4{,}0$	–	–	–	–	2,2*

„*" bedeutet „signifikant auf $p_I = 1\%$"

Für ein Signifikanzniveau $p_I = 1\%$ und $d_{fIG} = 24$ entnehmen wir der Tabelle für den Newman-Keuls-Test für die Distanzen der Mittelwerte r = 2 bis r = 6 die Zahlenwerte für q, aus denen wir mit (4.28) die kritischen Differenzen D berechnen können, die von den Mittelwertsdifferenzen der entsprechenden Distanz überschritten werden müssen, damit Signifikanz vorliegt (Tabelle 78).

Tabelle 78

$p_I = 1\%$, $d_{fIG} = 24$

Distanz r	q	D
2	3,96	2,181
3	4,55	2,506
4	4,91	2,705
5	5,17	2,848
6	5,37	2,958

Wie S. 128 erklärt, haben der Größe nach benachbarte Mittelwerte die Distanz r = 2, Mittelwerte, zwischen denen der Größe nach ein Mittelwert liegt, die Distanz r = 3 usw. Unsere größte Mittelwertsdifferenz hat daher die Distanz r = 6, sie muß also mit D = 2,958 verglichen werden. Tabelle 77 enthält bereits das Ergebnis der Signifikanzprüfung: alle Mittelwertsdifferenzen der letzten Spalte sind signifikant, alle anderen sind es nicht. Würden wir den Newman-Keuls-Test mit $p_I = 5\%$ durchführen, würden wir für die vorliegenden Daten das gleiche Ergebnis erhalten. In den Einzelvergleichen unterscheidet sich also nur Mittelwert M_{12}, d.h. die Verwendung der Etüdensammlung 2 durch Lehrer 1, von allen anderen Zellenmittelwerten, diese jedoch unterscheiden sich je einzeln nicht mehr signifikant voneinander.

9.3.3 Lösung zu Aufgabe 8.3.3

a), b) Die Daten entsprechen der einfaktoriellen Blockanalyse aus Abschnitt 5.2 bzw. 6.5. Die Berechnung der Varianzanalyse beginnt mit der Anlage einer Tabelle wie Tabelle 30. Die Ergebnisse, zusammengestellt in der Art von Tabelle 31 bzw. Tabelle 49 zeigt Tabelle 79.

Tabelle 79

Quelle	S		d_f	s^2
A	S_A	$= (bA) - (ab) = 3107{,}833 - 2982{,}150 = 125{,}683$	$m - 1 = 9$	13,965
B	S_B	$= (aB) - (ab) = 3167{,}500 - 2982{,}150 = 185{,}350$	$n - 1 = 5$	37,070
AB	S_{AB}	$= (AB) - (bA) - (aB) + (ab) = 3321{,}000 - 3107{,}833 -$	$(m-1)(n-1)$	
		$3167{,}500 + 2982{,}150 = 27{,}817$	$= 45$	0,618
T	S_T	$= (AB) - (ab) = 3321{,}000 - 2982{,}150 = 338{,}850$	$N - 1 = 59$	

Die F-Quotienten lauten: $F_A = \dfrac{13{,}965}{0{,}618} = 22{,}597$ s. und

$F_B = \dfrac{37{,}070}{0{,}618} = 59{,}984$ s.

Die F-Tabelle liefert $F_{1\%, 9, 40} = 2{,}89$ und $F_{1\%, 5, 40} = 3{,}51$.

Beide F-Quotienten sind signifikant, die Einflüsse, nach denen in a) und b) gefragt wird, können als gegeben angenommen werden.
c) Für die Prüfung der Voraussetzungen wird bei Blockversuchsplänen der Tukey-Test und der Box-Test verwendet. Die notwendigen Formeln sind für den Tukey-Test (5.4) und (5.45); zur Berechnung legt man sich eine Tabelle wie Tabelle 32 an. Es ergibt sich für (5.45) $F_T = \dfrac{0{,}349 \cdot 44}{27{,}817 - 0{,}349}$
$= 0{,}559$.
F-Werte unter 1 sind nicht signifikant, eine Verletzung der Voraussetzung fehlender Wechselwirkung muß also nicht angenommen werden.
F_B darf nur interpretiert werden, wenn Homogenität der Varianz-Kovavarianz-Matrix angenommen werden darf, was mit dem Box-Test (Abschnitt 5.3) geprüft wird. Der Box-Test ist jedoch überflüssig, wenn F_B auch mit $d_{f1} = 1$ und $d_{f2} = m - 1$ (vgl. S. 191, Geisser und Greenhouse, konservativer F-Test) signifikant ist. Da Tabelle III ein $F_{1\%, 1, 9} = 10{,}56$ liefert, darf das Ergebnis hinsichtlich Faktor B in jedem Falle interpretiert werden.
d) Hier ist nach den Einzelvergleichen der $n - 1 = 5$ Spaltenmittelwerte $M_{.2}$ bis $M_{.6}$ mit dem Spaltenmittelwert der Kontrollgruppe $M_{.1}$ gefragt. Abschnitt 4.2.4 gibt dafür den Dunnett-Test an. Da gleiche Stichprobenumfänge $m = 10$ vorliegen, rechnen wir mit (4.27); für s_{IG}^2, die Fehlervarianzschätzung, setzen wir im vorliegenden Versuchsplan s_{AB}^2 ein. Wir erhalten aus der Tabelle VII für einseitigen Test $t_{\text{Dunnett} 1\%, 6, 40} = 2{,}99$ und damit aus (4.27) $D = 2{,}99\sqrt{2 \cdot 0{,}618/10} = 1{,}051$. Mittelwertsdiffe-

renzen, die diesen Zahlenwert übersteigen, sind signifikant. Es sind dies die Differenzen $M_{.3} - M_{.1}$ bis $M_{.6} - M_{.1}$.

e) Zur Trendanalyse müssen wir der Tabelle IX im Anhang zunächst die linearen, quadratischen und kubischen orthogonalen Koeffizienten für n = 6 Gruppen entnehmen. Zur Berechung ist eine Tabelle in der Art von Tabelle 62 anzulegen. Gl. (7.3) liefert für den linearen Trendanteil

$$s_1^2 = \frac{(-359)^2}{700} = 184,1157.$$

Mit (7.4) wird der quadratische Trendanteil $s_2^2 = 0,0429$ und der kubische $s_3^2 = 0,1422$. Im Nenner des F-Tests für den Trend wird wieder s_{AB}^2 verwendet. Wir erhalten für den linearen Trend $F_1 = \dfrac{184,1157}{0,618} = 297,92$ mit $d_{f1} = 1$ und $d_{f2} = 45$. Die F-Tabelle liefert für $F_{1\%,1,40} = 7,31$, der lineare Trend ist also signifikant. Offensichtlich erklärt der lineare Trendanteil in Höhe von $S_1 = s_1^2 = 184,1157$ den weitaus größten Teil der Quadratsumme $S_B = 185,350$. Für den residualen Trend erhalten wir mit (7.6) $S_{Res} = 185,350 - 184,1157 = 1,2343$ mit $d_{fRes} = 5 - 1 = 4$ Freiheitsgraden. F_{Res} nimmt einen Zahlenwert kleiner als 1 an, ist also nicht signifikant. Die signifikante Varianzanalyse zeigt, daß ein Übungsgewinn von Aufgabe zu Aufgabe angenommen werden kann; die Signifikanz der linearen Trendkomponente bei gleichzeitigem fast völligem Fehlen jeder Trendkomponente höheren Grades zeigt, daß zwischen dem Zeitbedarf je Aufgabe und ihrer zeitlichen Position ein linearer Zusammenhang angenommen werden kann.

Zur Veranschaulichung mag der Leser die Mittelwerte B_j graphisch darstellen und die Regressionsgerade eintragen. Für die Regressionsgerade liefert (7.9) $d_0 = 7,05$ und (7.10) $d_1 = -0,5129$. Für j = 1 wird $x_1^* = 9,615$ und für j = 6 wird $x_6^* = 4,486$, womit die Regressionsgerade gezeichnet werden kann.

9.3.4 Lösung zu Aufgabe 8.3.4

a), b) Es handelt sich bei Tabelle 73 um die Daten eines dreifaktoriellen Auswertungsplanes, wie er in Abschnitt 6.3 angegeben ist. Die zur Berechnung nötigen Formeln enthält Tabelle 47.
Die Berechnungen beginnen wie bei der *zwei*faktoriellen Analyse mit der Anlage einer Tabelle wie Tabelle 25. Ein Blick auf den Formelsatz von

Tabelle 47 zeigt jedoch, daß einige Größen benötigt werden, für die in der Tabelle 25 kein Platz ist, die aus ihr aber gewonnen werden können, wenn man ihr die nötigen Zwischenergebnisse für die 1. und 3. Zeile der neuen Tabellen entnimmt. Es handelt sich um die Größen (oacB), (oabC), (ocAB), (obAC) und (oaBC). Die Berechnung dieser Größen geben wir in den nachfolgenden Tabellen 80 bis 83 ausführlich an. Diese Tabellen enthalten nur die fünf Zeilen, die wir in Tabelle 25 und allen anderen vergleichbaren Rechentabellen als Fußzeilen eingeführt haben (vgl. S. 75).

Tabelle 80

	B_1	B_2	$\sum_{k=1}^{n}\sum_{i=1}^{m}\sum_{h=1}^{l} x_{hijk}$	C_1	C_2
$\sum_{k=1}^{r}\sum_{i=1}^{m}\sum_{h=1}^{l} x_{hijk}$	110	146		113	143
$\sum\sum\sum x_{hijk}^2$	—	—		—	—
lmr	24	24	lmn	24	24
$(\sum\sum x_{hijk})^2$/lmr	504,167	888,167	$(\ldots)^2$/lmn	532,042	852,042
$M_{.j.}$	4,583	6,083	$M_{..k}$	4,708	5,958
	(oacB) = 1392,334			(oabC) = 1384,084	

301

Tabelle 81

	A_1B_1	A_2B_1	A_3B_1	A_1B_2	A_2B_2	A_3B_2	
$\sum_{k=1}^{r}\sum_{h=1}^{l} x_{hijk}$	36	38	36	43	48	55	
$\sum\sum x_{hijk}^2$	—	—	—	—	—	—	
lr	8	8	8	8	8	8	
$(\sum\sum x_{hijk})^2/lr$	162,000	180,500	162,000	231,125	288,000	378,125	(ocAB) = 1401,750
$M_{ij.}$	—	—	—	—	—	—	

Tabelle 82

	A_1C_1	A_2C_1	A_3C_1	A_1C_2	A_2C_2	A_3C_2	
$\sum_{j=1}^{n}\sum_{h=1}^{l} x_{hijk}$	33	38	42	46	48	49	
$\sum\sum x_{hijk}^2$	—	—	—	—	—	—	
ln	8	8	8	8	8	8	
$(\sum\sum x_{hijk})^2/\text{ln}$	136,125	180,500	220,500	264,500	288,000	300,125	(obAC) = 1389,750
$M_{i,k}$	—	—	—	—	—	—	

Tabelle 83

	B_1C_1	B_2C_1	B_1C_2	B_2C_2	
$\sum_{i=1}^{m}\sum_{h=1}^{l} x_{hijk}$	51	62	59	84	
$\Sigma\Sigma\, x_{hijk}^2$	—	—	—	—	
lm	12	12	12	12	
$(\Sigma\Sigma\, x_{hijk})^2/\text{lm}$	216,750	320,333	290,083	588,000	(oaBC) = 1415,166
$M_{.jk}$	—	—	—	—	

Die Endausrechnung mit den Formeln der Tabelle 47 enthält Tabelle 84.

Die F-Werte lauten:

$$F_A = \frac{2,271}{1,278} = 1,777 \qquad F_B = \frac{27,001}{1,278} = 21,128 \text{ s.} \qquad F_C = \frac{18,751}{1,278} = 14,672 \text{ s.}$$

$$F_{AB} = \frac{2,437}{1,278} = 1,907 \qquad F_{AC} = \frac{0,562}{1,278} < 1 \qquad F_{BC} = \frac{4,081}{1,278} = 3,193$$

$$F_{ABC} = \frac{0,147}{1,278} < 1 \,.$$

Die F-Tabelle liefert: $F_{1\%,1,30} = 7,56$, $F_{5\%,1,30} = 4,17$ und $F_{1\%,2,30} = 5,39$.

Damit sind nur die Haupteffekte B und C signifikant, nur hier darf eine Wirkung der unabhängigen Variablen (B und C) angenommen werden.

c) Im Bartlett-Test sind die Zahlenwerte für (4.4) und ggf. (4.5) zu berechnen, die dabei nötigen Zwischenrechnungen werden in einer Tabelle wie Tabelle 19 zusammengestellt. In die Rechnung gehen die einzelnen Zellen der Tabelle 73 ohne Rücksicht auf die Gruppierung nach A, B und C ein, der Bartlett-Test wird also gerechnet, als ob es sich um eine einfaktorielle Varianzanalyse mit mnr = 12 Gruppen handelte.

Man erhält $\chi^2_{\text{Bartlett}} = \frac{2,3026}{C}\, [36 \cdot \log 1,278 - 1,8409] = 4,592\,\frac{1}{C}$.

Mit $d_f = 11$ ist dieser Zahlenwert nicht signifikant, eine Verletzung der Voraussetzung der Varianzhomogenität braucht also nicht angenommen zu werden, die Ergebnisse der Signifikanztests unter a) und b) dürfen interpretiert werden.

Tabelle 84

Quelle	S	d_f	s^2
A	S_A = (obcA) − (oabc) = 1369,875 − 1365,333 = 4,542	$m − 1 = 2$	2,271
B	S_B = (oacB) − (oabc) = 1392,334 − 1365,333 = 27,001	$n − 1 = 1$	27,001
C	S_C = (oabC) − (oabc) = 1384,084 − 1365,333 = 18,751	$r − 1 = 1$	18,751
ZG	S_{ZG} = (oABC) − (oabc) = 1426,000 − 1365,333 = 60,667	$mnr − 1 = 11$	5,515
AB	S_{AB} = (ocAB) − (obcA) − (oacB) + (oabc) = 1401,750 − 1369,875 − 1392,334 + 1365,333 = 4,874	$(m − 1)(n − 1) = 2$	2,437
AC	S_{AC} = (obAC) − (obcA) − (oabC) + (oabc) = 1389,750 − 1369,875 − 1384,084 + 1365,333 = 1,124	$(m − 1)(r − 1) = 2$	0,562
BC	S_{BC} = (oaBC) − (oacB) − (oabC) + (oabc) = 1415,166 − 1392,334 − 1384,084 + 1365,333 = 4,081	$(n − 1)(r − 1) = 1$	4,081
ABC	S_{ABC} = (oABC) − (ocAB) − (obAC) − (oaBC) + (oabC) + (oacB) + (obcA) + (oabc) = 1426,000 − 1401,750 − 1389,750 − 1415,166 + 1369,875 + 1392,334 + 1384,084 − 1365,333 = 0,294	$(m − 1)(n − 1)(r − 1) = 2$	0,147
IG	S_{IG} = (OABC) − (oABC) = 1472,000 − 1426,000 = 46,000	$N − mnr = 36$	
T	S_T = (OABC) − (oabc) = 1472,000 − 1365,333 = 106,667	$N − 1 = 47$	1,278

10. Die Planung und Interpretation einer varianzanalytischen Untersuchung

Im bisherigen Text haben wir uns im wesentlichen von systematischen Zusammenhängen bei der Darstellung der Möglichkeiten varianzanalytischer Datenauswertung leiten lassen und Anwendungen jeweils als Beispiele eingefügt.

Beim praktischen Einsatz der Varianzanalyse steht der Leser vor zwei Problemen. Einmal findet er in der wissenschaftlichen Literatur varianzanalytische Auswertungen vor und will sich über deren Bedeutung Klarheit verschaffen. Zum anderen plant er selber empirische Untersuchungen, die varianzanalytisch ausgewertet und dann interpretiert werden sollen. Beide Aufgabenstellungen setzen zu ihrer Lösung voraus, daß sich der Leser an die entsprechenden Passagen des bisherigen Textes erinnert und das bestehende Problem auf dessen Systematik abbildet. Dies wird nicht ohne Schwierigkeiten gelingen, insbesondere, wenn der Zeitpunkt der Durcharbeitung des Textes schon einige Zeit zurückliegt.

Mit diesem Kapitel wollen wir deshalb den bisherigen Text in der Reihenfolge aufschlüsseln, in der sich die Probleme bei der Anwendung stellen. Wir konzentrieren uns dabei auf die Planung von Untersuchungen. Bei der Interpretation vorgefundener Auswertungen ist es zweckmäßig, den Planungsleitfaden parallel zu den Ausführungen des betreffenden Autors zu verwenden, um dessen Überlegungen prüfen zu können.

Zur Verbesserung der Übersicht geben wir den Planungsleitfaden für varianzanalytische Untersuchungen nicht in Form eines geschlossenen Textes, sondern eines Fragebogens mit Antworthinweisen, der von oben nach unten, in aufsteigender Folge der Fragennummern, die Schritte enthält, die bei der Planung einer varianzanalytisch auszuwertenden Untersuchung zu gehen sind.

Bei den Anwendungen der Varianzanalyse stellt sich besonders oft die Frage nach der zweckmäßigsten Bezeichnung eines bestimmten Versuchsplanes. Wir selbst haben in den im Kapitel 6 zusammengefaßten Bezeichnungen Formulierungen gewählt, die auch ohne Kenntnis besonderer terminologischer Vereinbarungen leicht verständlich sind. Leider läßt auch gerade im deutschen Sprachraum die Einheitlichkeit der Terminologie noch sehr zu wünschen übrig. Zur Klarstellung geben wir in Tabelle XI im Tabellenanhang eine Konkordanz unserer Bezeichnungen mit denen dreier wichtiger amerikanischer Autoren.

Fragen zur Planung einer varianzanalytisch ausgewerteten Untersuchung.

1. Welches Geschehen soll untersucht werden?
   Zunächst ist eine möglichst klare Formulierung der Fragestellung anzustreben. Im Verlaufe der Durcharbeitung des Fragebogens kann sich die Fragestellung angesichts der Untersuchungsmöglichkeiten verändern.
2. Welche Variablen kennzeichnen das zu untersuchende Geschehen? Welche davon sind unabhängig, repräsentieren also die zu variierenden „Ursachen", und welche sind abhängig, geben also die zu untersuchenden „Wirkungen" wieder?
3. Liegen eine oder mehrere abhängige Variablen vor?
   Die Varianzanalyse ist ein Verfahren für *eine* abhängige Variable. Liegen deren mehrere vor, ist für jede abhängige Variable eine eigene Varianzanalyse zu planen (dies ist ein, wenn auch verbreiteter, Notbehelf) oder eine multivariate Varianzanalyse (vgl. Abschnitt 7.3). Die folgenden Fragen sind für jede einzelne abhängige Variable getrennt zu beantworten.
4. Ist damit zu rechnen, daß die abhängige Variable sich bei fehlender systematischer Variation der unabhängigen Variablen nicht normalverteilt? Wenn ja, dann möglicherweise
   — Normalverteilung aus theoretischen Gründen ausgeschlossen: in diesen Fällen kann oft aus theoretischen Zusammenhängen eine normalisierende Transformation abgeleitet werden (vgl. Abschnitt 4.1.5). Untersuchung planen und mit transformierten Maßzahlen auswerten oder ohne Transformation größeren Stichprobenumfang und gleiche Zellenbesetzungen wählen.
   — Abweichung von Normalverteilung nicht sicher, aber wahrscheinlich: Untersuchung planen, dann Überlegungen zur Transformation (Abschnitt 4.1.5) oder der Inkaufnahme der Abweichung (Abschnitt 4.1.4) anstellen. In gravierenden Fällen durch Voruntersuchung die Verteilungsform ermitteln und die geplante Transformation prüfen, dann erst Untersuchung durchführen.
   Wenn nein: Untersuchung planen und durchführen.
5. Liegt die abhängige Variable auf einer metrischen Skala (Intervallskala) oder einem höheren Skalenniveau (Rationalskala) vor?
   Wenn ja: gemäß 4. verfahren.
   Wenn nein: Über Häufigkeitstransformation oder, wenn möglich, über sachlogische Zusammenhänge, wenigstens genäherte Normalverteilung herstellen, Untersuchung planen und durchführen. Ist dies unmöglich, kann keine in diesem Buch beschriebene Varianzanalyse

berechnet werden. Abhilfe ist dann nur durch Festlegung einer anderen, das Geschehen möglichst brauchbar charakterisierenden abhängigen Variablen auf metrischer Skala möglich.
Wenn unklar: Verteilung aufzeichnen und prüfen, ob Abweichung von Normalverteilung sich im Rahmen der Ausführungen von Abschnitt 4.1.4 hält. Wenn ja, Analyse im Rahmen der in Abschnitt 4.1.4 gegebenen Regeln (gleiche Zellenbesetzung, größerer Stichprobenumfang) durchführen.
6. Welche der möglichen unabhängigen Variablen sind Gegenstand der Untersuchung, welche sind im Sinne des Untersuchungszieles Störvariablen? Auflisten!
7. Welches der folgenden vier Verfahren erfordert bei den einzelnen Störvariablen den geringsten Aufwand? (Elimination, Konstanthaltung, Balance, Randomisierung; vgl. Abschnitt 1.2.1)
Festlegen, wie mit den einzelnen Störvariablen zu verfahren ist.
8. Welche unabhängigen Variablen sollen in die Untersuchung aufgenommen werden? Variablen in Rangreihe auflisten.
9. Kann die Rangreihe nach 8. von unten her verkürzt werden, indem weniger wichtige unabhängige Variablen als Störvariablen nach 6. und 7. behandelt werden? Prüfen, dann Bearbeiten von Frage 10.
10. Wieviele unabhängige Variablen soll die Untersuchung enthalten?
Es gilt: je höher die Zahl der unabhängigen Variablen, desto
— höher der Aufwand für die Untersuchung im ganzen,
— schwieriger die Interpretation, da viele Wechselwirkungen,
— komplexer die rechnerische Auswertung,
— höher der Erkenntniswert der Untersuchung, da über viele Variablen und deren Wechselwirkung etwas in Erfahrung gebracht wird und
— geringer der Aufwand je unabhängige Variable, da eine höhere Zahl von Freiheitsgraden für die Schätzung der Fehlervarianz zur Verfügung steht.
Empfehlenswert: in der Regel bis zu drei unabhängige Variablen (Faktoren) auswählen, bei größerer Zahl möglichst Vereinfachungen wie Block-Versuchspläne (vgl. Abschnitt 5.3), Lateinisches Quadrat (vgl. Abschnitt 5.4, 6.8 und 6.9) oder Versuchspläne mit Meßwiederholungen (vgl. Abschnitt 6.12 bis 6.14) ins Auge fassen. Liste nach 8. evtl. modifizieren.
11. Welche unabhängigen Variablen sind Zufallseffektvariablen, welche Festeffektvariablen? (vgl. Abschnitt 5.2 und 6.15)
In die Liste nach 8. eintragen, später die entsprechenden F-Tests auswählen.

12. Wieviele Ausprägungen (Stufen) hat jede der *Festeffekt*variablen? Ist davon für die Untersuchung eine Teilmenge systematisch auszuwählen? Wieviele Ausprägungen der einzelnen *Zufallseffekt*variablen werden in die Untersuchung einbezogen?
    Je größer die Zahl der zu untersuchenden Ausprägungen einer unabhängigen Variablen, desto größer wird der Aufwand für die Untersuchung. Man wählt deshalb kleine Zahlen, je nach Fragestellung etwa 4 − 8 Ausprägungen für Zufallseffektvariablen und je nach Gegebenheiten etwa 2 − 8 Ausprägungen fester Variablen. Theoretisch gibt es keine Obergrenze.
13. Wie groß ist der Aufwand (Zeit, Kosten, Räume, Geräte, Energie usw.) für die Messung der abhängigen Variablen unter einer Bedingungskombination der unabhängigen Variablen an einem Meßobjekt? Sind Meßwiederholungen an ein- und demselben Objekt unter verschiedenen Bedingungskombinationen möglich? Wenn ja: für die Variation welcher unabhängigen Variablen? Wieviele Meßwiederholungen sind mit Rücksicht auf eine günstige Untersuchungsdauer zweckmäßig?
    Besteht die Möglichkeit von Meßwiederholungen an den gleichen Meßobjekten, so sind Blockversuchspläne (vgl. Abschnitt 5.2, 6.5 bis 6.7) zu empfehlen, da sie eine hohe Effizienz haben. Abfolge der Versuchsbedingungen ist dann meist eine Störvariable, die randomisiert oder balanciert werden muß (vgl. Abschnitt 1.2.1 und 5.3).
    Mit den bis hierher vorangebrachten Überlegungen kann der Versuchsplan aus den Abschnitten 6.1 bis 6.9 und 6.12 bis 6.14 ausgewählt oder nach Abschnitt 6.15 konstruiert werden.
14. Liegen die Meßobjekte in vorgefundenen Gruppen vor, aus denen heraus sie nicht individuell nach Zufall den Untersuchungsbedingungen zugewiesen werden können? (Vgl. Abschnitt 5.5.)
    Wenn nein: unter 13. gewählten Versuchsplan beibehalten.
    Wenn ja:
    − Versuchsplan 6.10 oder 6.11 wählen oder
    − Vorgegebene Gruppen als ganze den einzelnen Bedingungskombinationen nach Zufall zuweisen und untersuchen, Gruppen*mittelwerte* in der abhängigen Variablen wie gewöhnliche Maßzahlen in einem der Versuchspläne 6.1 bis 6.9 und 6.12 bis 6.14 verwenden.
15. Man skizziere den bis jetzt vorliegenden Versuchsplan in der Art der Kapitel 6 beigegebenen Abbildungen. − Mit welcher Fehlerstandardabweichung, d.h. Standardabweichung von Messungen, die ohne Variation der unabhängigen Variablen zustandegekommen sind, ist zu rechnen?
    Hier ist auf die einschlägige Literatur, frühere Untersuchungen oder

unter Umständen eine eigene Voruntersuchung zurückzugreifen. Man benötigt zunächst nur eine relativ rohe Schätzung.

16. Welches Signifikanzniveau soll gewählt werden? (Vgl. Abschnitt 1.2.2) Welcher Effekt, definiert mit ϑ nach Gleichung (4.39) oder (4.40) oder mit δ von S. 144, soll mit einer Wahrscheinlichkeit $p_{II} = p_I$ entdeckt werden, sofern er in der Population besteht? (Vgl. Abschnitt 4.3.2 und 4.3.5).
Das Signifikanzniveau ist konventionell festzulegen, der gewünschte Mindesteffekt aufgrund der Sachzusammenhänge (vgl. Abschnitt 4.3). Welche Stichprobengröße folgt aus den beiden Festsetzungen mit den Berechnungen nach Abschnitt 4.3.5?
Man überschlage jetzt mit der erhaltenen Stichprobengröße, dem Untersuchungsplan aus 15. und dem Aufwand je Messung aus 13. den Gesamtaufwand für die geplante Untersuchung. Sollte er untragbar groß sein, mache man weitere Abstriche im Sinne von Frage 7. und/oder reduziere die Zahl der Ausprägungen im Sinne von Frage 12. Man wähle dann einen anderen Untersuchungsplan aus und wende auf ihn die vorliegende Frage 16. an. Das Verfahren ist gegebenenfalls solange zu wiederholen, bis man einen Untersuchungsplan gefunden hat, der hinsichtlich Aufwand und zu erwartendem wissenschaftlichem Ertrag einen brauchbaren Kompromiß darstellt.

17. Sind apriorische Einzelvergleiche zwischen Mittelwerten bestimmter Gruppen von besonderem Interesse? (Vgl. Abschnitt 4.2) Welche? Man liste die interessierenden Vergleiche auf.
Handelt es sich um orthogonale oder nichtorthogonale Vergleiche? Entsprechenden Test aus Abschnitt 4.3 auswählen.

Nach der Beantwortung der Fragen 1. bis 17. kann die Untersuchung durchgeführt und ausgewertet werden. Danach sind zweckmäßig die folgenden Fragen zu beantworten.

18. Sind die Voraussetzungen der Varianzanalyse hinsichtlich Varianzenhomogenität und näherungsweiser Normalverteilung innerhalb der Gruppen erfüllt?
Eventuell graphische Darstellung der Daten, in Extremfällen χ^2-Test auf Normalverteilung innerhalb der einzelnen Zellen. Routineprozedur F_{max}-Test oder Bartlett-Test (vgl. Abschnitt 4.1.2), bei Blockversuchsplänen Tukey-Test und Box-Test (Abschnitt 5.3).
Wenn ja: Interpretation der Varianzanalyse wie in unseren Beispielen. Wenn nein: keine Interpretation der Ergebnisse, Interpretationen mit den Einschränkungen nach Abschnitt 4.1.4 oder Transformation der

Daten nach Abschnitt 4.1.5 und erneute Berechnung der Varianzanalyse.
19. Legen die Daten aposteriorische Einzelvergleiche nahe? (Vgl. Abschnitt 4.2.4)
 Entsprechenden Test aus Abschnitt 4.2.4 auswählen und Prüfgröße berechnen. Ergebnis auf Signifikanz prüfen und interpretieren.
20. Welche unabhängige Variable hat einen signifikanten Effekt, welche Wechselwirkungen sind signifikant?
 Signifikante F-Werte mit Bezug auf die entsprechenden Mittelwerte auf die wissenschaftliche Fragestellung hin interpretieren.
21. Bezogen auf welche Mindesteffekte kann die Nullhypothese für die unabhängigen Variablen, für deren Wirkung sich keine Signifikanz ergeben hat, mit einer Fehlerwahrscheinlichkeit $p_{II} = p_I$ als bestätigt gelten?
 Diese Frage ist überall da wichtig, wo eine wissenschaftliche Hypothese das Fehlen eines Effektes behauptet, also geprüft werden soll, ob eine bestimmte Wirkung ausbleibt (vgl. Abschnitt 4.3.5).
22. Ist eine Trendanalyse angezeigt?
 (Vgl. Abschnitt 7.1)
23. Ist eine Verbesserung der Effizienz der Varianzanalyse durch eine Kovarianzanlayse möglich, zweckmäßig, wünschenswert?
 (Vgl. Abschnitt 7.2)

Tabellenanhang

Tabelle I: Signifikanzgrenzen der t-Verteilung für den einseitigen und den zweiseitigen Test

einseitig p_I zweiseitig p_I	.25 .50	.20 .40	.15 .30	.10 .20	.05 .10	.025 .05	.01 .02	.005 .01	.0005 .001
d_f 1	1.000	1.376	1.963	3.078	6.314	12.706	31.821	63.657	636.619
2	.816	1.061	1.386	1.886	2.920	4.303	6.965	9.925	31.598
3	.765	.978	1.250	1.638	2.353	3.182	4.541	5.841	12.924
4	.741	.941	1.190	1.533	2.132	2.776	3.747	4.604	8.610
5	.727	.920	1.156	1.476	2.015	2.571	3.365	4.032	6.869
6	.718	.906	1.134	1.440	1.943	2.447	3.143	3.707	5.959
7	.711	.896	1.119	1.415	1.895	2.365	2.998	3.499	5.408
8	.706	.889	1.108	1.397	1.860	2.306	2.896	3.355	5.041
9	.703	.883	1.100	1.383	1.833	2.262	2.821	3.250	4.781
10	.700	.879	1.093	1.372	1.812	2.228	2.764	3.169	4.587
11	.697	.876	1.088	1.363	1.796	2.201	2.718	3.106	4.437
12	.695	.873	1.083	1.356	1.782	2.179	2.681	3.055	4.318
13	.694	.870	1.079	1.350	1.771	2.160	2.650	3.012	4.221
14	.692	.868	1.076	1.345	1.761	2.145	2.624	2.977	4.140
15	.691	.866	1.074	1.341	1.753	2.131	2.602	2.947	4.073
16	.690	.865	1.071	1.337	1.746	2.120	2.583	2.921	4.015
17	.689	.863	1.069	1.333	1.740	2.110	2.567	2.898	3.965
18	.688	.862	1.067	1.330	1.734	2.101	2.552	2.878	3.922
19	.688	.861	1.066	1.328	1.729	2.093	2.539	2.861	3.883
20	.687	.860	1.064	1.325	1.725	2.086	2.528	2.845	3.850
21	.686	.859	1.063	1.323	1.721	2.080	2.518	2.831	3.819
22	.686	.858	1.061	1.321	1.717	2.074	2.508	2.819	3.792
23	.685	.858	1.060	1.319	1.714	2.069	2.500	2.807	3.767
24	.685	.857	1.059	1.318	1.711	2.064	2.492	2.797	3.745
25	.684	.856	1.058	1.316	1.708	2.060	2.485	2.787	3.725
26	.684	.856	1.058	1.315	1.706	2.056	2.479	2.779	3.707
27	.684	.855	1.057	1.314	1.703	2.052	2.473	2.771	3.690
28	.683	.855	1.056	1.313	1.701	2.048	2.467	2.763	3.674
29	.683	.854	1.055	1.311	1.699	2.045	2.462	2.756	3.659
30	.683	.854	1.055	1.310	1.697	2.042	2.457	2.750	3.646
40	.681	.851	1.050	1.303	1.684	2.021	2.423	2.704	3.551
60	.679	.848	1.046	1.296	1.671	2.000	2.390	2.660	3.460
120	.677	.845	1.041	1.289	1.658	1.980	2.358	2.617	3.373
∞	.674	.842	1.036	1.282	1.645	1.960	2.326	2.576	3.291

Quelle: Auszug aus Fisher u. Yates (1957) Tab. III

Tabelle II: Signifikanzgrenzen für den χ^2-Test

p_I / d_f	.99	.98	.95	.90	.80	.70	.50	.30	.20	.10	.05	.02	.01	.001
1	$.0^3157$	$.0^3628$	.00393	.0158	.0642	.148	.455	1.074	1.642	2.706	3.841	5.412	6.635	10.827
2	.0201	.0404	.103	.211	.446	.713	1.386	2.408	3.219	4.605	5.991	7.824	9.210	13.815
3	.115	.185	.352	.584	1.005	1.424	2.366	3.665	4.642	6.251	7.815	9.837	11.345	16.266
4	.297	.429	.711	1.064	1.649	2.195	3.357	4.878	5.989	7.779	9.488	11.668	13.277	18.467
5	.554	.752	1.145	1.610	2.343	3.000	4.351	6.064	7.289	9.236	11.070	13.388	15.086	20.515
6	.872	1.134	1.635	2.204	3.070	3.828	5.348	7.231	8.558	10.645	12.592	15.033	16.812	22.457
7	1.239	1.564	2.167	2.833	3.822	4.671	6.346	8.383	9.803	12.017	14.067	16.622	18.475	24.322
8	1.646	2.032	2.733	3.490	4.594	5.527	7.344	9.524	11.030	13.362	15.507	18.168	20.090	26.125
9	2.088	2.532	3.325	4.168	5.380	6.393	8.343	10.656	12.242	14.684	16.919	19.679	21.666	27.877
10	2.558	3.059	3.940	4.865	6.179	7.267	9.342	11.781	13.442	15.987	18.307	21.161	23.209	29.588
11	3.053	3.609	4.575	5.578	6.989	8.148	10.341	12.899	14.631	17.275	19.675	22.618	24.725	31.264
12	3.571	4.178	5.226	6.304	7.807	9.034	11.340	14.011	15.812	18.549	21.026	24.054	26.217	32.909
13	4.107	4.765	5.892	7.042	8.634	9.926	12.340	15.119	16.985	19.812	22.362	25.472	27.688	34.528
14	4.660	5.368	6.571	7.790	9.467	10.821	13.339	16.222	18.151	21.064	23.685	26.873	29.141	36.123
15	5.229	5.985	7.261	8.547	10.307	11.721	14.339	17.322	19.311	22.307	24.996	28.259	30.578	37.697
16	5.812	6.614	7.962	9.312	11.152	12.624	15.338	18.418	20.465	23.542	26.296	29.633	32.000	39.252
17	6.408	7.255	8.672	10.085	12.002	13.531	16.338	19.511	21.615	24.769	27.587	30.995	33.409	40.790
18	7.015	7.906	9.390	10.865	12.857	14.440	17.338	20.601	22.760	25.989	28.869	32.346	34.805	42.312
19	7.633	8.567	10.117	11.651	13.716	15.352	18.338	21.689	23.900	27.204	30.144	33.687	36.191	43.820
20	8.260	9.237	10.851	12.443	14.578	16.266	19.337	22.775	25.038	28.412	31.410	35.020	37.566	45.315
21	8.897	9.915	11.591	13.240	15.445	17.182	20.337	23.858	26.171	29.615	32.671	36.343	38.932	46.797
22	9.542	10.600	12.338	14.041	16.314	18.101	21.337	24.939	27.301	30.813	33.924	37.659	40.289	48.268
23	10.196	11.293	13.091	14.848	17.187	19.021	22.337	26.018	28.429	32.007	35.172	38.968	41.638	49.728
24	10.856	11.992	13.848	15.659	18.062	19.943	23.337	27.096	29.553	33.196	36.415	40.270	42.980	51.179
25	11.524	12.697	14.611	16.473	18.940	20.867	24.337	28.172	30.675	34.382	37.652	41.566	44.314	52.620
26	12.198	13.409	15.379	17.292	19.820	21.792	25.336	29.246	31.795	35.563	38.885	42.856	45.642	54.052
27	12.879	14.125	16.151	18.114	20.703	22.719	26.336	30.319	32.912	36.741	40.113	44.140	46.963	55.476
28	13.565	14.847	16.928	18.939	21.588	23.647	27.336	31.391	34.027	37.916	41.337	45.419	48.278	56.893
29	14.256	15.574	17.708	19.768	22.475	24.577	28.336	32.461	35.139	39.087	42.557	46.693	49.588	58.302
30	14.953	16.306	18.493	20.599	23.364	25.508	29.336	33.530	36.250	40.256	43.773	47.962	50.892	59.703

Quelle: Auszug aus Fisher u. Yates (1957) Tab. IV

Signifikanzniveau $p_I = 25\%$

d_{f2} \ d_{f1}	1	2	3	4	5	6	7	8	9	10	12	15	20	24	30	40	60	120	∞
1	5.83	7.50	8.20	8.58	8.82	8.98	9.10	9.19	9.26	9.32	9.41	9.49	9.58	9.63	9.67	9.71	9.76	9.80	9.85
2	2.57	3.00	3.15	3.23	3.28	3.31	3.34	3.35	3.37	3.38	3.39	3.41	3.43	3.43	3.44	3.45	3.46	3.47	3.48
3	2.02	2.28	2.36	2.39	2.41	2.42	2.43	2.44	2.44	2.44	2.45	2.46	2.46	2.46	2.47	2.47	2.47	2.47	2.47
4	1.81	2.00	2.05	2.06	2.07	2.08	2.08	2.08	2.08	2.08	2.08	2.08	2.08	2.08	2.08	2.08	2.08	2.08	2.08
5	1.69	1.85	1.88	1.89	1.89	1.89	1.89	1.89	1.89	1.89	1.89	1.89	1.88	1.88	1.88	1.88	1.87	1.87	1.87
6	1.62	1.76	1.78	1.79	1.79	1.78	1.78	1.78	1.77	1.77	1.77	1.76	1.76	1.75	1.75	1.75	1.74	1.74	1.74
7	1.57	1.70	1.72	1.72	1.71	1.71	1.70	1.70	1.69	1.69	1.68	1.68	1.67	1.67	1.66	1.66	1.65	1.65	1.65
8	1.54	1.66	1.67	1.66	1.66	1.65	1.64	1.64	1.63	1.63	1.62	1.62	1.61	1.60	1.60	1.59	1.59	1.59	1.58
9	1.51	1.62	1.63	1.63	1.62	1.61	1.60	1.60	1.59	1.59	1.58	1.57	1.56	1.56	1.55	1.54	1.54	1.53	1.53
10	1.49	1.60	1.60	1.59	1.59	1.58	1.57	1.56	1.56	1.55	1.54	1.53	1.52	1.52	1.51	1.51	1.50	1.49	1.48
11	1.47	1.58	1.58	1.57	1.56	1.55	1.54	1.53	1.53	1.52	1.51	1.50	1.49	1.49	1.48	1.47	1.47	1.46	1.45
12	1.46	1.56	1.56	1.55	1.54	1.53	1.52	1.51	1.51	1.50	1.49	1.48	1.47	1.46	1.45	1.45	1.44	1.43	1.42
13	1.45	1.55	1.55	1.53	1.52	1.51	1.50	1.49	1.49	1.48	1.47	1.46	1.45	1.44	1.43	1.42	1.42	1.41	1.40
14	1.44	1.53	1.53	1.52	1.51	1.50	1.49	1.48	1.47	1.46	1.45	1.44	1.43	1.42	1.41	1.41	1.40	1.39	1.38
15	1.43	1.52	1.52	1.51	1.49	1.48	1.47	1.46	1.46	1.45	1.44	1.43	1.41	1.41	1.40	1.39	1.38	1.37	1.36
16	1.42	1.51	1.51	1.50	1.48	1.47	1.46	1.45	1.44	1.44	1.43	1.41	1.40	1.39	1.38	1.37	1.36	1.35	1.34
17	1.42	1.51	1.50	1.49	1.47	1.46	1.45	1.44	1.43	1.43	1.41	1.40	1.39	1.38	1.37	1.36	1.35	1.34	1.33
18	1.41	1.50	1.49	1.48	1.46	1.45	1.44	1.43	1.42	1.42	1.40	1.39	1.38	1.37	1.36	1.35	1.34	1.33	1.32
19	1.41	1.49	1.49	1.47	1.46	1.44	1.43	1.42	1.41	1.41	1.40	1.38	1.37	1.36	1.35	1.34	1.33	1.32	1.30
20	1.40	1.49	1.48	1.46	1.45	1.44	1.43	1.42	1.41	1.40	1.39	1.37	1.36	1.35	1.34	1.33	1.32	1.31	1.29
21	1.40	1.48	1.48	1.46	1.44	1.43	1.42	1.41	1.40	1.39	1.38	1.37	1.35	1.34	1.33	1.32	1.31	1.30	1.28
22	1.40	1.48	1.47	1.45	1.44	1.42	1.41	1.40	1.39	1.39	1.37	1.36	1.34	1.33	1.32	1.31	1.30	1.29	1.28
23	1.39	1.47	1.47	1.45	1.43	1.42	1.41	1.40	1.39	1.38	1.37	1.35	1.34	1.33	1.32	1.31	1.30	1.28	1.27
24	1.39	1.47	1.46	1.44	1.43	1.41	1.40	1.39	1.38	1.38	1.36	1.35	1.33	1.32	1.31	1.30	1.29	1.28	1.26
25	1.39	1.47	1.46	1.44	1.42	1.41	1.40	1.39	1.38	1.37	1.36	1.34	1.33	1.32	1.31	1.29	1.28	1.27	1.25
26	1.38	1.46	1.45	1.44	1.42	1.41	1.39	1.38	1.37	1.37	1.35	1.34	1.32	1.31	1.30	1.29	1.28	1.26	1.25
27	1.38	1.46	1.45	1.43	1.42	1.40	1.39	1.38	1.37	1.36	1.35	1.33	1.32	1.31	1.30	1.28	1.27	1.26	1.24
28	1.38	1.46	1.45	1.43	1.41	1.40	1.39	1.38	1.37	1.36	1.34	1.33	1.31	1.30	1.29	1.28	1.27	1.25	1.24
29	1.38	1.45	1.45	1.43	1.41	1.40	1.38	1.37	1.36	1.35	1.34	1.32	1.31	1.30	1.29	1.27	1.26	1.25	1.23
30	1.38	1.45	1.44	1.42	1.41	1.39	1.38	1.37	1.36	1.35	1.34	1.32	1.30	1.29	1.28	1.27	1.26	1.24	1.23
40	1.36	1.44	1.42	1.40	1.39	1.37	1.36	1.35	1.34	1.33	1.31	1.30	1.28	1.26	1.25	1.24	1.22	1.21	1.19
60	1.35	1.42	1.41	1.38	1.37	1.35	1.33	1.32	1.31	1.30	1.29	1.27	1.25	1.24	1.22	1.21	1.19	1.17	1.15
120	1.34	1.40	1.39	1.37	1.35	1.33	1.31	1.30	1.29	1.28	1.26	1.24	1.22	1.21	1.19	1.18	1.16	1.13	1.10
∞	1.32	1.39	1.37	1.35	1.33	1.31	1.29	1.28	1.27	1.25	1.24	1.22	1.19	1.18	1.16	1.14	1.12	1.08	1.00

Quelle: Pearson u. Hartley (1966) Tab. 18

d_{f1} = Zahl der Freiheitsgrade für die Varianzschätzung im Zähler
d_{f2} = Zahl der Freiheitsgrade für die Varianzschätzung im Nenner

Tabelle III (Fortsetzung): Signifikanzgrenzen für den F-Test
Signifikanzniveau $p_I = 10\%$

d_{f1} \ d_{f2}	1	2	3	4	5	6	7	8	9	10	12	15	20	24	30	40	60	120	∞
1	39·86	49·50	53·59	55·83	57·24	58·20	58·91	59·44	59·86	60·19	60·71	61·22	61·74	62·00	62·26	62·53	62·79	63·06	63·33
2	8·53	9·00	9·16	9·24	9·29	9·33	9·35	9·37	9·38	9·39	9·41	9·42	9·44	9·45	9·46	9·47	9·47	9·48	9·49
3	5·54	5·46	5·39	5·34	5·31	5·28	5·27	5·25	5·24	5·23	5·22	5·20	5·18	5·18	5·17	5·17	5·16	5·14	5·13
4	4·54	4·32	4·19	4·11	4·05	4·01	3·98	3·95	3·94	3·92	3·90	3·87	3·84	3·83	3·82	3·80	3·79	3·78	3·76
5	4·06	3·78	3·62	3·52	3·45	3·40	3·37	3·34	3·32	3·30	3·27	3·24	3·21	3·19	3·17	3·16	3·14	3·12	3·10
6	3·78	3·46	3·29	3·18	3·11	3·05	3·01	2·98	2·96	2·94	2·90	2·87	2·84	2·82	2·80	2·78	2·76	2·74	2·72
7	3·59	3·26	3·07	2·96	2·88	2·83	2·78	2·75	2·72	2·70	2·67	2·63	2·59	2·58	2·56	2·54	2·51	2·49	2·47
8	3·46	3·11	2·92	2·81	2·73	2·67	2·62	2·59	2·56	2·54	2·50	2·46	2·42	2·40	2·38	2·36	2·34	2·32	2·29
9	3·36	3·01	2·81	2·69	2·61	2·55	2·51	2·47	2·44	2·42	2·38	2·34	2·30	2·28	2·25	2·23	2·21	2·18	2·16
10	3·29	2·92	2·73	2·61	2·52	2·46	2·41	2·38	2·35	2·32	2·28	2·24	2·20	2·18	2·16	2·13	2·11	2·08	2·06
11	3·23	2·86	2·66	2·54	2·45	2·39	2·34	2·30	2·27	2·25	2·21	2·17	2·12	2·10	2·08	2·05	2·03	2·00	1·97
12	3·18	2·81	2·61	2·48	2·39	2·33	2·28	2·24	2·21	2·19	2·15	2·10	2·06	2·04	2·01	1·99	1·96	1·93	1·90
13	3·14	2·76	2·56	2·43	2·35	2·28	2·23	2·20	2·16	2·14	2·10	2·05	2·01	1·98	1·96	1·93	1·90	1·88	1·85
14	3·10	2·73	2·52	2·39	2·31	2·24	2·19	2·15	2·12	2·10	2·05	2·01	1·96	1·94	1·91	1·89	1·86	1·83	1·80
15	3·07	2·70	2·49	2·36	2·27	2·21	2·16	2·12	2·09	2·06	2·02	1·97	1·92	1·90	1·87	1·85	1·82	1·79	1·76
16	3·05	2·67	2·46	2·33	2·24	2·18	2·13	2·09	2·06	2·03	1·99	1·94	1·89	1·87	1·84	1·81	1·78	1·75	1·72
17	3·03	2·64	2·44	2·31	2·22	2·15	2·10	2·06	2·03	2·00	1·96	1·91	1·86	1·84	1·81	1·78	1·75	1·72	1·69
18	3·01	2·62	2·42	2·29	2·20	2·13	2·08	2·04	2·00	1·98	1·93	1·89	1·84	1·81	1·78	1·75	1·72	1·69	1·66
19	2·99	2·61	2·40	2·27	2·18	2·11	2·06	2·02	1·98	1·96	1·91	1·86	1·81	1·79	1·76	1·73	1·70	1·67	1·63
20	2·97	2·59	2·38	2·25	2·16	2·09	2·04	2·00	1·96	1·94	1·89	1·84	1·79	1·77	1·74	1·71	1·68	1·64	1·61
21	2·96	2·57	2·36	2·23	2·14	2·08	2·02	1·98	1·95	1·92	1·87	1·83	1·78	1·75	1·72	1·69	1·66	1·62	1·59
22	2·95	2·56	2·35	2·22	2·13	2·06	2·01	1·97	1·93	1·90	1·86	1·81	1·76	1·73	1·70	1·67	1·64	1·60	1·57
23	2·94	2·55	2·34	2·21	2·11	2·05	1·99	1·95	1·92	1·89	1·84	1·80	1·74	1·72	1·69	1·66	1·62	1·59	1·55
24	2·93	2·54	2·33	2·19	2·10	2·04	1·98	1·94	1·91	1·88	1·83	1·78	1·73	1·70	1·67	1·64	1·61	1·57	1·53
25	2·92	2·53	2·32	2·18	2·09	2·02	1·97	1·93	1·89	1·87	1·82	1·77	1·72	1·69	1·66	1·63	1·59	1·56	1·52
26	2·91	2·52	2·31	2·17	2·08	2·01	1·96	1·92	1·88	1·86	1·81	1·76	1·71	1·68	1·65	1·61	1·58	1·54	1·50
27	2·90	2·51	2·30	2·17	2·07	2·00	1·95	1·91	1·87	1·85	1·80	1·75	1·70	1·67	1·64	1·60	1·57	1·53	1·49
28	2·89	2·50	2·29	2·16	2·06	2·00	1·94	1·90	1·87	1·84	1·79	1·74	1·69	1·66	1·63	1·59	1·56	1·52	1·48
29	2·89	2·50	2·28	2·15	2·06	1·99	1·93	1·89	1·86	1·83	1·78	1·73	1·68	1·65	1·62	1·58	1·55	1·51	1·47
30	2·88	2·49	2·28	2·14	2·05	1·98	1·93	1·88	1·85	1·82	1·77	1·72	1·67	1·64	1·61	1·57	1·54	1·50	1·46
40	2·84	2·44	2·23	2·09	2·00	1·93	1·87	1·83	1·79	1·76	1·71	1·66	1·61	1·57	1·54	1·51	1·47	1·42	1·38
60	2·79	2·39	2·18	2·04	1·95	1·87	1·82	1·77	1·74	1·71	1·66	1·60	1·54	1·51	1·48	1·44	1·40	1·35	1·29
120	2·75	2·35	2·13	1·99	1·90	1·82	1·77	1·72	1·68	1·65	1·60	1·55	1·48	1·45	1·41	1·37	1·32	1·26	1·19
∞	2·71	2·30	2·08	1·94	1·85	1·77	1·72	1·67	1·63	1·60	1·55	1·49	1·42	1·38	1·34	1·30	1·24	1·17	1·00

Quelle: Pearson u. Hartley (1966) Tab. 18

d_{f1} = Zahl der Freiheitsgrade für die Varianzschätzung im Zähler

Signifikanzniveau $p_1 = 5\%$

d_{f1} / d_{f2}	1	2	3	4	5	6	7	8	9	10	12	15	20	24	30	40	60	120	∞
1	161.4	199.5	215.7	224.6	230.2	234.0	236.8	238.9	240.5	241.9	243.9	245.9	248.0	249.1	250.1	251.1	252.2	253.3	254.3
2	18.51	19.00	19.16	19.25	19.30	19.33	19.35	19.37	19.38	19.40	19.41	19.43	19.45	19.45	19.46	19.47	19.48	19.49	19.50
3	10.13	9.55	9.28	9.12	9.01	8.94	8.89	8.85	8.81	8.79	8.74	8.70	8.66	8.64	8.62	8.59	8.57	8.55	8.53
4	7.71	6.94	6.59	6.39	6.26	6.16	6.09	6.04	6.00	5.96	5.91	5.86	5.80	5.77	5.75	5.72	5.69	5.66	5.63
5	6.61	5.79	5.41	5.19	5.05	4.95	4.88	4.82	4.77	4.74	4.68	4.62	4.56	4.53	4.50	4.46	4.43	4.40	4.36
6	5.99	5.14	4.76	4.53	4.39	4.28	4.21	4.15	4.10	4.06	4.00	3.94	3.87	3.84	3.81	3.77	3.74	3.70	3.67
7	5.59	4.74	4.35	4.12	3.97	3.87	3.79	3.73	3.68	3.64	3.57	3.51	3.44	3.41	3.38	3.34	3.30	3.27	3.23
8	5.32	4.46	4.07	3.84	3.69	3.58	3.50	3.44	3.39	3.35	3.28	3.22	3.15	3.12	3.08	3.04	3.01	2.97	2.93
9	5.12	4.26	3.86	3.63	3.48	3.37	3.29	3.23	3.18	3.14	3.07	3.01	2.94	2.90	2.86	2.83	2.79	2.75	2.71
10	4.96	4.10	3.71	3.48	3.33	3.22	3.14	3.07	3.02	2.98	2.91	2.85	2.77	2.74	2.70	2.66	2.62	2.58	2.54
11	4.84	3.98	3.59	3.36	3.20	3.09	3.01	2.95	2.90	2.85	2.79	2.72	2.65	2.61	2.57	2.53	2.49	2.45	2.40
12	4.75	3.89	3.49	3.26	3.11	3.00	2.91	2.85	2.80	2.75	2.69	2.62	2.54	2.51	2.47	2.43	2.38	2.34	2.30
13	4.67	3.81	3.41	3.18	3.03	2.92	2.83	2.77	2.71	2.67	2.60	2.53	2.46	2.42	2.38	2.34	2.30	2.25	2.21
14	4.60	3.74	3.34	3.11	2.96	2.85	2.76	2.70	2.65	2.60	2.53	2.46	2.39	2.35	2.31	2.27	2.22	2.18	2.13
15	4.54	3.68	3.29	3.06	2.90	2.79	2.71	2.64	2.59	2.54	2.48	2.40	2.33	2.29	2.25	2.20	2.16	2.11	2.07
16	4.49	3.63	3.24	3.01	2.85	2.74	2.66	2.59	2.54	2.49	2.42	2.35	2.28	2.24	2.19	2.15	2.11	2.06	2.01
17	4.45	3.59	3.20	2.96	2.81	2.70	2.61	2.55	2.49	2.45	2.38	2.31	2.23	2.19	2.15	2.10	2.06	2.01	1.96
18	4.41	3.55	3.16	2.93	2.77	2.66	2.58	2.51	2.46	2.41	2.34	2.27	2.19	2.15	2.11	2.06	2.02	1.97	1.92
19	4.38	3.52	3.13	2.90	2.74	2.63	2.54	2.48	2.42	2.38	2.31	2.23	2.16	2.11	2.07	2.03	1.98	1.93	1.88
20	4.35	3.49	3.10	2.87	2.71	2.60	2.51	2.45	2.39	2.35	2.28	2.20	2.12	2.08	2.04	1.99	1.95	1.90	1.84
21	4.32	3.47	3.07	2.84	2.68	2.57	2.49	2.42	2.37	2.32	2.25	2.18	2.10	2.05	2.01	1.96	1.92	1.87	1.81
22	4.30	3.44	3.05	2.82	2.66	2.55	2.46	2.40	2.34	2.30	2.23	2.15	2.07	2.03	1.98	1.94	1.89	1.84	1.78
23	4.28	3.42	3.03	2.80	2.64	2.53	2.44	2.37	2.32	2.27	2.20	2.13	2.05	2.01	1.96	1.91	1.86	1.81	1.76
24	4.26	3.40	3.01	2.78	2.62	2.51	2.42	2.36	2.30	2.25	2.18	2.11	2.03	1.98	1.94	1.89	1.84	1.79	1.73
25	4.24	3.39	2.99	2.76	2.60	2.49	2.40	2.34	2.28	2.24	2.16	2.09	2.01	1.96	1.92	1.87	1.82	1.77	1.71
26	4.23	3.37	2.98	2.74	2.59	2.47	2.39	2.32	2.27	2.22	2.15	2.07	1.99	1.95	1.90	1.85	1.80	1.75	1.69
27	4.21	3.35	2.96	2.73	2.57	2.46	2.37	2.31	2.25	2.20	2.13	2.06	1.97	1.93	1.88	1.84	1.79	1.73	1.67
28	4.20	3.34	2.95	2.71	2.56	2.45	2.36	2.29	2.24	2.19	2.12	2.04	1.96	1.91	1.87	1.82	1.77	1.71	1.65
29	4.18	3.33	2.93	2.70	2.55	2.43	2.35	2.28	2.22	2.18	2.10	2.03	1.94	1.90	1.85	1.81	1.75	1.70	1.64
30	4.17	3.32	2.92	2.69	2.53	2.42	2.33	2.27	2.21	2.16	2.09	2.01	1.93	1.89	1.84	1.79	1.74	1.68	1.62
40	4.08	3.23	2.84	2.61	2.45	2.34	2.25	2.18	2.12	2.08	2.00	1.92	1.84	1.79	1.74	1.69	1.64	1.58	1.51
60	4.00	3.15	2.76	2.53	2.37	2.25	2.17	2.10	2.04	1.99	1.92	1.84	1.75	1.70	1.65	1.59	1.53	1.47	1.39
120	3.92	3.07	2.68	2.45	2.29	2.17	2.09	2.02	1.96	1.91	1.83	1.75	1.66	1.61	1.55	1.50	1.43	1.35	1.25
∞	3.84	3.00	2.60	2.37	2.21	2.10	2.01	1.94	1.88	1.83	1.75	1.67	1.57	1.52	1.46	1.39	1.32	1.22	1.00

Quelle: Pearson u. Hartley (1966) Tab. 18

d_{f1} = Zahl der Freiheitsgrade für die Varianzschätzung im Zähler
d_{f2} = Zahl der Freiheitsgrade für die Varianzschätzung im Nenner

Tabelle III (Fortsetzung): Signifikanzgrenzen für den F-Test
Signifikanzniveau $p_1 = 2.5\%$

d_{f_1} \ d_{f_2}	1	2	3	4	5	6	7	8	9	10	12	15	20	24	30	40	60	120	∞
1	647·8	799·5	864·2	899·6	921·8	937·1	948·2	956·7	963·3	968·6	976·7	984·9	993·1	997·2	1001	1006	1010	1014	1018
2	38·51	39·00	39·17	39·25	39·30	39·33	39·36	39·37	39·39	39·40	39·41	39·43	39·45	39·46	39·46	39·47	39·48	39·49	39·50
3	17·44	16·04	15·44	15·10	14·88	14·73	14·62	14·54	14·47	14·42	14·34	14·25	14·17	14·12	14·08	13·99	13·95	13·90
4	12·22	10·65	9·98	9·60	9·36	9·20	9·07	8·98	8·90	8·84	8·75	8·66	8·56	8·51	8·46	8·41	8·36	8·31	8·26
5	10·01	8·43	7·76	7·39	7·15	6·98	6·85	6·76	6·68	6·62	6·52	6·43	6·33	6·28	6·23	6·18	6·12	6·07	6·02
6	8·81	7·26	6·60	6·23	5·99	5·82	5·70	5·60	5·52	5·46	5·37	5·27	5·17	5·12	5·07	5·01	4·96	4·90	4·85
7	8·07	6·54	5·89	5·52	5·29	5·12	4·99	4·90	4·82	4·76	4·67	4·57	4·47	4·42	4·36	4·31	4·25	4·20	4·14
8	7·57	6·06	5·42	5·05	4·82	4·65	4·53	4·43	4·36	4·30	4·20	4·10	4·00	3·95	3·89	3·84	3·78	3·73	3·67
9	7·21	5·71	5·08	4·72	4·48	4·32	4·20	4·10	4·03	3·96	3·87	3·77	3·67	3·61	3·56	3·51	3·45	3·39	3·33
10	6·94	5·46	4·83	4·47	4·24	4·07	3·95	3·85	3·78	3·72	3·62	3·52	3·42	3·37	3·31	3·26	3·20	3·14	3·08
11	6·72	5·26	4·63	4·28	4·04	3·88	3·76	3·66	3·59	3·53	3·43	3·33	3·23	3·17	3·12	3·06	3·00	2·94	2·88
12	6·55	5·10	4·47	4·12	3·89	3·73	3·61	3·51	3·44	3·37	3·28	3·18	3·07	3·02	2·96	2·91	2·85	2·79	2·72
13	6·41	4·97	4·35	4·00	3·77	3·60	3·48	3·39	3·31	3·25	3·15	3·05	2·95	2·89	2·84	2·78	2·72	2·66	2·60
14	6·30	4·86	4·24	3·89	3·66	3·50	3·38	3·29	3·21	3·15	3·05	2·95	2·84	2·79	2·73	2·67	2·61	2·55	2·49
15	6·20	4·77	4·15	3·80	3·58	3·41	3·29	3·20	3·12	3·06	2·96	2·86	2·76	2·70	2·64	2·59	2·52	2·46	2·40
16	6·12	4·69	4·08	3·73	3·50	3·34	3·22	3·12	3·05	2·99	2·89	2·79	2·68	2·63	2·57	2·51	2·45	2·38	2·32
17	6·04	4·62	4·01	3·66	3·44	3·28	3·16	3·06	2·98	2·92	2·82	2·72	2·62	2·56	2·50	2·44	2·38	2·32	2·25
18	5·98	4·56	3·95	3·61	3·38	3·22	3·10	3·01	2·93	2·87	2·77	2·67	2·56	2·50	2·44	2·38	2·32	2·26	2·19
19	5·92	4·51	3·90	3·56	3·33	3·17	3·05	2·96	2·88	2·82	2·72	2·62	2·51	2·45	2·39	2·33	2·27	2·20	2·13
20	5·87	4·46	3·86	3·51	3·29	3·13	3·01	2·91	2·84	2·77	2·68	2·57	2·46	2·41	2·35	2·29	2·22	2·16	2·09
21	5·83	4·42	3·82	3·48	3·25	3·09	2·97	2·87	2·80	2·73	2·64	2·53	2·42	2·37	2·31	2·25	2·18	2·11	2·04
22	5·79	4·38	3·78	3·44	3·22	3·05	2·93	2·84	2·76	2·70	2·60	2·50	2·39	2·33	2·27	2·21	2·14	2·08	2·00
23	5·75	4·35	3·75	3·41	3·18	3·02	2·90	2·81	2·73	2·67	2·57	2·47	2·36	2·30	2·24	2·18	2·11	2·04	1·97
24	5·72	4·32	3·72	3·38	3·15	2·99	2·87	2·78	2·70	2·64	2·54	2·44	2·33	2·27	2·21	2·15	2·08	2·01	1·94
25	5·69	4·29	3·69	3·35	3·13	2·97	2·85	2·75	2·68	2·61	2·51	2·41	2·30	2·24	2·18	2·12	2·05	1·98	1·91
26	5·66	4·27	3·67	3·33	3·10	2·94	2·82	2·73	2·65	2·59	2·49	2·39	2·28	2·22	2·16	2·09	2·03	1·95	1·88
27	5·63	4·24	3·65	3·31	3·08	2·92	2·80	2·71	2·63	2·57	2·47	2·36	2·25	2·19	2·13	2·07	2·00	1·93	1·85
28	5·61	4·22	3·63	3·29	3·06	2·90	2·78	2·69	2·61	2·55	2·45	2·34	2·23	2·17	2·11	2·05	1·98	1·91	1·83
29	5·59	4·20	3·61	3·27	3·04	2·88	2·76	2·67	2·59	2·53	2·43	2·32	2·21	2·15	2·09	2·03	1·96	1·89	1·81
30	5·57	4·18	3·59	3·25	3·03	2·87	2·75	2·65	2·57	2·51	2·41	2·31	2·20	2·14	2·07	2·01	1·94	1·87	1·79
40	5·42	4·05	3·46	3·13	2·90	2·74	2·62	2·53	2·45	2·39	2·29	2·18	2·07	2·01	1·94	1·88	1·80	1·72	1·64
60	5·29	3·93	3·34	3·01	2·79	2·63	2·51	2·41	2·33	2·27	2·17	2·06	1·94	1·88	1·82	1·74	1·67	1·58	1·48
120	5·15	3·80	3·23	2·89	2·67	2·52	2·39	2·30	2·22	2·16	2·05	1·94	1·82	1·76	1·69	1·61	1·53	1·43	1·31
∞	5·02	3·69	3·12	2·79	2·57	2·41	2·29	2·19	2·11	2·05	1·94	1·83	1·71	1·64	1·57	1·48	1·39	1·27	1·00

d_{f_1} = Zahl der Freiheitsgrade für die Varianzschätzung im Zähler

Quelle: Pearson u. Hartley (1966) Tab. 18

Signifikanzniveau $p_1 = 1\%$

d_{f1} / d_{f2}	1	2	3	4	5	6	7	8	9	10	12	15	20	24	30	40	60	120	∞
1	4052	4999.5	5403	5625	5764	5859	5928	5981	6022	6056	6106	6157	6209	6235	6261	6287	6313	6339	6366
2	98.50	99.00	99.17	99.25	99.30	99.33	99.36	99.37	99.39	99.40	99.42	99.43	99.45	99.46	99.47	99.47	99.48	99.49	99.50
3	34.12	30.82	29.46	28.71	28.24	27.91	27.67	27.49	27.35	27.23	27.05	26.87	26.69	26.60	26.50	26.41	26.32	26.22	26.13
4	21.20	18.00	16.69	15.98	15.52	15.21	14.98	14.80	14.66	14.55	14.37	14.20	14.02	13.93	13.84	13.75	13.65	13.56	13.46
5	16.26	13.27	12.06	11.39	10.97	10.67	10.46	10.29	10.16	10.05	9.89	9.72	9.55	9.47	9.38	9.29	9.20	9.11	9.02
6	13.75	10.92	9.78	9.15	8.75	8.47	8.26	8.10	7.98	7.87	7.72	7.56	7.40	7.31	7.23	7.14	7.06	6.97	6.88
7	12.25	9.55	8.45	7.85	7.46	7.19	6.99	6.84	6.72	6.62	6.47	6.31	6.16	6.07	5.99	5.91	5.82	5.74	5.65
8	11.26	8.65	7.59	7.01	6.63	6.37	6.18	6.03	5.91	5.81	5.67	5.52	5.36	5.28	5.20	5.12	5.03	4.95	4.86
9	10.56	8.02	6.99	6.42	6.06	5.80	5.61	5.47	5.35	5.26	5.11	4.96	4.81	4.73	4.65	4.57	4.48	4.40	4.31
10	10.04	7.56	6.55	5.99	5.64	5.39	5.20	5.06	4.94	4.85	4.71	4.56	4.41	4.33	4.25	4.17	4.08	4.00	3.91
11	9.65	7.21	6.22	5.67	5.32	5.07	4.89	4.74	4.63	4.54	4.40	4.25	4.10	4.02	3.94	3.86	3.78	3.69	3.60
12	9.33	6.93	5.95	5.41	5.06	4.82	4.64	4.50	4.39	4.30	4.16	4.01	3.86	3.78	3.70	3.62	3.54	3.45	3.36
13	9.07	6.70	5.74	5.21	4.86	4.62	4.44	4.30	4.19	4.10	3.96	3.82	3.66	3.59	3.51	3.43	3.34	3.25	3.17
14	8.86	6.51	5.56	5.04	4.69	4.46	4.28	4.14	4.03	3.94	3.80	3.66	3.51	3.43	3.35	3.27	3.18	3.09	3.00
15	8.68	6.36	5.42	4.89	4.56	4.32	4.14	4.00	3.89	3.80	3.67	3.52	3.37	3.29	3.21	3.13	3.05	2.96	2.87
16	8.53	6.23	5.29	4.77	4.44	4.20	4.03	3.89	3.78	3.69	3.55	3.41	3.26	3.18	3.10	3.02	2.93	2.84	2.75
17	8.40	6.11	5.18	4.67	4.34	4.10	3.93	3.79	3.68	3.59	3.46	3.31	3.16	3.08	3.00	2.92	2.83	2.75	2.65
18	8.29	6.01	5.09	4.58	4.25	4.01	3.84	3.71	3.60	3.51	3.37	3.23	3.08	3.00	2.92	2.84	2.75	2.66	2.57
19	8.18	5.93	5.01	4.50	4.17	3.94	3.77	3.63	3.52	3.43	3.30	3.15	3.00	2.92	2.84	2.76	2.67	2.58	2.49
20	8.10	5.85	4.94	4.43	4.10	3.87	3.70	3.56	3.46	3.37	3.23	3.09	2.94	2.86	2.78	2.69	2.61	2.52	2.42
21	8.02	5.78	4.87	4.37	4.04	3.81	3.64	3.51	3.40	3.31	3.17	3.03	2.88	2.80	2.72	2.64	2.55	2.46	2.36
22	7.95	5.72	4.82	4.31	3.99	3.76	3.59	3.45	3.35	3.26	3.12	2.98	2.83	2.75	2.67	2.58	2.50	2.40	2.31
23	7.88	5.66	4.76	4.26	3.94	3.71	3.54	3.41	3.30	3.21	3.07	2.93	2.78	2.70	2.62	2.54	2.45	2.35	2.26
24	7.82	5.61	4.72	4.22	3.90	3.67	3.50	3.36	3.26	3.17	3.03	2.89	2.74	2.66	2.58	2.49	2.40	2.31	2.21
25	7.77	5.57	4.68	4.18	3.85	3.63	3.46	3.32	3.22	3.13	2.99	2.85	2.70	2.62	2.54	2.45	2.36	2.27	2.17
26	7.72	5.53	4.64	4.14	3.82	3.59	3.42	3.29	3.18	3.09	2.96	2.81	2.66	2.58	2.50	2.42	2.33	2.23	2.13
27	7.68	5.49	4.60	4.11	3.78	3.56	3.39	3.26	3.15	3.06	2.93	2.78	2.63	2.55	2.47	2.38	2.29	2.20	2.10
28	7.64	5.45	4.57	4.07	3.75	3.53	3.36	3.23	3.12	3.03	2.90	2.75	2.60	2.52	2.44	2.35	2.26	2.17	2.06
29	7.60	5.42	4.54	4.04	3.73	3.50	3.33	3.20	3.09	3.00	2.87	2.73	2.57	2.49	2.41	2.33	2.23	2.14	2.03
30	7.56	5.39	4.51	4.02	3.70	3.47	3.30	3.17	3.07	2.98	2.84	2.70	2.55	2.47	2.39	2.30	2.21	2.11	2.01
40	7.31	5.18	4.31	3.83	3.51	3.29	3.12	2.99	2.89	2.80	2.66	2.52	2.37	2.29	2.20	2.11	2.02	1.92	1.80
60	7.08	4.98	4.13	3.65	3.34	3.12	2.95	2.82	2.72	2.63	2.50	2.35	2.20	2.12	2.03	1.94	1.84	1.73	1.60
120	6.85	4.79	3.95	3.48	3.17	2.96	2.79	2.66	2.56	2.47	2.34	2.19	2.03	1.95	1.86	1.76	1.66	1.53	1.38
∞	6.63	4.61	3.78	3.32	3.02	2.80	2.64	2.51	2.41	2.32	2.18	2.04	1.88	1.79	1.70	1.59	1.47	1.32	1.00

d_{f1} = Zahl der Freiheitsgrade für die Varianzschätzung im Zähler
d_{f2} = Zahl der Freiheitsgrade für die Varianzschätzung im Nenner

Quelle: Pearson u. Hartley (1966) Tab. 18

Tabelle III (Fortsetzung): Signifikanzgrenzen für den F-Test
Signifikanzniveau $p_1 = 0,5 \%$

d_{f1} / d_{f2}	1	2	3	4	5	6	7	8	9	10	12	15	20	24	30	40	60	120	∞
1	16211	20000	21615	22500	23056	23437	23715	23925	24091	24224	24426	24630	24836	24940	25044	25148	25253	25359	25465
2	198.5	199.0	199.2	199.2	199.3	199.3	199.4	199.4	199.4	199.4	199.4	199.4	199.4	199.5	199.5	199.5	199.5	199.5	199.5
3	55.55	49.80	47.47	46.19	45.39	44.84	44.43	44.13	43.88	43.69	43.39	43.08	42.78	42.62	42.47	42.31	42.15	41.99	41.83
4	31.33	26.28	24.26	23.15	22.46	21.97	21.62	21.35	21.14	20.97	20.70	20.44	20.17	20.03	19.89	19.75	19.61	19.47	19.32
5	22.78	18.31	16.53	15.56	14.94	14.51	14.20	13.96	13.77	13.62	13.38	13.15	12.90	12.78	12.66	12.53	12.40	12.27	12.14
6	18.63	14.54	12.92	12.03	11.46	11.07	10.79	10.57	10.39	10.25	10.03	9.81	9.75	9.47	9.36	9.24	9.12	9.00	8.88
7	16.24	12.40	10.88	10.05	9.52	9.16	8.89	8.68	8.51	8.38	8.18	7.97	7.75	7.65	7.53	7.42	7.31	7.19	7.08
8	14.69	11.04	9.60	8.81	8.30	7.95	7.69	7.50	7.34	7.21	7.01	6.81	6.61	6.50	6.40	6.29	6.18	6.06	5.95
9	13.61	10.11	8.72	7.96	7.47	7.13	6.88	6.69	6.54	6.42	6.23	6.03	5.83	5.73	5.62	5.52	5.41	5.30	5.19
10	12.83	9.43	8.08	7.34	6.87	6.54	6.30	6.12	5.97	5.85	5.66	5.47	5.27	5.17	5.07	4.97	4.86	4.75	4.64
11	12.23	8.91	7.60	6.88	6.42	6.10	5.86	5.68	5.54	5.42	5.24	5.05	4.86	4.76	4.65	4.55	4.44	4.34	4.23
12	11.75	8.51	7.23	6.52	6.07	5.76	5.52	5.35	5.20	5.09	4.91	4.72	4.53	4.43	4.33	4.23	4.12	4.01	3.90
13	11.37	8.19	6.93	6.23	5.79	5.48	5.25	5.08	4.94	4.82	4.64	4.46	4.27	4.17	4.07	3.97	3.87	3.76	3.65
14	11.06	7.92	6.68	6.00	5.56	5.26	5.03	4.86	4.72	4.60	4.43	4.25	4.06	3.96	3.86	3.76	3.66	3.55	3.44
15	10.80	7.70	6.48	5.80	5.37	5.07	4.85	4.67	4.54	4.42	4.25	4.07	3.88	3.79	3.69	3.58	3.48	3.37	3.26
16	10.58	7.51	6.30	5.64	5.21	4.91	4.69	4.52	4.38	4.27	4.10	3.92	3.73	3.64	3.54	3.44	3.33	3.22	3.11
17	10.38	7.35	6.16	5.50	5.07	4.78	4.56	4.39	4.25	4.14	3.97	3.79	3.61	3.51	3.41	3.31	3.21	3.10	2.98
18	10.22	7.21	6.03	5.37	4.96	4.66	4.44	4.28	4.14	4.03	3.86	3.68	3.50	3.40	3.30	3.20	3.10	2.99	2.87
19	10.07	7.09	5.92	5.27	4.85	4.56	4.34	4.18	4.04	3.93	3.76	3.59	3.40	3.31	3.21	3.11	3.00	2.89	2.78
20	9.94	6.99	5.82	5.17	4.76	4.47	4.26	4.09	3.96	3.85	3.68	3.50	3.32	3.22	3.12	3.02	2.92	2.81	2.69
21	9.83	6.89	5.73	5.09	4.68	4.39	4.18	4.01	3.88	3.77	3.60	3.43	3.24	3.15	3.05	2.95	2.84	2.73	2.61
22	9.73	6.81	5.65	5.02	4.61	4.32	4.11	3.94	3.81	3.70	3.54	3.36	3.18	3.08	2.98	2.88	2.77	2.66	2.55
23	9.63	6.73	5.58	4.95	4.54	4.26	4.05	3.88	3.75	3.64	3.47	3.30	3.12	3.02	2.92	2.82	2.71	2.60	2.48
24	9.55	6.66	5.52	4.89	4.49	4.20	3.99	3.83	3.69	3.59	3.42	3.25	3.06	2.97	2.87	2.77	2.66	2.55	2.43
25	9.48	6.60	5.46	4.84	4.43	4.15	3.94	3.78	3.64	3.54	3.37	3.20	3.01	2.92	2.82	2.72	2.61	2.50	2.38
26	9.41	6.54	5.41	4.79	4.38	4.10	3.89	3.73	3.60	3.49	3.33	3.15	2.97	2.87	2.77	2.67	2.56	2.45	2.33
27	9.34	6.49	5.36	4.74	4.34	4.06	3.85	3.69	3.56	3.45	3.28	3.11	2.93	2.83	2.73	2.63	2.52	2.41	2.29
28	9.28	6.44	5.32	4.70	4.30	4.02	3.81	3.65	3.52	3.41	3.25	3.07	2.89	2.79	2.69	2.59	2.48	2.37	2.25
29	9.23	6.40	5.28	4.66	4.26	3.98	3.77	3.61	3.48	3.38	3.21	3.04	2.86	2.76	2.66	2.56	2.45	2.33	2.21
30	9.18	6.35	5.24	4.62	4.23	3.95	3.74	3.58	3.45	3.34	3.18	3.01	2.82	2.73	2.63	2.52	2.42	2.30	2.18
40	8.83	6.07	4.98	4.37	3.99	3.71	3.51	3.35	3.22	3.12	2.95	2.78	2.60	2.50	2.40	2.30	2.18	2.06	1.93
60	8.49	5.79	4.73	4.14	3.76	3.49	3.29	3.13	3.01	2.90	2.74	2.57	2.39	2.29	2.19	2.08	1.96	1.83	1.69
120	8.18	5.54	4.50	3.92	3.55	3.28	3.09	2.93	2.81	2.71	2.54	2.37	2.19	2.09	1.98	1.87	1.75	1.61	1.43
∞	7.88	5.30	4.28	3.72	3.35	3.09	2.90	2.74	2.62	2.52	2.36	2.19	2.00	1.90	1.79	1.67	1.53	1.36	1.00

d_{f1} = Zahl der Freiheitsgrade für die Varianzschätzung im Zähler
d_{f2} = Zahl der Freiheitsgrade für die Varianzschätzung im Nenner

Quelle: Pearson u. Hartley (1966) Tab. 18

Tabelle III (Fortsetzung): Signifikanzgrenzen für den F-Test
Signifikanzniveau $p_I = 0{,}1\ \%$

d_{f_2} \ d_{f_1}	1	2	3	4	5	6	7	8	9	10	12	15	20	24	30	40	60	120	∞
1	4053*	5000*	5404*	5625*	5764*	5859*	5929*	5981*	6023*	6056*	6107*	6158*	6209*	6235*	6261*	6287*	6313*	6340*	6366*
2	998·5	999·0	999·2	999·2	999·3	999·3	999·4	999·4	999·4	999·4	999·4	999·4	999·4	999·5	999·5	999·5	999·5	999·5	999·5
3	167·0	148·5	141·1	137·1	134·6	132·8	131·6	130·6	129·9	129·2	128·3	127·4	126·4	125·9	125·4	125·0	124·5	124·0	123·5
4	74·14	61·25	56·18	53·44	51·71	50·53	49·66	49·00	48·47	48·05	47·41	46·76	46·10	45·77	45·43	45·09	44·75	44·40	44·05
5	47·18	37·12	33·20	31·09	29·75	28·84	28·16	27·64	27·24	26·92	26·42	25·91	25·39	25·14	24·87	24·60	24·33	24·06	23·79
6	35·51	27·00	23·70	21·92	20·81	20·03	19·46	19·03	18·69	18·41	18·64	17·56	17·12	16·89	16·67	16·44	16·21	15·99	15·75
7	29·25	21·69	18·77	17·19	16·21	15·52	15·02	14·63	14·33	14·08	13·71	13·32	12·93	12·73	12·53	12·33	12·12	11·91	11·70
8	25·42	18·49	15·83	14·39	13·49	12·86	12·40	12·04	11·77	11·54	11·19	10·84	10·48	10·30	10·11	9·92	9·73	9·53	9·33
9	22·86	16·39	13·90	12·56	11·71	11·13	10·70	10·37	10·11	9·89	9·57	9·24	8·90	8·72	8·55	8·37	8·19	8·00	7·81
10	21·04	14·91	12·55	11·28	10·48	9·92	9·52	9·20	8·96	8·75	8·45	8·13	7·80	7·64	7·47	7·30	7·12	6·94	6·76
11	19·69	13·81	11·56	10·35	9·58	9·05	8·66	8·35	8·12	7·92	7·63	7·32	7·01	6·85	6·68	6·52	6·35	6·17	6·00
12	18·64	12·97	10·80	9·63	8·89	8·38	8·00	7·71	7·48	7·29	7·00	6·71	6·40	6·25	6·09	5·93	5·76	5·59	5·42
13	17·81	12·31	10·21	9·07	8·35	7·86	7·49	7·21	6·98	6·80	6·52	6·23	5·93	5·78	5·63	5·47	5·30	5·14	4·97
14	17·14	11·78	9·73	8·62	7·92	7·43	7·08	6·80	6·58	6·40	6·13	5·85	5·56	5·41	5·25	5·10	4·94	4·77	4·60
15	16·59	11·34	9·34	8·25	7·57	7·09	6·74	6·47	6·26	6·08	5·81	5·54	5·25	5·10	4·95	4·80	4·64	4·47	4·31
16	16·12	10·97	9·00	7·94	7·27	6·81	6·46	6·19	5·98	5·81	5·55	5·27	4·99	4·85	4·70	4·54	4·39	4·23	4·06
17	15·72	10·66	8·73	7·68	7·02	6·56	6·22	5·96	5·75	5·58	5·32	5·05	4·78	4·63	4·48	4·33	4·18	4·02	3·85
18	15·38	10·39	8·49	7·46	6·81	6·35	6·02	5·76	5·56	5·39	5·13	4·87	4·59	4·45	4·30	4·15	4·00	3·84	3·67
19	15·08	10·16	8·28	7·26	6·62	6·18	5·85	5·59	5·39	5·22	4·97	4·70	4·43	4·29	4·14	3·99	3·84	3·68	3·51
20	14·82	9·95	8·10	7·10	6·46	6·02	5·69	5·44	5·24	5·08	4·82	4·56	4·29	4·15	4·00	3·86	3·70	3·54	3·38
21	14·59	9·77	7·94	6·95	6·32	5·88	5·56	5·31	5·11	4·95	4·70	4·44	4·17	4·03	3·88	3·74	3·58	3·42	3·26
22	14·38	9·61	7·80	6·81	6·19	5·76	5·44	5·19	4·99	4·83	4·58	4·33	4·06	3·92	3·78	3·63	3·48	3·32	3·15
23	14·19	9·47	7·67	6·69	6·08	5·65	5·33	5·09	4·89	4·73	4·48	4·23	3·96	3·82	3·68	3·53	3·38	3·22	3·05
24	14·03	9·34	7·55	6·59	5·98	5·55	5·23	4·99	4·80	4·64	4·39	4·14	3·87	3·74	3·59	3·45	3·29	3·14	2·97
25	13·88	9·22	7·45	6·49	5·88	5·46	5·15	4·91	4·71	4·56	4·31	4·06	3·79	3·66	3·52	3·37	3·22	3·06	2·89
26	13·74	9·12	7·36	6·41	5·80	5·38	5·07	4·83	4·64	4·48	4·24	3·99	3·72	3·59	3·44	3·30	3·15	2·99	2·82
27	13·61	9·02	7·27	6·33	5·73	5·31	5·00	4·76	4·57	4·41	4·17	3·92	3·66	3·52	3·38	3·23	3·08	2·92	2·75
28	13·50	8·93	7·19	6·25	5·66	5·24	4·93	4·69	4·50	4·35	4·11	3·86	3·60	3·46	3·32	3·18	3·02	2·86	2·69
29	13·39	8·85	7·12	6·19	5·59	5·18	4·87	4·64	4·45	4·29	4·05	3·80	3·54	3·41	3·27	3·12	2·97	2·81	2·64
30	13·29	8·77	7·05	6·12	5·53	5·12	4·82	4·58	4·39	4·24	4·00	3·75	3·49	3·36	3·22	3·07	2·92	2·76	2·59
40	12·61	8·25	6·60	5·70	5·13	4·73	4·44	4·21	4·02	3·87	3·64	3·40	3·15	3·01	2·87	2·73	2·57	2·41	2·23
60	11·97	7·76	6·17	5·31	4·76	4·37	4·09	3·87	3·69	3·54	3·31	3·08	2·83	2·69	2·55	2·41	2·25	2·08	1·89
120	11·38	7·32	5·79	4·95	4·42	4·04	3·77	3·55	3·38	3·24	3·02	2·78	2·53	2·40	2·26	2·11	1·95	1·76	1·54
∞	10·83	6·91	5·42	4·62	4·10	3·74	3·47	3·27	3·10	2·96	2·74	2·51	2·27	2·13	1·99	1·84	1·66	1·45	1·00

* Diese Zahlenwerte sind mit 100 zu multiplizieren

d_{f_1} = Zahl der Freiheitsgrade für die Varianzschätzung im Zähler
d_{f_2} = Zahl der Freiheitsgrade für die Varianzschätzung im Nenner

Quelle: Pearson u. Hartley (1966) Tab. 18

Tabelle IV: Signifikanzgrenzen für den F_{max}-Test

d_f	p_1	2	3	4	5	6	7	8	9	10	11	12
4	.05	9.60	15.5	20.6	25.2	29.5	33.6	37.5	41.4	44.6	48.0	51.4
	.01	23.2	37.	49.	59.	69.	79.	89.	97.	106.	113.	120.
5	.05	7.15	10.8	13.7	16.3	18.7	20.8	22.9	24.7	26.5	28.2	29.9
	.01	14.9	22.	28.	33.	38.	42.	46.	50.	54.	57.	60.
6	.05	5.82	8.38	10.4	12.1	13.7	15.0	16.3	17.5	18.6	19.7	20.7
	.01	11.1	15.5	19.1	22.	25.	27.	30.	32.	34.	36.	37.
7	.05	4.99	6.94	8.44	9.70	10.8	11.8	12.7	13.5	14.3	15.1	15.8
	.01	8.89	12.1	14.5	16.5	18.4	20.	22.	23.	24.	26.	27.
8	.05	4.43	6.00	7.18	8.12	9.03	9.78	10.5	11.1	11.7	12.2	12.7
	.01	7.50	9.9	11.7	13.2	14.5	15.8	16.9	17.9	18.9	19.8	21.
9	.05	4.03	5.34	6.31	7.11	7.80	8.41	8.95	9.45	9.91	10.3	10.7
	.01	6.54	8.5	9.9	11.1	12.1	13.1	13.9	14.7	15.3	16.0	16.6
10	.05	3.72	4.85	5.67	6.34	6.92	7.42	7.87	8.28	8.66	9.01	9.34
	.01	5.85	7.4	8.6	9.6	10.4	11.1	11.8	12.4	12.9	13.4	13.9
12	.05	3.28	4.16	4.79	5.30	5.72	6.09	6.42	6.72	7.00	7.25	7.48
	.01	4.91	6.1	6.9	7.6	8.2	8.7	9.1	9.5	9.9	10.2	10.6
15	.05	2.86	3.54	4.01	4.37	4.68	4.95	5.19	5.40	5.59	5.77	5.93
	.01	4.07	4.9	5.5	6.0	6.4	6.7	7.1	7.3	7.5	7.8	8.0
20	.05	2.46	2.95	3.29	3.54	3.76	3.94	4.10	4.24	4.37	4.49	4.59
	.01	3.32	3.8	4.3	4.6	4.9	5.1	5.3	5.5	5.6	5.8	5.9
30	.05	2.07	2.40	2.61	2.78	2.91	3.02	3.12	3.21	3.29	3.36	3.39
	.01	2.63	3.0	3.3	3.4	3.6	3.7	3.8	3.9	4.0	4.1	4.2
60	.05	1.67	1.85	1.96	2.04	2.11	2.17	2.22	2.26	2.30	2.33	2.36
	.01	1.96	2.2	2.3	2.4	2.4	2.5	2.5	2.6	2.6	2.7	2.7
∞	.05	1.00	1.00	1.00	1.00	1.00	1.00	1.00	1.00	1.00	1.00	1.00
	.01	1.00	1.00	1.00	1.00	1.00	1.00	1.00	1.00	1.00	1.00	1.00

d_f ist die Zahl der Freiheitsgrade jeder einzelnen Gruppe; bei ungleichen Gruppengrößen wird die Gruppe mit dem größten Umfang zugrundegelegt.
Quelle: Auszug aus Pearson u. Hartley (1966) Tab. 31

Tabelle V: Signifikanzgrenzen für die Prüfgröße t des Dunn-Tests

Zahl der Einzelvergleiche	p_I	\multicolumn{12}{c}{d_{fe}}
		5	7	10	12	15	20	24	30	40	60	120	∞
2	.05	3.17	2.84	2.64	2.56	2.49	2.42	2.39	2.36	2.33	2.30	2.27	2.24
	.01	4.78	4.03	3.58	3.43	3.29	3.16	3.09	3.03	2.97	2.92	2.86	2.81
3	.05	3.54	3.13	2.87	2.78	2.69	2.61	2.58	2.54	2.50	2.47	2.43	2.39
	.01	5.25	4.36	3.83	3.65	3.48	3.33	3.26	3.19	3.12	3.06	2.99	2.94
4	.05	3.81	3.34	3.04	2.94	2.84	2.75	2.70	2.66	2.62	2.58	2.54	2.50
	.01	5.60	4.59	4.01	3.80	3.62	3.46	3.38	3.30	3.23	3.16	3.09	3.02
5	.05	4.04	3.50	3.17	3.06	2.95	2.85	2.80	2.75	2.71	2.66	2.62	2.58
	.01	5.89	4.78	4.15	3.93	3.74	3.55	3.47	3.39	3.31	3.24	3.16	3.09
6	.05	4.22	3.64	3.28	3.15	3.04	2.93	2.88	2.83	2.78	2.73	2.68	2.64
	.01	6.15	4.95	4.27	4.04	3.82	3.63	3.54	3.46	3.38	3.30	3.22	3.15
7	.05	4.38	3.76	3.37	3.24	3.11	3.00	2.94	2.89	2.84	2.79	2.74	2.69
	.01	6.36	5.09	4.37	4.13	3.90	3.70	3.61	3.52	3.43	3.34	3.27	3.19
8	.05	4.53	3.86	3.45	3.31	3.18	3.06	3.00	2.94	2.89	2.84	2.79	2.74
	.01	6.56	5.21	4.45	4.20	3.97	3.76	3.66	3.57	3.48	3.39	3.31	3.23
9	.05	4.66	3.95	3.52	3.37	3.24	3.11	3.05	2.99	2.93	2.88	2.83	2.77
	.01	6.70	5.31	4.53	4.26	4.02	3.80	3.70	3.61	3.51	3.42	3.34	3.26
10	.05	4.78	4.03	3.58	3.43	3.29	3.16	3.09	3.03	2.97	2.92	2.86	2.81
	.01	6.86	5.40	4.59	4.32	4.07	3.85	3.74	3.65	3.55	3.46	3.37	3.29
15	.05	5.25	4.36	3.83	3.65	3.48	3.33	3.26	3.19	3.12	3.06	2.99	2.94
	.01	7.51	5.79	4.86	4.56	4.29	4.03	3.91	3.80	3.70	3.59	3.50	3.40
20	.05	5.60	4.59	4.01	3.80	3.62	3.46	3.38	3.30	3.23	3.16	3.09	3.02
	.01	8.00	6.08	5.06	4.73	4.42	4.15	4.04	3.90	3.79	3.69	3.58	3.48
25	.05	5.89	4.78	4.15	3.93	3.74	3.55	3.47	3.39	3.31	3.24	3.16	3.09
	.01	8.37	6.30	5.20	4.86	4.53	4.25	4.1*	3.98	3.88	3.76	3.64	3.54
30	.05	6.15	4.95	4.27	4.04	3.82	3.63	3.54	3.46	3.38	3.30	3.22	3.15
	.01	8.68	6.49	5.33	4.95	4.61	4.33	4.2*	4.13	3.93	3.81	3.69	3.59
35	.05	6.36	5.09	4.37	4.13	3.90	3.70	3.61	3.52	3.43	3.34	3.27	3.19
	.01	8.95	6.67	5.44	5.04	4.71	4.39	4.3*	4.26	3.97	3.84	3.73	3.63
40	.05	6.56	5.21	4.45	4.20	3.97	3.76	3.66	3.57	3.48	3.39	3.31	3.23
	.01	9.19	6.83	5.52	5.12	4.78	4.46	4.3*	4.1*	4.01	3.89	3.77	3.66
45	.05	6.70	5.31	4.53	4.26	4.02	3.80	3.70	3.61	3.51	3.42	3.34	3.26
	.01	9.41	6.93	5.60	5.20	4.84	4.52	4.3*	4.2*	4.1*	3.93	3.80	3.69
50	.05	6.86	5.40	4.59	4.32	4.07	3.85	3.74	3.65	3.55	3.46	3.37	3.29
	.01	9.68	7.06	5.70	5.27	4.90	4.56	4.4*	4.2*	4.1*	3.97	3.83	3.72
100	.05	8.00	6.08	5.06	4.73	4.42	4.15	4.04	3.90	3.79	3.69	3.58	3.48
	.01	11.04	7.80	6.20	5.70	5.20	4.80	4.7*	4.4*	4.5*		4.00	3.89
250	.05	9.68	7.06	5.70	5.27	4.90	4.56	4.4*	4.2*	4.1*	3.97	3.83	3.72
	.01	13.26	8.83	6.9*	6.3*	5.8*	5.2*	5.0*	4.9*	4.8*			4.11

d_{fe} = Zahl der Freiheitsgrade der Fehlervarianzschätzung, meist von s^2_{IG}
* Durch graphische Interpolation gewonnene Werte
Quelle: Dunn, O. J. (1961), zit. n. Kirk (1968) Tab. D. 16.

Tabelle VI: Signifikanzgrenzen für die Prüfgröße t des Duncan-Tests

Distanz zwischen den geordneten Mittelwerten r
Für der Größe nach benachbarte Mittelwerte r = 2

d_{fe}	p_I	2	3	4	5	6	7	8	9	10	12	14	16	18	20
1	.05	18.0	18.0	18.0	18.0	18.0	18.0	18.0	18.0	18.0	18.0	18.0	18.0	18.0	18.0
	.01	90.0	90.0	90.0	90.0	90.0	90.0	90.0	90.0	90.0	90.0	90.0	90.0	90.0	90.0
2	.05	6.09	6.09	6.09	6.09	6.09	6.09	6.09	6.09	6.09	6.09	6.09	6.09	6.09	6.09
	.01	14.0	14.0	14.0	14.0	14.0	14.0	14.0	14.0	14.0	14.0	14.0	14.0	14.0	14.0
3	.05	4.50	4.50	4.50	4.50	4.50	4.50	4.50	4.50	4.50	4.50	4.50	4.50	4.50	4.50
	.01	8.26	8.5	8.6	8.7	8.8	8.9	8.9	9.0	9.0	9.0	9.1	9.2	9.3	9.3
4	.05	3.93	4.01	4.02	4.02	4.02	4.02	4.02	4.02	4.02	4.02	4.02	4.02	4.02	4.02
	.01	6.51	6.8	6.9	7.0	7.1	7.1	7.2	7.2	7.3	7.3	7.4	7.4	7.5	7.5
5	.05	3.64	3.74	3.79	3.83	3.83	3.83	3.83	3.83	3.83	3.83	3.83	3.83	3.83	3.83
	.01	5.70	5.96	6.11	6.18	6.26	6.33	6.40	6.44	6.5	6.6	6.6	6.7	6.7	6.8
6	.05	3.46	3.58	3.64	3.68	3.68	3.68	3.68	3.68	3.68	3.68	3.68	3.68	3.68	3.68
	.01	5.24	5.51	5.65	5.73	5.81	5.88	5.95	6.00	6.0	6.1	6.2	6.2	6.3	6.3
7	.05	3.35	3.47	3.54	3.58	3.60	3.61	3.61	3.61	3.61	3.61	3.61	3.61	3.61	3.61
	.01	4.95	5.22	5.37	5.45	5.53	5.61	5.69	5.73	5.8	5.8	5.9	5.9	6.0	6.0
8	.05	3.26	3.39	3.47	3.52	3.55	3.56	3.56	3.56	3.56	3.56	3.56	3.56	3.56	3.56
	.01	4.74	5.00	5.14	5.23	5.32	5.40	5.47	5.51	5.5	5.6	5.7	5.7	5.8	5.8
9	.05	3.20	3.34	3.41	3.47	3.50	3.52	3.52	3.52	3.52	3.52	3.52	3.52	3.52	3.52
	.01	4.60	4.86	4.99	5.08	5.17	5.25	5.32	5.36	5.4	5.5	5.5	5.6	5.7	5.7
10	.05	3.15	3.30	3.37	3.43	3.46	3.47	3.47	3.47	3.47	3.47	3.47	3.47	3.47	3.48
	.01	4.48	4.73	4.88	4.96	5.06	5.13	5.20	5.24	5.28	5.36	5.42	5.48	5.54	5.55
11	.05	3.11	3.27	3.35	3.39	3.43	3.44	3.45	3.46	3.46	3.46	3.46	3.46	3.47	3.48
	.01	4.39	4.63	4.77	4.86	4.94	5.01	5.06	5.12	5.15	5.24	5.28	5.34	5.38	5.39
12	.05	3.08	3.23	3.33	3.36	3.40	3.42	3.44	3.44	3.46	3.46	3.46	3.46	3.47	3.48
	.01	4.32	4.55	4.68	4.76	4.84	4.92	4.96	5.02	5.07	5.13	5.17	5.22	5.24	5.26
13	.05	3.06	3.21	3.30	3.35	3.38	3.41	3.42	3.44	3.45	3.45	3.46	3.46	3.47	3.47
	.01	4.26	4.48	4.62	4.69	4.74	4.84	4.88	4.94	4.98	5.04	5.08	5.13	5.14	5.15
14	.05	3.03	3.18	3.27	3.33	3.37	3.39	3.41	3.42	3.44	3.45	3.46	3.46	3.47	3.47
	.01	4.21	4.42	4.55	4.63	4.70	4.78	4.83	4.87	4.91	4.96	5.00	5.04	5.06	5.07

d_{fe}																		
15	.05	3.01	3.16	3.25	3.31	3.36	3.38	3.40	3.42	3.43	3.44	3.45	3.46	3.47	3.47	3.47	3.47	3.47
	.01	4.17	4.37	4.50	4.58	4.64	4.72	4.77	4.81	4.84	4.90	4.94	4.97	4.99	5.00			
16	.05	3.00	3.15	3.23	3.30	3.34	3.37	3.39	3.41	3.43	3.44	3.45	3.46	3.47	3.47			
	.01	4.13	4.34	4.45	4.54	4.60	4.67	4.72	4.76	4.79	4.84	4.88	4.91	4.93	4.94			
17	.05	2.98	3.13	3.22	3.28	3.33	3.36	3.38	3.40	3.42	3.44	3.45	3.46	3.47	3.47			
	.01	4.10	4.30	4.41	4.50	4.56	4.63	4.68	4.72	4.75	4.80	4.83	4.86	4.88	4.89			
18	.05	2.97	3.12	3.21	3.27	3.32	3.35	3.37	3.39	3.41	3.43	3.45	3.46	3.47	3.47			
	.01	4.07	4.27	4.38	4.46	4.53	4.59	4.64	4.68	4.71	4.76	4.79	4.82	4.84	4.85			
19	.05	2.96	3.11	3.19	3.26	3.31	3.35	3.37	3.39	3.41	3.43	3.44	3.46	3.47	3.47			
	.01	4.05	4.24	4.35	4.43	4.50	4.56	4.61	4.64	4.67	4.72	4.76	4.79	4.81	4.82			
20	.05	2.95	3.10	3.18	3.25	3.30	3.34	3.36	3.38	3.40	3.43	3.44	3.46	3.46	3.47			
	.01	4.02	4.22	4.33	4.40	4.47	4.53	4.58	4.61	4.65	4.69	4.73	4.76	4.78	4.79			
22	.05	2.93	3.08	3.17	3.24	3.29	3.32	3.35	3.37	3.39	3.42	3.44	3.45	3.46	3.47			
	.01	3.99	4.17	4.28	4.36	4.42	4.48	4.53	4.57	4.60	4.65	4.68	4.71	4.74	4.75			
24	.05	2.92	3.07	3.15	3.22	3.28	3.31	3.34	3.37	3.38	3.41	3.44	3.45	3.46	3.47			
	.01	3.96	4.14	4.24	4.33	4.39	4.44	4.49	4.53	4.57	4.62	4.64	4.67	4.70	4.72			
26	.05	2.91	3.06	3.14	3.21	3.27	3.30	3.34	3.36	3.38	3.41	3.43	3.45	3.46	3.47			
	.01	3.93	4.11	4.21	4.30	4.36	4.41	4.46	4.50	4.53	4.58	4.62	4.65	4.67	4.69			
28	.05	2.90	3.04	3.13	3.20	3.26	3.30	3.33	3.35	3.37	3.40	3.43	3.45	3.46	3.47			
	.01	3.91	4.08	4.18	4.28	4.34	4.39	4.43	4.47	4.51	4.56	4.60	4.62	4.65	4.67			
30	.05	2.89	3.04	3.12	3.20	3.25	3.29	3.32	3.35	3.37	3.40	3.43	3.44	3.46	3.47			
	.01	3.89	4.06	4.16	4.22	4.32	4.36	4.41	4.45	4.48	4.54	4.58	4.61	4.63	4.65			
40	.05	2.86	3.01	3.10	3.17	3.22	3.27	3.30	3.33	3.35	3.39	3.42	3.44	3.46	3.47			
	.01	3.82	3.99	4.10	4.17	4.24	4.30	4.34	4.37	4.41	4.46	4.51	4.54	4.57	4.59			
60	.05	2.83	2.98	3.08	3.14	3.20	3.24	3.28	3.31	3.33	3.37	3.40	3.43	3.45	3.47			
	.01	3.76	3.92	4.03	4.12	4.17	4.23	4.27	4.31	4.34	4.39	4.44	4.47	4.50	4.53			
100	.05	2.80	2.95	3.05	3.12	3.18	3.22	3.26	3.29	3.32	3.36	3.40	3.42	3.45	3.47			
	.01	3.71	3.86	3.93	4.06	4.11	4.17	4.21	4.25	4.29	4.35	4.38	4.42	4.45	4.48			
∞	.05	2.77	2.92	3.02	3.09	3.15	3.19	3.23	3.26	3.29	3.34	3.38	3.41	3.44	3.47			
	.01	3.64	3.80	3.90	3.98	4.04	4.09	4.14	4.17	4.20	4.26	4.31	4.34	4.38	4.41			

d_{fe} = Zahl der Freiheitsgrade der Fehlervarianzschätzung, meist von s^2_{IG}
Quelle: Duncan, D. B., (1955), zit. n. Kirk (1968) Tab. D. 8.

Tabelle VII: Signifikanzgrenzen für die Prüfgröße t des Dunnett-Tests

Einseitiger Test
Zahl der Mittelwerte einschließlich Kontrollgruppe n

d_{fe}	p_I	2	3	4	5	6	7	8	9	10
5	.05	2.02	2.44	2.68	2.85	2.98	3.08	3.16	3.24	3.30
	.01	3.37	3.90	4.21	4.43	4.60	4.73	4.85	4.94	5.03
6	.05	1.94	2.34	2.56	2.71	2.83	2.92	3.00	3.07	3.12
	.01	3.14	3.61	3.88	4.07	4.21	4.33	4.43	4.51	4.59
7	.05	1.89	2.27	2.48	2.62	2.73	2.82	2.89	2.95	3.01
	.01	3.00	3.42	3.66	3.83	3.96	4.07	4.15	4.23	4.30
8	.05	1.86	2.22	2.42	2.55	2.66	2.74	2.81	2.87	2.92
	.01	2.90	3.29	3.51	3.67	3.79	3.88	3.96	4.03	4.09
9	.05	1.83	2.18	2.37	2.50	2.60	2.68	2.75	2.81	2.86
	.01	2.82	3.19	3.40	3.55	3.66	3.75	3.82	3.89	3.94
10	.05	1.81	2.15	2.34	2.47	2.56	2.64	2.70	2.76	2.81
	.01	2.76	3.11	3.31	3.45	3.56	3.64	3.71	3.78	3.83
11	.05	1.80	2.13	2.31	2.44	2.53	2.60	2.67	2.72	2.77
	.01	2.72	3.06	3.25	3.38	3.48	3.56	3.63	3.69	3.74
12	.05	1.78	2.11	2.29	2.41	2.50	2.58	2.64	2.69	2.74
	.01	2.68	3.01	3.19	3.32	3.42	3.50	3.56	3.62	3.67
13	.05	1.77	2.09	2.27	2.39	2.48	2.55	2.61	2.66	2.71
	.01	2.65	2.97	3.15	3.27	3.37	3.44	3.51	3.56	3.61
14	.05	1.76	2.08	2.25	2.37	2.46	2.53	2.59	2.64	2.69
	.01	2.62	2.94	3.11	3.23	3.32	3.40	3.46	3.51	3.56
15	.05	1.75	2.07	2.24	2.36	2.44	2.51	2.57	2.62	2.67
	.01	2.60	2.91	3.08	3.20	3.29	3.36	3.42	3.47	3.52
16	.05	1.75	2.06	2.23	2.34	2.43	2.50	2.56	2.61	2.65
	.01	2.58	2.88	3.05	3.17	3.26	3.33	3.39	3.44	3.48
17	.05	1.74	2.05	2.22	2.33	2.42	2.49	2.54	2.59	2.64
	.01	2.57	2.86	3.03	3.14	3.23	3.30	3.36	3.41	3.45
18	.05	1.73	2.04	2.21	2.32	2.41	2.48	2.53	2.58	2.62
	.01	2.55	2.84	3.01	3.12	3.21	3.27	3.33	3.38	3.42
19	.05	1.73	2.03	2.20	2.31	2.40	2.47	2.52	2.57	2.61
	.01	2.54	2.83	2.99	3.10	3.18	3.25	3.31	3.36	3.40
20	.05	1.72	2.03	2.19	2.30	2.39	2.46	2.51	2.56	2.60
	.01	2.53	2.81	2.97	3.08	3.17	3.23	3.29	3.34	3.38
24	.05	1.71	2.01	2.17	2.28	2.36	2.43	2.48	2.53	2.57
	.01	2.49	2.77	2.92	3.03	3.11	3.17	3.22	3.27	3.31
30	.05	1.70	1.99	2.15	2.25	2.33	2.40	2.45	2.50	2.54
	.01	2.46	2.72	2.87	2.97	3.05	3.11	3.16	3.21	3.24
40	.05	1.68	1.97	2.13	2.23	2.31	2.37	2.42	2.47	2.51
	.01	2.42	2.68	2.82	2.92	2.99	3.05	3.10	3.14	3.18
60	.05	1.67	1.95	2.10	2.21	2.28	2.35	2.39	2.44	2.48
	.01	2.39	2.64	2.78	2.87	2.94	3.00	3.04	3.08	3.12
120	.05	1.66	1.93	2.08	2.18	2.26	2.32	2.37	2.41	2.45
	.01	2.36	2.60	2.73	2.82	2.89	2.94	2.99	3.03	3.06
∞	.05	1.64	1.92	2.06	2.16	2.23	2.29	2.34	2.38	2.42
	.01	2.33	2.56	2.68	2.77	2.84	2.89	2.93	2.97	3.00

d_{fe} = Zahl der Freiheitsgrade der Fehlervarianzschätzung, meist von s^2_{iG}.
Quelle: Dunnett, C. W. (1955), zit. n. Kirk (1968) Tab. D. 9.

Zweiseitiger Test
Zahl der Mittelwerte einschließlich Kontrollgruppe n

d_{fe}	p_I	2	3	4	5	6	7	8	9	10
5	.05	2.57	3.03	3.29	3.48	3.62	3.73	3.82	3.90	3.97
	.01	4.03	4.63	4.98	5.22	5.41	5.56	5.69	5.80	5.89
6	.05	2.45	2.86	3.10	3.26	3.39	3.49	3.57	3.64	3.71
	.01	3.71	4.21	4.51	4.71	4.87	5.00	5.10	5.20	5.28
7	.05	2.36	2.75	2.97	3.12	3.24	3.33	3.41	3.47	3.53
	.01	3.50	3.95	4.21	4.39	4.53	4.64	4.74	4.82	4.89
8	.05	2.31	2.67	2.88	3.02	3.13	3.22	3.29	3.35	3.41
	.01	3.36	3.77	4.00	4.17	4.29	4.40	4.48	4.56	4.62
9	.05	2.26	2.61	2.81	2.95	3.05	3.14	3.20	3.26	3.32
	.01	3.25	3.63	3.85	4.01	4.12	4.22	4.30	4.37	4.43
10	.05	2.23	2.57	2.76	2.89	2.99	3.07	3.14	3.19	3.24
	.01	3.17	3.53	3.74	3.88	3.99	4.08	4.16	4.22	4.28
11	.05	2.20	2.53	2.72	2.84	2.94	3.02	3.08	3.14	3.19
	.01	3.11	3.45	3.65	3.79	3.89	3.98	4.05	4.11	4.16
12	.05	2.18	2.50	2.68	2.81	2.90	2.98	3.04	3.09	3.14
	.01	3.05	3.39	3.58	3.71	3.81	3.89	3.96	4.02	4.07
13	.05	2.16	2.48	2.65	2.78	2.87	2.94	3.00	3.06	3.10
	.01	3.01	3.33	3.52	3.65	3.74	3.82	3.89	3.94	3.99
14	.05	2.14	2.46	2.63	2.75	2.84	2.91	2.97	3.02	3.07
	.01	2.98	3.29	3.47	3.59	3.69	3.76	3.83	3.88	3.93
15	.05	2.13	2.44	2.61	2.73	2.82	2.89	2.95	3.00	3.04
	.01	2.95	3.25	3.43	3.55	3.64	3.71	3.78	3.83	3.88
16	.05	2.12	2.42	2.59	2.71	2.80	2.87	2.92	2.97	3.02
	.01	2.92	3.22	3.39	3.51	3.60	3.67	3.73	3.78	3.83
17	.05	2.11	2.41	2.58	2.69	2.78	2.85	2.90	2.95	3.00
	.01	2.90	3.19	3.36	3.47	3.56	3.63	3.69	3.74	3.79
18	.05	2.10	2.40	2.56	2.68	2.76	2.83	2.89	2.94	2.98
	.01	2.88	3.17	3.33	3.44	3.53	3.60	3.66	3.71	3.75
19	.05	2.09	2.39	2.55	2.66	2.75	2.81	2.87	2.92	2.96
	.01	2.86	3.15	3.31	3.42	3.50	3.57	3.63	3.68	3.72
20	.05	2.09	2.38	2.54	2.65	2.73	2.80	2.86	2.90	2.95
	.01	2.85	3.13	3.29	3.40	3.48	3.55	3.60	3.65	3.69
24	.05	2.06	2.35	2.51	2.61	2.70	2.76	2.81	2.86	2.90
	.01	2.80	3.07	3.22	3.32	3.40	3.47	3.52	3.57	3.61
30	.05	2.04	2.32	2.47	2.58	2.66	2.72	2.77	2.82	2.86
	.01	2.75	3.01	3.15	3.25	3.33	3.39	3.44	3.49	3.52
40	.05	2.02	2.29	2.44	2.54	2.62	2.68	2.73	2.77	2.81
	.01	2.70	2.95	3.09	3.19	3.26	3.32	3.37	3.41	3.44
60	.05	2.00	2.27	2.41	2.51	2.58	2.64	2.69	2.73	2.77
	.01	2.66	2.90	3.03	3.12	3.19	3.25	3.29	3.33	3.37
120	.05	1.98	2.24	2.38	2.47	2.55	2.60	2.65	2.69	2.73
	.01	2.62	2.85	2.97	3.06	3.12	3.18	3.22	3.26	3.29
∞	.05	1.96	2.21	2.35	2.44	2.51	2.57	2.61	2.65	2.69
	.01	2.58	2.79	2.92	3.00	3.06	3.11	3.15	3.19	3.22

Tabelle VIII: Signifikanzgrenzen für die Prüfgröße q des Newman-Keuls-Tests

Distanz zwischen den geordneten Mittelwerten r
Für der Größe nach benachbarte Mittelwerte r = 2

d_{fe}	p_I	2	3	4	5	6	7	8	9	10	11
5	.05	3.64	4.60	5.22	5.67	6.03	6.33	6.58	6.80	6.99	7.17
	.01	5.70	6.98	7.80	8.42	8.91	9.32	9.67	9.97	10.24	10.48
6	.05	3.46	4.34	4.90	5.30	5.63	5.90	6.12	6.32	6.49	6.65
	.01	5.24	6.33	7.03	7.56	7.97	8.32	8.61	8.87	9.10	9.30
7	.05	3.34	4.16	4.68	5.06	5.36	5.61	5.82	6.00	6.16	6.30
	.01	4.95	5.92	6.54	7.01	7.37	7.68	7.94	8.17	8.37	8.55
8	.05	3.26	4.04	4.53	4.89	5.17	5.40	5.60	5.77	5.92	6.05
	.01	4.75	5.64	6.20	6.62	6.96	7.24	7.47	7.68	7.86	8.03
9	.05	3.20	3.95	4.41	4.76	5.02	5.24	5.43	5.59	5.74	5.87
	.01	4.60	5.43	5.96	6.35	6.66	6.91	7.13	7.33	7.49	7.65
10	.05	3.15	3.88	4.33	4.65	4.91	5.12	5.30	5.46	5.60	5.72
	.01	4.48	5.27	5.77	6.14	6.43	6.67	6.87	7.05	7.21	7.36
11	.05	3.11	3.82	4.26	4.57	4.82	5.03	5.20	5.35	5.49	5.61
	.01	4.39	5.15	5.62	5.97	6.25	6.48	6.67	6.84	6.99	7.13
12	.05	3.08	3.77	4.20	4.51	4.75	4.95	5.12	5.27	5.39	5.51
	.01	4.32	5.05	5.50	5.84	6.10	6.32	6.51	6.67	6.81	6.94
13	.05	3.06	3.73	4.15	4.45	4.69	4.88	5.05	5.19	5.32	5.43
	.01	4.26	4.96	5.40	5.73	5.98	6.19	6.37	6.53	6.67	6.79
14	.05	3.03	3.70	4.11	4.41	4.64	4.83	4.99	5.13	5.25	5.36
	.01	4.21	4.89	5.32	5.63	5.88	6.08	6.26	6.41	6.54	6.66
15	.05	3.01	3.67	4.08	4.37	4.59	4.78	4.94	5.08	5.20	5.31
	.01	4.17	4.84	5.25	5.56	5.80	5.99	6.16	6.31	6.44	6.55
16	.05	3.00	3.65	4.05	4.33	4.56	4.74	4.90	5.03	5.15	5.26
	.01	4.13	4.79	5.19	5.49	5.72	5.92	6.08	6.22	6.35	6.46
17	.05	2.98	3.63	4.02	4.30	4.52	4.70	4.86	4.99	5.11	5.21
	.01	4.10	4.74	5.14	5.43	5.66	5.85	6.01	6.15	6.27	6.38
18	.05	2.97	3.61	4.00	4.28	4.49	4.67	4.82	4.96	5.07	5.17
	.01	4.07	4.70	5.09	5.38	5.60	5.79	5.94	6.08	6.20	6.31
19	.05	2.96	3.59	3.98	4.25	4.47	4.65	4.79	4.92	5.04	5.14
	.01	4.05	4.67	5.05	5.33	5.55	5.73	5.89	6.02	6.14	6.25
20	.05	2.95	3.58	3.96	4.23	4.45	4.62	4.77	4.90	5.01	5.11
	.01	4.02	4.64	5.02	5.29	5.51	5.69	5.84	5.97	6.09	6.19
24	.05	2.92	3.53	3.90	4.17	4.37	4.54	4.68	4.81	4.92	5.01
	.01	3.96	4.55	4.91	5.17	5.37	5.54	5.69	5.81	5.92	6.02
30	.05	2.89	3.49	3.85	4.10	4.30	4.46	4.60	4.72	4.82	4.92
	.01	3.89	4.45	4.80	5.05	5.24	5.40	5.54	5.65	5.76	5.85
40	.05	2.86	3.44	3.79	4.04	4.23	4.39	4.52	4.63	4.73	4.82
	.01	3.82	4.37	4.70	4.93	5.11	5.26	5.39	5.50	5.60	5.69
60	.05	2.83	3.40	3.74	3.98	4.16	4.31	4.44	4.55	4.65	4.73
	.01	3.76	4.28	4.59	4.82	4.99	5.13	5.25	5.36	5.45	5.53
120	.05	2.80	3.36	3.68	3.92	4.10	4.24	4.36	4.47	4.56	4.64
	.01	3.70	4.20	4.50	4.71	4.87	5.01	5.12	5.21	5.30	5.37
∞	.05	2.77	3.31	3.63	3.86	4.03	4.17	4.29	4.39	4.47	4.55
	.01	3.64	4.12	4.40	4.60	4.76	4.88	4.99	5.08	5.16	5.23

d_{fe} = Zahl der Freiheitsgrade der Fehlervarianzschätzung, meist von s^2_{IG}
Quelle: Auszug aus Pearson u. Hartley (1966) Tab. 29

12	13	14	15	16	17	18	19	20	p_1	d_{fe}
7.32	7.47	7.60	7.72	7.83	7.93	8.03	8.12	8.21	.05	5
10.70	10.89	11.08	11.24	11.40	11.55	11.68	11.81	11.93	.01	
6.79	6.92	7.03	7.14	7.24	7.34	7.43	7.51	7.59	.05	6
9.48	9.65	9.81	9.95	10.08	10.21	10.32	10.43	10.54	.01	
6.43	6.55	6.66	6.76	6.85	6.94	7.02	7.10	7.17	.05	7
8.71	8.86	9.00	9.12	9.24	9.35	9.46	9.55	9.65	.01	
6.18	6.29	6.39	6.48	6.57	6.65	6.73	6.80	6.87	.05	8
8.18	8.31	8.44	8.55	8.66	8.76	8.85	8.94	9.03	.01	
5.98	6.09	6.19	6.28	6.36	6.44	6.51	6.58	6.64	.05	9
7.78	7.91	8.03	8.13	8.23	8.33	8.41	8.49	8.57	.01	
5.83	5.93	6.03	6.11	6.19	6.27	6.34	6.40	6.47	.05	10
7.49	7.60	7.71	7.81	7.91	7.99	8.08	8.15	8.23	.01	
5.71	5.81	5.90	5.98	6.06	6.13	6.20	6.27	6.33	.05	11
7.25	7.36	7.46	7.56	7.65	7.73	7.81	7.88	7.95	.01	
5.61	5.71	5.80	5.88	5.95	6.02	6.09	6.15	6.21	.05	12
7.06	7.17	7.26	7.36	7.44	7.52	7.59	7.66	7.73	.01	
5.53	5.63	5.71	5.79	5.86	5.93	5.99	6.05	6.11	.05	13
6.90	7.01	7:10	7.19	7.27	7.35	7.42	7.48	7.55	.01	
5.46	5.55	5.64	5.71	5.79	5.85	5.91	5.97	6.03	.05	14
6.77	6.87	6.96	7.05	7.13	7.20	7.27	7.33	7.39	.01	
5.40	5.49	5.57	5.65	5.72	5.78	5.85	5.90	5.96	.05	15
6.66	6.76	6.84	6.93	7.00	7.07	7.14	7.20	7.26	.01	
5.35	5.44	5.52	5.59	5.66	5.73	5.79	5.84	5.90	.05	16
6.56	6.66	6.74	6.82	6.90	6.97	7.03	7.09	7.15	.01	
5.31	5.39	5.47	5.54	5.61	5.67	5.73	5.79	5.84	.05	17
6.48	6.57	6.66	6.73	6.81	6.87	6.94	7.00	7.05	.01	
5.27	5.35	5.43	5.50	5.57	5.63	5.69	5.74	5.79	.05	18
6.41	6.50	6.58	6.65	6.73	6.79	6.85	6.91	6.97	.01	
5.23	5.31	5.39	5.46	5.53	5.59	5.65	5.70	5.75	.05	19
6.34	6.43	6.51	6.58	6.65	6.72	6.78	6.84	6.89	.01	
5.20	5.28	5.36	5.43	5.49	5.55	5.61	5.66	5.71	.05	20
6.28	6.37	6.45	6.52	6.59	6.65	6.71	6.77	6.82	.01	
5.10	5.18	5.25	5.32	5.38	5.44	5.49	5.55	5.59	.05	24
6.11	6.19	6.26	6.33	6.39	6.45	6.51	6.56	6.61	.01	
5.00	5.08	5.15	5.21	5.27	5.33	5.38	5.43	5.47	.05	30
5.93	6.01	6.08	6.14	6.20	6.26	6.31	6.36	6.41	.01	
4.90	4.98	5.04	5.11	5.16	5.22	5.27	5.31	5.36	.05	40
5.76	5.83	5.90	5.96	6.02	6.07	6.12	6.16	6.21	.01	
4.81	4.88	4.94	5.00	5.06	5.11	5.15	5.20	5.24	.05	60
5.60	5.67	5.73	5.78	5.84	5.89	5.93	5.97	6.01	.01	
4.71	4.78	4.84	4.90	4.95	5.00	5.04	5.09	5.13	.05	120
5.44	5.50	5.56	5.61	5.66	5.71	5.75	5.79	5.83	.01	
4.62	4.68	4.74	4.80	4.85	4.89	4.93	4.97	5.01	.05	∞
5.29	5.35	5.40	5.45	5.49	5.54	5.57	5.61	5.65	.01	

Tabelle IX: Koeffizienten orthogonaler Polynome für die Trendanalyse
(Abschnitt 7.1, S. 255)

Zahl der Gruppen n	Grad der Trendkomponente	Koeffizienten c_{ij}									$\sum_{j=1}^{n} c_{ij}^2$
3	Linear	−1	0	1							2
	Quadratisch	1	−2	1							6
4	Linear	−3	−1	1	3						20
	Quadratisch	1	−1	−1	1						4
	Kubisch	−1	3	−3	1						20
5	Linear	−2	−1	0	1	2					10
	Quadratisch	2	−1	−2	−1	2					14
	Kubisch	−1	2	0	−2	1					10
	Quartisch	1	−4	6	−4	1					70
6	Linear	−5	−3	−1	1	3	5				70
	Quadratisch	5	−1	−4	−4	−1	5				84
	Kubisch	−5	7	4	−4	−7	5				180
	Quartisch	1	−3	2	2	−3	1				28
7	Linear	−3	−2	−1	0	1	2	3			28
	Quadratisch	5	0	−3	−4	−3	0	5			84
	Kubisch	−1	1	1	0	−1	−1	1			6
	Quartisch	3	−7	1	6	1	−7	3			154
8	Linear	−7	−5	−3	−1	1	3	5	7		168
	Quadratisch	7	1	−3	−5	−5	−3	1	7		168
	Kubisch	−7	5	7	3	−3	−7	−5	7		264
	Quartisch	7	−13	−3	9	9	−3	−13	7		616
	Quintisch	−7	23	−17	−15	15	17	−23	7		2 184
9	Linear	−4	−3	−2	−1	0	1	2	3	4	60
	Quadratisch	28	7	−8	−17	−20	−17	−8	7	28	2 772
	Kubisch	−14	7	13	9	0	−9	−13	−7	14	990
	Quartisch	14	−21	−11	9	18	9	−11	−21	14	2 002
	Quintisch	−4	11	−4	−9	0	9	4	−11	4	468
10	Linear	−9	−7	−5	−3	−1	1	3	5	7	9	330
	Quadratisch	6	2	−1	−3	−4	−4	−3	−1	2	6	132
	Kubisch	−42	14	35	31	12	−12	−31	−35	−14	42	8 580
	Quartisch	18	−22	−17	3	18	18	3	−17	−22	18	2 860
	Quintisch	−6	14	−1	−11	−6	6	11	1	−14	6	780

Quelle: Auszug aus Fisher u. Yates (1957) Tab. XXIII

Tabelle X: Mindesteffektgröße ϕ (4.31) und (4.32) für $p_{II} = p_I$

d_{f2}	$d_{f1} =$ $p_I = p_{II}$	1	2	3	4	5	6	7	8
6	0,01	4,98	4,90	4,79	4,71	4,64	–	–	–
	0,05	3,08	3,01	2,94	2,89	2,85	2,82	2,80	2,78
7	0,01	4,68	4,54	4,40	4,30	4,21	4,15	4,11	4,06
	0,05	2,99	2,88	2,79	2,73	2,68	2,64	2,61	2,58
8	0,01	4,46	4,26	4,11	4,00	3,90	3,85	3,79	3,76
	0,05	2,92	2,79	2,68	2,61	2,55	2,50	2,48	2,44
9	0,01	4,33	4,08	3,93	3,79	3,70	3,63	3,58	3,51
	0,05	2,88	2,73	2,60	2,53	2,46	2,41	2,38	2,34
10	0,01	4,21	3,93	3,78	3,63	3,50	3,45	3,39	3,35
	0,05	2,83	2,66	2,53	2,46	2,38	2,33	2,29	2,25
11	0,01	4,06	3,74	3,55	3,39	3,30	3,20	3,15	3,08
	0,05	2,78	2,60	2,45	2,36	2,28	2,23	2,18	2,15
15	0,01	3,91	3,56	3,38	3,20	3,08	2,98	2,91	2,84
	0,05	2,73	2,53	2,36	2,25	2,18	2,13	2,06	2,03
20	0,01	3,79	3,38	3,18	3,00	2,88	2,74	2,68	2,63
	0,05	2,68	2,45	2,28	2,17	2,08	2,01	1,96	1,91
30	0,01	3,66	3,25	3,01	2,82	2,71	2,56	2,48	2,40
	0,05	2,63	2,38	2,21	2,08	1,99	1,91	1,85	1,80
60	0,01	3,56	3,14	2,87	2,66	2,50	2,40	2,31	2,21
	0,05	2,58	2,31	2,14	2,00	1,89	1,81	1,75	1,69
∞	0,01	3,48	3,04	2,73	2,53	2,38	2,21	2,15	2,05
	0,05	2,55	2,25	2,07	1,93	1,80	1,72	1,64	1,59

Quelle: Pearson u. Hartley (1951). Die Zahlenwerte wurden den graphischen Darstellungen entnommen für $p_I = p_{II} = 1\%$ (5 %). Deswegen ist mit einem Fehler um ± 0,01 zu rechnen.

Tabelle XI: Konkordanz der Bezeichnungen varianzanalytischer Versuchspläne bei Kirk (1968), Lindquist (1953) und Winer (1971)

Unsere Bezeichnung	Abschnitt	Kirk (1968)	* Kürzel n. Kirk	Lindquist (1953)	Winer (1971)
Einfaktorielle Varianzanalyse	3.4, 6.1	Completely Randomized Design	CR-k	Simple Randomized Design	Single-factor Design
Einfaktorielle Block-Varianzanalyse	5.2, 6.5	Randomized Block Design	RB-k	Treatments x Subjects Design	Single-factor Experiment having Repeated Measures on the Same Elements
Lateinisches Quadrat	5.3, 6.8	Latin Square Design	LS-k	Latin Square Design	Latin Square
Griechisch-Lateinisches Quadrat	6.9	Graeco-Latin Square Design	GLS-k	Graeco-Latin Square Design	Graeco-Latin Square
Zweifaktorielle Varianzanalyse	5.1, 6.2	Completely Randomized Factorial Design	CRF-pq	Treatments x Levels Des. Random Replications Des. Factorial (A x B) Design	Factorial Experiments
Dreifaktorielle Varianzanalyse	6.3	Completely Randomized Factorial Design	CRF-pqr	Treatments x Treatments x Levels Design (A x B x C) Design usw.	Factorial Experiments
Zweifaktorielle Block-Varianzanalyse	6.6	Randomized Block Factorial Design	RBF-pq	Treatments x Treatments x Subjects Design	Two Factor Experiment with Repeated Measures
Zweifaktorielle hierarchische Analyse, A in B geschachtelt	5.4, 6.10	Completely Randomized Hierarchal Design	CRH-p(q)	Groups-Within-Treatments Design	Hierarchal Experiments
Zweifaktorielle Analyse mit Meßwiederholungen auf einem Faktor	6.12	Split-Plot Design	SP-p.q	Mixed Design Type I	Two Factor Experiment with Repeated Measures on One Factor
Dreifaktorielle Analyse mit Meßwiederholungen auf einem Faktor	6.13	Split-Plot Design	SP-pq.r	Mixed Design Type III	Three Factor Experiment with Repeated Measures on One Factor
	–	Balanced Incomplete Block Design	BIB-t	(Incomplete Factorial Design)	Balanced Incomplete Block Experiment

* Die Großbuchstaben bezeichnen den Typ des Versuchsplanes, die Zahl der Kleinbuchstaben die Zahl der unabhängigen Variablen (Faktoren). Die Kleinbuchstaben können durch Ziffern ersetzt werden, die dann die Zahl der Ausprägungen des jeweiligen Faktors angeben.

Literatur

Ahrens, H.: Varianzanalyse. Berlin 1968, Akademie.**
Aitken, A. C.: Determinanten und Matrizen. Mannheim 1969, B. I. Hochschultaschenbuch 293.
Bartel, H.: Statistik I für Psychologen, Pädagogen und Sozialwissenschaftler. Stuttgart 1971 (3. Aufl. 1978), Gustav Fischer, UTB 3.
Bartel, H.: Statistik II für Psychologen, Pädagogen und Sozialwissenschaftler. Stuttgart 1972 (2. Aufl. 1976), Gustav Fischer, UTB 30.
Bennett, C. A., Franklin, N. L.: Statistical Analysis in Chemistry and the Chemical Industry. New York 1954, John Wiley.
Beutel, P. u.a.: SPSS, Statistik-Programmsystem für die Sozialwissenschaften, Eine Kurzbeschreibung zur Programmversion 6. Stuttgart 1976, Gustav Fischer.
Bortz, J.: Lehrbuch der Statistik für Sozialwissenschaftler. Berlin 1977, Springer**.
Box, G. E. P.: Nonnormality and tests on variances. Biometrika 40, 1953, 318–335.
Box, G. E. P.: Some theorems on quadratic forms applied in the study of analysis of variance problems,
  I. Effect of inequality of variance in the one-way classification. Annals of Mathematical Statistics 25, 1954, 290–302
  II. Effects of inequality of variance and of correlation between errors in the two-way classification. Annals of Mathematical Statistics 25, 1954, 484–498.
Box, G. E. P., Cox, D. R.: An analysis of transformations. Journal of the Royal Statistical Society, Series B, 26, 1964, 211–252.
Bredenkamp, J.: Der Signifikanztest in der psychologischen Forschung. Frankfurt/M. 1972, Akademische Verlagsgesellschaft.
Cochran, W. G.: Stichprobenverfahren. Berlin 1972, De Gruyter.
Cochran, W. G., Cox, G. M.: Experimental Designs. New York 1950 (2. Aufl. 1957), John Wiley**.
Cooley, W. W., Lohnes, P. R.: Multivariate Data Analysis. New York 1971, John Wiley.
Cornfield, J., Tukey, J. W.: Average values of mean squares in factorials. Annals of Mathematical Statistics 27, 1956, 907–949.
Edginton, E. S.: Randomization tests. Journal of Psychology 57, 1964, 445–449.
Edwards, A. L.: Versuchsplanung in der Psychologischen Forschung. Weinheim 1971, Julius Beltz**.
Fisher, R. A., Yates, F.: Statistical Tables for Biological, Agricultural and Mecidal Research. Edinburgh 1938 (6. rev. Aufl. 1974), Oliver & Boyd.
Gaensslen, H., Schubö, W.: Einfache und komplexe statistische Analyse, Eine Darstellung der multivariaten Verfahren für Sozialwissenschaftler und Mediziner. München 1973, Ernst Reinhardt, UTB 274.
Geisser, S., Greenhouse, S. W.: An extension of Box's results on the use of the F distribution in multivariate analysis. Annals of Mathematical Statistics 29, 1958, 885–891.
Hays, W. L.: Statistics for Psychologists. New York 1963, Holt, Rinehart and Winston*.

Hofstätter, P. R., Wendt, D.: Quantitative Methoden der Psychologie. München 1966 (4. Aufl. Frankfurt/M. 1974), Barth*.

Horst, P.: Matrix Algebra for Social Scientists. New York 1963, Holt, Rinehart and Winston.

Hume, D.: Enquiry Concerning Human Understanding (1742), dt. Eine Untersuchung über den Menschlichen Verstand. Hamburg 1964, Meiner, Philosophische Bibliothek 35.

Kirk, R. E.: Experimental Design: Procedures for the Beaviorial Sciences. Belmont/ Calif. 1968, Brooks/Cole**.

Kreyszig, E.: Statistische Methoden und ihre Anwendungen. Göttingen 1965 (5. Aufl. 1975), Vandenhoeck & Ruprecht*.

Lienert, G. A.: Über die Anwendung von Variablen-Transformationen in der Psychologie. Biometrische Zeitschrift 4, 1962, 145–181.

Lienert, G. A.: Verteilungsfreie Methoden in der Biostatistik. Meisenheim 1961 (2. Aufl. 1973), Anton Hain.

Lindquist, E. F.: Design and Analysis of Experiments in Psychology and Education. Boston 1953, Houghton Mifflin Company**

Lösel, F., Wüstendörfer, W.: Zum Problem unvollständiger Datenmatrizen in der empirischen Sozialforschung. Kölner Zeitschrift für Soziologie und Sozialpsychologie 26, 1974, 342–357.

Mittenecker, E.: Planung und statistische Auswertung von Experimenten. Wien 1952 (8. Aufl. 1970), Franz Deuticke*.

Morrison, D. E., Henkel, R. E.: The Significance Test Controversy – A Reader. Chicago/Ill. 1970, Aldine.

Popper, K. R.: Logik der Forschung. Wien 1934 (6. Aufl. Tübingen 1976, Mohr).

Pearson, E. S., Hartley, H. O.: Biometrika Tables for Statisticians, Vol. 1. New York 1951 (3. Aufl. 1966), Cambridge.

Schaich, E.: Schätz- und Testmethoden für Sozialwissenschaftler. München 1977, Franz Vahlen.

Scheffé, H.: The Analysis of Variance. New York 1959, John Wiley**.

Siegel, S.: Nonparametric Statistics for the Behavioral Sciences. New York 1956, McGraw-Hill.

Sixtl, F.: Meßmethoden der Psychologie, Theoretische Grundlagen und Probleme. Weinheim 1967, Julius Beltz.

Soom, E.: Varianzanalyse, Regressionsanalyse und Korrelationsrechnung. Bern 1972, Hallwag, Blaue TR-Reihe 102*.

Stegmüller, W.: Probleme und Resultate der Wissenschaftstheorie und Analytischen Philosophie, Band IV Personelle und Statistische Wahrscheinlichkeit. Berlin 1973, Springer.

Suppes, P., Zinnes, J. L.: Basic Measurement Theory. In: Luce, R. D., Bush, R. R., Galanter, E. (Hrsg.): Handbook of Mathematical Psychology, Vol. 1, S. 1–76. New York 1963, John Wiley

Vetter, H.: Wahrscheinlichkeit und logischer Spielraum, Eine Untersuchung zur induktiven Logik. Tübingen 1967, Mohr.

Weber, E.: Grundriß der biologischen Statistik, Anwendungen der mathematischen Statistik in Naturwissenschaft und Technik. Jena 1948 (7. Aufl. Jena und Stuttgart 1972), Gustav Fischer*.

Winer, B. J.: Statistical Principles in Experimental Design. New York 1962 (2. Aufl. 1971). McGraw-Hill**.

Zurmühl, R.: Matrizen und ihre technischen Anwendungen. 4. Aufl. Berlin 1964, Springer.

* Das Buch enthält eine einführende Darstellung der Varianzanalyse
** Das Buch behandelt überwiegend, ausschließlich oder in erheblichem Umfang die Varianzanalyse

Namen- und Stichwortverzeichnis

a (Effekt) 153
A (Faktor) 149
- (Index) 155
α (alpha, Effekt) 153, 175, 247
- (alpha, Fehler) 130
ab (Wechselwirkung) 154
(ab) (Operator) 71–73, 89–92, 268, 280, 289
(aB) (Operator) 71–73, 89–90, 269, 280, 289
AB (Index) 155
(AB) (Operator) 70, 72–73, 88, 89, 268, 280, 289
αβ (alpha, beta; Wechselwirkung) 154, 175, 247
abhängige Variable s. Variable, abhängig
AIB (Index) 208
Aitken, A. C. 190
Allsatz 3
Alternativhypothese (s. a. Arbeitshypothese) 13, 14
Arbeitshypothese 12–15, 79–81, 87, 94, 131–133, 159
- –, einseitige 12
- –, zweiseitige 12
Arbeitsschritte 97

b (Effekt) 85, 88, 153
B (Faktor) 96, 150
- (Index) 155
β (beta, Effekt) 84, 153, 175, 247
- (beta, Fehler) 133
Balance 11
Bartlett-Test 104–110, 115, 187, 190, 294, 297, 304, 310
Bartel, H. 10, 34, 37, 57, 79, 108, 114, 121, 136, 265
Basissatz 1, 2, 4
Bennett, C. A. 250
Beobachtungssprache 1–2
Beschreibung 1, 3
Binomialkoeffizient 37
- verteilung 34–38
Block 183–184
- varianzanalyse 183, 185, 191, 197, 226, 308
Bortz, J. 72, 191, 208, 216, 217
Box, G. E. P. 110, 114

Box-Test 187–191, 195–196, 239–240, 299, 310
Bredenkamp, J. 4, 13, 104, 134

χ^2 (chi-Quadrat) 53–56, 196
- Test 54, 107, 108, 310
- Verteilung 53, 56–58, 60–61
Cochran, W. G. 104
Cooley, W. W. 276
Cornfield, J. 250
Cox, G. M. 114

D (Mittelwertsdifferenz) 115–130, 176–177, 295–299, 310
δ (delta; s. a. Effektgröße) 137
Daten, gruppierte 21
- ausfälle 166, 186, 227
Determinante 189–190, 196, 276
df s. Freiheitsgrade
Doppelblindversuch 8
Doppelindex 26
Duncan-Test 127–128, 130
Dunn-Test 127, 129–130, 295
Dunnett-Test 128, 130, 299

e 85, 88
- (Index) 81
E s. Erwartungswert
ε (epsilon) 84
Ebene 29–30, 32, 221–222
Edgington, E. S. 104
Effekt 79, 81–93, 96, 133, 135, 173, 310
–, fester s. Festeffektmodell
- größe 135–146, 176–177, 310
–, zufälliger s. Zufallseffektmodell
Effizienz 133, 264
Einfacheffekt 160
Einseitiger Test s. Signifikanztest
Einzelvergleiche 102, 115–130, 176–177, 295, 299, 310
–, aposteriorische 126, 128–129, 311
–, apriorische 126–127, 310
Entscheidungsregel 13, 15–16
Erklärung 4
Erwartungswert 8, 19, 33, 35–43, 48, 50, 52, 61, 87–93, 109, 141, 160, 179, 180, 196, 214, 246, 251–253, 278, 281, 290, 292

f s. Häufigkeit
f (Index in d$_f$) s. Freiheitsgrade
F (Prüfgröße) 58, 95–96, 129, 140, 172, 179, 180, 183, 205, 253–254, 260, 276, 299
F' (Quasi-F) 253–254
F-Test 53, 159–160, 167, 178, 185, 191, 213–214, 271, 293–294, 296, 304
– –, konservativer, 191, 197, 239, 243, 246, 299
– Verteilung 19, 53, 57–58, 61–62, 95, 111, 140
F$_{max}$-Test 104–108, 110, 115, 187, 294, 297, 310
Faktor 18, 63
–, fester (s. a. Festeffektmodell) 83
– en, gekreuzte 18, 206, 214, 247
– en, geschachtelte 206, 208, 215, 247–249
– stufen 18, 63, 150, 258, 309
–, zufälliger (s. a. Zufallseffektmodell) 8?
Falsifikation 4–5, 7–8, 15, 134
Fehler 81, 84–85, 88, 103, 153, 172–173
– I. und II. Art 131, 133–134, 137–140, 165
– streuung 103, 131, 137, 139, 143, 185, 309
Festeffektmodell 79, 83, 87–93, 96, 141–144, 160, 167, 177–178, 181, 254, 293, 296, 308–309
Fisher, R. A. 258
Franklin, N. L. 250
Freiheitsgrade 45–47, 55, 58, 61, 68–69, 95, 122, 124, 158, 185, 190, 196, 208–209, 239, 243, 246, 249–250, 254, 260, 267
Fußzeilen (der Tabellen) 75

g (s. a. Signifikanzgrenze) 139
γ (gamma, Effekt) 247
Geisser, S. 191, 299
gekreuzte Faktoren s. Faktoren, gekreuzte
gemischtes Modell s. Modell I, II und III
geschachtelte Faktoren s. Faktoren, geschachtelte
Gesetz 3–4
Greenhouse, S. W. 191, 299
Griechisch-Lateinisches Quadrat 232
Grundgleichung (der Varianzanalyse) 85–86

gruppierte Daten 21

h (Laufindex) 23, 150
H$_0$ s. Nullhypothese
H$_1$ s. Alternativhypothese, Arbeitshypothese
Hartley, H. O. 105, 140, 142–143, 146
Häufigkeit 35
–, relative 36
– sverteilung 35, 151, 175, 274
Haupteffekt 160, 248, 253, 256, 293, 296
Hays, W. L. 105, 147
Henkel, R. E. 13, 135
Heterogenität (der Varianzen) s. Varianzheterogenität
hierarchischer Versuchsplan 206
Homogenität (der Varianzen) s. Varianzhomogenität
Hotellings T-Test 191
Hume, D. 3
Hypermatrix 29–30
Hypothese 3
–, deterministische 1, 4, 7–8, 134–135
–, probabilistische 1, 4, 7–10, 14, 134–135
–, statistische s. probabilistische

i (Laufindex) 20, 23, 25–27, 30–31, 150
IG (Index) 66, 155
Index s. Laufindex
Induktion 1–7, 15
Inferenz, statistische 5–7
Interaktion (engl. interaction) s. Wechselwirkung
Intervallskala 108–109, 115, 307
Intraklassenkorrelation 147

j (Laufindex) 23, 25–26, 30–31, 150

k (Laufindex) 23, 30–31
Kirk, R. E. 72, 140, 142, 146, 166, 185, 191, 216–217, 250
Kolmogoroff, A. 16
Kommutatives Gesetz 31
Konfundierung 198
Konkomitante Variable s. Variable, konkomitante
Konstante 23–24, 39
Konstanthaltung (von Variablen) 10
Kontrollgruppe 10, 12–13, 128, 299
Korrekturglied 45, 70, 72, 248, 289, 290

Korrelation 263–265, 274
Kovarianz 187
– analyse 255, 262–273, 311
Kreyszig, E. 60–62

l (Obergrenze) 23, 150
Λ (Lambda) 276
Lateinisches Quadrat 197–200, 231, 308
Laufbereich 20–21, 29, 35
Laufindex 20–26, 35, 46, 70, 150
Lienert, G. A. 14, 114
Likelihood 16, 59
Lindquist, E. F. 55, 72, 111, 184, 216–217
Linearkombination 118, 161
Lineare Regression s. Regressionsgleichung
Logarithmische Transformation 113
Lohnes, P. R. 276
Lösel, F. 166

m (Obergrenze) 23, 26, 29–31, 35, 150
M s. Mittelwert
μ (my) s. Mittelwert
Macht 133
main effect s. Haupteffekt
MANOVA s. multivariate Varianzanalyse
Matrix 28, 187–190, 274–275, 279
McCall, R. B. 114
mean square s. mittleres Quadrat
Meßaussage 1–3
Meßwiederholung 184, 186, 190, 216, 308
Mindesteffekt s. Effektgröße
Mittelwert
–, arithmetischer 2, 12, 17, 20–22, 27–28, 30–36, 39–40, 43, 46, 48–52, 54, 57, 60, 64, 68, 75, 77–79, 152, 154, 158, 272, 275, 287, 309
–, gewogener arithmetischer 46, 65, 295
–, harmonischer 79
– sdifferenz s. Einzelvergleich
mittleres Quadrat 45
Modell I, II und III 177–181, 196, 199, 214, 218, 246
–, gemischtes 178
Morrison, D. E. 13, 135
Multinormalverteilung 274
multivariate Varianzanalyse 18, 255, 273–274, 307

n (Obergrenze) 23, 26, 29–31, 150
N (Gesamtzahl der Maßzahlen) 35
nested factor s. Faktor, geschachtelter
Newman-Keuls-Test 128–130, 297–298
Normalverteilung 38, 53–54, 58–61, 78, 83, 108–111, 307
Norton, D. W. 111–112
Nullhypothese 12–16, 59, 63, 79–80, 87, 94, 108, 131–133, 138, 159, 276
–, generelle 81, 95, 115, 125
–, spezielle 81, 115, 117, 124, 126

O (Faktor) 156
o (omikron) 247
ω^2 (omega quadrat) 147, 177
(oab) (Operator) 156
(oaB) (Operator) 156
(oAB) (Operator) 156
(OAB) (Operator) 156
(obA) (Operator) 156
Obergrenze (des Laufbereichs) 23, 26, 46, 70
Operator (aB), (AB) usw. 70–72, 88–89, 156, 268–269, 280, 289–290
orthogonale Vergleiche 115–126, 295
Orthogonalität 160–161, 164, 258, 261

p s. Wahrscheinlichkeit
p_I s. Signifikanzniveau, s. Fehler I. und II. Art
p_{II} s. Fehler I. und II. Art
P s. Produktsumme
Parameter 6, 12, 37–38, 43
– schätzung 19
parametrischer Test 17
Pearson, E. S. 140, 142–143, 146
ϕ (Phi; s. a. Effektgröße) 140
Placebo 8, 10
Poissonverteilung 38, 113
Polynom 257
Polynome, orthogonale s. Trendanalyse
pooling (s. a. Zusammenfassung) 182, 253
Popper, K. R. 3
Population 6, 12–13, 33, 36–40, 43–44, 47, 51, 53–54, 79–80, 83, 103, 109, 115, 131–132
Produktsumme 187, 266–272
Prognose 4
Protokollsatz 1

Quadrate, Methode der kleinsten 257
Quadrat, mittleres 45
− summe 44−47, 54, 65−72, 85−86, 152, 155−158, 172−173, 198, 208, 248, 260, 266−267, 270, 272, 275
− wurzeltransformation 114
Quadrieren 24−25, 41, 70, 85, 173, 291
Quasi-F s. F'

r (Obergrenze) 23, 29−31
ρ (rho, Intraklassenkorrelation) 147
Randomisierung 10−11
Randverteilung 151, 263
Rao, C. R. 276
Regressionsgleichung 257−258, 261, 264−266, 271−272, 300
Res (Index) s. Residuum
Residuum 198, 260, 300
reziproke Transformation 113

s s. Standardabweichung
s^2 s. Varianz
S s. Quadratsumme
S s. Varianz-Kovarianz-Matrix
Schaich, E. 79
Schätzer, Schätzung 40−41, 45, 51
−, erwartungstreue(r) 40, 45, 47, 63−66, 81, 292−293
Scheffé-Test 129−130
Schließen, statistisches 4
Signifikanz
−, empirische 13, 131
− grenze 61−62, 95, 132, 138−139
− niveau 13−14, 59, 107, 124−127, 180, 191, 310
−, statistische 13, 125, 131, 134−135
− test 6−17, 57, 75, 81, 93, 95−96, 132−135, 277, 294−295
simple effect s. Einfacheffekt
Spalte 20, 26−29, 32, 49, 51, 64, 116, 150−155, 158−161, 164, 172, 289
− nvektor 20, 28
Standardabweichung 2, 12, 17, 78, 83
Standardisierung 55, 59−60
Statistik (deskriptive) 2, 79
Stegmüller, W. 5
Stichprobe 6, 36, 40−46, 50−54, 64, 103
− ngröße s. − numfang
− numfang 52, 137, 139−140, 146, 307, 310
− nverteilung 51, 78, 109, 121, 132, 136, 139

Störvariable 8, 11, 80, 308−309
Stufen (Faktor-) 63
Summe, Summierung 19, 21−25, 28−32, 39, 42−43, 65, 70−72, 85, 156−157, 167, 172, 268−269, 278−280, 287−288, 291
− der quadrierten Abweichungen 43
Suppes P. 109

t (Prüfgröße) 57, 122
− Test 17, 53, 80, 115−116, 121, 124−127, 131, 294−295
− Verteilung 19, 53, 57−60
T (Index) 67, 155
− Score 114
− Test n. Hotelling 191
ϑ (theta; s. a. Effektgröße) 143
Tabellengestaltung 172
Theorie 3
Transformation 112−114, 304, 310
Trend 256−260
− analyse 255−261, 300, 311
Tukey, J. W. 185, 250
Tukey-Test 186, 193−194, 196, 199, 299, 310

unabhängige Variable s. Variable, unabhängige
univariate Verfahren 18
Urliste 19, 21

Variable 4, 8, 9, 19, 307
−, abhängige 10−11, 17, 64, 80, 262, 307
−, diskrete 39
−, indizierte 19, 21, 23, 26, 31, 279−280
−, konkomitante 262, 264, 268
−, kontinuierliche 39
−, unabhängige 10−11, 29, 64, 80, 83, 256, 262, 307−308
Varianz 39, 43−45, 51, 61, 274
− analyse 17, 46, 49, 51, 53, 62−63, 69, 72, 134, 306
− −, einfaktorielle 96, 149, 218, 256, 282, 293
− − −, Block- 226, 284, 298
− −, zweifaktorielle 149−159, 167, 219, 283, 296
− − −, Block- 227
− − −, hierarchische 235
− − −, mit Meßwiederholung auf einem Faktor 238

340

– –, dreifaktorielle 221, 285, 300
– – –, Block- 229
– – –, hierarchische 236
– – –, mit Meßwiederholung auf einem Faktor 241
– – –, mit Meßwiederholung auf zwei Faktoren 243
– –, vierfaktorielle 223
– heterogenität 107, 111–113
– homogenität 82, 104, 107, 111–113, 177, 294
– schätzung 43–53, 58, 63–69, 73, 78–81, 93, 95, 121, 153, 158, 182, 258–259, 264, 267, 275–276, 281
– – innerhalb 63–66, 69, 87, 153, 167, 185, 264, 276
– – total 63, 67, 69, 153, 264, 276
– – zwischen 63, 67–69, 87, 153, 258, 264, 276
– zerlegung 63, 75, 124, 154
– Kovarianz-Matrix 187–188, 275, 299
Vektor 20, 273–276
Veranschaulichung 174–175
Verifikation 3–7
Versuchsgruppe 12–13, 128
– plan 17, 26, 140, 149–150, 184, 216, 246, 307
Verteilung 2, 24, 33–34, 38, 50, 78–79, 113, 151
–, bivariate 263
–, diskrete 34
–, kontinuierliche 38
Vetter, H. 5

Wahrscheinlichkeit 4–5, 16, 33–40, 291
–, bedingte 15
– sdichte 38, 59, 60
Weber, E. 60–62
Wechselwirkung 17, 153–155, 158–159, 164, 174–175, 179, 182, 195, 198–199, 215, 248, 253, 293, 296
Wilks-Test 276
Winer, B. J. 72, 191, 208, 216–217
Wüstendörfer, W. 166

Yates, F. 258

z 55, 60, 139
Zeile 20, 26–29, 64, 116, 150–155, 158–161, 164, 172, 184, 289
– nvektor 20, 28
Zelle 150–152, 167, 172
– nbesetzung 164–166, 198
ZG (Index) 68, 155
Zinnes, J. L. 109
Zufall 6, 33
– sauswahl 11, 103, 114, 176, 206
– seffektmodell 79, 83, 87–93, 96, 141–144, 160, 177–181, 253, 308–309
– sereignis 33, 35–36
– sprozeß 53
– sstichprobe 12, 80, 95, 104
– sstreuung 9
– svariable 8–10, 36, 39, 41–42, 46, 54
Zurmühl, R. 190
Zusammenfassung 182, 253

Hinweis für Anwender

Deutschsprachige Beschreibung zur EDV-Programmversion 6 und 7

Neuauflage '78

SPSS 7

Statistik-Programmsystem für die Sozialwissenschaften

nach N. H. Nie, C. H. Hull, J. G. Jenkins, K. Steinbrenner und D. H. Bent

Von Dipl.-Vw. P. BEUTEL, Heidelberg
Dipl.-Psych. H. KÜFFNER, Hagen
Dipl.-Psych. Dr. E. RÖCK, Heidelberg
Dipl.-Phys. W. SCHUBÖ, München

2., erweiterte Auflage, 1978. X, 276 Seiten mit zahlreichen Tabellen und Beispielen, kartoniert DM 19,80 (Mengenpreis ab 20 Expl. DM 18,—, ab 100 Expl. DM 16,—)

Die positive Aufnahme der ersten Auflage der vorliegenden SPSS-Beschreibung erlaubt schon nach kurzer Zeit, diese zweite Auflage vorzulegen. Die Neuauflage berücksichtigt die Erweiterungen, die Ausgabe 7 von SPSS gegenüber der Ausgabe 6 brachte. Darüber hinaus wird durch eine Umstrukturierung und Erweiterung der ersten Kapitel schon im Aufbau der Beschreibung dem EDV-unerfahrenen Studenten und Wissenschaftler ein Ablaufplan für die EDV-seitigen Aufgaben seiner Erhebungen vorgegeben, ohne daß der Charakter eines knappen Nachschlagebuchs verloren geht.

Unter Mitarbeit von W. Allehoff, P. Schieber, W. Schneider

Bei der Beschreibung der Kommandokarten für das Betriebssystem wurden wieder die wichtigsten in Deutschland vertretenen Hersteller von Großrechenanlagen berücksichtigt, nämlich CGK (TR 440), CONTROL-DATA, IBM, SIEMENS und UNIVAC.

Gustav Fischer Verlag
Stuttgart · New York